MSE
MATHEMATICS
SCIENCE
ENGINEERING

기본을 튼튼히 다질 수 있는
한빛아카데미의 이공계 기본 교재 시리즈

기초 확률과 통계

BASIC PROBABILITY & STATISTICS

박대수 지음

한빛아카데미
Hanbit Academy, Inc.

지은이 **박대수** pds375@naver.com

숭실대학교 전자공학과에서 학사학위, 동대학원에서 석사학위를 취득하였다. 숭실고등학교 수학 교사를 거쳐 1997년부터 2011년까지 숭실대학교 전산원에서 수학을 강의하였고, 평택대학교 겸임교수를 역임하였다. 현재 대수학의 대표를 맡고 있다.

기초 확률과 통계

초판발행 2013년 8월 9일
7쇄발행 2025년 1월 16일

지은이 박대수 / **펴낸이** 전태호
펴낸곳 한빛아카데미(주) / **주소** 서울시 서대문구 연희로2길 62 한빛아카데미(주) 2층
전화 02-336-7112 / **팩스** 02-336-7199
등록 2013년 1월 14일 제2017-000063호 / **ISBN** 978-89-98756-54-3 93560

책임편집 김은정 / **기획** 이원휘 / **편집** 이원휘, 김평화 / **진행** 조우리
디자인 여동일 / **전산편집** 임희남 / **제작** 박성우, 김정우
영업 김태진, 김성삼, 이정훈, 임현기, 이성훈, 김주성 / **마케팅** 김호철, 심지연

이 책에 대한 의견이나 오탈자 및 잘못된 내용은 출판사 홈페이지나 아래 이메일로 알려주십시오.
파본은 구매처에서 교환하실 수 있습니다. 책값은 뒤표지에 표시되어 있습니다.

홈페이지 www.hanbit.co.kr / **이메일** question@hanbit.co.kr

MSE
MATHEMATICS
SCIENCE
ENGINEERING

기본을 튼튼히 다질 수 있는
한빛아카데미의 이공계 기본 교재 시리즈

MSE 시리즈로 전공의 초석을 다지자!

기본을 튼튼히 다질 수 있는 학습 구성

명쾌한 해답이 있는 콘텐츠

무엇을 왜 배우는지, 어떻게 풀고, 어디에 쓰는지를 알려줍니다.

핵심이 보이는 원리와 개념

명확한 정의와 논리적 전개로 핵심을 짚어줍니다.

개념을 다지는 예제

친절하고 상세한 풀이 과정을 보여줍니다.

응용력을 길러주는 연습문제

수준별/유형별 연습문제를 담았습니다.

지은이 머리말

기초부터 차근차근 실력을 쌓아가자!

필자는 지난 30년 동안 다양한 레벨의 학생들에게 수학을 가르쳐 왔다. 그리고 긴 시간 많은 학생을 만나면서 점차 수학적 기초 학력이 떨어지고 있음을 체감하였다. 당연히 알고 있어야 하는 기초 지식이 없는 상태라면, 학생은 학생대로 강의자는 강의자대로 서로 힘든 시간이 될 것이다. 이 책은 이러한 점, 즉 기초가 부족한 학생들이 강의를 잘 따라갈 수 있도록, 그래서 결과적으로 수학을 포기하지 않고 끝까지 해낼 수 있도록 도움을 주겠다는 목표로 만들어졌다.

이 책의 컨셉

확률과 통계는 고등학교에서 배우는 과목이다. 그렇다면 고교 레벨을 넘어 대학 레벨의 주제와 이론을 잘 배우려면 무엇이 필요할까? 필자는 다음 두 가지라고 생각한다.

고교 레벨의 기초 지식 복습
수학에 대한 자신감

이를 위해 다음과 같은 컨셉을 적용하였다.

- 확률과 통계의 로드맵을 보면서, 이 과목의 큰 그림을 그릴 수 있다.
- 기초 지식을 미리 복습하여 이후 개념을 문제없이 이해할 수 있다.
- 난이도에 따른 단계별 학습으로 막힘없이 문제를 풀어나가며 실력을 쌓을 수 있다.

이 책의 학습법

확률과 통계의 기초부터 추정 및 검정까지, 내용이 자연스럽게 연결될 수 있도록 확률과 통계 로드맵을 작성하였다. 이 책은 이 로드맵을 바탕으로 구성되었으므로, 로드맵을 보면서 자신이 어느 단계에 있는지, 무엇을 더 학습해야 할지 생각해보았으면 한다.

Part 1 확률과 통계의 기초

확률과 통계를 배우는 데 필요한 기초 선수 지식을 정리하여 제시하였다. 따라서 기초가 부족한 학생들은 반드시 숙지한 뒤 본격적인 학습을 시작하도록 한다.

Part 2 확률, Part 3 통계

각 장은 핵심을 중심으로 설명하였고, 예제를 풀어보면서 개념을 이해할 수 있도록 구성하였다. 그리고 각 절과 장에서 제시하는 연습문제(A형, B형)는 난이도가 소폭으로 상승하도록 문제를 배치하였다. 다양한 유형의 문제를 한 문제 한 문제, 차근차근 연습하면서 실력을 쌓을 수 있기를 바란다.

감사의 글

우선 부모님께 감사드린다. 그리고 한평생 반려자가 되어준 아내와 이 책을 완성하기까지 용기를 주고 힘이 되어준 아들, 딸에게 고마움을 전한다. 또한 필자의 노하우를 담게 해준 한빛아카데미(주)에도 감사를 표한다. 마지막으로 인연을 맺은 모든 분께 감사드리며 행복을 기원한다.

지은이 박대수

미리보기

누구를 위한 책인가

이 책은 수학적 기초가 부족한 자연과학대학 및 공과대학 학생들의 교양으로 적절한 내용을 담고 있다. 그 외 확률과 통계를 배우고자 하는 인문/사회과학대학의 교재로도 사용할 수 있다. 또한 문제를 상세히 풀어 제시하였으므로 독학을 하는 학생에게도 도움이 될 것이다.

이 책을 시작하려면

Part 1에는 이 책을 학습하는 데 필요한 기초적인 수학을 실었다. Part 1을 먼저 복습하여 기초 내용을 정리한 뒤, 나머지 장을 학습하기를 권한다.

이 책의 구성요소

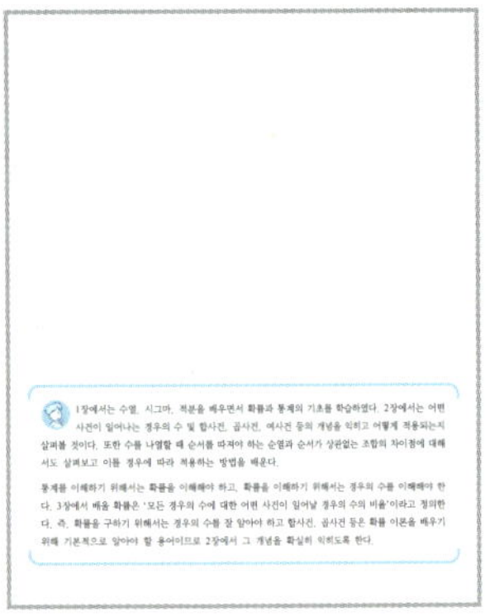

도입글

해당 장의 내용을 왜 배워야 하는지, 다른 장과 어떤 관계가 있는지 보여준다.

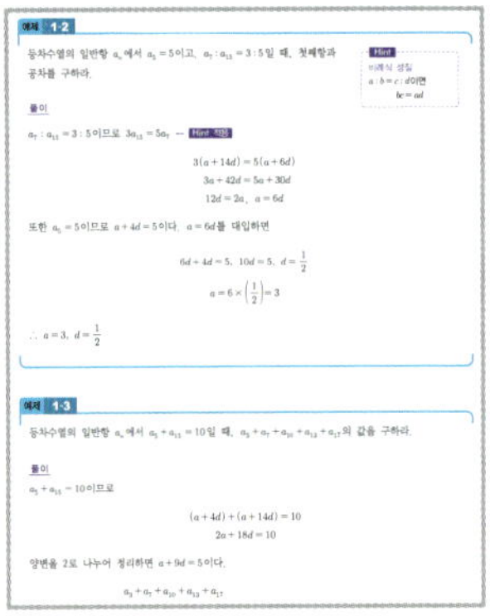

예제, Hint

본문에서 다룬 개념들을 응용한 문제를 풀이와 함께 담았다. Hint로 문제를 풀 때 도움이 되는 공식이나 내용을 제시한다.

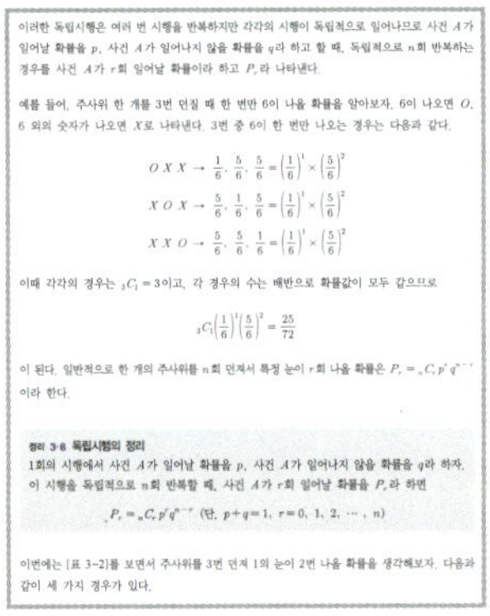

정리

중요한 핵심 개념과 수식을 다시 한 번 정리하여 보여준다.

이 책의 구성

❶ 수열, 시그마, 적분(1장)

확률값과 통계값을 구하기 위한 기초 지식인 수열, 시그마, 적분을 복습한다.

❷ 순열과 조합(2장)

경우의 수 및 합사건, 곱사건, 여사건 등의 개념을 다룬다. 그리고 경우에 따라 순열, 조합을 적용하는 방법을 배운다.

❸ 확률(3장)

확률의 정의를 이해하고, 조건부 확률, 종속 사건, 독립 사건 등 사건에 따라 확률을 구하는 방법을 익힌다.

❹ 확률변수와 확률분포(4장)

이산확률변수, 연속확률변수의 개념을 이해하고 확률분포를 구하는 방법을 다룬다.

❺ 추정 및 검정(5장)

정규화를 통하여 표준정규분포를 이해하고, 표본을 통해 모집단을 추정하고 검정한다.

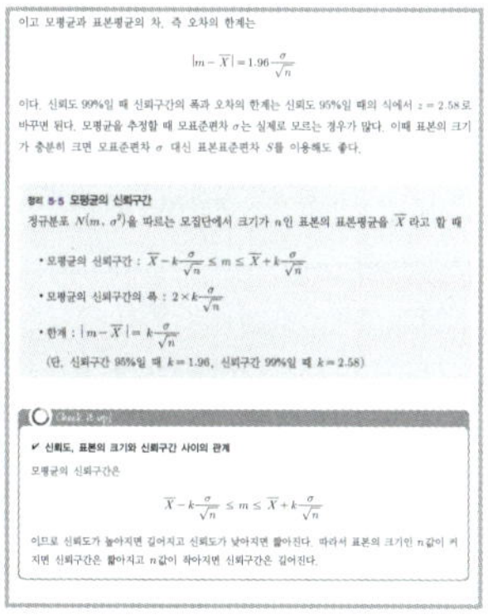

Check it up!

본문 내용을 보충하거나 알아 두면 좋을 내용을 본문과 분리하여 정리했다.

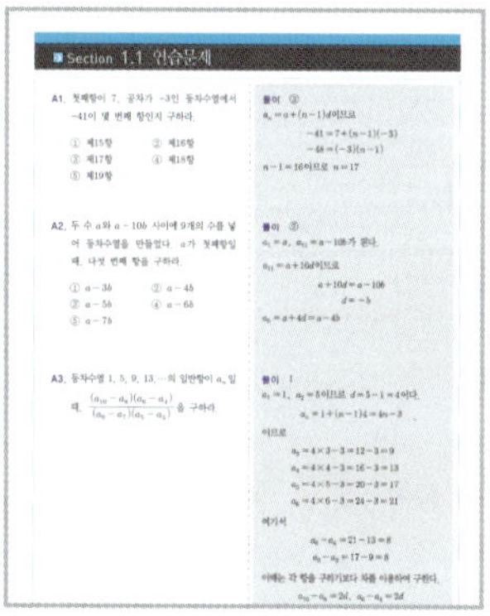

절별 연습문제(A형)

한 절이 끝날 때마다 해당 절에서 익힌 내용을 문제를 통해 정리한다. 문제는 A1, A2, … 체계이며, 난이도는 예제보다 조금 높은 수준이다.

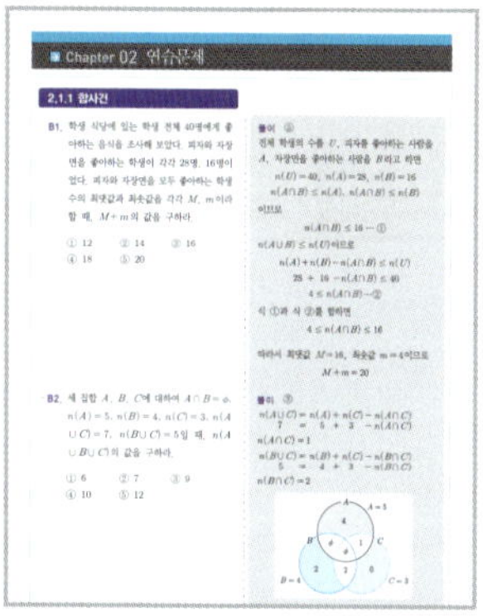

장별 연습문제(B형)

한 장이 끝날 때마다 해당 장에서 익힌 내용을 문제를 통해 정리한다. 문제는 B1, B2, … 체계이며, 난이도는 절별 연습문제보다 조금 높은 수준이다.

학습 로드맵

이 책에서 다룬 주제들을 제대로 이해하기 위해 필요한 선수 내용이 무엇이고, 각 주제들이 어떤 연계성을 갖고 있는지를 보여준다. 화살표는 선후의 개념보다는 관계성을 보여준다. 모든 장의 내용은 기본적으로 1장의 이해가 바탕이 되어야 한다. 따라서 각 장을 따라 순서대로 학습하는 것을 권한다.

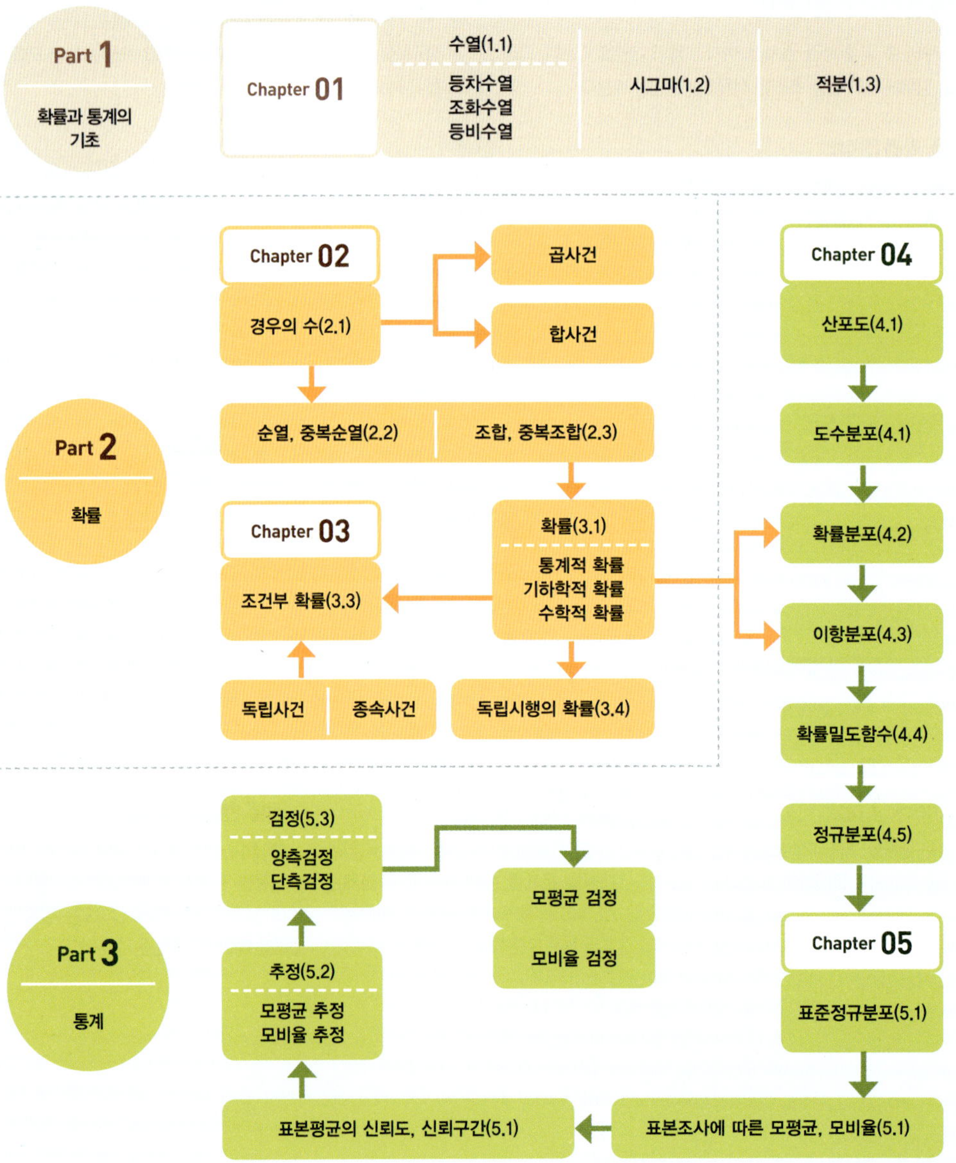

강의 계획

표준 스케줄 표(한 학기 강의)

주	해당 장	주제
1	1장 1.1절	수열, 등차수열, 조화수열, 등비수열, 일반항과 합
2	1.2절	여러 가지 수열과 시그마 용법
3	1.3절	적분의 개념과 계산 방법
4	2장 2.1절 2.2절	경우의 수와 합사건, 곱사건, 순열, 중복순열, 같은 것이 있는 순열, 대칭순열
5	2장 2.3절 2.4절	조합, 중복조합, 이항정리, 다항정리
6	3장 3.1절 3.2절	확률의 정의와 덧셈정리, 배반사건
7	3장 3.3절 3.4절	확률의 곱셈정리, 독립사건, 종속사건, 확률의 독립시행
8		중간고사
9	4장 4.1절 4.2절	산포도와 도수분포, 확률분포
10	4장 4.3절 4.4절	이항분포와 확률밀도함수
11	4장 4.4절 4.5절	확률밀도함수와 정규분포
12	4장 4.5절	정규분포와 표준정규분포
13	5장 5.1절 5.2절	표본분포와 추정
14	5.2절	추정
15	5.3절	검정
16		기말고사

강의 보조 자료

PPT 자료와 연습문제 해답

- 한빛아카데미에서는 교수/강사님들의 효율적인 강의 준비를 위해 온라인과 오프라인으로 강의 보조 자료를 제공합니다.
- 다음 사이트에서 회원으로 가입하신 교수/강사님께는 교수용 PPT 자료와 연습문제 해답 및 풀이를 제공합니다.
  http://www.hanbit.co.kr
- 온라인에서 자료를 다운받으시려면 교수/강사 회원으로 가입한 후 인증을 거쳐야 합니다.

참고 문헌

- 송문섭, 황문열, 『수리통계학』, 박영사, 2011
- 안승철, 이재원, 최원, 『수리통계학의 이해』, 교우사, 2000

목차

PART 3 통계

Part 1

확률과 통계의 기초

Chapter 01 | 수열 · 시그마 · 적분

Chapter

01

수열 · 시그마 · 적분

Sequence · Sigma · Integral

학습목표

- 등차수열, 등비수열, 조화수열에서 수열의 일반항을 구할 수 있다.
- 시그마의 개념을 이해하고, 시그마를 이용하여 여러 수열의 합을 구할 수 있다.
- 적분의 개념을 이해하고, 함수의 합을 구할 수 있다.

학교에서 성적을 매기거나 회사에서 연봉이나 근무 연수 등에 대한 평균을 낼 때 또는 사회 이슈에 관한 통계를 구하고자 할 때, 가장 먼저 생각해야 하는 것은 무엇일까? 바로 전체의 총합이다. 나열된 수의 배열에서 일정한 규칙을 찾기 위해서는 수열을 사용해야 하고, 규칙적으로 배열된 수를 더할 때는 시그마 용법으로 접근해야 한다.

1장에서는 일정한 규칙이 있는 대표적인 수열인 등차수열과 등비수열에 대한 개념과 그 합에 대해 배울 것이다. 또한 다양한 형태의 합을 배우면서 합의 규칙에 대해 익히고, 적분을 다양하게 해석하여 통계에 접목시키고자 한다.

1.1 수열

수열은 어떤 일정한 규칙에 의해 나열된 수를 말하며, 나열된 규칙에 따라 등차수열, 등비수열로 구분한다. 이 절에서는 이렇게 일정한 규칙에 따라 구분하는 수열에 대해 살펴볼 것이다. 또한 등차수열과 등비수열의 합에 대한 개념을 이해하고, 그 쓰임에 대해 배울 것이다.

1.1.1 등차수열

등차수열의 일반항

일반적으로 수열은 a_1, a_2, $\cdots$, a_n으로 나타낸다. 처음부터 차례대로 a_1을 첫째항, a_2를 둘째항, a_n을 n번째 항이라고 하며, 나열된 각각의 수를 '항' 또는 '원소'라고 한다. 첫째항 a_1은 a로도 표기한다. 또한 n번째 항 a_n은 **일반항**이라고 한다. 수열 1, 3, 5, 7, $\cdots$과 같이 첫째항부터 차례대로 일정한 수를 더하는 수열, 즉 차이가 일정한 수들의 모임을 **등차수열**이라 한다. 이때 일정하게 더해지는 수를 **공차**라고 한다.

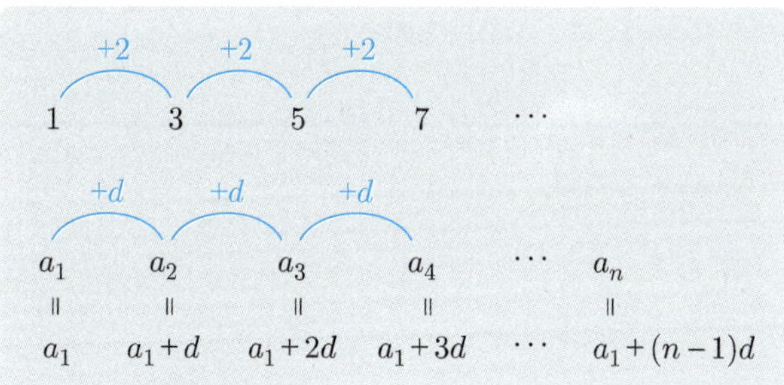

[그림 1-1] 등차수열의 일반항

정리 1-1 등차수열의 일반항

첫째항을 a_1, 공차를 d라고 할 때, 등차수열의 일반항 a_n은 다음과 같다.

$$a_n = a_1 + (n-1)d$$

등차수열에서 미지수를 접근하는 방법에 대해 살펴보자. 일반적으로 미지수가 3개이면 조건식이 3개 필요하고 미지수가 4개이면 조건식이 4개 필요하다. 그러나 등차수열에서는 일반항과 공차의 관계를 이용하여 다음과 같이 미지수를 나타낸다.

미지수가 3개일 때 $a-d,\ a,\ a+d$
미지수가 4개일 때 $a-3d,\ a-d,\ a+d,\ a+3d$
미지수가 5개일 때 $a-2d,\ a-d,\ a,\ a+d,\ a+2d$

등차중앙

세 수 a, b, c가 순서대로 등차수열을 이룰 때, b를 a, c의 **등차중앙**이라고 하고 다음과 같이 나타낸다.

정리 1-2 등차중앙

세 수 a, b, c가 순서대로 등차수열이면 $b=\dfrac{a+c}{2}$이다.

예를 들어, 1, x, 7이 순서대로 등차수열을 이룬다면, x의 값은 다음과 같이 구한다.

$$x=\frac{1+7}{2}=4$$

예제 1-1

제2항이 5, 제7항이 15인 등차수열의 일반항 a_n을 구하라.

풀이

$a_n=a_1+(n-1)d$이므로

$$a_2=a+d=5$$
$$a_7=a+6d=15$$

두 식을 연립하면 $a=3$, $d=2$이므로

$$\begin{aligned}a_n&=3+(n-1)2\\&=2n+1\end{aligned}$$

$\therefore\ a_n=2n+1$

예제 1-2

등차수열의 일반항 a_n에서 $a_5=5$이고, $a_7:a_{15}=3:5$일 때, 첫째항과 공차를 구하라.

> **Hint**
> 비례식 성질
> $a:b=c:d$이면 $bc=ad$

풀이

$a_7:a_{15}=3:5$이므로 $3a_{15}=5a_7$ ← Hint 적용

$$3(a+14d)=5(a+6d)$$
$$3a+42d=5a+30d$$
$$12d=2a,\quad a=6d$$

또한 $a_5=5$이므로 $a+4d=5$이다. $a=6d$를 대입하면

$$6d+4d=5,\ 10d=5,\ d=\frac{1}{2}$$
$$a=6\times\left(\frac{1}{2}\right)=3$$

$\therefore\ a=3,\ d=\frac{1}{2}$

예제 1-3

등차수열의 일반항 a_n에서 $a_5+a_{15}=10$일 때, $a_3+a_7+a_{10}+a_{13}+a_{17}$의 값을 구하라.

풀이

$a_5+a_{15}=10$이므로

$$(a+4d)+(a+14d)=10$$
$$2a+18d=10$$

양변을 2로 나누어 정리하면 $a+9d=5$이다.

$$\begin{aligned}&a_3+a_7+a_{10}+a_{13}+a_{17}\\&=(a+2d)+(a+6d)+(a+9d)+(a+12d)+(a+16d)\\&=5a+45d=5(a+9d)=5\times5=25\end{aligned}$$

$\therefore\ 25$

예제 1-4

등차수열을 이루는 세 수의 합이 3이고 세 수의 제곱의 합이 11일 때, 세 수의 세제곱의 합을 구하라.

풀이

세 수를 $a-d$, a, $a+d$로 두면

$$(a-d)+a+(a+d)=3$$
$$3a=3,\ a=1$$

또한 세 수의 제곱의 합

$$(a-d)^2+a^2+(a+d)^2=11$$

에 $a=1$을 대입하면

$$(1-d)^2+1^2+(1+d)^2=11$$
$$2d^2+3=11$$
$$2d^2=8,\ d^2=4,\ d=\pm 2$$

세 수의 세제곱의 합은 $(a-d)^3+a^3+(a+d)^3$이므로

i) $a=1,\ d=2$일 때, $(1-2)^3+1^3+(1+2)^3=-1+1+27=27$

ii) $a=1,\ d=-2$일 때, $(1+2)^3+1^3+(1-2)^3=27+1-1=27$

$\therefore$ 27

조화수열

1, 3, 5, 7, ⋯ 은 공차가 2인 등차수열이다. 그러나 12, 6, 4, 3, ⋯ 의 수들 사이에서는 일정한 차이를 찾을 수 없다. 이런 경우 역수를 취해보면 $\frac{1}{12}$, $\frac{1}{6}$, $\frac{1}{4}$, $\frac{1}{3}$, ⋯ 이 다음과 같이 차이가 일정함을 알 수 있다.

$$\frac{1}{6}-\frac{1}{12}=\frac{1}{12},\quad \frac{1}{4}-\frac{1}{6}=\frac{1}{12},\quad \frac{1}{3}-\frac{1}{4}=\frac{1}{12}$$

역수를 취한 수열의 공차는 $\frac{1}{12}$이다. 이처럼 역수 형태의 수열이 등차수열의 모임일 때, 즉 역수의 차이가 일정한 모임을 **조화수열**이라고 한다.

$$\frac{1}{a_1},\ \frac{1}{a_2},\ \frac{1}{a_3},\ \cdots,\ \frac{1}{a_n}\text{이 등차수열} \iff a_1,\ a_2,\ a_3,\ \cdots,\ a_n\text{이 조화수열}$$

조화수열의 일반항은 나열된 수를 역수로 바꾸면 등차수열이 되므로 등차수열의 일반항을 이용한다. 첫째항을 a_1, 공차를 d라고 할 때 등차수열의 일반항 $a_n = a_1 + (n-1)d$이므로 조화수열의 일반항은 다음과 같다.

정리 1-3 조화수열의 일반항

첫째항을 $\frac{1}{a_1}$, 공차를 d라고 할 때, 일반항 $\frac{1}{a_n}$은 다음과 같다.

$$\frac{1}{a_n} = \frac{1}{a_1} + (n-1)d,\ d = \frac{1}{a_2} - \frac{1}{a_1}$$

조화중앙

세 수 a, b, c가 순서대로 조화수열을 이룰 때 $\frac{1}{a}$, $\frac{1}{b}$, $\frac{1}{c}$가 등차수열이므로 등차중앙을 구하면 $\frac{2}{b} = \frac{1}{a} + \frac{1}{c} = \frac{a+c}{ac}$가 된다. 이를 정리하여 나타낸 식을 **조화중앙**이라고 한다.

정리 1-4 조화중앙

세 수 a, b, c가 순서대로 조화수열이면 $b = \frac{2ac}{a+c}$이다.

예를 들어, 5, x, 3이 순서대로 조화수열을 이룬다면, x의 값은 다음과 같이 구한다.

$$x = \frac{2 \times 5 \times 3}{5+3} = \frac{30}{8} = \frac{15}{4}$$

예제 1-5

다음 수열에서 일반항 a_n을 구하라.

$$6,\ 3,\ 2,\ \left(\frac{3}{2}\right),\ \cdots$$

풀이

주어진 수열을 역수로 바꾸면

$$\frac{1}{6},\ \frac{1}{3},\ \frac{1}{2},\ \frac{2}{3},\ \cdots$$

이므로, $d=\frac{1}{3}-\frac{1}{6}=\frac{1}{6}$이다. 따라서

$$\frac{1}{a_n}=\frac{1}{6}+(n-1)\frac{1}{6}$$
$$=\frac{1}{6}+\frac{n}{6}-\frac{1}{6}$$
$$\frac{1}{a_n}=\frac{n}{6},\ a_n=\frac{6}{n}$$

$\therefore\ a_n=\frac{6}{n}$

예제 1-6

조화수열 $1,\ \frac{2}{3},\ \frac{1}{2},\ \frac{2}{5},\ \frac{1}{3},\ \frac{2}{7},\ \cdots$에서 제10항을 구하라.

풀이

주어진 수열을 역수로 바꾸면

$$\frac{2}{2},\ \frac{3}{2},\ \frac{4}{2},\ \frac{5}{2},\ \frac{6}{2},\ \frac{7}{2},\ \cdots$$

이므로, $d=\frac{3}{2}-1=\frac{1}{2}$이다. 따라서

$$\frac{1}{a_n}=1+(n-1)\frac{1}{2}$$
$$=1+\frac{n}{2}-\frac{1}{2}=\frac{n+1}{2}$$

$a_n=\frac{2}{n+1}$이므로 $a_{10}=\frac{2}{11}$이다.

$\therefore\ a_{10}=\frac{2}{11}$

예제 1-7

2와 8사이에 두 수 a, b를 넣어 네 개의 수를 만든다. 2, a, b, 8이 순서대로 조화수열을 이룰 때, $\frac{ab}{a+b}$의 값을 구하라.

풀이

$\frac{1}{2}, \frac{1}{a}, \frac{1}{b}, \frac{1}{8}$이 등차수열이므로

$$\frac{2}{a} = \frac{1}{2} + \frac{1}{b} \quad \cdots ①$$

$$\frac{2}{b} = \frac{1}{a} + \frac{1}{8} \quad \cdots ②$$

식 ①×2를 하면

$$\frac{4}{a} = 1 + \frac{2}{b}, \quad \frac{2}{b} = \frac{4}{a} - 1$$

식 ②에 대입하면

$$\frac{4}{a} - 1 = \frac{1}{a} + \frac{1}{8}, \quad \frac{3}{a} = \frac{9}{8}, \quad \frac{1}{a} = \frac{3}{8}$$

구한 값을 식 ②에 대입하여 정리하면

$$\frac{2}{b} = \frac{3}{8} + \frac{1}{8} = \frac{4}{8}, \quad \frac{1}{b} = \frac{2}{8}$$

$$\frac{ab}{a+b} = \frac{1}{\frac{a+b}{ab}} = \frac{1}{\frac{1}{a}+\frac{1}{b}} = \frac{1}{\frac{3}{8}+\frac{2}{8}} = \frac{1}{\frac{5}{8}} = \frac{8}{5}$$

$\therefore \frac{8}{5}$

1.1.2 등차수열의 합

첫째항 $a_1 = a$, 공차가 d인 등차수열의 첫째항부터 n항까지의 합을 S_n이라고 한다. 등차수열의 합 $S_n = a_1 + a_2 + a_3 + a_4 + \cdots + a_n$이고, 마지막 항 $a_n = a + (n-1)d$를 l로 두면 S_n 공식을 다음 [그림 1-2]와 같이 유도할 수 있다.

$$\begin{array}{rl} & S_n = a+(a+d)+(a+2d)+(a+3d)+ \cdots \quad +(\ell-2d)+(\ell-d)+\ell \\ + & S_n = \ell+(\ell-d)+(\ell-2d)+(\ell-3d)+ \cdots \quad +(a+2d)+(a+d)+a \\ \hline & 2S_n = (a+\ell)+(a+\ell)+(a+\ell) + \cdots\cdots\cdots \quad +(a+\ell)+(a+\ell)+(a+\ell) \end{array}$$

$$\therefore S_n = \frac{n(a+l)}{2} = \frac{n\{2a+(n-1)d\}}{2}$$

[그림 1-2] 등차수열의 합 공식 유도 과정

등차수열의 합을 구하기 위해서는 항이 몇 개인지 항수 n값을 파악하는 것이 중요하다. 주어진 구간에서 항수를 구하는 방법은 다음과 같다.

$$
\begin{array}{lll}
a \le x \le b & [a,\ b] & \rightarrow [\ \ ]\text{구간의 항수} = b - a + 1\text{개} \\
a < x < b & (a,\ b) & \rightarrow (\ \ )\text{구간의 항수} = b - a - 1\text{개} \\
a \le x < b & [a,\ b) & \rightarrow [\ \ )\text{구간의 항수} = b - a\text{개} \\
a < x \le b & (a,\ b] & \rightarrow (\ \ ]\text{구간의 항수} = b - a\text{개}
\end{array}
$$

정리 1-5 등차수열의 합

- 첫째항 a_1과 공차 d를 알 때, $S_n = \dfrac{n\{2a_1 + (n-1)d\}}{2}$
- 첫째항 a_1와 제n항 l을 알 때, $S_n = \dfrac{n(a_1 + l)}{2}$

일반항 a_n과 합 S_n의 관계

등차수열의 첫째항부터 n항까지의 합이 S_n일 때 일반항 a_n과의 관계는 [그림 1-3]의 과정을 통해 알 수 있다.

$$
\begin{array}{rcccccccccc}
 & S_n & = & \cancel{a_1} & + & \cancel{a_2} & + & \cdots & + & \cancel{a_{n-1}} & + \ a_n \\
- & S_{n-1} & = & \cancel{a_1} & + & \cancel{a_2} & + & \cdots & + & \cancel{a_{n-1}} & \\
\hline
 & \multicolumn{10}{l}{S_n - S_{n-1} = a_n}
\end{array}
$$

[그림 1-3] 일반항 a_n과 합 S_n의 관계

정리 1-6 일반항 a_n과 합 S_n의 관계

$$S_n - S_{n-1} = a_n \ (\text{단, } a_1 = S_1)$$

일반항 a_n을 합 S_n을 이용해서 구할 때, 주어진 합의 형태에 따라 첫째항이 등차수열을 이루는지 파악할 수 있다. 다음 표를 살펴보자. 만약 [표 1-1(a)]의 $S_n = a_n^2 + b_n$처럼 상수항이 없으면 첫째항부터 등차수열을 이루고, [표 1-1(b)]의 $S_n = a_n^2 + b_n + c$처럼 상수가 존재하면 둘째항부터 등차수열을 이룬다.

[표 1-1] 합 형태에 따른 일반항

(a) $S_n = n^2 + 2n$	(b) $S_n = n^2 + 2n + 3$
$a_1 = S_1 = 1^2 + 2\times1 = 3$ $a_2 = S_2 - S_1 = (2^2 + 2\times2) - 3 = 5$ $a_3 = S_3 - S_2 = (3^2 + 2\times3) - 8 = 7$ $\vdots$ $a_1,\ a_2,\ a_3$ ↓ ↓ ↓ 3 5 7 첫째항부터 차이가 2인 등차수열 즉 $s_n = a_n^2 + b_n$일 때, $a_n = S_n - S_{n-1}(n \ge 1)$	$a_1 = S_1 = 1^2 + 2\times1 = 3 = 6$ $a_2 = S_2 - S_1 = (2^2 + 2\times2 + 3) - 6 = 5$ $a_3 = S_3 - S_2 = (3^2 + 2\times3 + 3) - 11 = 7$ $a_3 = S_3 - S_2 = 18 - 11 = 7$ $a_4 = S_4 - S_3 = (4^2 + 2\times4 + 3) - 18 = 9$ $\vdots$ $a_1,\ a_2,\ a_3,\ a_4$ ↓ ↓ ↓ ↓ 6 5 7 9 둘째항부터 차이가 2인 등차수열 즉 $s_n = a_n^2 + b_n + c\ (c \neq 0)$일 때, $a_n = S_n - S_{n-1}(n \ge 2),\ a_1 = S_1$

예제 1-8

첫째항이 −5, 공차가 3인 등차수열에서 첫째항부터 제20항까지의 합을 구하라.

풀이

첫째항과 공차를 알 때 $S_n = \frac{n}{2}\{2a_1 + (n-1)d\}$이므로

$$S_{20} = \frac{20}{2}\{2\times(-5) + (20-1)\times3\} = 470$$

$\therefore$ 470

예제 1-9

등차수열 $3+5+7+\cdots+39$의 값을 구하라.

풀이

$39 = 3 + (n-1)2$이므로 $n = 19$이다. 따라서

$$S_n = \frac{n\{2a + (n-1)d\}}{2} = \frac{19\{2\times3 + (19-1)2\}}{2} = 19\times21 = 399$$

$\therefore$ 399

예제 1-10

첫째항이 -29, 공차가 4인 등차수열에서 첫째항부터 몇 항까지의 합이 최솟값이 되는지 구하라.

풀이

이 문제는 몇 항까지의 합을 구하는 것이 아니라, 일반항을 구해 몇 항까지의 합이 최솟값을 가지는지 파악해야 한다. 일반항을 구하면

$$\begin{aligned} a_n &= -29+(n-1)4 \\ &= -29+4n-4 \\ &= 4n-33 \end{aligned}$$

첫째항이 음수이므로 음수항만 더하면 합이 최소가 된다. 따라서

$$4n-33<0,\ \ 4n<33$$

$n<\dfrac{33}{4}=8+\dfrac{1}{4}$이므로 8항까지 음수항이다. 즉, 8항까지의 합이 최소가 된다.

$\therefore$ 8항

예제 1-11

첫째항이 7인 등차수열의 첫째항부터 제3항까지의 합과 첫째항부터 제5항까지의 합이 같다. 이 수열의 첫째항부터 더해나갈 때 합이 처음으로 음수가 되는 항을 구하라.

풀이

$S_3=S_5$이면

$$S_3=\frac{3(2\times 7+2d)}{2}=3d+21,\ \ S_5=\frac{5(2\times 7+4d)}{2}=10d+35$$

이므로

$$\begin{gathered} 3d+21=10d+35 \\ 7d=-14,\ \ d=-2 \end{gathered}$$

이다. 따라서

$$S_n=\frac{n\{2\times 7+(n-1)(-2)\}}{2}=-n^2+8n$$

$$\begin{gathered} -n^2+8n<0,\ \ n^2-8n>0,\ \ n(n-8)>0 \\ n<0 \text{ 또는 } n>8 \end{gathered}$$

n은 양수이므로 9항까지의 합에서 처음으로 음수값이 나온다.

∴ 9항

예제 1-12

첫째항부터 제n항까지의 합 $S_n = n^2 + 3n$일 때, $a_1 + a_3 + a_5$의 값을 구하라.

풀이

$S_n = n^2 + 3n$이므로

i) $n \geq 2$일 때, $a_n = S_n - S_{n-1} = n^2 + 3n - \{(n-1)^2 + 3(n-1)\} = 2n + 2$

ii) $n = 1$일 때, $a_1 = S_1 = 1 + 3 = 4$

따라서

$$a_n = 2n + 2 \quad (n \geq 1)$$
$$a_1 + a_3 + a_5 = 4 + 8 + 12 = 24$$

∴ 24

1.1.3 등비수열

등비수열의 일반항

수열 1, 2, 4, 8,⋯ 과 같이 첫째항부터 일정한 수를 곱하여 얻은 수열을 **등비수열**이라고 한다. 이때 일정하게 곱한 수를 **공비**라고 한다.

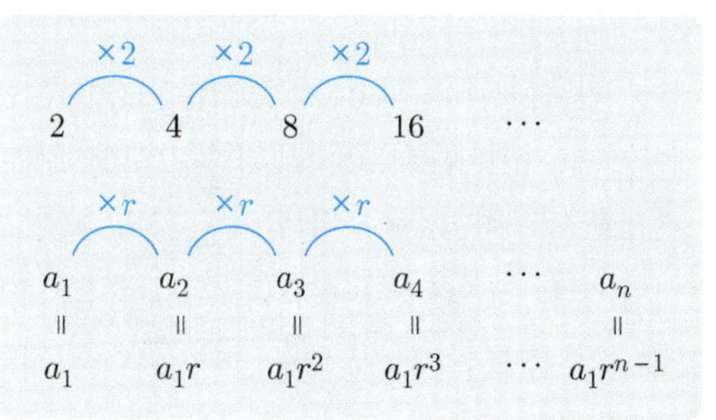

[그림 1-4] 등비수열의 일반항

정리 1-7 등비수열의 일반항
첫째항을 a_1, 공비를 r이라고 할 때, 일반항 a_n은 다음과 같다.

$$a_n = a_1 r^{n-1}$$

이제 등비수열에서의 미지수 접근법에 대해 살펴보자. 일반적으로 미지수가 3개인 등비수열은 a, ar, ar^2 또는 $\frac{a}{r}$, a, ar로 접근하면 편리하다. 예를 들어, 미지수 3개의 합이 18, 곱이 14인 경우를 생각해보자. 미지수를 a, b, c로 두면 $a+b+c=18$, $abc=64$이므로 값을 구할 수 없다. 또한 미지수를 a, ar, ar^2으로 두면 $a+ar+ar^2=18$, $a^3r^3=64$는 부정방정식이 되므로 무수히 많은 값이 나온다. 그러나 미지수를 $\frac{a}{r}$, a, ar로 두면

$$\frac{a}{r}+a+ar=14,\ \frac{a}{r}\times a\times ar=64$$

$a^3=64$가 되어 $a=4$, $r=2$ 또는 $r=\frac{1}{2}$로 값을 구할 수 있다.

등비중앙

세 수 a, b, c가 순서대로 등비수열을 이룰 때, b를 a, c의 등비중앙이라고 하고 $b^2=ac$로 나타낸다. 앞에서 배운 수열의 중앙값을 정리하면 다음과 같다.

등차수열(차이가 일정)	등차중앙	$b=\frac{a+c}{2}$ (산술평균)
등비수열(비가 일정)	등비중앙	$b=\sqrt{ac}$ (기하평균)
조화수열(역수의 비가 일정)	조화중앙	$b=\frac{2ac}{a+c}$ (조화평균)

이들 관계에는 산술평균 ≥ 기하평균 ≥ 조화평균, 즉

$$\frac{a+c}{2} \geq \sqrt{ac} \geq \frac{2ac}{a+c}$$

가 성립한다. 일반적으로 산술평균과 기하평균의 관계를 이용하여 두 수의 합이나 차의 최댓값 또는 최솟값을 구한다.

정리 1-8 등비중앙

세 수 a, b, c가 순서대로 등비수열이면 $b^2 = ac$이다.

4, x, 16이 순서대로 등비수열을 이룰 때, x의 값은 다음과 같이 구한다.

$$x^2 = 16 \times 4 = 64$$
$$x = \sqrt{64} = 8$$

예제 1-13

제5항이 -48, 제8항이 384인 등비수열의 일반항 a_n을 구하라.

풀이

$a_n = ar^{n-1}$이므로

$$a_8 = ar^7 = 384,\ a_5 = ar^4 = -48$$

이다. 두 식을 나누면

$$r^3 = -8 = (-2)^3,\ r = -2$$
$$a(-2)^4 = -48,\ a = -3$$

$a = -3$, $r = -2$이므로

$$a_n = (-3)(-2)^{n-1}$$

$\therefore\ a_n = (-3)(-2)^{n-1}$

예제 1-14

등비수열을 이루는 세 수의 합이 14, 곱은 64이다. 세 수 중 가장 큰 수를 구하라.

풀이

세 수를 $\frac{a}{r}$, a, ar로 두고, 먼저 곱을 정리하면

$$\frac{a}{r} \times a \times ar = a^3 = 64,\ a = 4$$

위에서 구한 a로 합을 정리하면

$$\frac{4}{r}+4+4r=14$$
$$4r+\frac{4}{r}=10$$

양변에 r을 곱하여 정리하면

$$4r^2-10r+4=0$$
$$2r^2-5r+2=0$$
$$(2r-1)(r-2)=0$$
$$r=\frac{1}{2},\ 2$$

i) $a=4$, $r=2$일 때, 세 수는 2, 4, 8

ii) $a=4$, $r=\frac{1}{2}$일 때, 세 수는 8, 4, 2

$\therefore$ 8

예제 1-15

1과 3 사이에 네 개의 수 x_1, x_2, x_3, x_4를 넣어 등비수열을 만들 때, 네 수의 곱을 구하라.

풀이

1, x_1, x_2, x_3, x_4, 3이므로

$$r=\frac{x_1}{1},\ x_1=r$$

이다. 또한 $x_2=r^2$, $x_3=r^3$, $x_4=r^4$, $x_5=r^5=3$이므로

$$x_1\times x_2\times x_3\times x_4$$
$$=r\times r^2\times r^3\times r^4$$
$$=r^{1+2+3+4}=r^{10}=(r^5)^2=3^2=9$$

$\therefore$ 9

예제 1-16

서로 다른 세 수 a, b, 4가 순서대로 등비수열을 이루고 4, a, b는 순서대로 등차수열을 이룬다고 할 때, $a-b$의 값을 구하라. (단, $a \neq 1$)

풀이

등비중앙과 등차중앙으로 나타내면

$$b^2 = 4a, \quad 2a = b + 4$$

이므로, 두 식을 연립하면

$$b^2 = 2(b+4)$$
$$b^2 - 2b - 8 = 0$$
$$(b-4)(b+2) = 0$$
$$b = -2 \text{ 또는 } b = 4$$

i) $b=-2$일 때, $2a=-2+4$, $2a=2$, $a=1$
ii) $b=4$일 때, $2a=4+4$, $2a=8$, $a=4$

$a \neq 1$이므로 $a=4$, $b=4$가 된다. 따라서 $a-b=0$이다.

$\therefore 0$

예제 1-17

$\sin\theta$, $\dfrac{1}{\sqrt{5}}$, $\cos\theta$가 순서대로 등비수열을 이룰 때, $\tan\theta + \cot\theta$의 값을 구하라.

풀이

$$\left(\frac{1}{\sqrt{5}}\right)^2 = \sin\theta\cos\theta = \frac{1}{5}$$

$$\tan\theta + \cot\theta = \frac{\sin\theta}{\cos\theta} + \frac{\cos\theta}{\sin\theta}$$
$$= \frac{\sin^2\theta + \cos^2\theta}{\sin\theta\cos\theta} = \frac{1}{\frac{1}{5}} = 5$$

$\therefore 5$

Check it up!

✔ 삼각비 성질

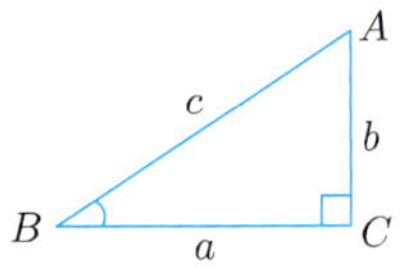

[그림 1-5] 삼각비 정의

• 삼각함수의 정의

$$\sin B = \frac{b}{c} = \frac{\text{높이}}{\text{빗변}},\quad \cos B = \frac{a}{c} = \frac{\text{밑변}}{\text{빗변}},\quad \tan B = \frac{b}{a} = \frac{\text{높이}}{\text{밑변}}$$

• 삼각함수의 기본공식

$$\tan\theta = \frac{\sin\theta}{\cos\theta},\quad \cot\theta = \frac{1}{\tan\theta} = \frac{\cos\theta}{\sin\theta},\quad \sin^2\theta + \cos^2\theta = 1$$

1.1.4 등비수열의 합

첫째항이 a_1, 공비가 r인 등비수열에서 첫째항부터 n항까지의 합 S_n은 다음과 같이 구한다.

$$\begin{array}{rrcccccccccccc} & S_n & = & a_1 & + & a_1 r & + & a_1 r^2 & + & \cdots & + & a_1 r^{n-1} & & \\ - & rS_n & = & & & a_1 r & + & a_1 r^2 & + & \cdots & + & a_1 r^{n-1} & + & a_1 r^n \\ \hline \end{array}$$

$$S_n - rS_n = a_1 - a_1 r^n$$

$$(1-r)\, S_n = a_1\,(1-r^n)$$

$$\therefore S_n = \frac{a_1(1-r^n)}{1-r}$$

[그림 1-6] 등비수열의 합 공식 유도 과정

만약 공비 r이 양수인 경우에는 $rS_n - S_n$을 구하면 된다. 이를 정리하면 $S_n = \dfrac{a_1(r^n-1)}{r-1}$가 된다. 공비 $r=1$인 경우에는 a_1이 n개 있으므로 $S_n = na_1$이 된다.

정리 1-9 등비수열의 합

- 공비 $r < 1$일 때, $S_n = \dfrac{a_1(1-r^n)}{1-r}$
- 공비 $r > 1$일 때, $S_n = \dfrac{a_1(r^n-1)}{r-1}$
- 공비 $r = 1$일 때, $S_n = na_1$

등비수열 합의 응용

원금 a를 연(월)이율 r로 n년(월) 동안 예금을 하는 방법에는 단리법과 복리법이 있다. 단리법은 원금과 따로 정해진 이자를 받고, 복리법은 원금과 이전까지의 이자를 모두 포함한 금액의 이자를 받는다. 원금과 이자를 합한 금액을 **원리합계**라고 한다.

■ 단리법/복리법

원금 a를 연(월)이율 r로 n년(월) 동안 예금할 때의 원리합계는 다음과 같다.

$$\text{단리법} : s = a(1+rn)$$

$$\text{복리법} : s = a(1+r)^n$$

■ 기수불/기말불

기수불은 매년 또는 매월 초에 원금 a원씩, 연(월)이율 r로 n년(월) 동안 적금을 넣는 방식이다. [그림 1-7]에서 기수불로 적금을 넣었을 때 n년 말에 받는 총액에 대해서 살펴보자.

매년 초 a원씩, 연이율 r로 n년 동안 적금 넣을 때, 적금 총액 S_n은

1년 초	2년 초	3년 초	⋯	n년 초		n년 말	
a	⋯	⋯	⋯	⋯		$a(1+r)^n$	$r=(1+r)$
	a	⋯	⋯	⋯		$a(1+r)^{n-1}$	
		a	⋯	⋯		$a(1+r)^{n-2}$	
			⋮				
				a	⋯	$a(1+r)$	$\leftarrow a_1$

$$S_n = a(1+r) + a(1+r)^2 + \cdots + a(1+r)^n$$

$$= \frac{a(1+r)\{(1+r)^n-1\}}{(1+r)-1}$$

$$= \frac{a(1+r)\{(1+r)^n-1\}}{r}$$

[그림 1-7] 기수불

적금은 만기가 되었을 때 적금으로 넣은 원금과 그 원금에 붙은 이자를 모두 합하여 받는 형태다. 이때 기수불은 15일 이전에 원금을 넣으므로 n년(월) 초에 넣은 마지막 원금에도 n년(월) 말에 이자를 받는다. 따라서 기수불의 첫째항은 원금 a에 이자가 한 번 붙은 $a(1+r)$이 되므로 기수불의 적금 총액은 다음과 같다.

$$S_n = \frac{a(1+r)\{(1+r)^n - 1\}}{r}$$

기말불은 매년 또는 매월 말에 원금 a원씩, 연(월)이율 r로 n년(월) 동안 적금하는 방식이다. [그림 1-8]에서 기말불로 적금을 넣었을 때 n년(월) 말에 받는 총액에 대해서 살펴보자.

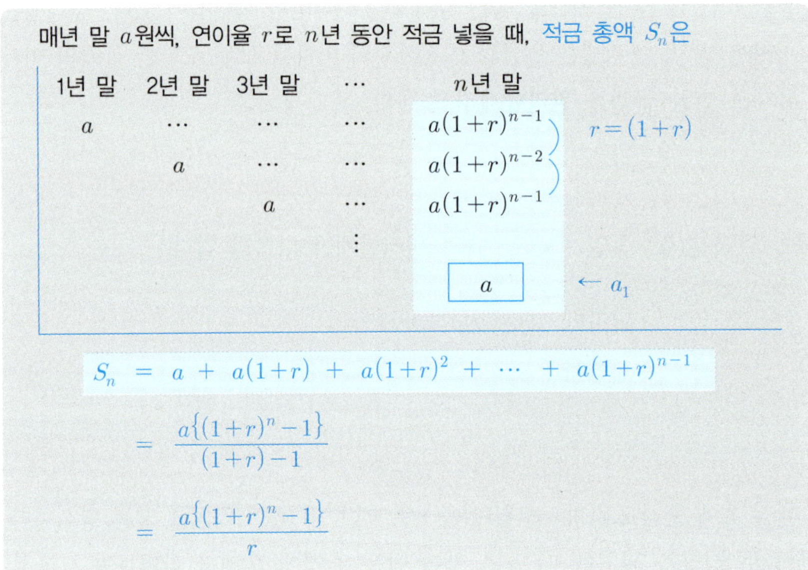

[그림 1-8] 기말불

기말불은 15일 이후에 원금을 넣으므로 n년(월) 말에 마지막으로 원금을 넣으면 이자를 받지 못한다. 따라서 기말불의 첫째항은 원금 a만 해당하므로 기말불의 적금 총액은 다음과 같다.

$$S_n = \frac{a\{(1+r)^n - 1\}}{r}$$

기수불과 기말불의 원리합계는 등비수열의 합의 원리를 이해하고 첫째항에 주의하여 합 공식을 이용하면 된다. 등비수열의 합 공식에 쓰이는 기수불의 첫째항은 $a(1+r)$이고 기말불은 첫째항이 a다.

정리 1-10 기수불/기말불

원금 a를 연(월)이율 r로 n년(월) 동안 예금할 때의 원리합계는 다음과 같다.

- 기수불 : 적금 총액 $S_n = \dfrac{a(1+r)\{(1+r)^n - 1\}}{r}$
- 기말불 : 적금 총액 $S_n = \dfrac{a\{(1+r)^n - 1\}}{r}$

예제 1-18

다음 등비수열에서 7번째 항까지의 합을 구하라.

$$2,\ -4,\ 8,\ -16,\ \cdots$$

풀이

$a_1 = 2,\ r = -2,\ n = 7$이므로

$$S_n = \frac{a_1(1-r^n)}{1-r} = \frac{2(1-(-2)^7)}{1-(-2)} = \frac{2(1-(-128))}{3} = \frac{258}{3}$$

$\therefore\ \dfrac{258}{3}$

예제 1-19

첫째항부터 제3항까지의 합이 −9, 첫째항부터 제6항까지의 합이 63인 등비수열의 공비를 구하라.

> **Hint**
> 인수분해 공식
> $a^2 - b^2 = (a-b)(a+b)$

풀이

$S_3 = \dfrac{a(1-r^3)}{1-r} = -9,\ S_6 = \dfrac{a(1-r^6)}{1-r} = 63$이다.

$$\frac{a(1-r^6)}{1-r} = \frac{a(1-r^3)(1+r^3)}{1-r} \quad \leftarrow \text{Hint 적용}$$

이므로, 이 식에 $\dfrac{a(1-r^3)}{1-r} = -9$를 대입하면

$$-9(1+r^3) = 63$$

$$1+r^3 = -7,\ r^3 = -8,\ r^3+8 = 0$$

에서

$$r^3 + 8 = (r+2)(r^2 - 2r + 4) = 0$$

$r^2-2r+4=0$은 허근을 가지므로 $r=-2$이다.

$\therefore\ -2$

예제 1-20

등비수열의 일반항 a_n에서 $a_1+a_2+\cdots+a_{10}=3$, $a_{11}+a_{12}+\cdots+a_{20}=15$일 때, $a_{21}+a_{22}+\cdots+a_{40}$의 값을 구하라.

풀이

$$\begin{aligned} a_1+a_2+a_3+\cdots+a_{10} &= a+ar+ar^2+\cdots+ar^9 \\ &= a(1+r+r^2+\cdots+r^9)=3 \qquad \cdots ① \end{aligned}$$

$$\begin{aligned} a_{11}+a_{12}+a_{13}+\cdots+a_{20} &= ar^{10}+ar^{11}+ar^{12}+\cdots+ar^{19} \\ &= ar^{10}(1+r+r^2+\cdots+r^9)=15 \quad \cdots ② \end{aligned}$$

식 ②를 식 ①로 나누면

$$\frac{ar^{10}(1+r+r^2+\cdots+r^9)}{a(1+r+r^2+\cdots+r^9)}=\frac{15}{3}=5$$

이므로, $r^{10}=5$이다. 따라서

$$\begin{aligned} &a_{21}+a_{22}+a_{23}+\cdots+a_{40}=ar^{20}+ar^{21}+ar^{22}+\cdots+ar^{39} \\ &=r^{20}[(a+ar+ar^2+\cdots+ar^9)+(ar^{10}+ar^{11}+ar^{12}+\cdots+ar^{19})] \\ &=r^{20}(3+15)=18(r^{10})^2=18(5)^2=450 \end{aligned}$$

$\therefore\ 450$

예제 1-21

월이율 1%의 복리로 매월 말에 만원씩 적립할 때, 3년 후의 원리합계를 구하라. (단, $(1.01)^{36}=1.4$)

풀이

기말불이므로 첫째항은 10^4원이다.

$$\begin{aligned} &10^4+10^4(1.01)+10^4(1.01)^2+\cdots+10^4(1.01)^{35} \\ &=\frac{10^4\{(1.01)^{36}-1\}}{1.01-1}=\frac{10^4(1.4-1)}{0.01} \\ &=10^6(0.4)=400000 \end{aligned}$$

$\therefore$ 40만원

예제 1-22

갑은 월이율 1.5%의 단리로, 을은 월이율 1%의 복리로 1월부터 매월 초에 10만원씩 적립한다. 그 해 12월 말의 원리합계가 누가 얼마나 더 많은지 구하라. (단, $(1.01)^{12}=1.13$, $(1.015)^{12}=1.21$)

풀이

갑은 12월 말에 12번 넣은 원금과 매달 받은 이자를 합한 금액을 받으므로

$$(10\times 12)+10\times 0.015\times(1+2+\cdots+12)=120+10\times 0.015\times 78=131.7$$

을은 기수불이므로 첫째항이 $10(1.01)$이다. 따라서 적금 총액은

$$\frac{10\times 1.01\times\{(1.01)^{12}-1\}}{1.01-1}=131.3$$

∴ 갑이 을보다 4,000원 더 많다.

Section 1.1 연습문제

A1. 첫째항이 7, 공차가 −3인 등차수열에서 −41이 몇 번째 항인지 구하라.

① 제15항　② 제16항
③ 제17항　④ 제18항
⑤ 제19항

풀이 ③

$a_n = a + (n-1)d$이므로

$$-41 = 7 + (n-1)(-3)$$
$$-48 = (-3)(n-1)$$

$n-1=16$이므로 $n=17$

A2. 두 수 a와 $a-10b$ 사이에 9개의 수를 넣어 등차수열을 만들었다. a가 첫째항일 때, 다섯 번째 항을 구하라.

① $a-3b$　② $a-4b$
③ $a-5b$　④ $a-6b$
⑤ $a-7b$

풀이 ②

$a_1 = a$, $a_{11} = a-10b$가 된다.

$a_{11} = a+10d$이므로

$$a+10d = a-10b$$
$$d = -b$$

$a_5 = a+4d = a-4b$

A3. 등차수열 1, 5, 9, 13, …의 일반항이 a_n 일 때, $\dfrac{(a_{10}-a_8)(a_6-a_4)}{(a_9-a_7)(a_5-a_3)}$을 구하라.

풀이 1

$a_1 = 1$, $a_2 = 5$이므로 $d = 5-1 = 4$이다.

$$a_n = 1+(n-1)4 = 4n-3$$

이므로

$$a_3 = 4\times3-3 = 12-3 = 9$$
$$a_4 = 4\times4-3 = 16-3 = 13$$
$$a_5 = 4\times5-3 = 20-3 = 17$$
$$a_6 = 4\times6-3 = 24-3 = 21$$

여기서

$$a_6-a_4 = 21-13 = 8$$
$$a_5-a_3 = 17-9 = 8$$

이때는 각 항을 구하기보다 차를 이용하여 구한다.

$$a_{10}-a_8 = 2d,\ a_6-a_4 = 2d$$
$$a_9-a_7 = 2d,\ a_5-a_3 = 2d$$

따라서 $\dfrac{(2d)(2d)}{(2d)(2d)} = 1$

A4. 다음과 같은 순서로 등차수열을 이룰 때, $a+b+c$의 값을 구하라.

$$a,\ -5,\ b,\ 13,\ c$$

풀이 12

등차중앙을 이용하면

$$2(-5)=a+b$$
$$2b=-5+13$$
$$2(13)=b+c$$

따라서

$$-10=a+b$$
$$2b=8,\ b=4$$
$$26=b+c,\ c=22$$

$a+b+c=-10+22=12$

A5. 세 수 x, 5, y가 순서대로 등차수열을 이룰 때, xy의 최댓값을 구하라.

Hint

이차함수의 최댓값

$ax^2+bx+c\ (a>0)$

$=a(x+\frac{b}{2a})^2-\frac{b^2-4ac}{4a}$

$x=-\frac{b}{2a}$일 때, 최댓값 $=-\frac{b^2-4ac}{4a}$

풀이 25

등차중앙을 이용하면

$$10=x+y,\ y=-x+10$$

따라서

$$\begin{aligned}xy&=x(-x+10)\\&=-x^2+10x\\&=-(x^2-10x+25-25)\\&=-(x-5)^2+25\end{aligned}$$ ← Hint 적용

$x=5$일 때, 최댓값 $xy=25$

A6. 수열 $\frac{1}{7}$, $\frac{1}{4}$, 1, $-\frac{1}{2}$, $-\frac{1}{5}$, $\cdots$의 제20항을 구하라.

① $-\frac{1}{60}$ ② $-\frac{1}{50}$ ③ $-\frac{1}{40}$
④ $-\frac{1}{30}$ ⑤ $-\frac{1}{20}$

풀이 ②

주어진 수열에 역수를 취하면

$$7,\ 4,\ 1,\ -2,\ -5,\cdots$$

이므로, $a_1=7$, $d=4-7=-3$이다.

$$\begin{aligned}a_{20}&=7+(n-1)(-3)\\&=7+19(-3)\\&=7-57=-50\end{aligned}$$

$\frac{1}{a_{20}}=-\frac{1}{50}$

A7. 등차수열 7, $\frac{19}{3}$, $\frac{17}{3}$, …에서 처음으로 음수가 되는 항은 몇 번째 항인지 구하라.

풀이 12항

$a_1=7$, $a_2=\frac{19}{3}$이므로

$$d=\frac{19}{3}-7=\frac{19-21}{3}=\frac{-2}{3}$$

이다. 따라서

$$\begin{aligned} a_n=7+(n-1)\left(\frac{-2}{3}\right)&<0 \\ 21-2(n-1)&<0 \\ 2(n-1)&>21 \\ n-1&>\frac{21}{2} \\ n&>\frac{21}{2}+1 \\ n&>\frac{23}{2}=11.5 \end{aligned}$$

그러므로 n은 약 12항이다.

A8. 두 수 $\frac{1}{20}$과 $\frac{1}{14}$ 사이에 두 개의 수를 넣어 조화수열을 만들 수 있다. 두 수를 구하라.

풀이 $\frac{1}{18}$, $\frac{1}{16}$

두 수를 a, b라 하면

$\frac{1}{20}$, a, b, $\frac{1}{14}$은 조화수열

20, $\frac{1}{a}$, $\frac{1}{b}$, 14는 등차수열

$a_n=a+(n-1)d$이므로

$$\begin{aligned} 14&=20+(4-1)d \\ -6&=3d \\ d&=-2 \end{aligned}$$

a, b를 구하면

$$\frac{1}{a}=20-2=18,\quad a=\frac{1}{18}$$

$$\frac{1}{b}=18-2=16,\quad b=\frac{1}{16}$$

따라서 두 수는 $\frac{1}{18}$, $\frac{1}{16}$

A9. 이차방정식 $x^2-6x+3=0$의 두 근의 등차중앙과 조화중앙을 근으로 하는 이차방정식을 구하라.

① $x^2+4x-3=0$
② $x^2+4x+3=0$
③ $x^2-4x-3=0$
④ $x^2-4x+3=0$
⑤ $x^2-4x+4=0$

풀이 ④

이차방정식의 두 근을 α, β, 등차중앙을 p, 조화중앙을 q라 하면

$$p=\frac{\alpha+\beta}{2}=\frac{6}{2}=3$$
$$q=\frac{2\alpha\beta}{\alpha+\beta}=\frac{6}{6}=1$$

$x^2-(p+q)x+pq$이므로 $x^2-4x+3=0$

A10. 세 수 a, 3, $-b$는 순서대로 등차수열을 이루고, a, 5, $-b$는 순서대로 조화수열을 이룰 때 a^2+b^2의 값을 구하라.

풀이 6

등차중앙을 이용하면

$$2\times3=a+(-b),\ a-b=6$$

조화중앙을 이용하면

$$5=\frac{2a(-b)}{a-b}$$
$$2ab=-30,\ ab=-15$$

$$\begin{aligned}a^2+b^2&=(a-b)^2+2ab\\&=36+2(-15)\\&=36-30=6\end{aligned}$$

A11. 등차수열 2, 5, 8, ⋯ , 59의 합을 구하라.

> **Hint**
> 등차수열의 합
> 첫째항이 a, n번째 항이 l일 때
> $$S_n=\frac{n(a+l)}{2}$$

풀이 610

$a_1=2$, $d=3$이므로

$$S_n=\frac{n(2+59)}{2}$$ ← Hint 적용

$a_n=a+(n-1)d$에서

$$\begin{aligned}59&=2+(n-1)3\\57&=3(n-1)\\19&=n-1,\quad n=20\end{aligned}$$

$$S_n=\frac{20(2+59)}{2}=610$$

A12. 등차수열의 일반항 a_n에서 $a_3 = 32$, $a_{11} = -8$일 때, 첫째항부터 제11항까지의 합을 구하라.

풀이 187

$a_3 = 32 = a + 2d$, $a_{11} = -8 = a + 10d$이므로 첫째항과 공차를 구하면

$$40 = -8d,\ d = -5$$
$$32 = a - 10,\ a = 42$$

$$\begin{aligned} S_n &= \frac{n\{2a+(n-1)d\}}{2} \\ &= \frac{11\{2\times 42+(11-1)(-5)\}}{2} \\ &= 187 \end{aligned}$$

A13. 첫째항부터 n항까지의 합 S_n이 $-2n^2 + 5n$일 때, a_{12}의 값을 구하라.

풀이 -41

$S_1 = -2+5 = 3 = a_1$

$$\begin{aligned} a_n &= S_n - S_{n-1}\ (n \geq 2) \\ &= -2n^2+5n-\{(-2(n-1)^2+5(n-1)\} \\ &= -2n^2+5n-\{-2(n^2-2n+1)+5n-5\} \\ &= -2n^2+5n+2n^2-4n+2-5n+5 \\ &= -4n+7 \end{aligned}$$

$a_{12} = -4(12)+7 = -48+7 = -41$

A14. $a_n = 3 \cdot 2^{1-2n}$인 등비수열에서 첫째항과 공비의 합을 구하라.

풀이 $\frac{7}{4}$

$a_1 = 3\times 2^{1-2}$, $a_2 = 3 \cdot 2^{1-2\cdot 2} = \frac{3}{8}$이다.

공비 r을 구하면

$$r = \frac{a_2}{a_1} = \frac{\frac{3}{8}}{\frac{3}{2}} = \frac{1}{4}$$

따라서 $a_1 + r = \frac{3}{2} + \frac{1}{4} = \frac{7}{4}$

A15. 각 항이 실수이고, 제4항이 14, 제7항이 378인 등비수열에서 제13항을 구하라.

풀이 14×3^9

$$a_7 = ar^6 = 378 \quad \cdots ①$$

$$a_4 = ar^3 = 14 \quad \cdots ②$$

식 ①을 식 ②로 나누면

$$r^3 = 27 = 3^3,\ r = 3$$

$$27a = 14,\ a = \frac{14}{27}$$

$r^3 = 3^3$이므로

$$r^{12} = (r^3)^4 = (3^3)^4 = 3^{12}$$

$$a_{13} = ar^{12} = \frac{14}{27}\times 3^{12} = 14\times 3^9$$

A16. x, 2, y는 순서대로 등차수열을 이루고 2, y, 8은 순서대로 등비수열을 이룰 때, xy의 값을 구하라. (단, $y>0$)

풀이 0

등차중앙과 등비중앙을 이용하면

$$2\times 2 = x+y,\ y^2 = 16$$

$y^2 = 16$이므로 $y = \pm 4$에서 $y>0$이므로

$$y = 4,\ x = 0$$

따라서 $xy = 4\times 0 = 0$

A17. $a_1 = 3$, $a_{n+1} = 3a_n$인 관계가 성립할 때, 이 수열의 첫째항부터 제10항까지의 합을 구하라.

풀이 $\frac{3}{2}(3^{10}-1)$

$a_1 = 3$, $r = 3$이므로 $\frac{3(3^{10}-1)}{3-1} = \frac{3}{2}(3^{10}-1)$

A18. 첫째항부터 제3항까지의 합이 −9, 첫째항부터 제6항까지의 합이 63인 등비수열의 공비를 구하라.

풀이 −2

첫째항부터 제3항까지의 합 S_3은

$$S_3 = \frac{a(1-r^3)}{1-r} = -9 \quad \cdots ①$$

첫째항부터 제6항까지의 합 S_6은

$$S_6 = \frac{a(1-r^6)}{1-r} = 63 \quad \cdots ②$$

식 ②에서

$$\frac{a(1-r^6)}{1-r}=\frac{a(1-r^3)(1+r^3)}{1-r}=63$$

이므로, 식 ①을 대입하면

$$-9(1+r^3)=63$$
$$1+r^3=-7$$
$$r^3=-8$$

따라서 $r=-2$

A19. 원금 a원을 연이율 7%, 1년마다 복리로 예금할 때, 몇 년 후에 원리합계가 원금의 2배를 넘는지 구하라.
(단, $\log 2=0.30$, $\log 1.07=0.029$)

풀이 11년 후
n년 후에 원리합계가 원금의 2배를 넘는다고 하면

$$a(1+0.07)^n>2a$$

양변을 a로 나누고 상용로그를 취하면

$$n\log 1.07>\log 2$$
$$n>\frac{0.30}{0.029}=10.3$$

따라서 11년 후에 원금의 2배를 넘는다.

A20. 어느 중국집은 5년마다 오토바이를 새것으로 바꾼다고 한다. 오토바이 한 대의 가격은 700만원이고 오토바이를 처분할 때는 10만원을 받는다고 한다. 금년 초에 새 오토바이를 사고 다음에 살 오토바이값을 연이율 10% 복리로 적금할 때, 오토바이 한 대당 매년 최소 얼마 이상의 금액을 적립해야 하는지 구하라. (단, $(1.1)^5=1.6$, 천원 단위에서 반올림한다.)

풀이 105만원
할부금은 기수불을 적용하므로

$$\frac{a(1+0.1)\{(1+0.1)^5-1\}}{0.1}$$
$$=\frac{a(1.1)(1.6-1)}{0.1}$$
$$=\frac{a(1.1)(0.6)}{0.1}$$
$$=6.6a$$

따라서

$$6.6a\geq 700-10=690$$
$$a\geq\frac{690}{6.6}\fallingdotseq 105$$

한 대당 매년 105만원을 적립해야 한다.

1.2 시그마

1.2.1 시그마 Σ

Σ의 정의

시그마는 수들의 수치 합계를 나타내는 기호다. 시그마를 알면 수열의 합을 좀 더 간단하게 나타낼 수 있다. 수열 a_1, a_2, $a3$, $\cdots$, a_n의 합은 $\sum_{k=1}^{n} a_k$로 나타낸다. 예를 들어,

$$2+4+6+\cdots+20=\sum_{k=1}^{10} 2k$$

로 표현한 식은 공차가 2인 등차수열을 첫째항 2부터 10번째 항인 20까지 합한 것을 의미한다.

정리 1-11 시그마 정의

$$\sum_{k=1}^{n} a_k = a_1+a_2+a_3+\cdots+a_n$$

앞에서 배운 수의 나열을 시그마를 이용하여 표현하면 다음과 같다.

- $1+2+3+\cdots+n=\sum_{k=1}^{n} k$ 1부터 n항까지 자연수의 합
- $2+4+8+16+\cdots+2^n=\sum_{k=1}^{n} 2^k$ 첫째항 2, 공비가 2인 등비수열의 합
- $1\times2+2\times3+3\times4+\cdots+n(n+1)=\sum_{k=1}^{n} k(k+1)$ 연속된 두 수의 곱의 합

Σ의 성질

Σ는 다음과 같은 성질을 갖는다.

- $\sum_{k=1}^{n}(a_k \pm b_k)=\sum_{k=1}^{n} a_k \pm \sum_{k=1}^{n} b_k$ (복부호동순)
- $\sum_{k=1}^{n} c = cn$
- $\sum_{k=1}^{n} ca_k = c\sum_{k=1}^{n} a_k$ (단, c는 k와 관계없는 상수)

시그마 연산을 할 때 주의해야 하는 사항은 덧셈과 뺄셈에서는 $\sum$의 성질이 성립하지만, 곱셈과 나눗셈에서는 성립하지 않는다는 점이다.

$$\sum_{k=1}^{n} a_k b_k \neq \sum_{k=1}^{n} a_k \cdot \sum_{k=1}^{n} b_k, \quad \sum_{k=1}^{n} \frac{a_k}{b_k} \neq \frac{\sum_{k=1}^{n} a_k}{\sum_{k=1}^{n} b_k}$$

예제 1-23

$a_1 + a_3 + a_5 + \cdots + a_{99}$를 $\sum$를 이용하여 나타내라.

풀이

1, 3, 5, $\cdots$의 일반항은 $2k-1$이고, 99는 50번째 항이다.

$$a_1 + a_3 + a_5 + \cdots + a_{99} = \sum_{k=1}^{50} a_{2k-1}$$

$\therefore \sum_{k=1}^{50} a_{2k-1}$

예제 1-24

다음을 계산하라.

(a) $\sum_{k=1}^{n}(k^3+1) - \sum_{k=3}^{n}(k^3+1)$

(b) $\sum_{k=1}^{n}(k+2)^2 - \sum_{k=1}^{n}(k^2+4k)$

풀이

(a) 시작항이 다르므로 시작항을 맞추면

$$(1^3+1)+(2^3+1)+\sum_{k=3}^{n}(k^3+1)-\sum_{k=3}^{n}(k^3+1)=1+1+8+1=11$$

(b) 시작항과 끝항이 같으므로

$$\sum_{k=1}^{n}(k^2+4k+4-k^2-4k)=\sum_{k=1}^{n}4=4n$$

$\therefore$ (a) 11, (b) $4n$

예제 1-25

$\sum_{k=1}^{n}(k^3+1)-\sum_{k=3}^{n}(k^3-2)$를 구하라.

풀이

시그마 성질에 의해

$$\sum_{k=1}^{n}k^3+\sum_{k=1}^{n}1-\sum_{k=3}^{n}k^3+\sum_{k=3}^{n}2$$

$3\le x\le n$의 항수는 $n-2$이므로

$$\begin{aligned}&1^3+2^3+\sum_{k=3}^{n}k^3-\sum_{k=3}^{n}k^3+n+2(n-2)\\&=1+8+n+2(n-2)\\&=9+n+2n-4\\&=3n+5\end{aligned}$$

$\therefore\ 3n+5$

1.2.2 Σ의 계산

정리 1-12 시그마 공식 : 합의 표현

- 자연수의 합 $\sum_{k=1}^{n}k=\frac{n(n+1)}{2}$
- 제곱의 합 $\sum_{k=1}^{n}k^2=\frac{n(n+1)(2n+1)}{6}$
- 세제곱의 합 $\sum_{k=1}^{n}k^3=\left(\frac{n(n+1)}{2}\right)^2$
- 연속된 두 수의 합 $\sum_{k=1}^{n}k(k+1)=\frac{n(n+1)(n+2)}{3}$

정리 1-13 시그마 공식 : 등비수열의 합 공식 표현

- $\sum_{k=1}^{n}r^k=r^1+r^2+\cdots+r^n=\frac{r(1-r^n)}{1-r}$ (단, $r\neq 1$)

- $\sum_{k=1}^{n} ar^{k-1} = ar^0 + ar^1 + ar^2 + \cdots + ar^{n-1} = \frac{a(1-r^n)}{1-r}$
- $\sum_{k=1}^{n} ar^{k-1} = \sum_{k=1}^{n} a = a+a+a+ \cdots +a = na$ (단, $r=1$)

시그마를 등비수열로 나타낼 때는 항수를 조심해야 한다. $2^1+2^2+2^3+\cdots+2^{10}$ 의 항수는 10개고, $1+2^1+2^2+2^3+\cdots+2^{10}$의 항수는 11개다. 즉, 1부터 n항까지의 항수는 n개이고, 0부터 n까지의 항수는 $n+1$개다.

예제 1-26

$1\times2+2\times3+3\times4+\cdots+n(n+1)$의 값을 구하라.

풀이

$a_k = k(k+1)$이므로

$$\begin{aligned} 1\times2+2\times3+3\times4+\cdots+n(n+1) &= \sum_{k=1}^{n} k(k+1) \\ &= \sum_{k=1}^{n} k^2 + \sum_{k=1}^{n} k \\ &= \frac{n(n+1)(2n+1)}{6} + \frac{n(n+1)}{2} \\ &= \frac{n(n+1)(n+2)}{3} \end{aligned}$$

$\therefore \frac{n(n+1)(n+2)}{3}$

예제 1-27

$\sum_{k=1}^{10}(3k+2^k)$을 구하라.

풀이

$$\begin{aligned} \sum_{k=1}^{10} 3k + \sum_{k=1}^{10} 2^k &= 3\sum_{k=1}^{10} k + \sum_{k=1}^{10} 2^k \\ &= 3(1+2+3+\cdots+10) + (2^1+2^2+\cdots+2^{10}) \\ &= 3\frac{10(1+10)}{2} + \frac{2(2^{10}-1)}{2-1} \end{aligned}$$

$$= (3 \times 5 \times 11) + (2^{11} - 2)$$
$$= 165 + (2^{11} - 2)$$
$$= 2^{11} + 163 = 2211$$

$\therefore$ 2211

예제 1-28

$\displaystyle\sum_{l=1}^{10}\left\{\sum_{k=1}^{10}(3^k \times l^2)\right\}$를 구하라.

풀이

$$\sum_{k=1}^{10}(3^k \times l^2) = l^2\sum_{k=1}^{10}3^k$$
$$= l^2 \times (3^1 + 3^2 + \cdots + 3^{10})$$
$$= l^2 \times \frac{3(3^{10}-1)}{3-1}$$
$$= \left(\frac{3^{11}-3}{2}\right)l^2$$

$$\sum_{l=1}^{10}\left(\frac{3^{11}-3}{2}\right)l^2 = \left(\frac{3^{11}-3}{2}\right)\sum_{l=1}^{10}l^2$$
$$= \left(\frac{3^{11}-3}{2}\right)\left(\frac{10 \times 11 \times 21}{6}\right)$$
$$= \frac{1155}{2}(3^{10}-1)$$

$\therefore \dfrac{1155}{2}(3^{10}-1)$

예제 1-29

$\displaystyle\sum_{l=1}^{10}\left\{\sum_{k=1}^{10}(k+l)\right\}$을 구하라.

풀이

$$\sum_{k=1}^{10}k + l\sum_{k=1}^{10}1 = \left(\frac{10 \times 11}{2} + 10l\right) = 55 + 10l$$
$$\sum_{l=1}^{10}(55+10l) = 55\sum_{l=1}^{10}1 + 10\sum_{l=1}^{10}l$$

$$=55(10)+10\left(\frac{10\times 11}{2}\right)$$
$$=550+550=1100$$

$\therefore$ 1100

예제 1-30

$\sum_{k=1}^{n} a_k = n^2+1$일 때, $\sum_{k=1}^{2n} a_{2k}$를 구하라.

> **Hint**
> 일반항 a_n과 합 S_n의 관계
> $a_n = S_n - S_{n-1}$, $a_1 = S_1$

풀이

$\sum_{k=1}^{n} a_k = S_n$ 이므로

$$S_n = n^2+1$$
$$S_{n-1} = (n-1)^2+1 = n^2-2n+2$$

일반항 a_n과 합 S_n의 관계를 이용하면

$$a_n = S_n - S_{n-1} = n^2+1-(n^2-2n+2) = 2n-1$$ ← Hint 적용

$$a_{2k} = 2(2k)-1 = 4k-1$$

따라서

$$\sum_{k=1}^{2n} a_{2k} = \sum_{k=1}^{2n}(4k-1) = 4\sum_{k=1}^{2n} k - \sum_{k=1}^{2n} 1$$
$$=4\frac{2n(2n+1)}{2} - 2n$$
$$=8n^2+4n-2n$$
$$=8n^2+2n$$

$\therefore$ $8n^2+2n$

예제 1-31

$\sum_{l=1}^{n}\left(\sum_{k=l}^{n}k\right)$를 구하라.

풀이

$$\begin{aligned}\sum_{k=l}^{n}k &= l+(l+1)+(l+2)+(l+3)+\cdots+n\\ &= \sum_{k=1}^{n}k-\sum_{k=1}^{l-1}k\\ &= \frac{n(n+1)}{2}-\frac{(l-1)(l-1+1)}{2}\\ &= \frac{n^2+n}{2}-\frac{(l-1)l}{2}\\ &= \frac{n^2+n-l^2+l}{2}\end{aligned}$$

$$\begin{aligned}\sum_{l=1}^{n}\left(\sum_{k=l}^{n}k\right) &= \sum_{l=1}^{n}\frac{n^2+n-l^2+l}{2}\\ &= \frac{1}{2}\left(\sum_{l=1}^{n}n^2+n-l^2+l\right)\\ &= \frac{1}{2}\left(n^2\sum_{l=1}^{n}1+n\sum_{l=1}^{n}1-\sum_{l=1}^{n}l^2+\sum_{l=1}^{n}l\right)\\ &= \frac{1}{2}\left\{n^3+n^2-\frac{n(n+1)(2n+1)}{6}+\frac{n(n+1)}{2}\right\}\\ &= \frac{n(n+1)(2n+1)}{6}\end{aligned}$$

$\therefore\ \frac{n(n+1)(2n+1)}{6}$

1.2.3 계차수열

수열 a_n에서 각 항의 차가 다시 일정한 수열 b_n을 이룰 때, a_n을 **계차수열**이라고 한다. 즉, $b_n = a_{n+1} - a_n$을 말하며 [그림 1-9]와 같이 계차수열의 일반항을 구한다. 계차수열의 일반항은 b_n의 합을 이용해야 하므로 시그마를 이용한다. 따라서 수열에 이어 시그마까지 배워야 계차수열을 이해하기 수월하다.

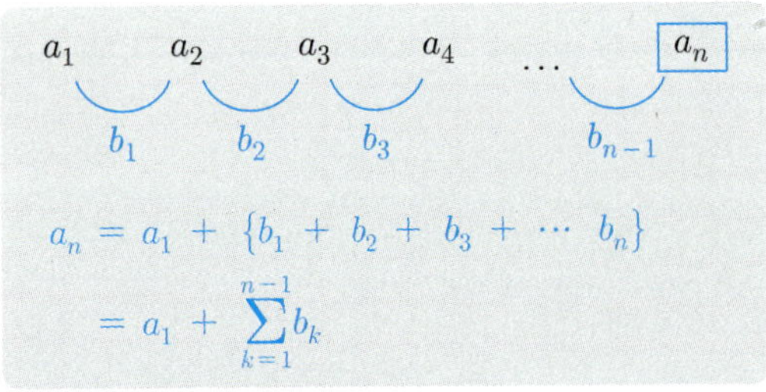

[그림 1-9] 계차수열의 일반항

정리 1-14 계차수열의 일반항

$$a_n = a_1 + \sum_{k=1}^{n-1} b_k \ (\text{단, } n \geq 2\text{인 자연수})$$

계차수열은 등차적 계차수열과 등비적 계차수열로 나눌 수 있다. [그림 1-10]과 같이 b_n이

$$1,\ 2,\ 3,\ \cdots,\ b_{n-1}$$

공차가 1인 등차수열을 이룰 때 **등차적 계차수열**이라고 한다. 또한 [그림 1-11]과 같이 b_n이

$$1,\ 2,\ 4,\ 8,\ \cdots,\ b_{n-1}$$

공비가 2인 등비수열을 이룰 때 **등비적 계차수열**이라고 한다.

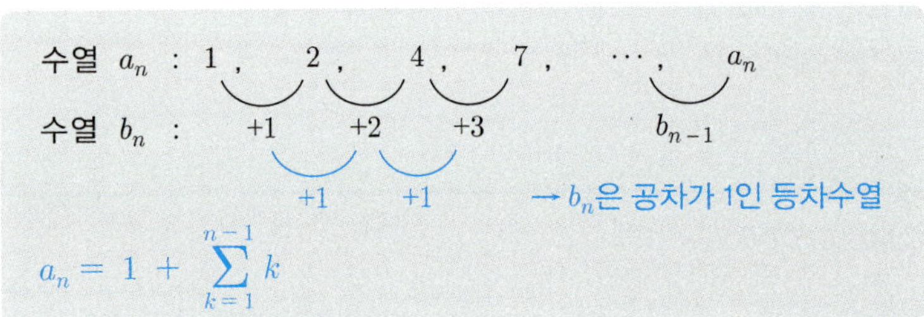

[그림 1-10] 등차적 계차수열의 예

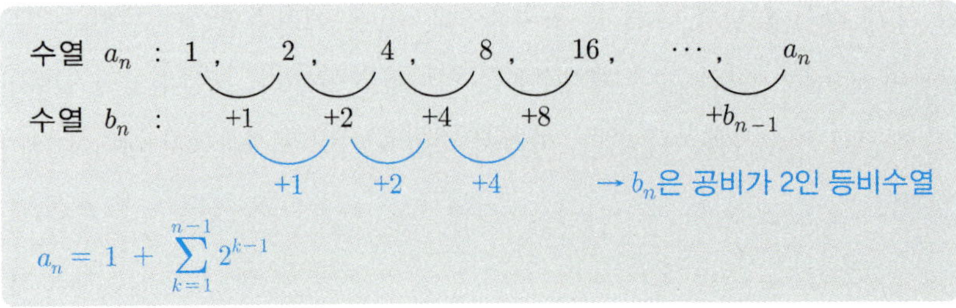

[그림 1-11] 등비적 계차수열의 예

예제 1-32

수열 a_n이 1, 0, 0, 1, 3, 6, ⋯과 같을 때, a_{20}의 값을 구하라.

풀이

$$\begin{array}{cccccc} 1 & 0 & 0 & 1 & 3 & 6\cdots \\ \vee & \vee & \vee & \vee & \vee & \\ -1 & 0 & 1 & 2 & 3\cdots & \end{array}$$

$b_n = -1+(n-1)1 = n-2$이므로

$$\begin{aligned} a_n &= a_1 + \sum_{k=1}^{n-1} b_k = 1 + \sum_{k=1}^{n-1} k - 2 \\ &= 1 + \frac{n(n-1)}{2} - 2(n-1) \\ &= 1 + \frac{n^2 - n - 4n + 4}{2} \\ &= \frac{n^2 - 5n + 6}{2} \end{aligned}$$

따라서

$$a_{20} = \frac{20^2 - 5 \cdot 20 + 6}{2} = \frac{306}{2} = 153$$

$\therefore$ 153

예제 1-33

$a_1 = 1$, $a_{n+1} = a_n + 2n - 1$일 때, a_n을 구하라.

풀이

$a_{n+1} - a_n = b_n = 2n - 1$이므로

$$\begin{aligned} a_n &= 1 + \sum_{k=1}^{n-1} 2k - 1 = 1 + 2\sum_{k=1}^{n-1} k - \sum_{k=1}^{n-1} 1 \\ &= 1 + 2\frac{n(n-1)}{2} - (n-1) \\ &= n^2 - 2n + 2 \end{aligned}$$

$\therefore\ a_n = n^2 - 2n + 2$

예제 1-34

$a_1=-1,\ a_{n+1}=a_n+n^2$일 때, a_n을 구하라.

풀이

$a_{n+1}-a_n=b_n=n^2$이므로

$$\begin{aligned} a_n &= -1+\sum_{k=1}^{n-1}k^2 \\ &= -1+\frac{(n-1)(n)(2n-1)}{6} \\ &= \frac{2n^3-3n^2+n-6}{6} \end{aligned}$$

$\therefore\ a_n=\dfrac{2n^3-3n^2+n-6}{6}$

1.2.4 분수수열의 합

분수로 표시된 수열은 이항분리를 이용하여 다음과 같이 합을 구할 수 있다.

$$\frac{1}{AB}=\frac{1}{B-A}\left(\frac{1}{A}-\frac{1}{B}\right)$$

- $\dfrac{1}{k(k+a)}=\dfrac{1}{a}\left(\dfrac{1}{k}-\dfrac{1}{k+a}\right)$ 분모의 항이 $k,\ k+a$인 분수의 이항분리
- $\dfrac{1}{(k+a)(k+b)}=\dfrac{1}{b-a}\left(\dfrac{1}{k+a}-\dfrac{1}{k+b}\right)$ 분모의 항이 $k+a,\ k+b$인 분수의 이항분리

무리수가 있는 분수 형태 수열의 합

분모가 무리수 형태일 때는 유리화하여 합을 구할 수 있다.

$$\sum_{k=1}^{n}\frac{1}{\sqrt{k+1}+\sqrt{k}}=\sum_{k=1}^{n}(\sqrt{k+1}-\sqrt{k})$$

$$\sum_{k=1}^{n}\frac{1}{\sqrt{k+2}+\sqrt{k}}=\frac{1}{2}\sum_{k=1}^{n}(\sqrt{k+2}-\sqrt{k})$$

예제 1-35

$\dfrac{1}{3^2-1}+\dfrac{1}{5^2-1}+\dfrac{1}{7^2-1}+\cdots+\dfrac{1}{15^2-1}$ 의 값을 구하라.

풀이

일반항을 구하면

$$a_k=\frac{1}{(2k+1)^2-1}=\frac{1}{4k^2+4k}=\frac{1}{4k(k+1)}$$

이므로

$$\begin{aligned}\sum_{k=1}^{7}\frac{1}{4}\left(\frac{1}{k}-\frac{1}{k+1}\right)&=\frac{1}{4}\sum_{k=1}^{7}\left(\frac{1}{k}-\frac{1}{k+1}\right)\\&=\frac{1}{4}\left[\left(\frac{1}{1}-\frac{1}{2}\right)+\left(\frac{1}{2}-\frac{1}{3}\right)+\left(\frac{1}{3}-\frac{1}{4}\right)+\cdots+\left(\frac{1}{7}-\frac{1}{8}\right)\right]\\&=\frac{1}{4}\left(1-\frac{1}{8}\right)=\frac{1}{4}\left(\frac{7}{8}\right)=\frac{7}{32}\end{aligned}$$

$\therefore\ \dfrac{7}{32}$

예제 1-36

$\dfrac{1}{\sqrt{2}+\sqrt{3}}+\dfrac{1}{\sqrt{3}+\sqrt{4}}+\cdots+\dfrac{1}{\sqrt{48}+\sqrt{49}}$ 의 값을 구하라.

풀이

$a_k=\dfrac{1}{\sqrt{k+1}+\sqrt{k+2}}$ 을 유리화하면

$$a_k=\sqrt{k+2}-\sqrt{k+1}$$

이므로

$$\begin{aligned}&\sum_{k=1}^{47}\left(\sqrt{k+2}-\sqrt{k+1}\right)\\&=(\sqrt{3}-\sqrt{2})+(\sqrt{4}-\sqrt{3})+\cdots+(\sqrt{49}-\sqrt{48})\\&=\sqrt{49}-\sqrt{2}=7-\sqrt{2}\end{aligned}$$

$\therefore\ 7-\sqrt{2}$

Section 1.2 연습문제

A1. $3+6+9+\cdots+99=\sum_{k=1}^{33}\square$ 일 때,

□ 안에 알맞은 값을 구하라.

① k ② $2k$ ③ $3k$
④ $3k-1$ ⑤ $3k+1$

풀이 ③

□는 일반항을 의미하므로

$$a=3,\ d=3$$
$$a_n=3+(n-1)3=3n$$

따라서 $a_k=3k$이다.

A2. 다음 중 옳지 않은 것을 구하라.

① $1+2+\cdots+2^n=\sum_{k=1}^{n}2^k$

② $3+3+3+3+3=\sum_{k=1}^{5}3$

③ $1+3+\cdots+15=\sum_{k=1}^{8}(2k-1)$

④ $9+3+\cdots+\left(\frac{1}{3}\right)^{n-3}=\sum_{k=1}^{n}\left(\frac{1}{3}\right)^{k-3}$

⑤ $1-1+1-1+1-1=\sum_{k=1}^{6}(-1)^{k-1}$

풀이 ①

$1+2+\cdots+2^n=\sum_{k=1}^{n+1}2^{k-1}$이므로 옳지 않다.

A3. 다음 $\sum$의 성질 중 옳지 않은 것을 구하라.

① $\sum_{k=1}^{n}(a_k+b_k)=\sum_{k=1}^{n}a_k+\sum_{k=1}^{n}b_k$

② $\sum_{k=1}^{n}(a_k-b_k)=\sum_{k=1}^{n}a_k-\sum_{k=1}^{n}b_k$

③ $\sum_{k=1}^{n}ca_k=c\sum_{k=1}^{n}a_k$($c$는 상수)

④ $\sum_{k=1}^{n}c=cn$(c는 상수)

⑤ $\sum_{k=1}^{n}(a_k+c)=\sum_{k=1}^{n}a_k+c$
(c는 상수)

풀이 ⑤

$\sum_{k=1}^{n}(a_k+c)=\sum_{k=1}^{n}a_k+nc$이므로 ⑤가 옳지 않다.

A4. $\sum_{k=1}^{10}(k^2+k)-\sum_{k=4}^{10}(k^2+k)$의 값을 구하라.

풀이 20

시작항과 끝항을 맞추면

$$(1^2+1)+(2^2+2)+(3^2+3)+\sum_{k=4}^{10}(k^2+k)-\sum_{k=4}^{10}(k^2+k)=20$$

A5. $\sum_{k=1}^{10}(k^3+1)-\sum_{k=1}^{9}(k^3-1)$의 값을 구하라.

풀이 1019

$$\left\{\sum_{k=1}^{9}(k^3+1)+10^3+1\right\}-\sum_{k=1}^{9}(k^3-1)$$
$$=\sum_{k=1}^{9}k^3+\sum_{k=1}^{9}1+1001-\sum_{k=1}^{9}k^3+\sum_{k=1}^{9}1$$
$$=\sum_{k=1}^{9}k^3-\sum_{k=1}^{9}k^3+9+9+1001=1019$$

A6. $\sum_{l=1}^{10}\left\{\sum_{k=1}^{5}(k+l)\right\}$의 값을 구하라.

① 400 ② 425 ③ 450
④ 475 ⑤ 500

풀이 ②

$$\sum_{k=1}^{5}(k+l)=\frac{5\times6}{2}+l\sum_{k=1}^{5}1=15+5l$$

$$\sum_{l=1}^{10}(15+5l)=150+5\sum_{l=1}^{10}l$$

$$=150+5\frac{10\times11}{2}$$

$$=150+5\times55=425$$

A7. $\sum_{k=1}^{80}(\sqrt{k+1}-\sqrt{k})$의 값을 구하라.

풀이 8

$$\begin{array}{rl} & \sqrt{2}-\sqrt{1} \\ & \sqrt{3}-\sqrt{2} \\ & \sqrt{4}-\sqrt{3} \\ & \vdots \\ + & \sqrt{81}-\sqrt{80} \\ \hline & \sqrt{81}-\sqrt{1}=9-1=8 \end{array}$$

A8. 수열의 일반항 a_n이 $a_1=1$, $a_{10}=30$일 때, $\sum_{k=1}^{9}a_{k+1}-\sum_{k=2}^{10}a_{k-1}$의 값을 구하라.

풀이 29

$$\begin{array}{rl} & \sum_{k=1}^{9}a_{k+1}=a_2+a_3+a_4+\cdots+a_9+a_{10} \\ - & \sum_{k=2}^{10}a_{k-1}=a_1+a_2+a_3+a_4+\cdots+a_8+a_9 \\ \hline & =a_{10}-a_1=30-1=29 \end{array}$$

A9. $\sum_{k=1}^{n} \frac{1}{(2k-1)(2k+1)}$ 의 값을 구하라.

풀이 $\frac{n}{2n+1}$

$\frac{1}{2}\sum_{k=1}^{n}\left(\frac{1}{2k-1}-\frac{1}{2k+1}\right)$

$$=\frac{1}{2}\left[\left(\frac{1}{1}-\frac{1}{3}\right)+\left(\frac{1}{3}-\frac{1}{5}\right)+\cdots+\left(\frac{1}{2n-1}-\frac{1}{2n+1}\right)\right]$$

$$=\frac{1}{2}\left(1-\frac{1}{2n+1}\right)=\frac{1}{2}\left(\frac{2n}{2n+1}\right)=\frac{n}{2n+1}$$

A10. 다음 그림과 같이 나열된 수들이 있다. 제1행부터 제10행까지 모든 수의 합을 구하라.

제1행	1
제2행	1 2 1
제3행	1 2 3 2 1
제4행	1 2 3 4 3 2 1
⋮	⋮
제10행	1 2 3 ⋯ 9 10 9 ⋯ 3 2 1

풀이 385

n행의 수는

$1, 2, 3, \cdots, (n-1), n, (n-1), \cdots, 3, 2, 1$

이므로, 이들의 합을 a_n이라 하면

$$a_n = n + 2\sum_{k=1}^{n-1} k = n + 2\frac{(n-1)n}{2} = n^2$$

제1행부터 제10행까지 모든 수의 합은

$$\sum_{k=1}^{10} a_k = \sum_{k=1}^{10} k^2 = \frac{10\times 11\times 21}{6} = 385$$

A11. 수열 a_n의 첫째항이 1이고 $a_{n+1}=a_n+n$일 때, 100항을 구하라.

① 4951 ② 4952 ③ 4953
④ 4954 ⑤ 4950

풀이 ①

$a_{n+1}-a_n=n$이므로

$$a_n = a_1+\sum_{k=1}^{n-1} b_k = 1+\sum_{k=1}^{n-1} k$$
$$=1+\frac{n(n-1)}{2}=\frac{n^2-n+2}{2}$$

$$a_{100}=\frac{10000-100+2}{2}=4951$$

A12. 수열 1, 4, 13, 40, 121, ⋯의 일반항을 구하라.

① $3^n - 1$ ② $\frac{3^n - 1}{2}$

③ $\frac{3(3^n - 1)}{2}$ ④ $\frac{3(3^{n-1} - 1)}{2}$

⑤ $3^{n+1} - 1$

풀이 ②

$$\begin{array}{ccccccc} 1 & 4 & 13 & 40 & 121 & \cdots & a_n \\ \vee & \vee & \vee & \vee & & & \\ 3 & 9 & 27 & 81 & \cdots & b_n & \end{array}$$

a_n과 b_n을 구하면

$b_n = 3 \times 3^{n-1} = 3^n$

$$\begin{aligned} a_n &= 1 + \sum_{k=1}^{n-1} 3^k \\ &= 1 + 3^1 + 3^2 + \cdots + 3^{n-1} \\ &= 3^0 + 3^1 + 3^2 + \cdots + 3^{n-1} \\ &= \frac{1(3^n - 1)}{3 - 1} \\ &= \frac{3^n - 1}{2} \end{aligned}$$

A13. 곡선 $y = \sqrt{x}$ 위의 두 점 $(n, \sqrt{n})$과 $(n+1, \sqrt{n+1})$을 지나는 직선의 기울기를 a_n이라 할 때, $\sum_{k=1}^{8} a_k$의 값을 구하라. (단, $k \geq 1$)

$$\begin{aligned} y &= x(x^2 - x - 2) \\ &= x(x - 2)(x + 1) \end{aligned}$$

Hint

기울기

$$\begin{aligned} m &= \text{기울기} = \tan\theta = \frac{y\text{증가량}}{x\text{증가량}} \\ &= \frac{f(x_2) - f(x_1)}{x_2 - x_1} = \frac{\Delta y}{\Delta x} \\ &= \frac{f(x + \Delta x) - f(x)}{\Delta x} \end{aligned}$$

풀이 2

Hint 를 사용하여 a_n을 구하면

$$a_n = \frac{\sqrt{n+1} - \sqrt{n}}{(n+1) - n} = \sqrt{n+1} - \sqrt{n}$$

이다. 따라서

$$\begin{aligned} &\sum_{k=1}^{8} (\sqrt{k+1} - \sqrt{k}) \\ &= (\sqrt{2} - \sqrt{1}) + (\sqrt{3} - \sqrt{2}) + \cdots \\ &\quad + (\sqrt{9} - \sqrt{8}) \\ &= \sqrt{9} - 1 \\ &= 3 - 1 = 2 \end{aligned}$$

A14. $\sum_{k=1}^{n} a_k = \frac{n^2+1}{2}$ 일 때, $\sum_{k=10}^{20} a_k$를 구하라.

풀이 $\frac{319}{2}$

$$\sum_{k=10}^{20} a_k = \sum_{k=1}^{20} a_k - \sum_{k=1}^{9} a_k$$
$$= \left(\frac{20^2+1}{2} - \frac{9^2+1}{2}\right)$$
$$= \frac{20^2+1-9^2-1}{2}$$
$$= \frac{20^2-9^2}{2}$$
$$= \frac{(20+9)(20-9)}{2}$$
$$= \frac{29\times 11}{2}$$
$$= \frac{319}{2}$$

1.3 적분

적분integral, 積分의 한자를 보면 '부분을 쌓다', '나눈 부분을 모으다'로 풀어 쓸 수 있다. 적분은 그 쓰임새가 매우 광범위하여, 수학이나 다른 과학 분야에서 문제를 해결할 때 적분을 응용하는 경우가 많다. 그중에서도 도형의 넓이를 구할 때 많이 쓰이는데, 통계에서도 확률밀도함수 그래프의 넓이를 구할 때 적분을 사용한다. 이번 절에서는 통계를 배우기에 앞서 적분의 개념을 간략하게 복습하고 적분을 활용하여 함수의 넓이를 구해보자.

1.3.1 부정적분

함수 $F(x)$의 도함수가 $f(x)$일 때 함수 $F(x)$를 $f(x)$의 **부정적분** 또는 원시함수라고 하고 $\int f(x)\,dx$로 나타낸다. 기호 $\int$는 적분을 나타내며 '인테그랄'이라고 읽는다.

$$F'(x) = f(x) \Leftrightarrow \int f(x)\,dx = F(x) + C$$

함수 $f(x)$의 부정적분을 구하는 것을 '$f(x)$**를 적분한다**'고 하고 C는 적분상수를 나타낸다.

정리 1-15 부정적분

함수 $F(x)$가 $f(x)$의 부정적분일 때

$$\int f(x)\,dx = F(x) + C \quad (\text{단, } C\text{는 상수})$$

부정적분의 성질에 대해 살펴보자.

- 부정적분에 있는 상수는 적분기호 밖으로 빼낼 수 있다.

$$\int kf(x)dx = k\int f(x)\,dx \quad (\text{단, } k\text{는 상수})$$

- 두 함수의 합과 차에 대한 부정적분은 각각 함수를 부정적분한 값을 더하거나 빼면 된다.

$$\int f(x) \pm g(x)\,dx = \int f(x)\,dx \pm \int g(x)\,dx \quad (\text{복부호동순})$$

Check it up!

✔ **미분계수와 도함수**

부정적분은 미분의 역개념이다. 도함수를 알면 부정적분을 유추할 수 있다. 예를 들어 $f'(x)=1$이라고 할 때, 미분한 값이 1이 나오기 위한 원래 함수는 $f(x)=x+C$라는 것을 알 수 있다. 간단하게 미분계수와 도함수에 대해서 알아보자.

• 미분계수

함수 $y=f(x)$의 $x=a$에서의 순간변화율 또는 미분계수 $f'(a)$는 다음과 같다.

$$f'(a)=\lim_{x\to a}\frac{f(x)-f(a)}{x-a}$$

미분계수는 기하학적으로 [그림 1-12]처럼 함수 $y=f(x)$ 위의 점$(a, f(a))$에서의 **접선의 기울기**와 같다.

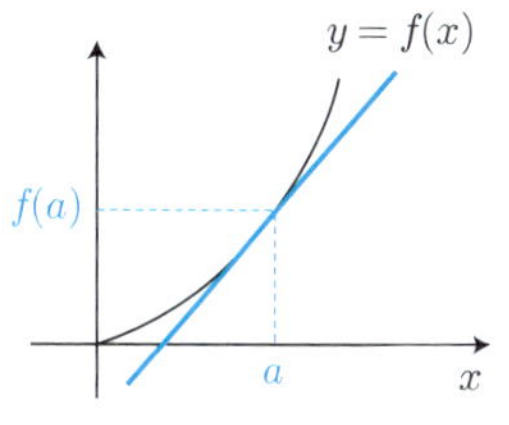

[그림 1-12] 점 $(a, f(a))$에서의 접선의 기울기

• 도함수

함수 $y=f(x)$의 도함수 $f'(x)$는 다음과 같다.

$$f'(x)=\lim_{\Delta x\to 0}\frac{f(x+\Delta x)-f(x)}{\Delta x}$$

도함수 정의를 이용하여 미분을 구할 때, $y=c$ (단, c는 상수)이면 $y'=0$이 되고 $y=x^n$ (단, n은 자연수)이면 $y'=nx^{n-1}$이 된다.

1.3.2 정적분

구분구적법

정적분은 일정 구간에서 정의되는 적분을 의미한다. 정적분의 개념을 설명하기에 앞서 도형의 넓이를 구하는 방법에 대해 생각해보자. 주어진 도형을 작은 기본 도형으로 분할하여 그 기본 도형 넓이의 합에 극한을 취해 평면도형의 넓이를 구하는 방법을 **구분구적법**이라고 한다.

[표 1-2]에서 구분구적법을 이용하여 함수 $y = x^2$의 $[0,\ 1]$구간 넓이를 살펴보자. 주어진 함수를 기본 도형인 직사각형으로 분할하여 넓이를 구한 후 시그마를 이용하여 합을 구한다. $[0,\ 1]$을 n등분하면 직사각형 가로의 길이는 $\frac{1}{n}$이 되고 세로의 길이는 주어진 함수에 x값을 넣어 구한다.

[표 1-2] **구분구적법으로 넓이 구하기**

0 부터 $\frac{n-1}{n}$ 까지 일 때

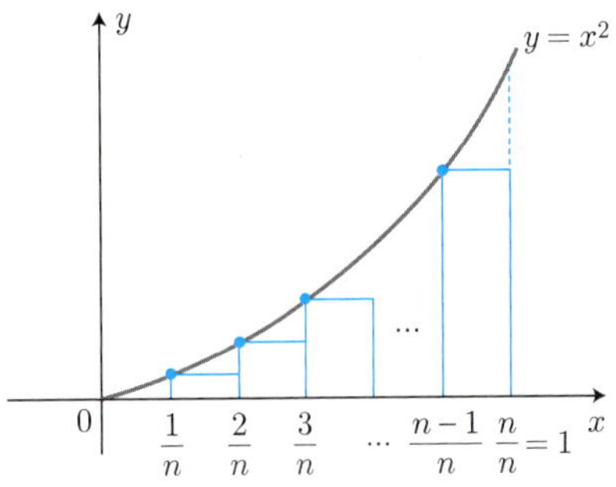

[그림 1-13] 높이가 $f(0)$부터 시작하는 경우

직사각형들의 합은

$$\left(\frac{1}{n}\right)\left(\frac{0}{n}\right)^2 + \left(\frac{1}{n}\right)\left(\frac{1}{n}\right)^2 + \left(\frac{1}{n}\right)\left(\frac{2}{n}\right)^2 + \cdots + \left(\frac{1}{n}\right)\left(\frac{n-1}{n}\right)^2$$

이므로 $\sum_{k=0}^{n-1}\left(\frac{1}{n}\right)\left(\frac{k}{n}\right)^2$ 가 된다.

$$\begin{aligned}&\lim_{n\to\infty}\sum_{k=0}^{n-1}\left(\frac{1}{n}\right)\left(\frac{k}{n}\right)^2\\&= \lim_{n\to\infty}\frac{1}{n^3}\sum_{k=0}^{n-1}k^2\\&= \lim_{n\to\infty}\frac{1}{n^3}\frac{n(n-1)(2n-1)}{6}\end{aligned}$$

$\frac{\infty}{\infty}$ 꼴의 극한값은 최고차항의 계수만 구하면 되므로 넓이는 $\frac{1}{3}$이 된다.

$\frac{1}{n}$ 부터 $\frac{n}{n}$ 까지 일 때

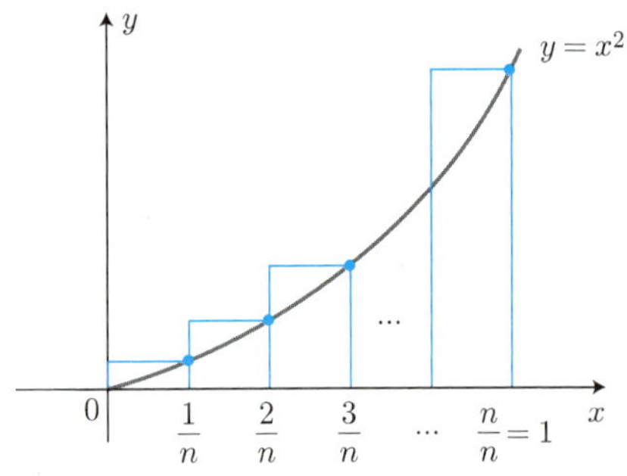

[그림 1-14] 높이가 $f\left(\frac{1}{n}\right)$부터 시작하는 경우

직사각형들의 합은

$$\left(\frac{1}{n}\right)\left(\frac{1}{n}\right)^2 + \left(\frac{1}{n}\right)\left(\frac{2}{n}\right)^2 + \left(\frac{1}{n}\right)\left(\frac{3}{n}\right)^2 + \cdots + \left(\frac{1}{n}\right)\left(\frac{k}{n}\right)^2$$

이므로 $\sum_{k=1}^{n}\left(\frac{1}{n}\right)\left(\frac{k}{n}\right)^2$ 가 된다.

$$\begin{aligned}&\lim_{n\to\infty}\sum_{k=1}^{n}\left(\frac{1}{n}\right)\left(\frac{k}{n}\right)^2\\&= \lim_{n\to\infty}\frac{1}{n^3}\sum_{k=1}^{n}k^2\\&= \lim_{n\to\infty}\frac{1}{n^3}\frac{n(n+1)(2n+1)}{6}\end{aligned}$$

$\frac{\infty}{\infty}$ 꼴의 극한값은 최고차항의 계수만 구하면 되므로 넓이는 $\frac{1}{3}$이 된다.

결론은 구분구적법으로 $[0,\ 1]$을 0부터 $\frac{n-1}{n}$까지 등분하여 더한 값과 $\frac{1}{n}$부터 1까지 등분하여 더한 값은 $\frac{1}{3}$로 같다.

정적분의 정의

함수 $y=f(x)$가 $[a,\ b]$에서 연속이고 $f(x) \geq 0$일 때 $[a,\ b]$를 n등분으로 분할하면 [그림 1-15]와 같다. 이때 각 등분의 x좌표는 $x_0,\ x_1,\ \cdots,\ x_n$이고 $\Delta x=\dfrac{b-a}{n}$이다.

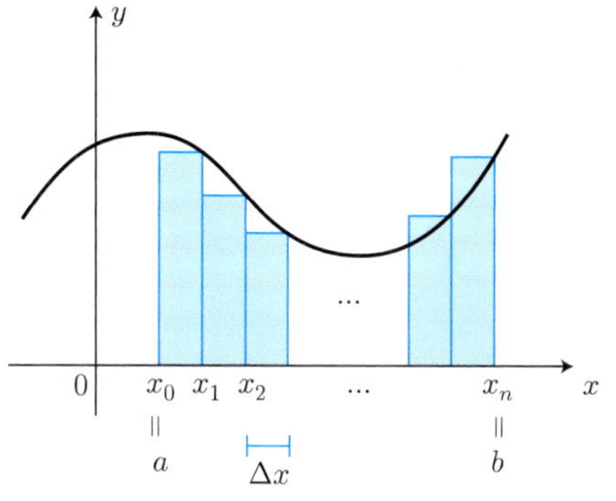

[그림 1-15] 정적분의 정의

직사각형의 넓이의 합은

$$f(x_1)\Delta x+f(x_2)\Delta x+\cdots+f(x_n)\Delta x=\sum_{k=1}^{n} f(x_k)\Delta x$$

이므로 $[a,\ b]$에서의 함수 $f(x)$의 넓이는 $\lim_{n\to\infty}\sum_{k=1}^{n} f(x_k)\Delta x$가 된다. 이 값을 함수 $f(x)$의 $[a,\ b]$에서의 **정적분**이라고 하고, 기호 $\int_a^b f(x)\,dx$로 나타낸다.

정리 1-16 정적분 정의

함수 $y=f(x)$가 $[a,b]$에서 연속일 때

$$\int_a^b f(x)\,dx=\lim_{n\to\infty}\sum_{k=1}^{n} f(x_k)\Delta x \quad (\text{단, } \Delta x=\frac{b-a}{n},\ x_k=a+k\Delta x)$$

정적분과 무한급수의 관계를 정리하면 다음과 같다.

- $\lim_{n\to\infty}\sum_{k=1}^{n} f\left(\frac{k}{n}\right)\frac{1}{n}=\int_0^1 f(x)\,dx$
- $\lim_{n\to\infty}\sum_{k=1}^{n} f\left(\frac{b}{n}k\right)\frac{b}{n}=\int_0^b f(x)\,dx$

- $\lim_{n\to\infty}\sum_{k=1}^{n} f\left(a+\frac{b-a}{n}k\right)\frac{b-a}{n} = \int_a^b f(x)\,dx$

시그마의 구간을 적분으로 접근하기 위해서는 $\lim_{n\to\infty}\sum_{k=1}^{n} f\left(a+\frac{k}{n}\right)\left(\frac{1}{n}\right)$에서 $\frac{k}{n}=x$, $\frac{1}{n}=dx$로 치환하여 $\int_0^1 f(a+px)dx$ 또는 $\int_a^{a+1} f(x)\,dx$로 적분하여 바꾸면 된다.

예제 1-37

$f(x)=x^2+2x$일 때, $\lim_{n\to\infty}\sum_{k=1}^{n} f\left(1+\frac{k}{n}\right)\frac{3}{n}$의 값을 구하라.

풀이

$$\begin{aligned}\lim_{n\to\infty}\sum_{k=1}^{n} f\left(1+\frac{k}{n}\right)\frac{3}{n} &= 3\int_0^1 f(1+x)dx \\ &= 3\int_0^1 (x+1)^2+2(x+1)dx = 3\int_0^1 (x^2+2x+1+2x+2)dx \\ &= 3\int_0^1 (x^2+4x+3)dx = 3\left[\frac{1}{3}x^3+\frac{4}{2}x^2+3x\right]_0^1 \\ &= 3\left[\frac{1}{3}x^3+2x^2+3x\right]_0^1 = 3\left(\frac{1}{3}+2+3\right) = 3\left(\frac{16}{3}\right) = 16\end{aligned}$$

$\therefore$ 16

1.3.3 적분법

부정적분의 계산

정리 1-17 기본 적분법

n이 0 또는 양의 정수일 때,

$$\int x^n dx = \frac{1}{n+1}x^{n+1}+C \text{ (단, } C\text{는 상수)}$$

예를 들면, 다음과 같다.

- $\int x\, dx = \frac{1}{2}x^2 + C$
- $\int (x^2 + x)dx = \frac{1}{3}x^3 + x^2 + C$

예제 1-38

다음을 계산하라.

> **Hint**
> 삼각비 공식
> $\sin^2 x + \cos^2 x = 1$,
> $1 - \sin^2 x = \cos^2 x$

(a) $\int 3dx$

(b) $\int (x^2 + x + 1)dx$

(c) $\int \frac{x^3 + 8}{x + 2}dx$

(d) $\int \frac{x^3}{x-1}dx - \int \frac{1}{x-1}dx$

(e) $\int \left(\frac{1}{\cos^2 x} - \frac{\sin^2 x}{\cos^2 x}\right)dx$

풀이

(a) $\int 3\,dx = \int 3x^0\,dx = \frac{3}{0+1}x^1 + C = 3x + C$

(b) $\int (x^2 + x + 1)dx = \int x^2 dx + \int x dx + \int 1\,dx = \frac{1}{3}x^3 + \frac{1}{2}x^2 + x + C$

(c) $\int \frac{x^3 + 8}{x + 2}dx = \int \frac{(x+2)(x^2 - 2x + 4)}{(x+2)}\,dx = \int (x^2 - 2x + 4)dx = \frac{1}{3}x^3 - x^2 + 4x + C$

(d) $\int \frac{x^3}{x-1}\,dx - \int \frac{1}{x-1}\,dx = \int \frac{(x^3-1)}{x-1}\,dx = \int \frac{(x-1)(x^2+x+1)}{(x-1)}dx$

$= \int (x^2 + x + 1)dx = \frac{1}{3}x^3 + \frac{1}{2}x^2 + x + C$

(e) $\int \left(\frac{1}{\cos^2 x} - \frac{\sin^2 x}{\cos^2 x}\right)dx = \int \frac{1 - \sin^2 x}{\cos^2 x}dx$ ← **Hint 적용**

$= \int \frac{\cos^2 x}{\cos^2 x} = \int 1\,dx = x + C$

예제 1-39

접선의 기울기 $f'(x)$가 $3x^2-2x+1$일 때, (1, 2)를 지나는 곡선 $f(x)$를 구하라.

풀이

함수 $f(x)$는 접선의 기울기 $f'(x)$의 부정적분이므로 $\int f'(x)\,dx = f(x)$가 된다.

$$\begin{aligned} f'(x) &= 3x^2-2x+1 \\ f(x) &= \int (3x^2-2x+1)\,dx \\ &= x^3-x^2+x+C \end{aligned}$$

$f(1)=2$이므로

$$f(1)=1-1+1+C=2,\quad C=1$$

$\therefore\ f(x)=x^3-x^2+x+1$

정적분의 계산

정적분은 함수 $f(x)$의 부정적분이 $F(x)$일 때 다음과 같이 구한다.

정리 1-18 정적분의 계산

정적분은 함수 $f(x)$의 부정적분이 $F(x)$일 때

$$\int_a^b f(x)dx = [F(x)]_a^b = F(b)-F(a)$$

정적분의 성질에 대해 살펴보자.

- 정적분에 있는 상수는 적분기호 밖으로 빼낼 수 있다.

$$\int_a^b kf(x)\,dx = k\int_a^b f(x)\,dx \quad (\text{단, } k\text{는 상수})$$

- 두 함수의 합과 차에 대한 정적분은 각각 함수를 정적분한 값을 더하거나 빼면 된다.

$$\int_a^b f(x)\pm g(x)dx = \int_a^b f(x)\,dx \pm \int_a^b g(x)\,dx \quad (\text{복부호동순})$$

• 적분 구간이 [그림 1-16]과 같을 때 $[a,\ b]$의 적분은 $[a,\ c]$ 적분과 $[c,\ b]$ 적분의 합과 같다.

$$\int_a^b f(x)\,dx = \int_a^c f(x)\,dx + \int_c^b f(x)\,dx \quad (\text{단, } a \le c \le b)$$

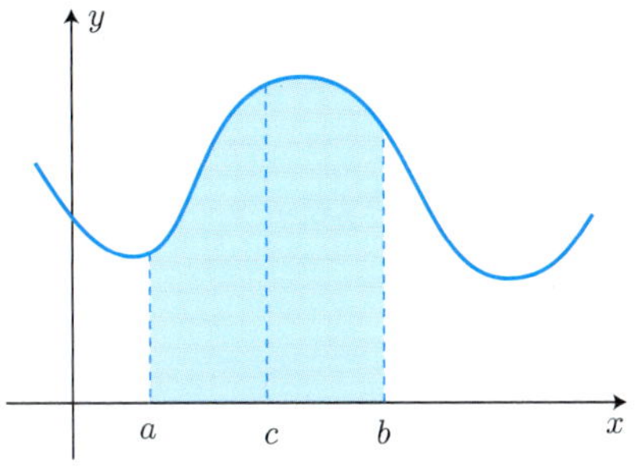

[그림 1-16] 구간 $[a, b]$에서의 곡선

• 구간의 순서를 바꿀 때는 y축 대칭을 한다.

$$\int_a^b f(x)\,dx = -\int_b^a f(x)\,dx$$

예를 들어 $\int_3^1 f(x)dx = -\int_1^3 f(x)dx$ 이다.

• 구간이 좌우대칭일 때, 기함수를 적분하면 0이 되고 우함수는 $[0,\ n]$에서 적분한 값의 2배가 된다.

$$\int_{-n}^{n} \text{기함수}\ dx = 0,\quad \int_{-n}^{n} \text{우함수}\ dx = 2\int_0^n \text{우함수}\ dx$$

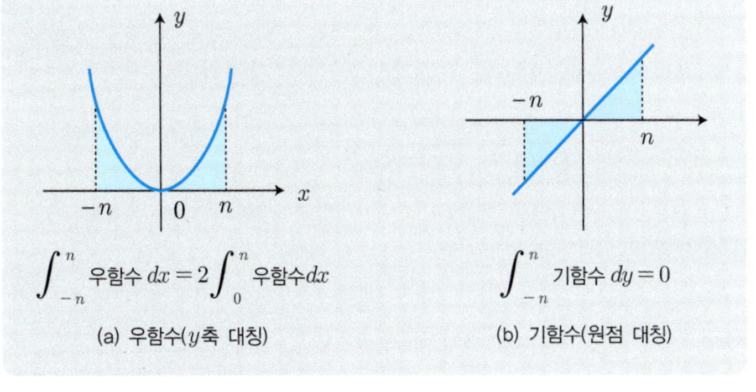

[그림 1-17] 우함수와 기함수

예제 1-40

$\int_{2}^{3}(x^2-5x+6)dx$를 구하라.

풀이

$$\int_{2}^{3}(x^2-5x+6)dx=\left[\frac{1}{3}x^3-\frac{5}{2}x^2+6x\right]_2^3=\frac{1}{3}(3^3-2^3)-\frac{5}{2}(3^2-2^2)+6(3-2)=-\frac{1}{6}$$

다른 방법으로, 다음과 같이 구간을 만족하는 이차함수의 적분계산 공식을 사용하면

$$\int_{\alpha}^{\beta}a(x-\alpha)(x-\beta)dx=-\frac{a}{6}(\beta-\alpha)^3$$

$x^2-5x+6=(x-2)(x-3)$ 이므로

$$\int_{2}^{3}(x-2)(x-3)dx=-\frac{1}{6}(3-2)^3=-\frac{1}{6}$$

$\therefore\ -\frac{1}{6}$

예제 1-41

$\int_{-3}^{2}(x^3-x^2-8x+12)dx$를 구하라.

풀이

$$\int_{-3}^{2}(x^3-x^2-8x+12)dx=\left[\frac{1}{4}x^4-\frac{1}{3}x^3-\frac{8}{2}x^2+12x\right]_{-3}^{2}$$
$$=\frac{1}{4}(2^4-(-3)^4)-\frac{1}{3}(2^3-(-3)^3)-\frac{8}{2}(2^2-(-3)^2)+12(2-(-3))=\frac{625}{12}$$

다른 방법으로, 다음과 같이 구간을 만족하는 삼차함수의 적분계산 공식을 사용하면

$$\int_{\alpha}^{\beta}a(x-\alpha)(x-\beta)^2dx=\frac{a}{12}(\beta-\alpha)^4$$

$x^3-x^2-8x+12=(x+3)(x-2)^2$이므로

$$\int_{-3}^{2}(x+3)(x-2)^2=\frac{1}{12}(2-(-3))^4=\frac{5^4}{12}=\frac{625}{12}$$

$\therefore\ \frac{625}{12}$

예제 1-42

다음을 계산하라.

(a) $\int_0^1 3x^2 dx + \int_1^4 3x^2 dx$

(b) $\int_1^2 (\sqrt{x}+1)^3 dx - \int_1^2 (\sqrt{x}-1)^3 dx$

(c) $\int_{-2}^0 (3x^3+4x^7+x)\,dx - \int_2^0 (3x^3+4x^7+x)\,dx$

풀이

(a) $\int_0^1 3x^2 dx + \int_1^4 3x^2\, dx = \int_0^4 3x^2\, dx = [x^3]_0^4 = 4^3 = 64$

(b) $\int_1^2 (\sqrt{x}+1)^3 dx - \int_1^2 (\sqrt{x}-1)^3 dx = \int_1^2 ((\sqrt{x}+1)^3 - (\sqrt{x}-1)^3) dx$

$= \int_1^2 (x\sqrt{x}+3x+3\sqrt{x}+1) - (x\sqrt{x}-3x+3\sqrt{x}-1)\,dx$

$= \int_1^2 (6x+2) dx = [3x^2+2x]_1^2 = 3(2^2-1^1)+2(2-1) = 11$

(c) $\int_{-2}^0 (3x^3+4x^7+x) dx - \int_2^0 (3x^3+4x^7+x) dx$

$= \left[\frac{3}{4}x^4 + \frac{4}{8}x^8 + \frac{1}{2}x^2\right]_{-2}^0 - \left[\frac{3}{4}x^4 + \frac{4}{8}x^8 + \frac{1}{2}x^2\right]_2^0$

$= \left\{0 - \left(\frac{3}{4}(-2)^4 + \frac{4}{8}(-2)^8 + \frac{1}{2}(-2)^2\right)\right\} - \left\{0 - \left(\frac{16}{4} + \frac{4}{8}(2)^8 + \frac{1}{2}(2)^2\right)\right\}$

$= -(12+2^7+2) + (12+2^7+2) = 0$

다른 방법으로 정적분의 성질을 이용하여 구할 수도 있다.

$\int_a^b f(x)\,dx = -\int_b^a f(x)\,dx$의 성질과 기함수에서 적분이 0이 되는 성질을 이용하면

$$\int_{-2}^0 (3x^3+4x^7+x) dx - \int_2^0 (3x^3+4x^7+x) dx$$

$$= \int_{-2}^0 (3x^3+4x^7+x) dx + \int_0^2 (3x^3+4x^7+x) dx$$

$$= \int_{-2}^2 (3x^3+4x^7+x) dx = 0$$

∴ (a) 64, (b) 11, (c) 0

1.3.4 넓이

정적분을 이용하여 일정 구간의 곡선 넓이를 구할 수 있다. [그림 1-18(a)]는 $[a,\ b]$에서 함수 $y=f(x)$는 모두 양의 값을 가지므로 넓이 S는 다음과 같다.

$$S = \int_a^b f(x)\,dx$$

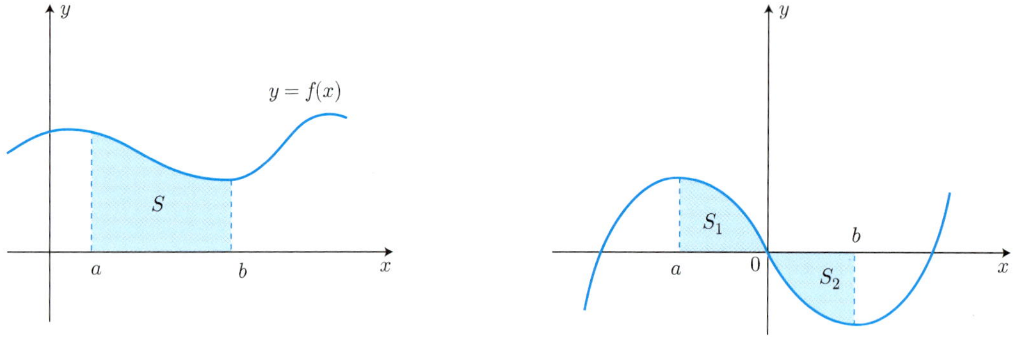

(a) 모든 구간에서 $f(x) \geq 0$인 경우

(b) 구간에 $f(x) \geq 0$, $f(x) \leq 0$가 같이 있는 경우

[그림 1-18] 정적분을 이용한 넓이 (1)

그러나 [그림 1-18(b)]는 $[a,\ b]$에서 함수 $y=f(x)$가 모두 양의 값이 아니다. 따라서 함수값이 양인 구간과 음인 구간을 나누어 음인 구간에서는 $y=-f(x)$로 적분하여 양수값으로 나타낸다.

$$S = \int_a^0 f(x)dx + \int_0^b -f(x)dx$$

$$\int_a^0 f(x)dx - \int_0^b f(x)dx$$

정리 1-19 정적분을 이용한 넓이 (1)

곡선 $y=f(x)$에서 x축과 $x=a$, $x=b$로 둘러싸인 도형의 넓이는 다음과 같다.

$$S = \int_a^b |f(x)|\,dx$$

이번에는 두 곡선으로 이루어진 넓이를 살펴보자. 함수 $f(x)$와 함수 $g(x)$가 $[a,\ b]$에서 [그림 1-19]와 같은 넓이를 가진다고 하자. 색칠한 부분 S의 넓이를 구하려 한다면, 먼저 함수 $f(x)$의 넓이를 구해 S_1이라 한다. 다음으로 함수 $g(x)$의 넓이 S_2를 구한 뒤, S_1에서 S_2를 빼면 된다.

$$\begin{aligned} S &= S_1 - S_2 \\ &= \int_a^b f(x)\,dx - \int_a^b g(x)\,dx \\ &= \int_a^b f(x) - g(x)\,dx \end{aligned}$$

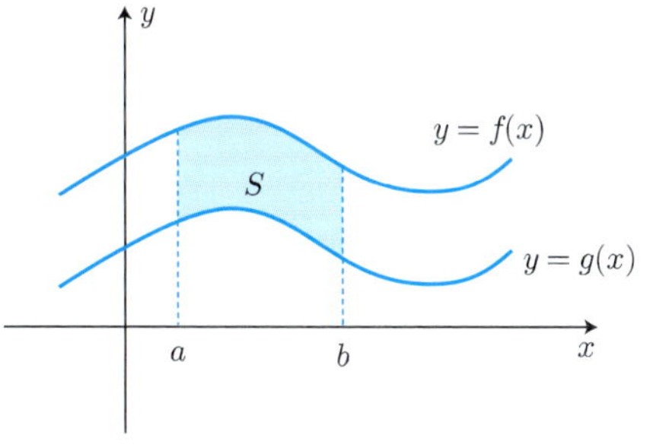

[그림 1-19] 정적분을 이용한 넓이 (2)

정리 1-20 정적분을 이용한 넓이 (2)

두 곡선 $y = f(x)$와 $y = g(x)$에서 두 직선과 $x = a$, $x = b$로 둘러싸인 도형의 넓이는 다음과 같다.

$$S = \int_a^b |f(x) - g(x)|\,dx$$

예제 1-43

함수 $y = x^2 + 1$과 x축 및 $x = 0$, $x = 2$로 둘러싸인 부분의 넓이를 구하라.

풀이

주어진 조건을 만족하는 부분을 그래프로 나타내면 다음과 같다.

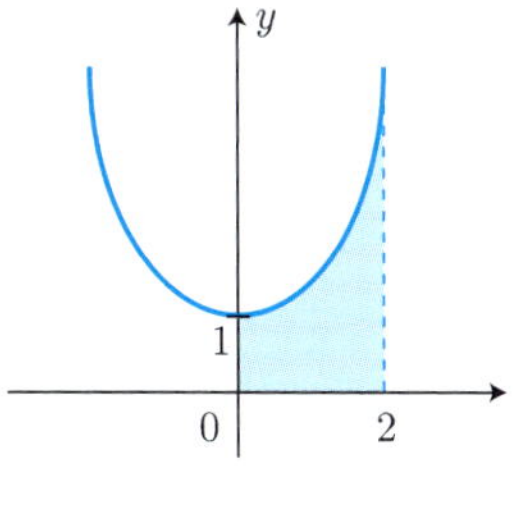

즉 색칠한 부분의 넓이를 구하면

$$\int_0^2 (x^2+1)dx = \left[\frac{1}{3}x^3+x\right]_0^2 = \frac{8}{3}+2 = \frac{14}{3}$$

$\therefore\ \frac{14}{3}$

예제 1-44

$[0,\ 2]$에서 곡선 $y=x^2-x$와 x축 사이의 도형의 넓이를 구하라.

풀이

$[0,\ 2]$에서 곡선 $y=x^2-x$와 x축 사이의 도형을 그래프로 나타내면 다음과 같다.

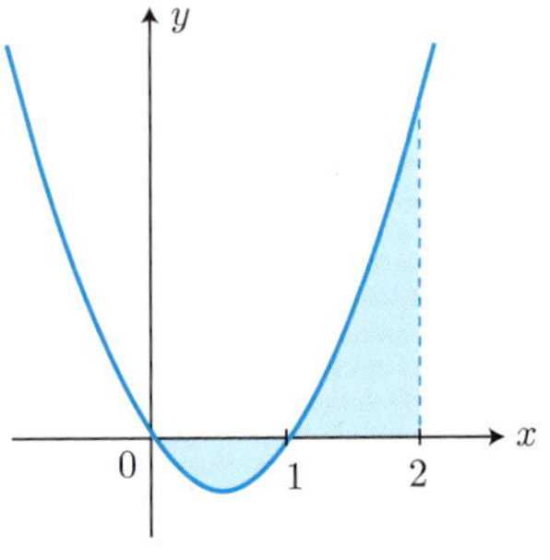

색칠한 부분의 조건을 정리하면

$$0 \le x \le 1,\ \ y \le 0$$
$$1 \le x \le 2,\ \ y \ge 0$$

이므로, 넓이를 구하면

$$-\int_0^1 (x^2-x)dx + \int_1^2 (x^2-x)dx = -\left[\frac{1}{3}x^3-\frac{1}{2}x^2\right]_0^1 + \left[\frac{1}{3}x^3-\frac{1}{2}x^2\right]_1^2 = 1$$

$\therefore\ 1$

예제 1-45

다음 그래프에서 색칠한 부분의 넓이를 구하라.

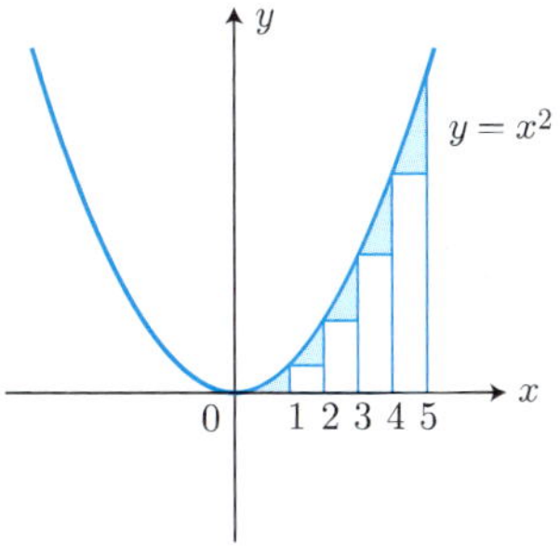

풀이

색칠한 부분의 넓이를 S라 하자. 색칠한 부분의 넓이는 $y=x^2$과 x축 및 직선 $x=5$로 둘러싸인 부분의 넓이에서 직사각형의 넓이를 빼면 된다.

$$S=\int_0^5 x^2dx-[1^2+2^2+3^2+4^2]=\left[\frac{1}{3}x^3\right]_0^5-30=\frac{125}{3}-30=\frac{35}{3}$$

$\therefore\ \frac{35}{3}$

Section 1.3 연습문제

A1. $f'(x)=\int(x^3+2x)dx$ 이고, $f(0)=0$ 일 때, $f(-1)$의 값을 구하라.

① $\frac{1}{4}$　② $\frac{1}{2}$　③ $\frac{3}{4}$
④ 1　⑤ $\frac{5}{4}$

풀이 ⑤

$f(x)=\frac{1}{4}x^4+x^2+C$, $f(0)=C=0$이다.

$f(x)=\frac{1}{4}x^4+x^2$이므로

$f(-1)=\frac{1}{4}+1=\frac{5}{4}$

A2. 이차함수 $f(x)$와 그 부정적분 $F(x)$ 사이에 $F(x)=xf(x)+2x^3-x^2+1$, $f(1)=2$인 관계가 성립할 때 $f(x)$를 구하라.

Hint

다항식의 미분공식

$y=f(x)\times g(x)$
$y'=f'(x)g(x)+f(x)g'(x)$
$y=f(x)\pm g(x)$
$y'=f'(x)\pm g'(x)$
$y=\frac{g(x)}{f(x)}$
$y'=\frac{g'(x)f(x)-g(x)f'(x)}{(f(x))^2}$

풀이 $f(x)=-3x^2+2x+3$

$F'(x)=(xf(x))'+6x^2-2x$ ← Hint 적용

$=1f(x)+xf'(x)+6x^2-2x$

$f(x)=f(x)+xf'(x)+6x^2-2x$

$xf'(x)=-6x^2+2x$

$f'(x)=-6x+2$

$f(x)=\int(-6x+2)dx=-3x^2+2x+C$

$f(1)=-3+2+C=2$, $C=3$

따라서 $f(x)=-3x^2+2x+3$

A3. $\int_0^{-1}f(x)dx=-2$, $\int_0^2 f(x)dx=3$, $\int_2^3 f(x)dx=5$일 때, $\int_{-1}^3 f(x)dx$의 값을 구하라.

① 10　② 11　③ 12
④ 13　⑤ 14

풀이 ①

$\int_{-1}^3 f(x)dx$

$=\int_{-1}^0 f(x)dx+\int_0^2 f(x)dx+\int_2^3 f(x)dx$

$=2+3+5=10$

A4. 함수 $f(x)=\begin{cases} x^2, & 0 \le x \le 1 \\ 2x-x^2, & 1 \le x \le 2 \end{cases}$

일 때, $\int_0^2 f(x)dx$의 값을 구하라.

풀이 1

함수 $y=f(x)$의 그래프는 다음과 같다.

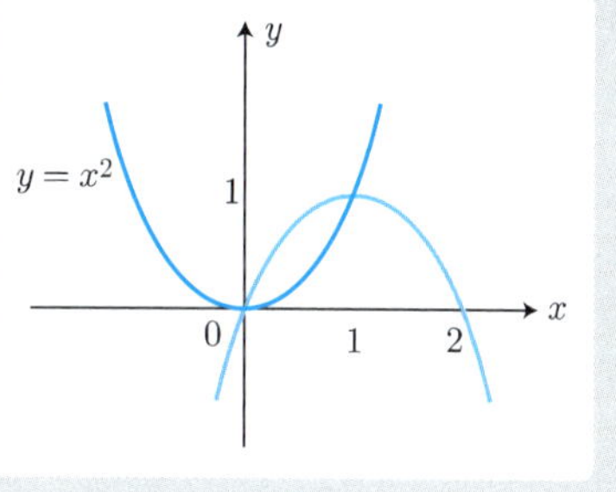

$$\int_0^1 x^2dx+\int_1^2(2x-x^2)dx$$
$$=\left[\frac{1}{3}x^3\right]_0^1+\left[x^2-\frac{1}{3}x^3\right]_1^2$$
$$=\frac{1}{3}+\left\{\left(4-\frac{8}{3}\right)-\left(1-\frac{1}{3}\right)\right\}$$
$$=\frac{1}{3}+\left(\frac{4}{3}-\frac{2}{3}\right)=\frac{1}{3}+\frac{2}{3}=1$$

A5. $f(x)=1-x+x^2-x^3$일 때,

$$\int_{-1}^2 f(x)dx-\int_3^2 f(x)dx+\int_3^1 f(x)dx$$

의 값을 구하라.

Hint

우함수와 기함수의 적분

$\int_{-n}^n$ 기함수 $dx=0$

$\int_{-n}^n$ 우함수 $dx=2\int_0^n f(x)dx$

풀이 $\frac{8}{3}$

$$\int_{-1}^2 f(x)dx-\int_3^2 f(x)dx+\int_3^1 f(x)dx$$
$$=\int_{-1}^2 f(x)dx+\int_2^3 f(x)dx+\int_3^1 f(x)dx$$
$$=\int_{-1}^1 f(x)dx=\int_{-1}^1(1-x+x^2-x^3)dx$$
$$=\int_{-1}^1(-x-x^3)dx+\int_{-1}^1(x^2+1)dx$$

↑ Hint 적용

$$=0+2\int_0^1(x^2+1)dx$$
$$=2\left[\frac{1}{3}x^3+x\right]_0^1$$
$$=\frac{8}{3}$$

A6. 연속함수 $f(x)$가 임의의 실수 x, y에 대해 $f(x+y)=f(x)+f(y)$를 만족할 때, $\int_a^b f(x)dx - \int_{-a}^b f(x)dx$의 값을 구하라.

풀이 0

$x=y=0$을 대입하면

$$f(0+0)=f(0)+f(0)$$

이므로 $f(0)=0$이고, $y=-x$를 대입하면

$$f(x-x)=f(x)+f(-x)=0$$

에서 $f(x)=-f(-x)$이다.

$f(x)$는 기함수이므로

$$\int_a^b f(x)dx - \int_{-a}^b f(x)dx$$
$$=\int_a^b f(x)dx + \int_b^{-a} f(x)dx$$
$$=\int_a^{-a} f(x)dx = -\int_{-a}^a f(x)dx = 0$$

A7. 임의의 다항함수 $f(x)$에 대하여 다음이 항상 성립하는 상수 a의 값을 구하라.

$$\int_{-2}^0 f(x)dx - \int_1^0 f(x)dx + \int_1^a f(x)dx = 0$$

풀이 -2

$$\int_{-2}^0 f(x)dx - \int_1^0 f(x)dx + \int_1^a f(x)dx$$
$$=\int_{-2}^1 f(x)dx + \int_1^a f(x)dx$$
$$=\int_{-2}^a f(x)dx$$

$\int_{-2}^a f(x)dx = 0$이려면 $a=-2$

A8. 다음 값을 구하라.

$$\int_1^2 \frac{x^2}{x^2+1}dx + \int_2^3 \frac{x^2}{x^2+1}dx + \int_1^3 \frac{1}{y^2+1}dy$$

풀이 2

$$\int_1^2 \frac{x^2}{x^2+1}dx + \int_2^3 \frac{x^2}{x^2+1}dx + \int_1^3 \frac{1}{y^2+1}dy$$
$$=\int_1^3 \frac{x^2}{x^2+1}dx + \int_1^3 \frac{1}{y^2+1}dy$$

x, y를 임의의 변수 t로 치환하면

$$\int_1^3 \left(\frac{t^2}{t^2+1} + \frac{1}{t^2+1}\right)dt = \int_1^3 \left(\frac{t^2+1}{t^2+1}\right)dt$$
$$=\int_1^3 1\,dt = [t]_1^3 = 3-1=2$$

A9. 함수 $f(x)=\begin{cases} 2, & |x|>1 \\ |x|, & |x|\le 1 \end{cases}$ 일 때,

$\int_{-1}^{3} xf(1-x)dx$ 의 값을 구하라.

풀이 $\frac{35}{6}$

조건을 풀면

$$-1\le x\le 1,\quad f(x)=|x|$$
$$x<-1,\quad x>1,\quad f(x)=2$$

이므로, 그림으로 나타내면 다음과 같다.

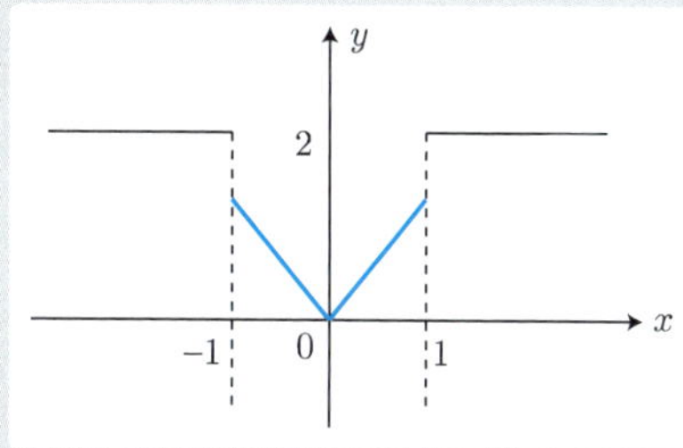

$f(1-x)=\begin{cases} 2, & |1-x|>1 \\ |1-x|, & |1-x|\le 1 \end{cases}$ 이므로

$$f(1-x)=\begin{cases} 2, & x<0,\ x>2 \\ |x-1|, & 0\le x\le 2 \end{cases}$$

따라서

$$\int_{1}^{3} xf(1-x)dx$$
$$=\int_{1}^{2} x(x-1)dx+\int_{2}^{3} x\,2\,dx$$
$$=\int_{1}^{2} (x^2-x)dx+\int_{2}^{3} 2x\,dx$$
$$=\left[\frac{1}{3}x^3-\frac{1}{2}x^2\right]_1^2+\left[x^2\right]_2^3$$
$$=\frac{1}{3}(2^3-1^3)-\frac{1}{2}(2^2-1^2)+(9-4)$$
$$=\frac{35}{6}$$

A10. 다음 중 $\lim_{n\to\infty}\sum_{k=1}^{n}\left(\frac{2k}{n}\right)^2\left(\frac{1}{n}\right)$과 같은 것을 골라라.

① $\int_0^2 x^2dx$ ② $2\int_0^2 x^2dx$

③ $\frac{1}{2}\int_0^2 x^2dx$ ④ $\int_0^2 xdx$

⑤ $2\int_0^2 xdx$

풀이 ③

$\lim_{n\to\infty}\sum_{k=1}^{n}\left(a+\frac{pk}{n}\right)\left(\frac{p}{n}\right)=\int_a^{a+b} f(x)dx$ 이므로

$\lim_{n\to\infty}\sum_{k=1}^{n}\left(0+\frac{2k}{n}\right)^2\left(\frac{2}{n}\right)\left(\frac{1}{2}\right)$

$=\frac{1}{2}\int_0^{0+2} x^2dx=\frac{1}{2}\int_0^2 x^2dx$

A11. 함수 $f(x)=3x^2+2x+\int_0^2 f(t)dt$ 일 때, $f(2)$의 값을 구하라.

풀이 4

$a=\int_0^2 f(t)dt$로 두면

$$f(x)=3x^2+2x+a$$

이므로

$a=\int_0^2(3t^2+2t+a)dt=\left[t^3+t^2+at\right]_0^2$

$=8+4+2a=12+2a$

따라서 $a=-12$이고, $f(x)=3x^2+2x-12$이므로 $f(2)=12+4-12=4$

A12. $\lim_{n\to\infty}\sum_{k=1}^{n}\left(1+\frac{2k}{n}\right)^3\left(\frac{3}{n}\right)$의 값을 구하라.

풀이 30

$\lim_{n\to\infty}\sum_{k=1}^{n}\left(1+\frac{2k}{n}\right)^3\left(\frac{2}{n}\right)\left(\frac{3}{2}\right)$

$=\frac{3}{2}\int_1^{1+2} x^3dx=\frac{3}{2}\int_1^3 x^3dx=\frac{3}{2}\left[\frac{1}{4}x^4\right]_1^3$

$=\frac{3}{8}(3^4-1^4)=\frac{3}{8}(80)=30$

A13. 곡선 $y=x^3-x^2-2x$와 x축으로 둘러싸인 두 부분의 넓이를 각각 S_1, S_2라 할 때, $S_1:S_2$의 비를 구하라. (단, $S_1 < S_2$)

풀이 $5:32$

$y=x^3-x^2-2x$의 그래프는 다음과 같다.

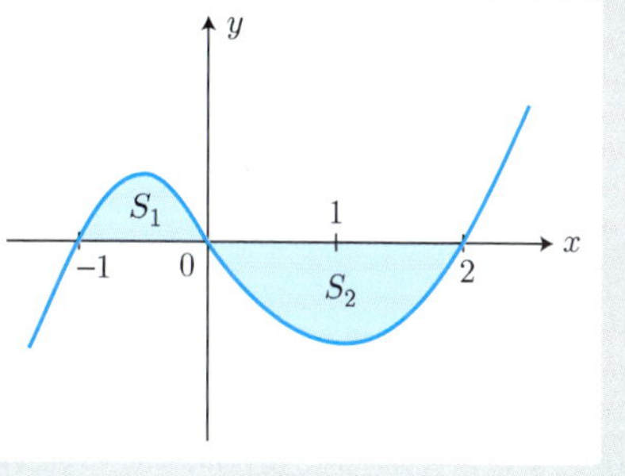

S_1, S_2의 넓이를 구하면

$$y=x^3-x^2-2x=x(x^2-x-2)$$
$$=x(x-2)(x+1)$$

이므로

$$S_1=\int_{-1}^{0}(x^3-x^2-2x)dx$$
$$=\left[\frac{1}{4}x^4-\frac{1}{3}x^3-x^2\right]_{-1}^{0}=\frac{5}{12}$$

$$S_2=-\int_{0}^{2}(x^3-x^2-2x)dx$$
$$=-\left[\frac{1}{4}x^4-\frac{1}{3}x^3-x^2\right]_{0}^{2}=\frac{8}{3}$$

$$S_1:S_2=\frac{5}{12}:\frac{8}{3}=5:32$$

A14. 두 곡선 $y=x^2-x$와 $y=-x^2+3x$로 둘러싸인 부분의 넓이를 구하라.

풀이 $\frac{4}{3}$

두 곡선의 교점을 구하면

$$x^2-x=-x^2+3x$$
$$2x^2-4x=0$$
$$2x(x-2)=0$$
$$x=0,\ x=2$$

두 곡선을 그래프로 나타내면 다음과 같다.

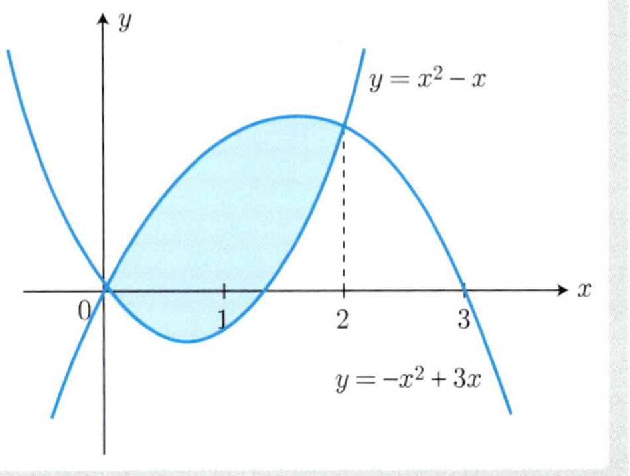

$$\int_0^2 (-x^2+3x)-(x^2-x)dx$$
$$=\int_0^2 (-2x^2+4x)\,dx$$
$$=\left[-\frac{2}{3}x^3+2x^2\right]_0^2=-\frac{2}{3}\cdot 8+8$$
$$=-\frac{16}{3}+\frac{24}{3}=\frac{8}{3}$$

Chapter 01 연습문제

1.1.1 등차수열

B1. 등차수열을 이루는 세 수가 있다. 합이 15이고, 제곱의 합이 83일 때 가장 큰 수와 작은 수의 차를 구하라.

① 4 ② 5 ③ 6
④ 7 ⑤ 8

풀이 ①

$$a-d+a+a+d=15,\ 3a=15,\ a=5$$
$$(a-d)^2+a^2+(a+d)^2=83$$
$$3a^2+2d^2=83$$
$$75+2d^2=73,\ 2d^2=8,\ d^2=4,\ d=\pm 2$$

i) 가장 큰 수는 $a+d=5+2=7$
ii) 가장 작은 수는 $a-d=5-2=3$

따라서 두 수의 차는 $7-3=4$

B2. 오른쪽 그림과 같이 전체 길이가 500m인 원형 트랙의 양 끝에 두 지점 A, B가 있다. 갑은 A에 서 있고, 을은 B에서 자전거를 타고 출발하여 계속하여 달릴 때, 두 사람이 n번째 만날 때까지 B가 달린 거리의 총합을 a_n이라 하자. 이때, a_{10}의 값을 구하라.

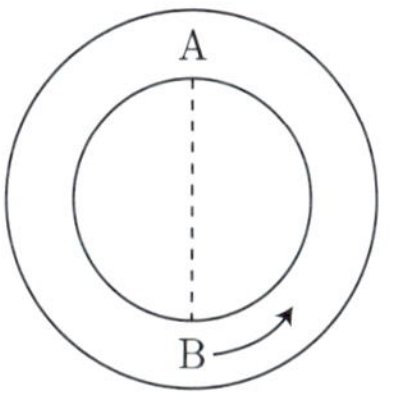

① 3,250m ② 3,750m
③ 4,250m ④ 4,750m
⑤ 5,250m

풀이 ④

$$a_1=250,\ a_2=a_1+500,\ a_3=a_2+500,\ \cdots$$
이므로 $a_n=a_{n-1}+500$이다.

수열 a_n은 첫째항이 250이고 공차가 500이므로
$$a_n=250+(n-1)\times 500$$

따라서 $a_{10}=250+(10-1)\times 500=4750$

B3. 표의 가로와 세로의 수들이 모두 등차수열을 이루도록 빈 칸에 수를 적을 때, $a+b$의 값을 구하라.

-2		4
a		
	5	
b		13

① 0　　② 2　　③ 4
④ 6　　⑤ 8

풀이 ①
첫 번째 가로줄에서 -2, □, 4가 순서대로 등차수열을 이루므로

$$\square=\frac{-2+4}{2}=1$$

세 번째 세로줄에서 4, ○, △, 13이므로

$$13=4+3d,\ d=3$$

$$\therefore\ ○=7,\ △=10$$

이와 같이 공차를 찾거나 등차중앙을 이용하여 빈 칸에 알맞은 수를 적으면 다음과 같다.

-2	1	4
$a=-1$	3	7
0	5	10
$b=1$	7	13

따라서 $a+b=-1+1=0$

B4. 세 수 a, -1, b는 순서대로 등차수열을 이루고, 세 수 a, 2, b의 역수도 순서대로 등차수열을 이룬다고 한다. 다음 중 a, b를 두 근으로 하는 이차방정식을 구하라.

① $x^2-2x-2=0$
② $x^2+2x-2=0$
③ $x^2-2x+2=0$
④ $x^2-2x+4=0$
⑤ $x^2+2x-4=0$

풀이 ②
a, -1, b에서 등차중앙을 구하면

$$-2=a+b$$

$\frac{1}{a}$, $\frac{1}{2}$, $\frac{1}{b}$에서 등차중앙을 구하면

$$\frac{2}{2}=\frac{1}{a}+\frac{1}{b}$$

$$1=\frac{a+b}{ab},\ ab=a+b=-2$$

따라서

$$x^2-(a+b)x+(ab)=0$$

$$x^2+2x-2=0$$

B5. 조화수열의 일반항 a_n에서 $a_n = m$, $a_m = n$일 때, a_{m+n}의 값을 구하라. (단, $m \neq n$)

① $\frac{1}{m}+\frac{1}{n}$ ② $\frac{mn}{m+n}$
③ $\frac{2mn}{m+n}$ ④ $\frac{2}{m}+\frac{2}{n}$
⑤ $\frac{mn}{m-n}$

풀이 ②

$\frac{1}{a_n}=\frac{1}{a_1}+(n-1)d$이므로

$$\frac{1}{m}=\frac{1}{a_1}+(n-1)d,\ \frac{1}{n}=\frac{1}{a_1}+(m-1)d$$

$$\frac{1}{m}-\frac{1}{n}=(n-m)d$$

$$\frac{n-m}{mn}=(n-m)d$$

따라서

$$d=\frac{1}{mn}$$

$$\frac{1}{m}=\frac{1}{a_1}+(n-1)d$$

d를 대입하면 $\frac{1}{a_1}=\frac{1}{mn}$이므로

$$\frac{1}{a_{m+n}}=\frac{1}{mn}+(m+n-1)\frac{1}{mn}$$

$$=\frac{1+m+n-1}{mn}=\frac{m+n}{mn}$$

따라서 $a_{m+n}=\frac{mn}{m+n}$

B6. 정삼각형 모양의 타일을 이용하여 다음 그림과 같이 각 변의 길이가 처음 정삼각형 한 변 길이의 2배, 3배, 4배 …인 정삼각형 모양을 계속하여 만든다. 한 변의 길이가 처음 정삼각형 한 변 길이의 6배인 정삼각형을 만들 때, 필요한 타일의 개수를 구하라.

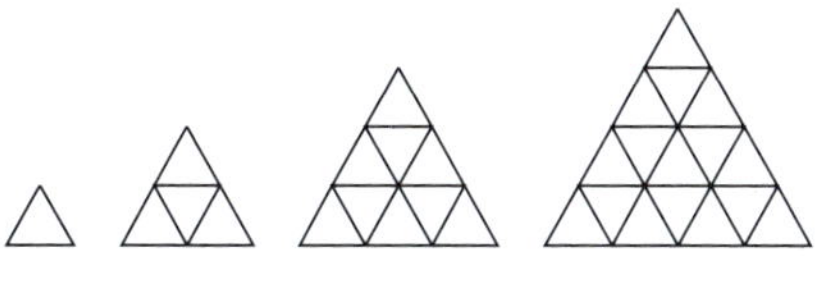

① 30개 ② 32개 ③ 34개
④ 36개 ⑤ 38개

풀이 ④

한 변의 길이가 처음 정삼각형 한 변 길이의 1배, 2배, 3배, 4배 …인 정삼각형을 만드는 데 필요한 타일의 개수는 각각

1, 1+3, 1+3+5, 1+3+5+7 …

한 변의 길이가 처음 정삼각형 한 변 길이의 6배인 정삼각형을 만드는 데 필요한 타일의 개수는

$$1+3+5+7+9+11$$
$$=(1+11)+(3+9)+(5+7)$$
$$=12+12+12$$
$$=36$$

1.1.2 등차수열의 합

B7. 제20항이 −17이고 첫째항부터 제20항까지 합이 230인 등차수열에서 첫째항부터 제30항까지의 합을 구하라.

① -100 ② -105
③ -110 ④ -115
⑤ -120

풀이 ②

$$a_{20} = -17 \cdots ①$$
$$= a + 19d = -17$$
$$S_{20} = 230$$
$$= \frac{20\{2a+(19)d\}}{2}$$
$$= 10(2a+19d) = 230$$
$$2a + 19d = 23 \cdots ②$$

식 ①과 식 ②를 연립하면

$$-19d = 57,\ d = -3$$

$$S_{30} = \frac{30\{2\times 40+(30-1)(-3)\}}{2}$$
$$= 15\{80+29(-3)\}$$
$$= 15(80-87)$$
$$= 15(-7)$$
$$= -105$$

B8. 첫째항이 30이고, 공차가 −4인 등차수열에서 첫째항부터 m항까지의 합이 최대이고, 최댓값은 k일 때 $k-m$의 값을 구하라.

풀이 120

m항까지의 합에서 최댓값을 찾으려면 a_n에서 어느 항까지 양수인지를 구한다.

$$a_n = 30+(n-1)(-4) > 0$$
$$30-4n+4 > 0$$
$$n < \frac{34}{4} = 8.5$$
$$a_8 = 30+(8-1)(-4) = 30+(-28) = 2$$
$$a_9 = 30+(9-1)(-4) = 30+(-32) = -2$$

즉, 8항까지의 합이 최대이므로

$$S_n = \frac{n\{2a+(n-1)d\}}{2}$$
$$= \frac{8\{2\times 30+(8-1)(-4)\}}{2} = 128$$

$k=128,\ m=8$이므로 $k-m=120$

1.1.3 등비수열

B9. 공비가 양수인 등비수열 $\{a_n\}$에서 제2항이 8이고 제4항이 128일 때, 몇 항까지의 합이 처음으로 20000보다 커지는지 구하라.

풀이 8항

$$a_4 = ar^3 = 128,\ a_2 = ar = 8$$

두 식을 나누면

$$r^2 = \frac{128}{8} = 16,\ r = 4,\ a = 2$$

이므로

$$S_n = \frac{a(r^n - 1)}{r - 1} = \frac{2(4^n - 1)}{4 - 1} = \frac{2(4^n - 1)}{3}$$

따라서

$$\frac{2(4^n - 1)}{3} > 20000$$

$$\frac{4^n - 1}{3} > 10000$$

$$4^n - 1 > 30000$$

$$2^{2n} - 1 > 30000$$

$2^4 = 16,\ 2^5 = 32,\ 2^6 = 64,\ 2^7 = 128$

$2^8 = 256,\quad 2^9 = 512,\quad 2^{10} = 1024$

$2^{11} = 2048,\quad 2^{12} = 4096,\quad 2^{13} = 8192$

$2^{14} = 16384,\ 2^{15} = 32768,\ 2^{16} = 65536$

$$n = 7,\ 2^{14} - 1 = 16383$$

$$n = 8,\ 2^{16} - 1 = 65535$$

따라서 $n = 8$

B10. 이차방정식 $x^2 - 6x + 2 = 0$의 두 근을 α, β라 하자. $\frac{1}{\alpha}, \frac{1}{q}, \frac{1}{\beta}$은 순서대로 등차수열을 이루고, $\frac{1}{\alpha^2}, \frac{1}{p}, \frac{1}{\beta^2}$은 순서대로 등비수열을 이룬다. 이때 pq의 값을 구하라. (단, $p > 0$)

① $\frac{1}{4}$　② $\frac{1}{3}$　③ $\frac{2}{3}$　④ 1　⑤ $\frac{4}{3}$

풀이 ⑤

$x^2 - 6x + 2 = 0$에서 $\alpha + \beta = 6,\ \alpha\beta = 2$이다.

등차중앙과 등비중앙을 이용하면

$\frac{2}{q} = \frac{1}{\alpha} + \frac{1}{\beta} = \frac{\alpha + \beta}{\alpha\beta} = \frac{6}{2} = 3$이므로 $q = \frac{2}{3}$

$$\left(\frac{1}{p}\right)^2 = \left(\frac{1}{\alpha\beta}\right)^2$$

$$p^2 = (\alpha\beta)^2$$

$$p = \alpha\beta = 2$$

$p = 2,\ q = \frac{2}{3}$이므로 $pq = 2 \times \left(\frac{2}{3}\right) = \frac{4}{3}$

1.1.4 등비수열의 합

B11. 등비수열의 일반항 a_n에서 첫째항부터 n항까지의 합 S_n에 대하여 $S_{10}=20$, $S_{20}=60$일 때, S_{30}의 값을 구하라.

① 80　② 100　③ 120
④ 140　⑤ 160

풀이 ④

$$S_{20}=\frac{a(r^{20}-1)}{r-1}=60,\ S_{10}=\frac{a(r^{10}-1)}{r-1}=20$$

$$\frac{a(r^{20}-1)}{r-1}=\frac{a(r^{10}-1)(r^{10}+1)}{r-1}=60$$

이므로 $\frac{a(r^{10}-1)}{r-1}=20$을 대입하면

$$20(r^{10}+1)=60$$

$$r^{10}+1=3,\ r^{10}=2$$

$$S_{30}=\frac{a(r^{30}-1)}{r-1}$$

$$=\frac{a(r^{10}-1)(r^{20}+r^{10}+1)}{r-1}$$

$$=20(4+2+1)$$

$$=20\times7=140$$

B12. 504의 약수의 개수를 x, 약수의 총합을 y라 할 때, $x+y$의 값을 구하라.

① 1368　② 1584　③ 1896
④ 2240　⑤ 2264

Hint
약수의 개수와 총합
$x=2^\alpha 3^\beta 5^\gamma$일 때
(1) 약수의 개수는 $(\alpha+1)(\beta+1)(\gamma+1)$
(2) 약수의 총합은
$(2^0+2^1+\cdots+2^\alpha)(3^0+3^1+\cdots+3^\beta)(5^0+5^1+\cdots+5^\gamma)$

풀이 ②

504를 소인수분해하면

$$504=2^3\times3^2\times7^1$$

약수의 개수는 ← Hint (1) 적용

$$x=(3+1)(2+1)(1+1)$$

$$=4\times3\times2=24$$

약수의 총합은 ← Hint (2) 적용

$$y=(2^0+2^1+2^2+2^3)(3^0+3^1+3^2)(7^0+7^1)$$

$$=\frac{1(2^4-1)}{2-1}\times\frac{1(3^3-1)}{3-1}\times(1+7)$$

$$=15\times\left(\frac{26}{2}\right)\times8=1560$$

따라서 $x+y=24+1560=1584$

B13. 4^n의 일의 자리수를 $a_n(n \geq 1)$이라 할 때, $\frac{a_1}{3}+\frac{a_2}{3^2}+\frac{a_3}{3^3}+\frac{a_4}{3^4}+\cdots+\frac{a_{10}}{3^{10}}$의 값을 구하라.

B14. 컴퓨터 구입 비용을 마련하기 위해 2013년 1월 1일부터 매월 1일 20만원씩 적립할 때, 2013년 12월 31일까지 총 적립금의 원리합계는 얼마인지 구하라. (단, 월이율 0.4%, 1개월마다 복리로, $(1.004)^{12}=1.05$)

① 250만원 ② 251만원
③ 253만원 ④ 254만원
⑤ 256만원

풀이 $\frac{14762}{6561}$

$\frac{4}{3}+\frac{6}{3^2}+\frac{4}{3^3}+\frac{6}{3^4}+\cdots$를 상수항에 따라 분리하면

$$4\left(\frac{1}{3}+\frac{1}{3^3}+\frac{1}{3^5}+\frac{1}{3^7}+\frac{1}{3^9}\right)$$
$$+6\left(\frac{1}{3^2}+\frac{1}{3^4}+\frac{1}{3^6}+\frac{1}{3^8}+\frac{1}{3^{10}}\right)$$
$$=4\frac{\frac{1}{3}\left(1-\left(\frac{1}{9}\right)^5\right)}{1-\frac{1}{9}}+6\frac{\frac{1}{9}\left(1-\left(\frac{1}{9}\right)^5\right)}{1-\frac{1}{9}}$$
$$=\frac{9}{4}\left(1-\frac{1}{9^5}\right)=\frac{14762}{6561}$$

풀이 ②

$a_1=2\times10^5(1+0.004)$이므로

$$\frac{2\times10^5(1+0.004)\{(1.004)^{12}-1\}}{1.004-1}$$
$$=\frac{2\times10^5(1+0.004)(1.05-1)}{0.004}$$
$$=\frac{2\times10^5(1.004)(0.05)}{0.004}$$
$$=\frac{5\times10^3(1.004)}{0.002}$$
$$=2510000$$

B15. 금년부터 매년 초에 20만원씩 10년간 지급되는 연금이 있다. 금년 초에 연금을 다 받는다면 얼마를 받게 되는지 구하라. (단, 연이율 1할, $(1.1)^{10}=2.59$)

풀이 135만원

구하는 값을 A라고 하고, 각각 n년 말의 원리합계를 구하면

$$A(1+0.1)^{10}=20(1.1)\frac{\{(1.1)^{10}-1\}}{1.1-1}$$
$$=\frac{20(1.1)\{(1.1)^{10}-1\}}{0.1}$$
$$=\frac{20(1.1)(2.59-1)}{0.1}$$

$$A(1.1)^{10}=200\times(1.1)(1.59)$$
$$2.59A=220(1.59)$$

따라서 $A=\dfrac{220(1.59)}{2.59}=135.05$

1.2.1 시그마

B16. 함수 $f(x)=x-7\left[\dfrac{x}{7}\right]$에 대하여

$\displaystyle\sum_{k=1}^{12} f(2^k)$의 값을 구하라.

Hint

가우스 함수

$[x]$는 x를 넘지 않는 최대 정수로 $x=[n]$일 때 $n\le x<n+1$이다.

$x=1.7=1+0.7$

$\Rightarrow [x]=1$

$x=-2.3=-2-0.3$

$=-2-1+1-0.3$

$=-3+0.7$

$\Rightarrow [x]=-3$

풀이 28

Hint 를 적용하면

$k=1,\ f(2^1)=2-7\left[\dfrac{2}{7}\right]=2$

$k=2,\ f(2^2)=4-7\left[\dfrac{4}{7}\right]=4$

$k=3,\ f(2^3)=8-7\left[\dfrac{8}{7}\right]=8-7\times1=1$

$k=4,\ f(2^4)=16-7\left[\dfrac{16}{7}\right]=16-7\times2=2$

$k=5,\ f(2^5)=32-7\left[\dfrac{32}{7}\right]=32-7\times4$

$=32-28=4$

2, 4, 1, 2, 4, 1, …을 반복한다.

따라서 $4\times(2+4+1)=4\times7=28$

B17. 다음 모든 수의 합을 구하라.

$$\begin{array}{l} 1 \\ 2\ 2 \\ 2^2\,2^2\,2^2 \\ 2^3\,2^3\,2^3\,2^3 \\ 2^4\,2^4\,2^4\,2^4\,2^4 \end{array}$$

B18. $S_n = \dfrac{1}{3}n(n+1)(n+2)$, $(n \geq 1)$일 때, $\displaystyle\sum_{k=1}^{n}\frac{1}{a_k}$에서 $n=99$의 값을 구하라.

① $\dfrac{95}{100}$ ② $\dfrac{96}{100}$ ③ $\dfrac{99}{100}$
④ $\dfrac{98}{100}$ ⑤ $\dfrac{97}{100}$

풀이 129

$$\begin{array}{ll} 1 & \rightarrow a_1 = 1 \\ 2\ 2 & \rightarrow a_2 = 2\times 2 \\ 2^2 2^2 2^2 & \rightarrow a_3 = 3\times 2^2 \\ 2^3 2^3 2^3 2^3 & \rightarrow a_4 = 4\times 2^3 \\ 2^4 2^4 2^4 2^4 2^4 & \rightarrow a_5 = 5\times 2^4 \end{array}$$

$$\begin{array}{rl} & S = 1+2\times 2^1+3\times 2^2+4\times 2^3+5\times 2^4 \\ - & 2S = 1\times 2+2\times 2^2+3\times 2^3+4\times 2^4+5\times 2^5 \\ \hline \end{array}$$

$$-S = 1+2^1+2^2+2^3+2^4-5\times 2^5$$

$$= \frac{1(2^5-1)}{2-1} - 5\times 2^5 = 2^5-1-5\times 2^5$$

$$S = 5\times 2^5 - 2^5 + 1$$
$$= 4\times 2^5 + 1 = 2^7+1 = 129$$

풀이 ③

i) $n \geq 2$일 때

$$a_n = S_n - S_{n-1}$$
$$= \frac{n(n+1)(n+2)}{3} - \frac{(n-1)\times n(n+1)}{3}$$
$$= n(n+1)$$

ii) $n=1$일 때

$$a_1 = S_1 = \frac{1}{3}\times 1\times 2\times 3 = 2$$

이므로 $a_n = n(n+1)$, $(n \geq 1)$이다. 따라서

$$\sum_{k=1}^{n}\frac{1}{a_k} = \sum_{k=1}^{n}\frac{1}{k(k+1)} = \sum_{k=1}^{n}\left(\frac{1}{k} - \frac{1}{k+1}\right)$$

$$\begin{array}{rl} & \frac{1}{1} - \frac{1}{2} \\ & \frac{1}{2} - \frac{1}{3} \\ & \vdots \qquad \vdots \\ + & \frac{1}{n} - \frac{1}{n+1} \\ \hline & 1 - \frac{1}{n+1} \end{array}$$

$n=99$를 대입하면 $1 - \dfrac{1}{100} = \dfrac{99}{100}$

1.2.2 Σ의 계산

B19. $(1\times2\times3)+(2\times3\times4)+(3\times4\times5)+(4\times5\times6)+\cdots$ 의 합을 구하라.

① $\dfrac{(n-2)(n-1)n(n+1)}{4}$

② $\dfrac{(n-1)n(n+1)(n+2)}{4}$

③ $\dfrac{n(n+1)(n+2)(n+3)}{4}$

④ $\dfrac{(n+1)(n+2)(n+3)(n+4)}{4}$

⑤ $\dfrac{n(n+1)(n+2)(n+3)}{5}$

풀이 ③

$(1\times2\times3)+(2\times3\times4)+\cdots+\{n(n+1)(n+2)\}$

$$=\sum_{k=1}^{n}k(k+1)(k+2)$$

$$=\sum_{k=1}^{n}k^3+\sum_{k=1}^{n}3k^2+\sum_{k=1}^{n}2k$$

$$=\left(\frac{n(n+1)}{2}\right)^2+3\left(\frac{n(n+1)(2n+1)}{6}\right)+2\frac{n(n+1)}{2}$$

$$=\frac{n(n+1)(n+2)(n+3)}{4}$$

B20. $\sum_{k=1}^{n}a_k=\dfrac{n}{n+1}$ 일 때, $\sum_{k=1}^{n}\dfrac{1}{a_k}$ 를 구하라.

① $\dfrac{n(n+1)}{2}$

② $\dfrac{n(n+1)(2n+1)}{6}$

③ $\dfrac{(n-1)n(n+1)}{3}$

④ $\dfrac{n(n+1)(n+2)}{2}$

⑤ $\dfrac{n(n+1)(n+2)}{3}$

풀이 ⑤

$$S_n=\sum_{k=1}^{n}a_k=\frac{n}{n+1}$$

$$-\ S_{n-1}=\sum_{k=1}^{n-1}a_k=\frac{n-1}{n}$$

$$=S_n-S_{n-1}=\frac{n}{n+1}-\frac{n-1}{n}$$

$$=\frac{n+1-1}{n+1}-\frac{n-1}{n}$$

$$=1-\frac{1}{n+1}-1+\frac{1}{n}=\frac{1}{n}-\frac{1}{n+1}$$

따라서

$$a_n=\frac{1}{n}-\frac{1}{n+1}=\frac{n+1-n}{n(n+1)}$$

$$a_n=\frac{1}{n(n+1)},\quad \frac{1}{a_n}=n(n+1)$$

$$\sum_{k=1}^{n}\frac{1}{a_k}=\sum_{k=1}^{n}k(k+1)=\frac{n(n+1)(n+2)}{3}$$

B21. $\sum_{k=0}^{5}\left(\frac{1}{2}\right)^k \cos k\pi$ 의 값을 구하라.

풀이 $\frac{21}{32}$

$$\left(\frac{1}{2}\right)^0\cos 0° + \left(\frac{1}{2}\right)^1\cos\pi + \left(\frac{1}{2}\right)^2\cos 2\pi$$
$$+\left(\frac{1}{2}\right)^3\cos 3\pi + \left(\frac{1}{2}\right)^4\cos 4\pi + \left(\frac{1}{2}\right)\cos 5\pi$$
$$=\left(\frac{1}{2}\right)^0 - \left(\frac{1}{2}\right)^1 + \left(\frac{1}{2}\right)^2 - \left(\frac{1}{2}\right)^3 + \left(\frac{1}{2}\right)^4 - \left(\frac{1}{2}\right)^5$$

$$S_n = \frac{1\left\{1-\left(-\frac{1}{2}\right)^6\right\}}{1-\left(-\frac{1}{2}\right)} = \frac{1-\frac{1}{64}}{\frac{3}{2}} = \frac{\frac{63}{64}}{\frac{3}{2}}$$
$$=\frac{63\times 2}{64\times 3} = \frac{21}{32}$$

1.2.3 계차수열

B22. 수열 1, 4, 10, 22, 46, ⋯ 10항까지의 합을 구하라.

① 3×2^{10} ② $3\times 2^{10}-13$
③ $3\times 2^{10}-23$ ④ $3\times 2^{10}-33$
⑤ $3\times 2^{10}-43$

풀이 ③

1 4 10 22 46 ⋯ a_n
∨ ∨ ∨ ∨
3 6 12 24 ⋯ b_n

b_n은 첫째항이 3이고, 공비가 2인 등비수열이므로

$$b_n = 3\times 2^{k-1}$$
$$a_n = 1+3(2^0+2^1+2^2+\cdots+2^{n-2})$$
$$=1+3\left(\frac{1(2^{n-1}-1)}{2-1}\right)$$
$$=1+3(2^{n-1}-1) = 3\times 2^{n-1}-2$$

$$S_n = \sum_{k=1}^{n}(3\times 2^{k-1}-2)$$
$$=3\sum_{k=1}^{n}2^{k-1}-2n$$
$$=3(2^0+2^1+\cdots+2^{n-1})-2^n$$
$$=3\left(\frac{1(2^n-1)}{2-1}\right)-2n$$
$$=3\times 2^n-2n-3$$

$$S_{10} = 3\times 2^{10}-23$$

1.2.4 분수수열의 합

B23. $\dfrac{1}{1\times3}+\dfrac{1}{3\times5}+\dfrac{1}{5\times7}+\cdots+\dfrac{1}{15\times17}$ 의 값을 구하라.

풀이 $\dfrac{8}{17}$

$$a_k=\frac{1}{(2k-1)(2k+1)}=\frac{1}{2}\left(\frac{1}{2k-1}-\frac{1}{2k+1}\right)$$

$$\sum_{k=1}^{8}\frac{1}{2}\left(\frac{1}{2k-1}-\frac{1}{2k+1}\right)$$

$$=\frac{1}{2}\sum_{k=1}^{8}\left(\frac{1}{2k-1}-\frac{1}{2k+1}\right)$$

$$=\frac{1}{2}\times\left[\left(\frac{1}{1}-\frac{1}{3}\right)+\left(\frac{1}{3}-\frac{1}{5}\right)+\cdots+\left(\frac{1}{15}-\frac{1}{17}\right)\right]$$

$$=\frac{1}{2}\left(1-\frac{1}{17}\right)=\frac{1}{2}\left(\frac{16}{17}\right)=\frac{8}{17}$$

B24. 자연수 n에서

$f(n)=\sqrt{(2n-1)+2\sqrt{n^2-n}}$ 일 때,

$\displaystyle\sum_{k=1}^{n}\frac{1}{f(k)}$ 의 값을 구하라.

① $\sqrt{n-1}$ ② $\sqrt{n}$
③ $\sqrt{n^2-1}$ ④ $\sqrt{(n-1)^2+1}$
⑤ $\sqrt{n}-2$

풀이 ②

$$f(n)=\sqrt{2n-1+2\sqrt{n(n-1)}}$$
$$=\sqrt{n+(n-1)+2\sqrt{n(n-1)}}$$
$$=\sqrt{n}+\sqrt{n-1}$$

$$\sum_{k=1}^{n}\frac{1}{f(k)}=\sum_{k=1}^{n}\frac{1}{\sqrt{k}+\sqrt{k-1}}$$
$$=\sum_{k=1}^{n}\frac{\sqrt{k}-\sqrt{k-1}}{1}$$
$$=\sum_{k=1}^{n}\sqrt{k}-\sqrt{k-1}$$

$$\begin{array}{r|l} & \sqrt{1}-\sqrt{0} \\ & \sqrt{2}-\sqrt{1} \\ & \sqrt{3}-\sqrt{2} \\ & \ \vdots \qquad \vdots \\ + & \sqrt{n}-\sqrt{n-1} \\ \hline & \sqrt{n}-\sqrt{0}=\sqrt{n} \end{array}$$

1.3.1 부정적분

B25. 다음을 만족하는 $f(x)$, $g(x)$에 대하여 $f(1)+g(1)$의 값을 구하라.

$$f(x)=2x+x\int_0^1 g(x)dx+1$$
$$g(x)=3x^2+2x+\int_0^2 f(x)dx$$

① -10　② -5　③ -2
④ 5　⑤ 10

풀이 ①

$\int_0^1 g(x)dx=a$, $\int_0^2 f(x)dx=b$라고 하면

$f(x)=2x+ax+1$, $g(x)=3x^2+2x+b$

이므로 a와 b를 계산하면 다음과 같다.

$$a=\int_0^1 g(x)dx=\int_0^1(3x^2+2x+b)dx$$
$$=[x^3+x^2+bx]_0^1=1+1+b$$
$$=b+2 \cdots ①$$

$$b=\int_0^2 f(x)dx=\int_0^2(2x+ax+1)dx$$
$$=\left[x^2+\frac{1}{2}ax^2+x\right]_0^2$$
$$=4+\frac{4a}{2}+2$$
$$=6+2a$$

①에서 $b=a-2$이므로

$$a-2=6+2a,\ a=-8$$
$$b=6-16=-10$$

a와 b의 값을 이용하여 $f(1)+g(1)$의 값을 구하면

$$f(x)=2x-8x+1=-6x+1$$
$$f(1)=-6+1=-5$$

$$g(x)=3x^2+2x-10$$
$$g(1)=3+2-10=-5$$

따라서 $f(1)+g(1)=-5-5=-10$

1.3.2 정적분

B26. $\lim_{n\to\infty}\sum_{k=1}^{n}\left(\frac{4k}{n}\right)^3\left(\frac{1}{n}\right)$의 값을 골라라.

① 8 ② 12 ③ 16
④ 20 ⑤ 24

풀이 ③

$\lim_{n\to\infty}\sum_{k=1}^{n}\left(\frac{4k}{n}\right)^3\left(\frac{4}{n}\right)\left(\frac{1}{4}\right)$이므로

$$\frac{1}{4}\int_0^4 x^3dx = \frac{1}{4}\left[\frac{1}{4}x^4\right]_0^4$$
$$=\frac{1}{4}\times\frac{1}{4}\times 4^4$$
$$=16$$

1.3.3 적분법

B27. $\int_0^3 |x(x-2)|dx$의 값을 구하라.

풀이 $\frac{8}{3}$

$$\int_0^2 -x(x-2)dx+\int_2^3 x(x-2)dx$$
$$=\int_0^2(-x^2+2x)dx+\int_2^3(x^2-2x)dx$$
$$=\left[-\frac{1}{3}x^3+x^2\right]_0^2+\left[\frac{1}{3}x^3-x^2\right]_2^3$$
$$=\left(-\frac{8}{3}+4\right)+\left(\frac{27}{3}-9\right)-\left(\frac{8}{3}-4\right)$$
$$=\frac{4}{3}+0-\left(\frac{-4}{3}\right)=\frac{4}{3}+\frac{4}{3}=\frac{8}{3}$$

B28. 다음 식에서 $f(x)$를 구하라.

$$f(x)=2x+\int_0^2 f(x)dx$$

풀이 $f(x)=2x-4$

$\int_0^2 f(x)dx=a$라면 $f(x)=2x+a$가 되므로

$$\int_0^2(2x+a)dx=[x^2+ax]_0^2$$
$$a=4+2a,\ a=-4$$

따라서 $f(x)=2x-4$

1.3.4 넓이

B29. 곡선 $y=x|x-1|$와 x축으로 둘러싸인 부분의 넓이를 구하라.
(단, $0 \le x \le 2$)

풀이 1

$y=x|x-1|$의 그래프는 다음과 같다.

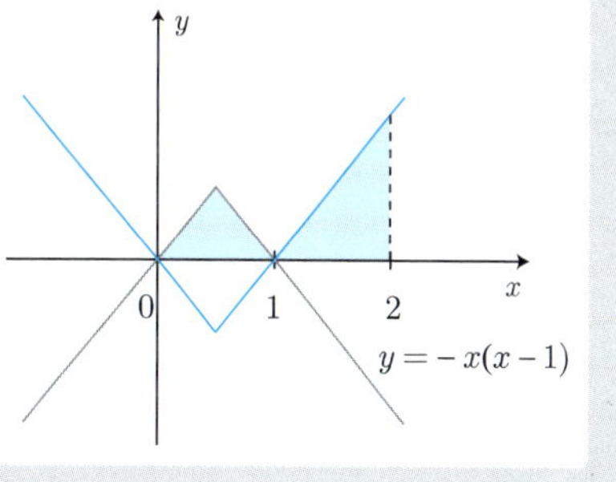

$y=x|x-1|$에서 $y=\begin{cases} x(x-1), & x \ge 1 \\ -x(x-1), & x \le 1 \end{cases}$

$$S=\int_0^1 -x(x-1)dx+\int_1^2 x(x-1)dx$$
$$=\int_0^1 (-x^2+x)dx+\int_1^2 (x^2-x)dx$$
$$=\left[-\frac{1}{3}x^3+\frac{1}{2}x^2\right]_0^1+\left[\frac{1}{3}x^3-\frac{1}{2}x^2\right]_1^2=1$$

B30. 두 곡선 $y=x^3-2x^2$, $y=-x^2+2x$로 둘러싸인 부분의 넓이를 구하라.

① 3 ② $\frac{37}{12}$ ③ $\frac{19}{6}$
④ $\frac{13}{4}$ ⑤ $\frac{10}{3}$

풀이 ②

두 곡선의 교점을 구하면

$$x^3-2x^2=-x^2+2x$$

이므로

$$x^3-x^2-2x=0$$
$$x(x^2-x-2)=0$$
$$x(x-2)(x+1)=0$$

이때 넓이를 구해야 하는 부분을 그림으로 나타내면 다음과 같다.

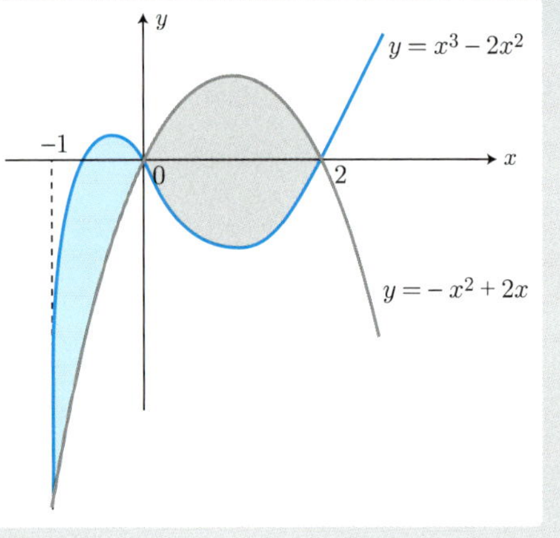

따라서

$$S = \int_{-1}^{0} (x^3 - 2x^2 - (-x^2 + 2x))dx + \int_{0}^{2} (-x^2 + 2x - (x^3 - 2x^2))dx$$

$$= \int_{-1}^{0} (x^3 - x^2 - 2x)\,dx + \int_{0}^{2} (-x^3 + x^2 + 2x)\,dx$$

$$= \left[\frac{1}{4}x^4 - \frac{x^3}{3} - x^2\right]_{-1}^{0} + \left[-\frac{x^4}{4} + \frac{x^3}{3} + x^2\right]_{0}^{2}$$

$$= -\left(\frac{1}{4} + \frac{1}{3} - 1\right) + \left(-\frac{16}{4} + \frac{8}{3} + 4\right)$$

$$= \frac{37}{12}$$

Part 2

확률

Chapter

02

순열과 조합

Permutation and Combination

학습목표

- 합사건, 곱사건, 여사건에 대한 개념을 명확히 이해할 수 있다.
- 순열, 조합의 개념을 익히고, 이를 문제에 적용할 수 있다.
- 이항정리를 통해 항을 전개할 수 있다.

1장에서는 수열, 시그마, 적분을 배우면서 확률과 통계의 기초를 학습하였다. 2장에서는 어떤 사건이 일어나는 경우의 수 및 합사건, 곱사건, 여사건 등의 개념을 익히고 어떻게 적용되는지 살펴볼 것이다. 또한 수를 나열할 때 순서를 따져야 하는 순열과 순서가 상관없는 조합의 차이점에 대해 살펴보고, 이를 경우에 따라 적용하는 방법을 배운다.

통계를 이해하기 위해서는 확률을 이해해야 하고, 확률을 이해하기 위해서는 경우의 수를 이해해야 한다. 3장에서 배울 확률은 '모든 경우의 수에 대한 어떤 사건이 일어날 경우의 수의 비율'이라고 정의한다. 즉, 확률을 구하기 위해서는 경우의 수를 잘 알아야 하고 합사건, 곱사건 등은 확률 이론을 배우기 위해 기본적으로 알아야 할 용어이므로 이 장에서 그 개념을 확실히 익히도록 한다.

2.1 경우의 수

어떤 조건을 만족하는 집합을 사건이라 한다. 어떤 **사건**이 일어나는 방법이 n가지일 때, 그 사건이 일어나는 n가지를 **경우의 수**라고 한다. 이 절에서는 경우의 수를 구하기 위해 합사건, 곱사건과 어떤 사건이 일어나지 않는 여사건에 대해 배울 것이다.

2.1.1 합사건

두 사건 A, B가 동시에 일어나지 않을 때, 사건 A가 일어나는 경우의 수가 m가지이고 사건 B가 일어나는 경우의 수가 n가지라고 하면, 사건 A 또는 B가 일어나는 경우의 수는 $m+n$가지다. 사건 A 또는 사건 B가 일어나는 경우를 **합사건**이라 하고, $A \cup B$로 나타낸다. 이때 경우의 수는 $n(A \cup B)$로 표현한다.

집합 A가 $\{x|x$는 30 이하의 자연수$\}$일 때, 3의 배수 또는 5의 배수를 뽑는 경우의 수를 살펴보자. 3의 배수는 $\{3, 6, 9, 12, 15, 18, 21, 24, 27, 30\}$로 10가지고, 5의 배수는 $\{5, 10, 15, 20, 25, 30\}$로 6가지다. 이때 $\{15\}$와 $\{30\}$은 3의 배수이면서 5의 배수다.

그러므로 합사건의 경우의 수는 3의 배수인 경우와 5의 배수인 경우를 합한 후에 중복된 원소의 개수를 빼줘야 한다. 수식으로 표현하면 다음과 같다.

$$n(3\text{의 배수 또는 5의 배수}) = n(3\text{의 배수}) + n(5\text{의 배수}) - n(3\text{의 배수이면서 5의 배수})$$

이처럼 사건 A와 사건 B의 합사건을 구할 때는 사건 A가 일어나는 경우와 사건 B가 일어나는 경우의 합에서 동시에 일어나는 $A \cap B$의 경우를 빼주면 된다.

정리 2-1 합사건

두 사건을 A, B라고 할 때, 사건 A 또는 사건 B가 일어나는 경우의 수

$$n(A \cup B) = n(A) + n(B) - n(A \cap B)$$

이번에는 세 가지 사건을 생각해보자. 사건 A, 사건 B, 사건 C가 일어나는 경우의 수를 위와 같은 방법으로 풀어 써보면 다음과 같다.

$$\begin{aligned} n(A \cup B \cup C) &= n(A) + n(B) + n(C) - n(A \cap B) - n(B \cap C) - n(C \cap A) \\ &\quad + n(A \cap B \cap C) \end{aligned}$$

예제 2-1

$n(A)=25,\ n(B)=19,\ n(A\cup B)=40$일 때, $n(A\cap B)$를 구하라.

풀이

$n(A\cup B)=n(A)+n(B)-n(A\cap B)$이므로

$$40=25+19-n(A\cap B)$$
$$n(A\cap B)=4$$

벤 다이어그램으로 나타내면 다음과 같다.

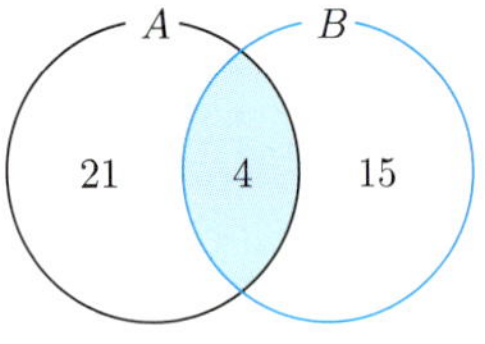

$\therefore\ 4$

예제 2-2

학생 60명에게 두 문제를 풀게 하였다. 1번 문제를 푼 학생은 35명이고, 2번 문제를 푼 학생은 28명, 두 문제를 모두 못 푼 학생은 5명이었다.

(a) 두 문제를 모두 푼 학생은 몇 명인지 구하라.
(b) 1번 문제만 푼 학생은 몇 명인지 구하라.

풀이

(a) 1번 문제를 푼 경우를 A, 2번 문제를 푼 경우를 B라고 하면

$$n(A)=35,\ n(B)=28$$

1번 문제와 2번 문제를 모두 못 푼 경우를 집합으로 표현하면

$$n(A^c\cap B^c)=n(A\cup B)^c=U-n(A\cup B)$$ ← **Hint 적용**

$$n(A\cup B)=U-n(A^c\cap B^c)$$
$$=60-5=55$$

따라서

$$n(A\cap B)=35+28-55=8$$

> **Hint**
> 차집합
>
> 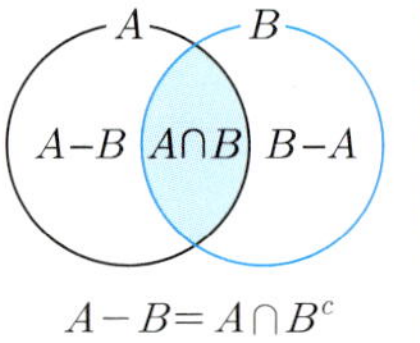
>
>
> $A-B=A\cap B^c$
> $B-A=B\cap A^c$

(b) 1번 문제만 푼 학생은 2번 문제를 풀지 못한 것이므로

$$\begin{aligned} n(A \cap B^c) &= n(A) - n(A \cap B) \\ &= 35 - 8 = 27 \end{aligned}$$

∴ (a) 8명, (b) 27명

예제 2-3

직장인 100명을 대상으로 A, B, C 세 종류의 책 중에서 읽은 책을 조사하였다. A를 읽은 사람은 28명, B를 읽은 사람은 30명, C를 읽은 사람은 42명이었다. 또한 A와 B를 읽은 사람은 8명, B와 C를 읽은 사람은 5명, A와 C를 읽은 사람은 10명, A, B, C를 모두 읽은 사람은 3명이었다.

(a) A, B, C 중 어느 책도 읽지 않은 사람이 몇 명인지 구하라.
(b) A만 읽은 사람은 몇 명인지 구하라.
(c) B와 C만 읽은 사람은 몇 명인지 구하라.

풀이

(a) $$\begin{aligned} n(A \cup B \cup C) &= n(A) + n(B) + n(C) - n(A \cap B) - n(B \cap C) - n(C \cap A) + n(A \cap B \cap C) \\ &= 28 + 30 + 42 - 8 - 5 - 10 + 3 = 80 \end{aligned}$$

$$\begin{aligned} n(A^c \cap B^c \cap C^c) &= n(A \cup B \cup C)^c \\ &= U - n(A \cup B \cup C) \\ &= 100 - 80 = 20 \end{aligned}$$

(b) $$\begin{aligned} n(A \cup B \cup C) - n(B \cup C) &= 80 - \{n(B) + n(C) - n(B \cap C)\} \\ &= 80 - 30 - 42 + 5 = 13 \end{aligned}$$

(c) $n(B \cap C) - n(A \cap B \cap C) = 5 - 3 = 2$

벤 다이어그램으로 나타내면 다음과 같다.

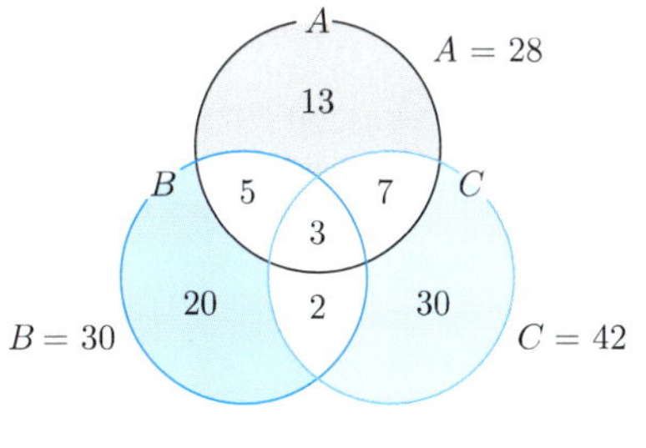

∴ (a) 20명, (b) 13명, (c) 2명

2.1.2 곱사건

두 사건 A, B에 대하여 A가 m가지 방법으로 일어나고 B가 n가지 방법으로 일어날 때, 두 사건 A, B가 동시에 일어나는 경우의 수는 $m \times n$가지다. 사건 A와 B가 동시에 일어나는 경우를 **곱사건**이라 하고, $A \cap B$로 나타낸다. 이때 경우의 수는 $n(A \cap B)$로 표현한다.

다음 [그림 2-1]을 보자. A점에서 C점으로 가기 위해서는 B점을 반드시 지나가야 한다. 이때 A점에서 B점으로 가는 경우의 수는 3가지, B점에서 C점으로 가는 경우의 수는 2가지다. A점에서 C점으로 가기 위한 경우의 수는 3가지 × 2가지 = 6가지가 된다.

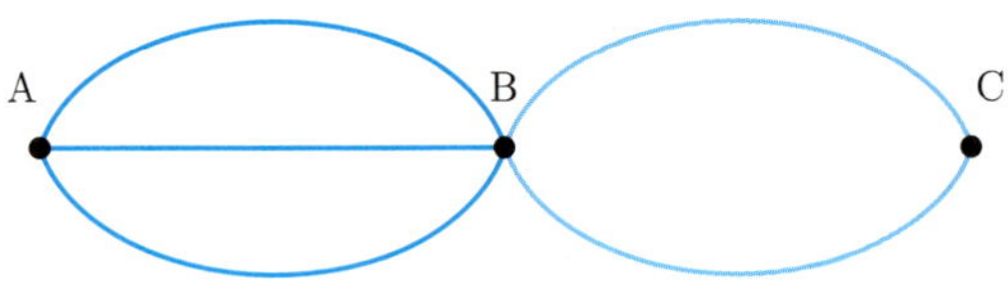

[그림 2-1] A 점에서 C 점을 가는 경로

이처럼 사건 A와 사건 B가 연속적으로 일어나는 경우의 수는 사건 A가 일어나는 경우의 수와 사건 B가 일어나는 경우의 수를 곱하여 구할 수 있다.

정리 2-2 곱사건

두 사건을 A, B라고 할 때, 사건 A와 사건 B가 동시에 일어나는 경우의 수

$$n(A \cap B) = n(A) \times n(B)$$

예를 들어, 서울에서 부산을 거쳐 제주도에 가는 경로를 생각해보자. 서울에서 부산까지 가는 교통수단으로는 도보, 자전거, 승용차, 기차 4가지 중에서 하나를 선택해야 하고, 부산에서 제주도까지 가는 교통수단으로는 군함, 잠수함, 비행기 3가지 중에서 하나를 선택해야 한다. 서울에서 부산까지 가는 방법은 4가지, 부산에서 제주도를 가는 방법은 3가지다. 따라서 [그림 2-2]처럼 서울에서 부산을 거쳐 제주도를 가는 경로의 수는 4가지 × 3가지 = 12가지가 된다.

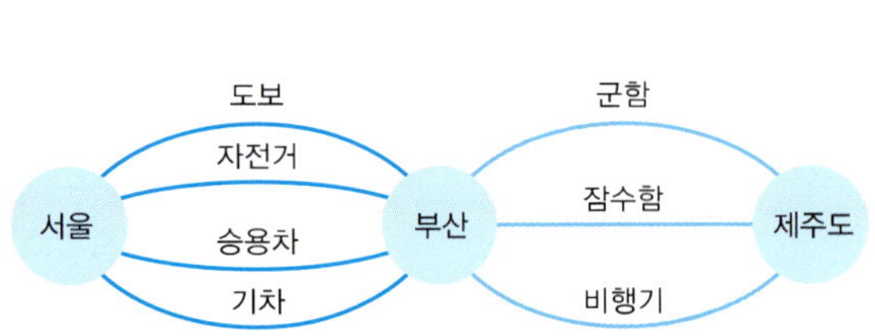

[그림 2-2] 서울에서 부산을 거쳐 제주도를 가는 경로

예제 2-4

신문 5종류와 주간지 3종류가 있다. 신문에서 하나, 주간지에서 하나를 선택하여 총 두 가지를 구독하려 할 때, 구독하는 방법의 수를 구하라.

풀이

신문 5종류를 A, B, C, D, E, 주간지 3종류를 X, Y, Z라고 하고, 신문 종류에 따라 주간지를 선택할 수 있는 경우의 수를 그림으로 나타내면 다음과 같다.

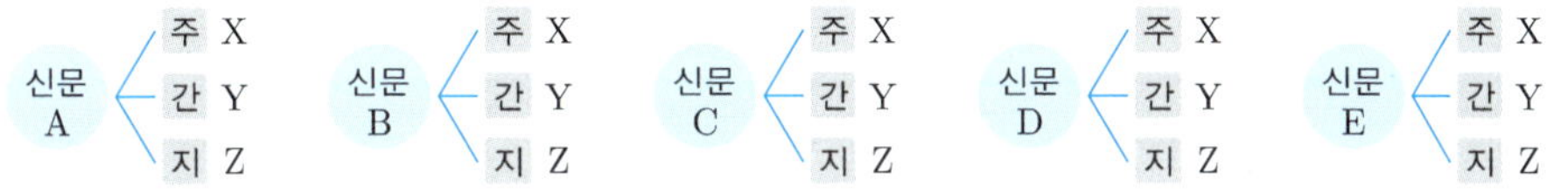

따라서 $5 \times 3 = 15$이다.

$\therefore$ 15

예제 2-5

A, B, C, D 네 지점 사이에 다음 그림과 같은 도로망이 있다. 같은 지점은 한 번 밖에 지나 갈 수 없다고 할 때, A에서 D를 다녀오는 경로의 수를 구하라.

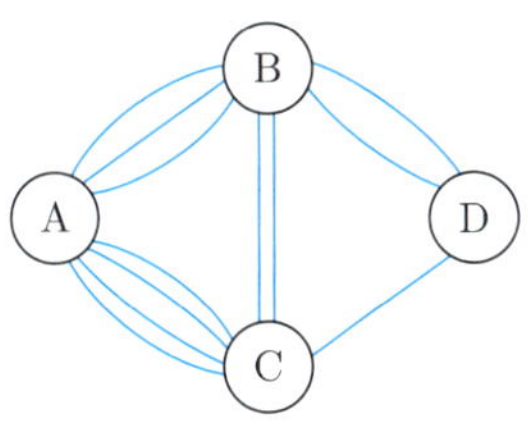

풀이

다음 두 가지 경로를 구하여 합하면 된다.

i) $A \rightarrow B \rightarrow D \rightarrow C \rightarrow A$
$3 \times 2 \times 1 \times 4 = 24$

ii) $A \rightarrow C \rightarrow D \rightarrow B \rightarrow A$
$4 \times 1 \times 2 \times 3 = 24$

따라서 $24 + 24 = 48$이다.

$\therefore$ 48

예제 2-6

$(a+b+c)(x+y+z+w)$의 항수를 구하라.

풀이

$(a+b+c)$항의 원소는 3개이고 $(x+y+z+w)$항의 원소는 4개이므로

$$3 \times 4 = 12$$

$\therefore$ 12

예제 2-7

10원, 50원, 100원짜리 동전을 모두 써서 280원을 지불하는 방법의 수를 구하라.
단, 동전은 10개 이내로 사용한다.

풀이

10원, 50원, 100원짜리 동전으로 280원을 만들 수 있는 경우는 다음 그림과 같다.

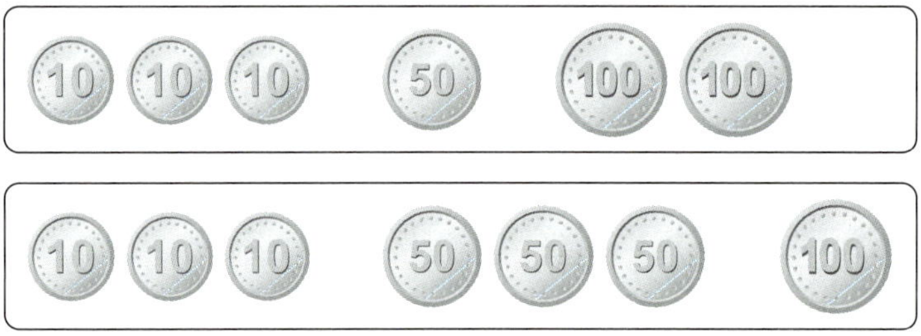

$\therefore$ 2

2.1.3 여사건

어떤 사건 A에 대하여 A가 일어나지 않는 사건을 A의 여사건이라고 하고, A^c로 나타낸다. [그림 2-3]처럼 전체 집합 U에서 사건 A가 아닌 영역이 여사건 A^c에 해당한다.

$U=\{a, b, c, d, e\}$일 때, $A=\{a, b\}$라 하면 A의 여집합은 $\{c, d, e\}$가 된다. 즉, $A^c=U-A$을 의미한다.

정리 2-3 여사건

전체 사건 U에서 사건 A가 일어나지 않는 사건

$$A^c = U - A$$

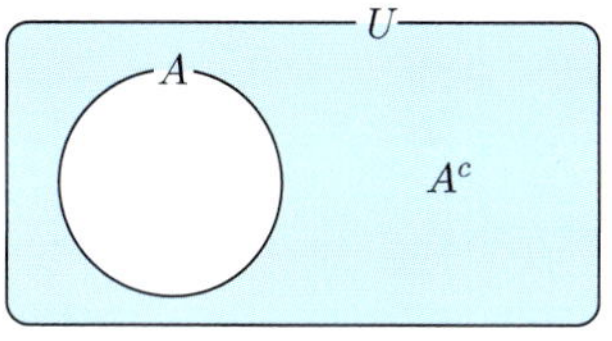

[그림 2-3] 사건 A의 여사건

여사건에서는 '적어도'가 들어있는 사건의 경우의 수를 살펴볼 필요가 있다. '적어도'는 전체 사건의 경우의 수에서 어떤 사건이 나오지 않는 경우의 수를 빼는 방법으로 접근한다.

예를 들어, 남학생 3명과 여학생 3명 중에서 2명을 뽑을 때, '적어도' 여학생 1명이 뽑히는 경우는 몇 가지인지 생각해보자. '적어도' 여학생 1명이 뽑히는 경우는 여학생이 1명 뽑히는 경우와 여학생이 2명 뽑히는 경우가 있다. '적어도' 여학생 1명이 뽑히는 경우는 [그림 2-4]와 같이 이 두 경우의 수를 각각 구하여 합하면 된다.

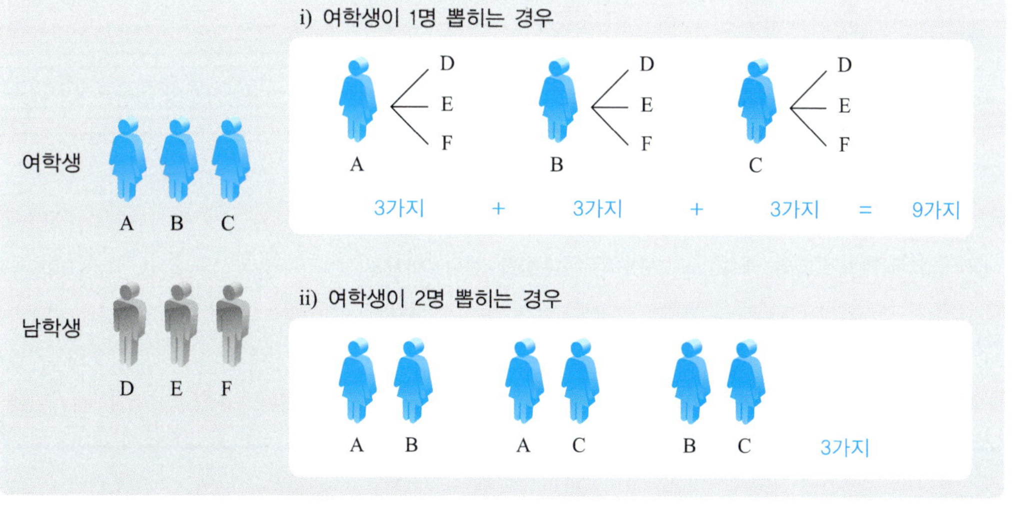

[그림 2-4] '적어도' 여학생 1명이 뽑히는 경우

여학생이 1명 뽑히는 경우는 9가지, 여학생이 2명 뽑히는 경우는 3가지이므로 '적어도' 여학생이 1명 뽑히는 경우는 12가지가 된다. 그럼 이 경우를 여사건의 관점에서 생각해보자. 전체 6명에서 남녀 상관없이 2명을 뽑는 경우에서 여학생이 한 명도 뽑히지 않는 경우, 즉 남학생만 2명

뽑는 경우를 빼준다. 즉, [그림 2-5]와 같다.

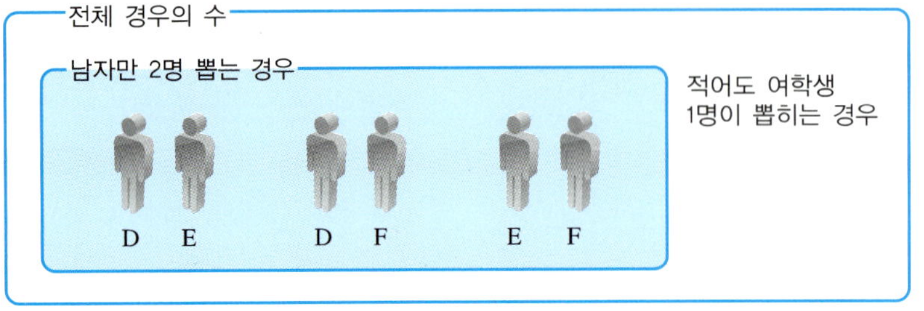

[그림 2-5] 여사건을 이용한 '적어도' 여학생 1명이 뽑히는 경우

전체 6명에서 남녀 상관없이 2명을 뽑는 경우는 15가지, 남자 3명 중에서 2명을 뽑는 경우는 3가지이므로 15가지 − 3가지 = 12가지다. 이처럼 '적어도' 문제는 전체 집합에서 어떤 사건을 빼는 여사건의 개념으로 접근한다.

예제 2-8

다음 부분집합의 개수를 구하라.

(a) $U=\{1, 2, 3, 4, 5\}$의 집합 중 적어도 홀수를 하나 이상 포함한 부분집합

(b) $U=\{1, 2, 3, 4, 5\}$의 집합 중 적어도 짝수를 하나 이상 포함한 부분집합

풀이

(a) 원소가 n개인 부분집합 개수는 2^n이므로, 전체 부분집합의 개수는 2^5이다. 짝수의 집합은 $\{2, 4\}$이므로 짝수만 포함한 부분집합의 개수는 2^2이므로

$$A^c = U - A = 2^5 - 2^2 = 32 - 4 = 28$$

(b) {전체 부분집합의 개수} − {홀수의 부분집합 개수}이므로

$$2^5 - 2^3 = 32 - 8 = 24$$

∴ (a) 28, (b) 24

예제 2-9

집합 $A=\{1, 2, 3, \cdots, n\}$의 부분집합 중에서 1, 2를 반드시 포함하는 부분집합의 개수가 16개일 때, n의 값을 구하라.

풀이

1, 2를 반드시 포함한 부분집합의 개수는

$$2^{n-2}=16=2^4$$
$$n-2=4$$

$\therefore\ n=6$

예제 2-10

집합 $A=\{1, 2, 3, 4\}$에 대하여 집합 $\{1, 2\}$와 서로소인 부분집합의 개수를 구하라.

풀이

원소 1, 2를 제외한 집합은 $\{3, 4\}$이므로 부분집합 개수는 $2^2=4$

$\therefore\ 4$

Section 2.1 연습문제

A1. 다음 벤 다이어그램의 색칠한 부분을 나타낸 집합을 찾아라.

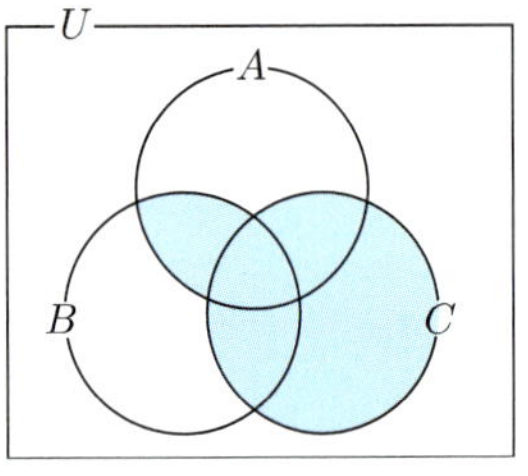

① $A\cap(B\cup C)$ ② $A\cup(B\cap C)$
③ $B\cup(A\cap C)$ ④ $B\cap(A\cup C)$
⑤ $C\cup(A\cap B)$

풀이 ⑤

벤 다이어그램을 보면 집합 C가 모두 색칠되어 있다. 그리고 집합 C를 제외한 $A\cap B$에도 색칠되어 있다.

따라서 $C\cup(A\cap B)$

A2. 1부터 100까지 자연수 중 k의 배수의 집합을 A_k라 할 때, 집합 $A_2\cap(A_3\cup A_4)$의 원소 개수를 구하라.

풀이 33개

$$A_2\cap(A_3\cup A_4)=(A_2\cap A_3)\cup(A_2\cap A_4)$$

2의 배수와 3의 배수의 교집합은 6의 배수이므로

$$A_2\cap A_3=A_6$$

2의 배수와 4의 배수의 교집합은 4의 배수이므로

$$A_2\cap A_4=A_4$$

$$\begin{aligned}n(A_4\cup A_6)&=n(A_4)+n(A_6)-n(A_{12})\\&=25+16-8=33\end{aligned}$$

A3. 수강생이 40명인 어느 강의에서 교재 A, B를 사용하는 학생의 수를 조사했더니 각각 24명, 32명이었다. 두 종류의 교재를 모두 사용하는 학생은 최소 몇 명인지 구하라.

풀이 16명

$n(U)=40$, $n(A)=24$, $n(B)=32$

$$\begin{aligned}n(A\cup B)&=n(A)+n(B)-n(A\cap B)\\&=24+32-n(A\cap B)\le 40\end{aligned}$$

따라서 $n(A\cap B)\ge 16$

A4. 서로 다른 동전 2개와 주사위 1개를 동시에 던질 때, 나올 수 있는 모든 경우의 수를 구하라.

풀이 24

H = 앞면, T = 뒷면이라 하자.

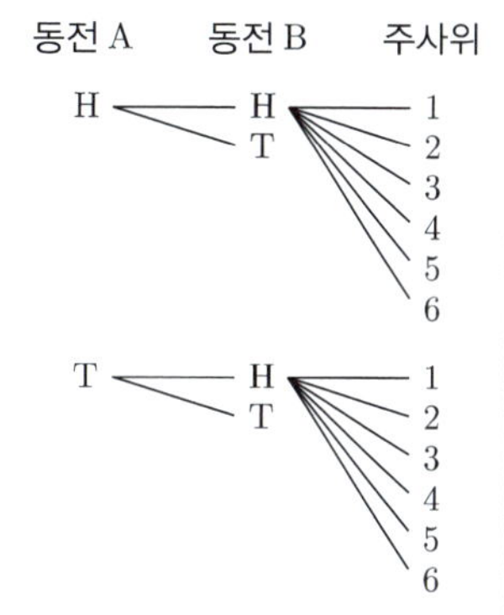

따라서 $2 \times 2 \times 6 = 24$

A5. $(x+y+z)(a+b)(u+v)$를 전개할 때 생기는 항의 개수를 구하라.

① 7 ② 8 ③ 9 ④ 10 ⑤ 12

풀이 ⑤

세 항의 원소 개수가 각각 3개, 2개, 2개이므로 $3 \times 2 \times 2 = 12$이다.

A6. P에서 Q까지 가는 방법의 수를 구하라. (단, 지나간 길은 다시 지나가지 않는다.)

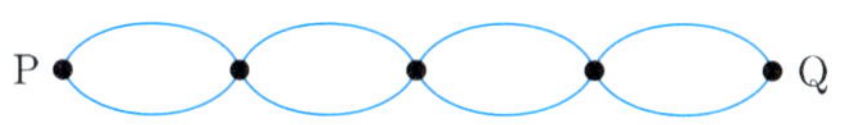

① 4 ② 8 ③ 16 ④ 32 ⑤ 64

풀이 ③

$2 \times 2 \times 2 \times 2 = 2^4 = 16$

A7. 10원짜리 동전이 5개, 100원짜리 동전이 4개, 1000원짜리 지폐가 1장 있을 때, 이들 전부 또는 일부를 사용하여 지불할 수 있는 금액의 개수를 구하라. (단, 0원을 지불하는 경우는 제외한다.)

풀이 59개

10원 {0개, 1개, 2개, 3개, 4개, 5개} 100원 {0개, 1개, 2개, 3개, 4개} 1000원 {0개, 1개}

6가지 5가지 2가지

이때 0원을 지불하는 경우를 제외하면

$$(6 \times 5 \times 2) - 1 = 59$$

A8. 두 집합 $A=\{x-2,\ x+1,\ x+3\}$, $B=\{1,\ 2,\ x^2-1\}$에 대하여 $A\cap B=\{0,\ 2\}$일 때, $(A-B)\cup(B-A)$의 모든 원소의 합을 구하라.

풀이 -2

$B=\{1,\ 2,\ x^2-1\}$, $A\cap B=\{0,\ 2\}$이므로

$$x^2-1=0,\ x=\pm1$$

i) $x=1$, $A=\{x-2,\ x+1,\ x+3\}$
$=\{-1,\ 2,\ 4\}$

$A\cap B=\{2\}$이므로 조건에 안 맞는다.

ii) $x=-1$, $A=\{-3,\ 0,\ 2\}$

$A\cap B=\{0,\ 2\}$이므로 조건에 맞는다.

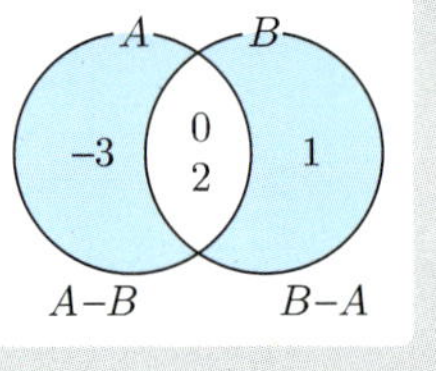

따라서 $(-3)+1=-2$

A9. 집합 $A=\{1,\ 2,\ 3\}$이고, $A\cup B=\{1,\ 2,\ 3,\ 4,\ 5\}$일 때, 집합 A와 서로소인 집합 B의 모든 원소의 합을 구하라.

풀이 9

$B=(A\cup B)-A=\{4,\ 5\}$이므로 B의 원소의 합은 $4+5=9$이다.

A10. $A=\{1,\ 2,\ 3,\ 4,\ 5,\ 6\}$의 부분집합에서 4의 약수를 포함하지 않는 부분집합의 개수를 구하라.

풀이 8

4의 약수는 1, 2, 4이므로 $\{1,\ 2,\ 4\}$을 제외한 $\{3,\ 5,\ 6\}$의 부분집합 개수를 구하면 $2^3=8$이다.

A11. 집합 $S=\{x\,|\,x$는 12의 약수$\}$의 부분집합 중 2의 배수를 모두 포함하는 집합의 개수를 구하라.

풀이 4

12의 약수는 1, 2, 3, 4, 6, 12이고, 이때 2의 배수는 2, 4, 6, 12이다.

따라서 $2^{6-4}=2^2=4$

A12. 집합 $A=\{1,\ 2,\ 3,\ 4,\ 5,\ 6\}$의 부분집합 중 $\{4,\ 5,\ 6\}$을 반드시 포함하고 $\{3\}$은 포함하지 않는 집합의 개수를 구하라.

풀이 $2^2=4$

$\{4,\ 5,\ 6\}$을 반드시 포함하고, $\{3\}$은 포함하지 않아야 하므로 $\{1,\ 2\}$의 부분집합을 구하면 된다.

$$2^2=4$$

각 부분집합에 $\{4,\ 5,\ 6\}$을 포함시키면 구하려는 집합을 얻을 수 있다.

$$\phi \rightarrow \{4,\ 5,\ 6\}$$
$$\{2\} \rightarrow \{2,\ 4,\ 5,\ 6\}$$
$$\{1\} \rightarrow \{1,\ 4,\ 5,\ 6\}$$
$$\{1,\ 2\} \rightarrow \{1,\ 2,\ 4,\ 5,\ 6\}$$

A13. 원소가 15개인 전체 집합 U의 두 부분집합 A, B에 대하여 $n(A\cup B)=6$일 때, $n(A^c\cap B^c)$의 값을 구하라.

풀이 9

$(A^c\cap B^c)=(A\cup B)^c$이므로

$$\begin{aligned} n(A^c\cap B^c) &= n(A\cup B)^c \\ &= U-n(A\cup B) \\ &= 15-6=9 \end{aligned}$$

A14. 집합 $A=\{a,\ b,\ c,\ d,\ e\}$의 부분집합 중에서 a 또는 b를 원소로 갖는 부분집합의 개수를 구하라.

풀이 24

a을 원소로 하는 부분집합 개수는

$$2^{5-1}=2^4=16$$

b를 원소로 하는 부분집합 개수는

$$2^{5-1}=2^4=16$$

a, b를 모두 원소로 하는 부분집합 개수는

$$2^{5-2}=2^3=8$$

$$\begin{aligned} n(A\cup B) &= n(A)+n(B)-n(A\cap B) \\ &= 16+16-8=24 \end{aligned}$$

A15. 50가구가 살고 있는 아파트가 있다. 이 아파트에서는 두 신문 H와 J 중 적어도 한 신문을 본다. 이때 H를 보고 있는 집이 35가구, J를 보고 있는 집이 28가구일 때, 신문 H와 J를 모두 보고 있는 집은 몇 가구인지 구하라.

풀이 13가구

두 신문 중 적어도 한 신문을 보는 집이 50가구이므로 신문을 보는 집은 모두 50가구다. 신문 H를 보는 집을 A, 신문 J를 보는 집을 B라고 하면

$$n(U)=n(A\cup B)=n(A)+n(B)-n(A\cap B)$$
$$50=35+28-n(A\cap B)$$

따라서 $n(A\cap B)=13$

2.2 순열

어떤 전체 집합에서 순서를 생각하여 일렬로 배열하는 것을 순열이라 한다. 이 장에서는 순열에 대한 개념을 이해하고, 순열의 종류와 그에 따른 계산 방법에 대해 알아보자.

2.2.1 순열

서로 다른 n개의 원소 중에서 r개를 선택하여 순서를 생각하고 배열하는 것을 n개에서 r개를 택하는 **순열**이라고 하고, ${}_nP_r$로 나타낸다. 예를 들어, 집합 $\{1, 2, 3, 4\}$에서 원소 2개를 순서를 생각하여 일렬로 배열한다고 하자. 순서를 생각하면 $\{1, 2\}$와 $\{2, 1\}$은 다른 경우가 되므로 다음과 같이 배열할 수 있다.

$$
\begin{array}{ccc}
\{1,\ 2\} & \{1,\ 3\} & \{1,\ 4\} \\
\{2,\ 1\} & \{2,\ 3\} & \{2,\ 4\} \\
\{3,\ 1\} & \{3,\ 2\} & \{3,\ 4\} \\
\{4,\ 1\} & \{4,\ 2\} & \{4,\ 3\}
\end{array}
$$

서로 다른 원소 4개에서 원소 2개를 중복되지 않도록 순서를 생각하여 배열하는 경우는 ${}_4P_2$로 나타낼 수 있다. 원소 2개를 순서를 생각하여 배열하는 경우의 수는 $4 \times 3 = 12$가 된다.

다른 예를 하나 더 들어보자. 문자 A, B, C, D, E, F에서 2개를 선택하여 순서 있게 배열한다면, 처음에 올 수 있는 문자는 6가지, 두 번째 올 수 있는 문자는 처음에 선택한 문자를 제외한 나머지 5가지다. 배열하는 방법의 수는 곱의 법칙으로 $6 \times 5 = 30$가지다. 이처럼 순열은 n부터 시작하여 하나씩 작은 수를 r개 곱하면 된다.

정리 2-4 순열

(1) 서로 다른 n개에서 중복되지 않게 순서를 생각하여 r개를 배열하는 경우의 수

$$
{}_nP_r = n(n-1)(n-2)\cdots(n-r+1) = \frac{n!}{(n-r)!} \quad (\text{단, } n \ge r)
$$

(2) 순열의 성질(! : $factorial$ 또는 n의 계승이라고 읽는다.)

- ${}_nP_n = n(n-1)(n-2)\cdots 3 \times 2 \times 1 = n!$
- $0! = 1,\ 1! = 1$
- ${}_nP_0 = 1,\ {}_nP_1 = n$

예를 들면, 다음과 같다.

$_4P_1 = 4$ → 4개 중 1개만 선택하여 순서 있게 배열

$_4P_2 = 4 \times 3$ → 4개 중 2개만 선택하여 순서 있게 배열

$_4P_3 = 4 \times 3 \times 2$ → 4개 중 3개만 선택하여 순서 있게 배열

$_4P_4 = 4 \times 3 \times 2 \times 1$ → 4개 중 4개를 모두 선택하여 순서 있게 배열

정리 2-5 순열 관련 공식

- $_nP_r = {}_{n-1}P_r + r \times {}_{n-1}P_{r-1}$
- $_nP_r = n \times {}_{n-1}P_{r-1}$

순열에서는 원소가 이웃하는 경우와 이웃하지 않는 경우를 살펴봐야 한다. 먼저 이웃하는 순열에 대해 생각해보자. 특정 원소가 이웃해야 하는 경우에는 이웃하는 것을 하나의 묶음, 즉 1개의 원소로 취급하여 전체 순열의 수를 구한다. 예를 들어, 남자 3명과 여자 3명을 일렬로 세울 때 여자 3명이 모두 이웃하는 경우의 수를 생각해보자.

- 남, 남, 남, 여자 묶음을 나열하는 경우의 수 = 4!
- 묶음 안에서 여자 3명을 나열하는 경우의 수 = 3!

[그림 2-6] 여자 3명이 이웃하는 경우

여자 3명을 하나로 묶어 남자 3명과 일렬로 나열하면 4! = 24가지가 된다. 묶음 안에서 여자 3명이 순서를 바꿀 수 있으므로 여자 3명을 일렬로 나열하는 경우의 수는 3! = 6가지다. 따라서 여자 3명이 이웃하는 경우의 수는

$$4! \times 3! = 144\text{가지}$$

가 된다. 이웃하지 않게 원소를 나열하려면 이웃해도 되는 것을 먼저 나열한 뒤 이웃하지 않아야 하는 것을 나열한 원소 사이에 나열한다. 이번에는 남자 3명과 여자 3명을 일렬로 세울 때 여자 3명이 모두 이웃하지 않아야 하는 경우의 수를 생각해보자.

- 남자 3명을 일렬로 나열하는 경우의 수 $= 3!$
- 4자리에서 3자리에 여자를 일렬로 나열하는 경우의 수 $= {}_4P_3 = 24$

[그림 2-7] 남자 3명 사이에 여자 3명을 나열하는 경우

먼저 남자 3명을 일렬로 배열하는 경우의 수는 ${}_3P_3$으로 $3!$이다. 여자를 나열하는 경우의 수는 [그림 2-7]처럼 남자 3명 사이에 생긴 4자리에 여자 3명을 순서대로 배열하면 된다. 따라서 여자를 나열하는 경우의 수는 ${}_4P_3 = 4 \times 3 \times 2 = 24$가지다. 전체 식으로 정리하면 다음과 같다.

$$3! \times {}_4P_3 = 144\text{가지}$$

예제 2-11

${}_nP_2 = 90$일 때, 양수 n의 값을 구하라.

풀이

${}_nP_2 = n(n-1)$이므로

$$n(n-1) = 90$$
$$n^2 - n - 90 = 0$$
$$(n-10)(n+9) = 0$$
$$n = 10, \ -9$$

$\therefore$ 10

예제 2-12

${}_4P_r \times 5! = 2880 \ (r < 4)$일 때, r의 값을 구하라.

풀이

$${}_4P_r \times 120 = 2880$$
$${}_4P_r = 24$$
$$\frac{4!}{(4-r)!} = 24$$
$$(4-r)! = 1, \ 4-r = 1, \ r = 3$$

$\therefore$ 3

예제 2-13

여학생 3명과 남학생 4명이 일렬로 설 때, 여학생끼리 이웃하게 서는 경우가 몇 가지인지 구하라.

풀이

여학생 3명을 하나로 묶으면

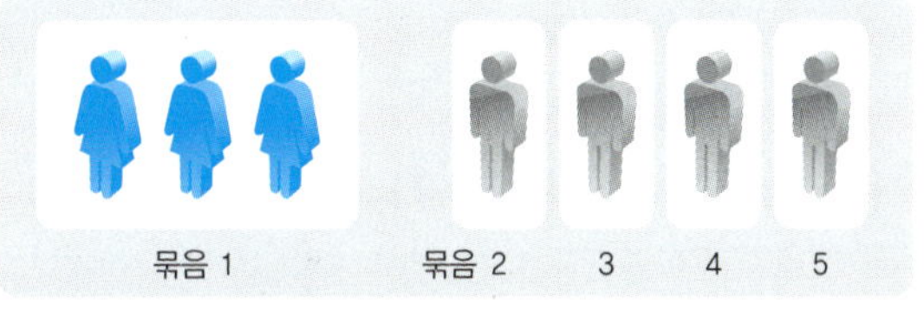

5묶음을 좌석 5개에 배열하여 세우는 경우는 ${}_5P_5 = 5!$

여학생 3명이 자리를 바꾸는 경우는 ${}_3P_3 = 3!$

따라서

$$5! \times 3! = 120 \times 6 = 720$$

∴ 720가지

예제 2-14

여학생 3명과 남학생 4명이 일렬로 설 때, 여학생이 이웃하지 않는 경우가 모두 몇 가지인지 구하라.

풀이

먼저 남학생 4명을 일렬로 세우는 방법은 ${}_4P_4 = 4!$

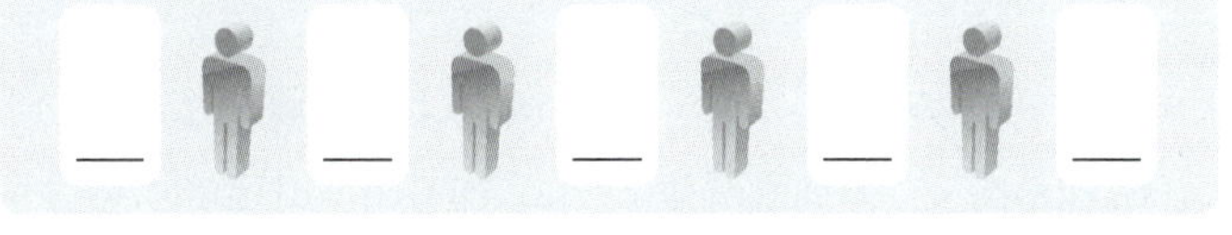

위의 그림과 같이 빈 자리 5개에 여학생 3명을 세우는 경우의 수는 ${}_5P_3$이므로

$$4! \times {}_5P_3 = 24 \times 60 = 1440$$

∴ 1,440가지

2.2.2 중복순열

집합 {1, 2, 3, 4}에서 원소 2개를 선택하여 배열하는 경우를 생각해보자. 앞에서 배운 순열로 표현하면 원소 4개에서 원소 2개를 중복되지 않게 순서를 생각하여 배열하는 경우이므로 ${}_4P_2 = 4 \times 3 = 12$가지가 된다. 이 순열에 중복을 허락하면 경우의 수는 다음과 같다.

{1, 2} {1, 3} {1, 4} {2, 1} {2, 3} {2, 4} {3, 1} {3, 2} {3, 4} {4, 1} {4, 2} {4, 3}	+	{1, 1} {2, 2} {3, 3} {4, 4}
순열	+	중복 허락 = 중복순열

이처럼 서로 다른 n개의 원소에서 중복을 허락하여 r개를 선택하는 순열을 **중복순열**이라고 하고, ${}_n\Pi_r$로 나타낸다.

예를 들어, 빵 4개를 바구니 3개에 나누어 담는 경우를 생각해보자.

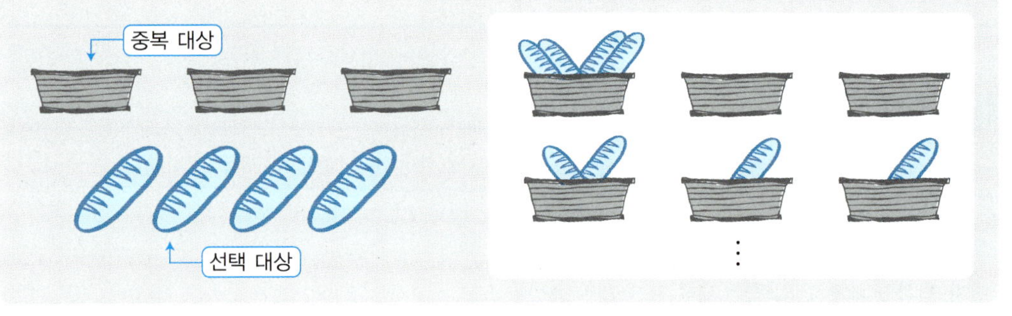

[그림 2-8] **중복순열의 예**

[그림 2-8]과 같이 한 바구니에 빵 4개를 모두 담을 수도 있고 바구니마다 빵을 나누어 담을 수도 있다. 중복순열에서는 중복되는 대상이 n, 선택하여 들어가는 대상이 r이 된다. 빵 4개를 바구니 3개에 담는 경우의 수는 ${}_3\Pi_4 = 81$이 된다.

정리 2-6 중복순열

서로 다른 n개에서 중복을 허락하여 r개를 선택하여 배열하는 방법의 수

$$ {}_n\Pi_r = n^r $$

순열 ${}_nP_r$에서는 $n \geq r$을 만족해야 하지만, ${}_n\Pi_r$에서는 n이 r보다 작아도 무방하다. 왜냐하면 중복을 허락하여 뽑기 때문이다.

예제 2-15

숫자 1, 2, 3, 4, 5를 써서 만들 수 있는 세 자리수가 몇 개인지 구하라.

풀이

111, 222와 같이 중복을 허락하여 나열할 수 있으므로

$${}_5\Pi_3 = 5^3 = 125$$

∴ 125개

예제 2-16

다음 경우의 수를 구하라.

(a) 4통의 편지를 3개의 우체통에 넣는 방법은 몇 가지인지 구하라.
(b) 빨간색, 파란색 두 깃발을 네 번씩 올려서 만들 수 있는 신호가 몇 가지인지 구하라.

풀이

(a) ${}_3\Pi_4 = 3^4 = 81$

(b) ${}_2\Pi_4 = 2^4 = 16$

∴ (a) 81가지, (b) 16가지

예제 2-17

집합 $A = \{1, 2, 3, 4\}$, 집합 $B = \{p, q, r, s, t\}$일 때, A에서 B로 가는 함수의 개수를 구하라.

풀이

함수의 개수는 A의 원소가 B에 중복하여 갈 수 있으므로 중복순열로 구한다.

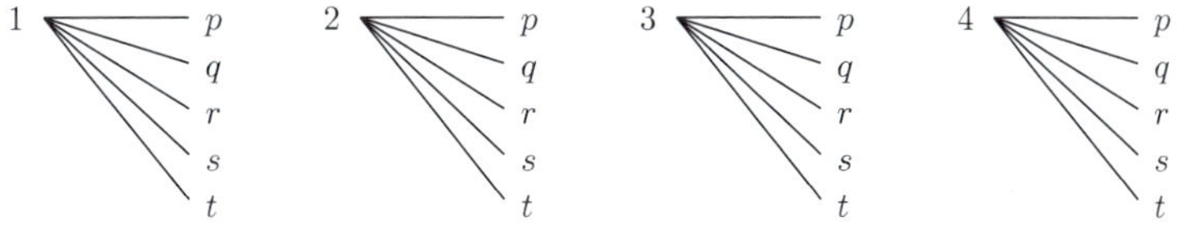

따라서 ${}_5\Pi_4 = 5 \times 5 \times 5 \times 5 = 5^4 = 625$이다.

∴ 625

Check it up!

✔ 일대일함수의 개수

일대일함수의 개수는 정의역에서 중복을 허락하지 않으므로 A에서 B로 일대일함수의 개수는 ${}_{n}P_{r}$로 구한다. 예를 들어, [그림 2-9]의 일대일함수를 살펴보자. 정의역 원소 3개가 공역에 있는 원소 4개 중에 하나와 연결되면 되므로 일대일함수의 개수는 다음과 같다.

$${}_{4}P_{3}=4\times3\times2=24$$

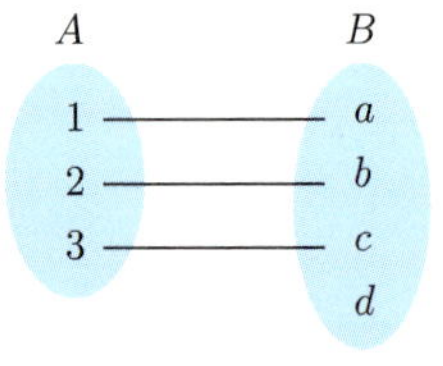

[그림 2-9] 일대일함수

2.2.3 같은 것이 있는 순열

순열 중에서 같은 문자를 사용하는 순열을 **같은 것이 있는 순열**이라고 한다. n개 중 같은 것이 각각 p개, q개, r개, … s개가 있을 때, 이들 n개를 모두 사용하여 일렬로 배열하는 수는 $\frac{n!}{p!q!r!\cdots s!}$이다. 예를 들어 a, a, b를 나열해보자. 같은 a를 구별하기 위해 각각 a_1과 a_2로 표시하면, $3\times2=6$가지가 된다.

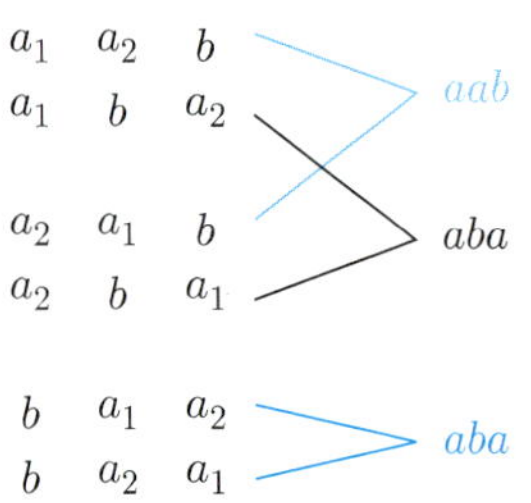

[그림 2-10] 문자 a, a, b 나열

그러나 a_1과 a_2는 같은 a이므로 a_1 a_2 b와 a_2 a_1 b는 모두 a a b이다. a_1 b a_2와 a_2 b a_1는 a b a고 b a_1 a_2와 b a_2 a_1는 b a a가 된다. 즉, 발생하는 순열은 a a b, a b a, b a a로 3개다. 공식으로 나타내면 3개의 문자 중에 a가 2개, b가 1개이므로 $\frac{3!}{2!\times1!}=3$이 되는 것을 확인할 수 있다.

이번에는 6개의 문자 a, a, a, b, b, c를 나열하는 방법의 수를 구해보자.

aaa	bb	c		$n=p+q+r$
$\Downarrow$	$\Downarrow$	$\Downarrow$		$\dfrac{n!}{p!\,q!\,r!}$
3개	2개	1개		
$3+2+1=6$			➡	$\dfrac{6!}{3!\times 2!\times 1!}=\dfrac{6\times 5\times 4\times 3\times 2\times 1}{3\times 2\times 1\times 2\times 1\times 1}=60$

a가 3개, b가 2개, c가 1개이므로 전체 수는 각각을 더한 6개라는 것을 확인할 수 있다. 또한 같은 문자를 고려하여 전체 문자를 나열하는 경우의 수는 다음과 같이 60가지가 된다.

$$\frac{6!}{3!\times 2!\times 1!}=\frac{6\times 5\times 4\times 3\times 2\times 1}{3\times 2\times 1\times 2\times 1\times 1}=60$$

정리 2-7 같은 것이 있는 순열

n개 중에서 같은 것이 p개, q개, r개, $\cdots$, s개가 있을 때, n개를 모두 선택하여 일렬로 배열하는 순열의 수

$$\frac{n!}{p!\times q!\times r!\times \cdots \times s!}\quad (\text{단, } p+q+r+\cdots+s=n)$$

예제 2-18

2, 2, 2, 3, 3, 5의 숫자를 나열하는 방법이 몇 가지인지 구하라.

풀이

숫자 2가 3개, 숫자 3이 2개, 숫자 5가 1개이므로

$$\frac{6!}{3!\times 2!\times 1!}=\frac{6\times 5\times 4\times 3\times 2\times 1}{6\times 2\times 1}=60$$

$\therefore$ 60가지

예제 2-19

SUCCESS를 모두 사용하여 일렬로 배열하는 방법의 수를 구하라.

풀이

S가 3개, C가 2개, U가 1개, E가 1개이므로

$$\frac{7!}{3!\times 2!\times 1!\times 1!}=\frac{7\times 6\times 5\times 4}{2\times 1}=42\times 10=420$$

$\therefore$ 420

예제 2-20

mathematical를 모두 사용하여 일렬로 배열하는 방법의 수를 구하라.

풀이

m이 2개, a가 3개, t가 2개이므로

$$\frac{12!}{2!\times 3!\times 2!}=19958400$$

$\therefore$ 19,958,400

2.2.4 원순열

서로 다른 n개를 원형으로 배열하는 것을 **원순열**이라고 한다. 원순열은 일반적인 순열과 달리 배열을 바라보는 관점에 따라서 같은 순열이 생기게 된다. A, B, C 세 사람을 일렬로 배열하는 경우의 수와 원형으로 배열하는 경우의 수를 비교해보자.

[표 2-1] 순열과 원순열의 비교

	배열					
순열	A B C	C A B	B C A	A C B	C B A	B A C
원순열						

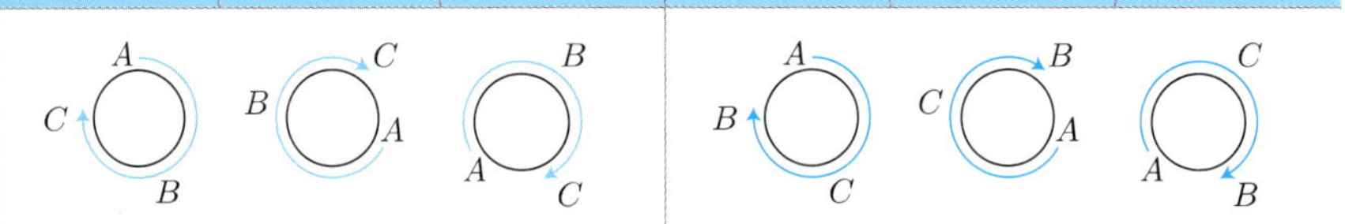

순열에서 ABC, CAB, BCA는 다른 경우지만, 원순열에서는 회전 방향을 살펴보면 동일한 순열이라는 것을 알 수 있다. 마찬가지로 ACB, CBA, BAC도 원순열에서는 같은 순열이다. 세 사람을 일렬로 배열한 순열을 원형으로 바꾸면 회전 방향이 같아지는 것이 3개씩 생기므로 $3!\times\frac{1}{3}=2!$이 된다. 따라서 원순열은 순열의 수를 배열하는 원소의 수로 나누어준다.

정리 2-8 원순열

서로 다른 n개를 원형으로 배열하는 순열의 수

$$n! \times \frac{1}{n} = (n-1)!$$

원순열에서 뒤집어 놓을 수 있으면 **염주순열**이라고 한다. 즉, 염주나 목걸이처럼 뒤집어 놓아도 같은 것이 되는 원순열을 의미한다. 염주순열은 원순열에서는 구슬의 순서가 다르나 뒤집어 놓으면 같게 되는 것이 2개씩 있다. 따라서 염주순열은 원순열의 수에 $\frac{1}{2}$이 된다.

정리 2-9 염주순열

서로 다른 n개의 구슬을 실로 꿰어서 배열하는 방법의 수

$$\frac{(n-1)!}{2}$$

구슬 n개를 서로 다른 방법으로 배열하는 수를 정리하면 다음과 같다.

- 일렬로 배열하는 경우의 수 : $n!$
- 원형으로 배열하는 경우의 수 : $(n-1)!$
- 염주로 만드는 경우의 수 : $\frac{(n-1)!}{2}$

예제 2-21

탁자에 구슬이 5개가 있다.

(a) 이 구슬을 일직선으로 늘어놓는 방법의 수를 구하라.
(b) 이 구슬을 원형으로 늘어놓는 방법의 수를 구하라.
(c) 이 구슬을 실에 꿰어서 목걸이를 만드는 방법의 수를 구하라.

풀이

(a) 일직선으로 나열하므로 $5! = 120$
(b) 원형으로 나열하므로 $(5-1)! = 4! = 24$
(c) 염주 형태로 나열하므로 $\frac{(5-1)!}{2} = \frac{4!}{2} = 12$

$\therefore$ (a) 120, (b) 24, (c) 12

예제 2-22

남학생 3명과 여학생 3명이 원탁에 둘러앉을 때, 남녀가 교대로 앉는 방법의 수를 구하라.

풀이

먼저, 남학생 3명이 원형 탁자에 앉는 방법의 수는 $(3-1)!=2!$

남학생이 앉고 남은 자리에 여학생 3명이 앉는 방법의 수는 ${}_3P_3=3!$

따라서 $2!\times 3!=12$이다.

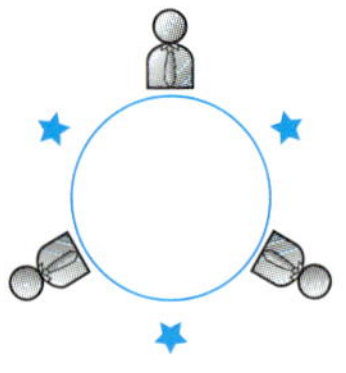

$\therefore$ 12

예제 2-23

구슬 6개를 원형으로 늘어놓는 방법의 수와 구슬을 꿰어서 목걸이를 만드는 방법의 수를 구하라.

풀이

원형으로 늘어 놓는 방법은 원순열이므로

$$(6-1)!=5!=120$$

목걸이를 만드는 방법은 염주순열이므로

$$\frac{(6-1)!}{2!}=\frac{5!}{2}=60$$

$\therefore$ 120, 60

예제 2-24

아버지와 어머니를 포함한 가족 6명이 원탁에 둘러앉을 때, 아버지와 어머니가 이웃하게 앉는 방법의 수를 구하라.

풀이

아버지와 어머니를 하나로 묶으면 5명을 원탁에 앉히는 경우의 수와 같으므로 원탁에 앉는 수는

$$(5-1)!=24$$

이때 부모가 자리 바꾸는 경우의 수는 2가지이므로

$$24 \times 2 = 48$$

$\therefore$ 48

2.2.5 대칭순열

서로 다른 n개를 원형이 아닌 다각형에 배열하는 순열을 **대칭순열**이라고 한다. 대칭순열은 정사각형, 직사각형, 정삼각형 등의 다각형에 배열하는 것을 의미한다.

다음 [그림 2-11]을 보자. 정사각형 탁자에 4명이 앉는 경우는 원탁에 4명이 앉는 경우와 같이 $(4-1)!$이다.

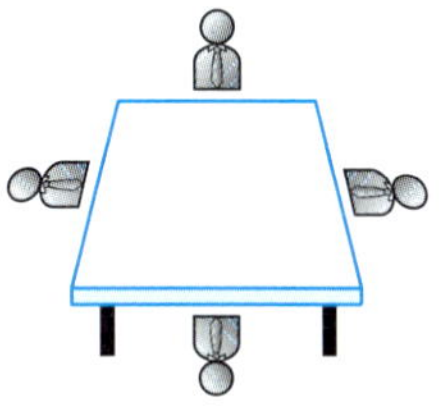

[그림 2-11] 정사각형 탁자에 4명이 앉는 경우

[그림 2-12]와 같이 직사각형 탁자에 6명이 둘러앉는 경우도 생각해보자. 대각선을 중심으로 [그림 2-12(a)]처럼 ①번 자리에 A, ②번 자리에 B, ⑥번 자리에 C가 앉는 경우와 [그림 2-12(b)]처럼 ①번 자리에 A, ②번 자리에 B, ③번 자리에 C가 앉는 경우는 배열 모양이 같다. 즉 대각선을 중심으로 어느 한부분에서 고정된 한 사람이 앉는 경우의 수를 생각하면 된다.

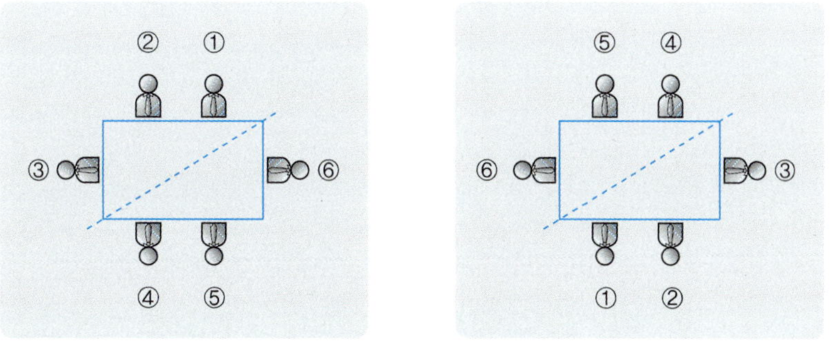

(a) (b)

[그림 2-12] 직사각형 탁자에 6명이 앉는 경우

정리 2-10 대칭순열

다각형의 모양에 따라 대칭순열을 나타내면

- 정사각형에 n명을 앉히는 방법의 수 $(n-1)! \times \frac{n}{4}$
- 직사각형에 n명을 앉히는 방법의 수 $(n-1)! \times \frac{n}{2}$
- 정삼각형에 n명을 앉히는 방법의 수 $(n-1)! \times \frac{n}{3}$
- 정오각형에 n명을 앉히는 방법의 수 $(n-1)! \times \frac{n}{5}$

예제 2-25

정삼각형 모양의 탁자에 3명이 앉는 방법의 수를 구하라.

풀이

그림으로 나타내면 다음과 같다.

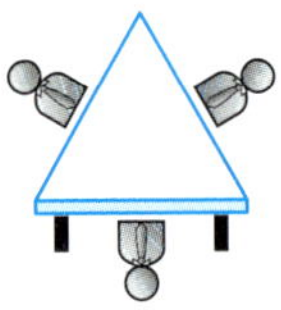

$$(3-1)! \times \frac{3}{3} = 2$$

$\therefore$ 2

예제 2-26

가족 6명이 정삼각형 모양의 식탁에 앉는 방법의 수를 구하라.

풀이

그림으로 나타내면 다음과 같다.

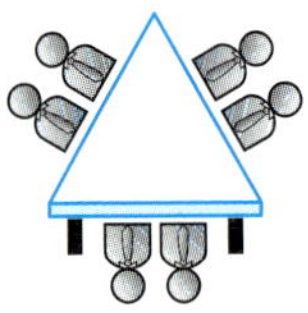

$$(6-1)! \times \frac{6}{3} = 5! \times 2 = 240$$

$\therefore$ 240

Section 2.2 연습문제

A1. 회원 수가 40명인 동호회에서 회장, 부회장을 각각 한 명씩 선출하는 방법의 수를 구하라.

① 50　② 84
③ 1200　④ 1560
⑤ 2450

풀이 ④
회원 40명에서 2명을 순서대로 뽑는 경우이므로
${}_{40}P_2 = 40 \times 39 = 1560$

A2. ${}_nP_3 + 3 \times {}_nP_2 = 5 \times {}_{n+1}P_2$를 만족하는 자연수 n의 값을 구하라. (단, $n \geq 3$)

① 6　② 5　③ 4
④ 3　⑤ 2

풀이 ①

$$n(n-1)(n-2)+3n(n-1)=5(n+1)n$$

양변을 n으로 나누면

$$n^2-3n+2+3n-3=5n+5$$
$$n^2-5n-6=0$$
$$(n-6)(n+1)=0$$
$$n=-1,\ 6$$

$n \geq 3$이므로 $n=6$

A3. A, B, C, D, E 다섯 사람 중에서 회장, 부회장, 총무를 각각 한 사람씩 뽑으려고 한다. 이때 A가 반드시 회장에 뽑히는 경우의 수를 구하라.

① 3　② 6　③ 12
④ 24　⑤ 60

풀이 ③
회장을 A로 고정하고 B, C, D, E 4명 중에서 2명을 뽑으면 되므로 ${}_4P_2 = 4 \times 3 = 12$

A4. 숫자 0, 1, 2, 3, 4에서 서로 다른 세 개의 숫자를 선택하여 만들 수 있는 세 자리 자연수의 개수를 구하라.

① 48　② 42　③ 40
④ 38　⑤ 32

풀이 ①
첫 번째 자리에는 0을 제외한 1, 2, 3, 4를 선택할 수 있고, 나머지 두 자리에는 첫 번째 숫자를 제외한 4개의 숫자에서 2개를 순서대로 배열하면 $4 \times {}_4P_2 = 4 \times 4 \times 3 = 48$

A5. 과일이 세 종류가 있다. 사과, 배, 오렌지라고 할 때, 중복을 허락하여 접시 4개에 한 개씩 담는 방법의 수를 구하라.

① 27 ② 36 ③ 72
④ 81 ⑤ 243

풀이 ④
접시 4개에 1개씩 담으려면 과일 4개가 필요하므로, 과일 세 종류에서 중복하여 4개를 뽑는 중복순열이 된다.

따라서 ${}_3\Pi_4 = 3^4 = 81$

A6. 학생 6명이 밴드부와 사진부 두 동아리에 가입하는 방법의 수를 구하라. (단, 각각의 학생은 한 동아리에만 가입할 수 있다.)

① 36 ② 40 ③ 52
④ 64 ⑤ 128

풀이 ④
두 동아리에는 중복하여 가입할 수 있다.

따라서 ${}_2\Pi_6 = 2^6 = 64$

A7. $X=\{1,\ 2,\ 3\}$, $Y=\{4,\ 5,\ 6,\ 7\}$일 때, X에서 Y로의 함수의 개수를 구하라.

① 27 ② 36 ③ 64
④ 81 ⑤ 243

풀이 ③
함수의 개수는 중복순열로 구한다.

따라서 ${}_4\Pi_3 = 4^3 = 64$

A8. $X=\{1,\ 2,\ 3\}$, $Y=\{4,\ 5,\ 6,\ 7\}$일 때, X에서 Y로의 일대일함수의 개수를 구하라.

① 81 ② 64 ③ 36
④ 27 ⑤ 24

풀이 ⑤
일대일함수의 개수는 순열로 구한다.

따라서 ${}_4P_3 = 4\times3\times2 = 24$

A9. $10001_{(2)}$, $10011_{(2)}$와 같이 이진법으로 다섯 자리를 표현하는 방법의 개수를 구하라.

① 32 ② 28 ③ 24
④ 20 ⑤ 16

풀이 ⑤
맨 앞자리에 1이 오고 나머지 네 자리에는 0 또는 1이 오면 되므로 ${}_2\Pi_4 = 2^4 = 16$

A10. 숫자 1, 2, 3을 사용하여 만들 수 있는 다섯 자리 정수의 개수를 구하라.

① 88　　② 128　　③ 149
④ 200　　⑤ 243

풀이 ⑤
자리마다 숫자 1, 2, 3을 넣을 수 있다.

따라서 ${}_3\Pi_5 = 3^5 = 243$

A11. TOMORROW를 일렬로 배열할 때, 양 끝에 모음이 오는 경우의 수를 구하라.

① 120　　② 320　　③ 360
④ 520　　⑤ 720

풀이 ③
양 끝에 모음 O 2개를 배열하면,

$$\mathrm{O}\ \underbrace{\mathrm{T}\ \ \mathrm{M}\ \ \mathrm{R}\ \ \mathrm{R}\ \ \mathrm{O}\ \ \mathrm{W}}_{\mathrm{T}:1\text{개},\ \mathrm{M}:1\text{개},\ \mathrm{R}:2\text{개},\ \mathrm{O}:1\text{개},\ \mathrm{W}:1\text{개}}\ \mathrm{O}$$

따라서 $\dfrac{6!}{2!\times 1!\times 1!\times 1!\times 1!} = 360$

A12. 1, 1, 1, 2, 2, 3의 숫자에서 네 개를 골라 만들 수 있는 네 자리 자연수가 몇 가지인지 구하라.

풀이 38가지
먼저, 1이 3개인 경우는 1이 3개 들어가고 나머지 한 자리에 다른 숫자가 들어가므로

$$1\ 1\ 1\ 3 \rightarrow \frac{4!}{3!\times 1!} = 4$$

$$1\ 1\ 1\ 2 \rightarrow \frac{4!}{3!\times 1!} = 4$$

1이 2개인 경우는 나머지 두 자리에 숫자가 들어가는 방법을 생각해야 한다. 1이 2개 들어가고 2가 2개 들어가면

$$1\ 1\ 2\ 2 \rightarrow \frac{4!}{2!\times 2!} = 6$$

1이 2개 들어가고 두 자리에 서로 다른 숫자가 들어가면

$$1\ 1\ 2\ 3 \rightarrow \frac{4!}{2!\times 1!\times 1!} = 12$$

마지막으로 1이 1개 들어가면

$$2\ 2\ 3\ 1 \rightarrow \frac{4!}{2!\times 1!\times 1!} = 12$$

따라서 $4+4+6+12+12=38$

A13. 남자 5명과 여자 3명이 원탁에 둘러앉을 때, 여자끼리 이웃하지 않는 경우의 수를 구하라.

풀이 1440

여자끼리 이웃하지 않기 위해서는 남자를 먼저 앉힌 후에 그 사이에 여자가 앉으면 된다.

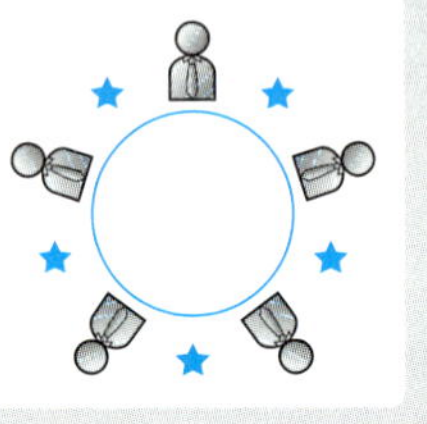

남자를 배열하는 수는

$$(5-1)!=4!=24$$

★자리에 여자가 앉는 경우의 수는

$$_5P_3=5\times4\times3=60$$

따라서 $4!\times{}_5P_3=24\times60=1440$

A14. 한국인 4명과 중국인 3명이 원탁에 둘러앉을 때, 중국인끼리는 이웃하지 않는 경우의 수를 구하라.

① 192 ② 180 ③ 168
④ 156 ⑤ 144

풀이 ⑤

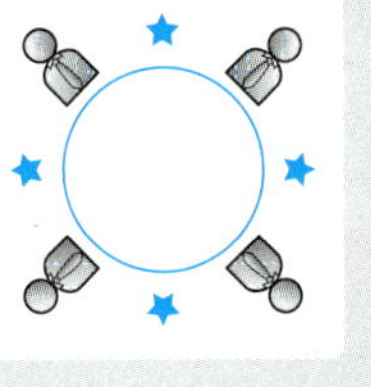

★자리를 중국인이 앉는 자리로 생각하면

$_4P_3=24$이므로 $(4-1)!\times{}_4P_3=144$

A15. 커플 5쌍이 원탁에 둘러앉을 때, 커플끼리 이웃하여 앉는 방법의 수를 구하라.

① 180 ② 240 ③ 360
④ 768 ⑤ 720

풀이 ④

각각의 커플을 한 팀으로 생각한다. 5팀이 원탁에 앉는 방법의 수는 $(5-1)!$, 커플이 자리를 바꾸는 수는 각각 $2!$이므로

$(5-1)!\times2!\times2!\times2!\times2!\times2!=768$

A16. 어른 4명과 아이 4명이 원탁에 둘러앉을 때, 어른과 아이가 교대로 앉는 경우의 수를 구하라.

① 108 ② 144 ③ 180
④ 216 ⑤ 288

풀이 ②

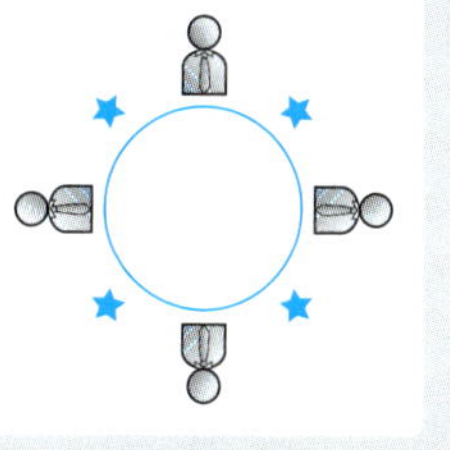

어른 4명이 원탁에 앉는 방법의 수는

$$(4-1)!=3!=6$$

★ 자리에 아이 4명이 앉는 방법은

$$_4P_4=4!=24$$

따라서 $(4-1)!\times{}_4P_4=6\times24=144$

A17. 구슬 6개로 목걸이를 만들 수 있는 개수를 구하라.

① 30 ② 60 ③ 90
④ 120 ⑤ 150

풀이 ②

염주순열은 $\dfrac{(n-1)!}{2}$ 이므로 $(6-1)!\times\dfrac{1}{2}=60$

A18. 다음 그림과 같은 정삼각형 모양의 탁자에 9명이 둘러앉는 방법의 수를 구하라.

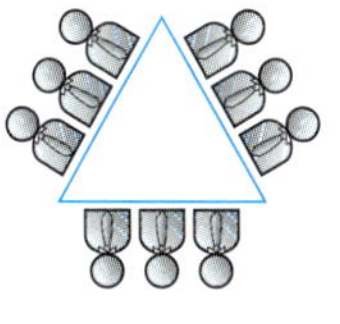

① 8! ② 8!×2 ③ 8!×3
④ 9!×2 ⑤ 9!×3

풀이 ③

그림을 보면 대칭이 되는 구간이 3개이므로

$$(9-1)!\times\frac{9}{3}=(9-1)!\times3=8!\times3$$

A19. 다음 그림과 같은 직사각형 모양의 탁자에 8명이 둘러앉는 방법의 수를 구하라.

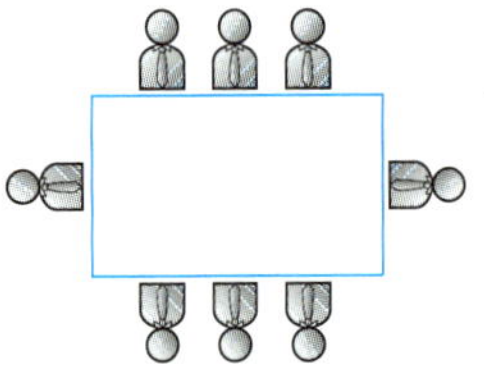

① 2520 ② 5040 ③ 20160
④ 40320 ⑤ 80640

풀이 ③
그림을 보면 대칭이 되는 구간이 2개이므로

$(8-1)! \times \frac{8}{2} = 5040 \times 4 = 20160$

A20. 다음 그림과 같은 정오각형 모양의 탁자에 10명이 둘러앉는 방법의 수를 구하라.

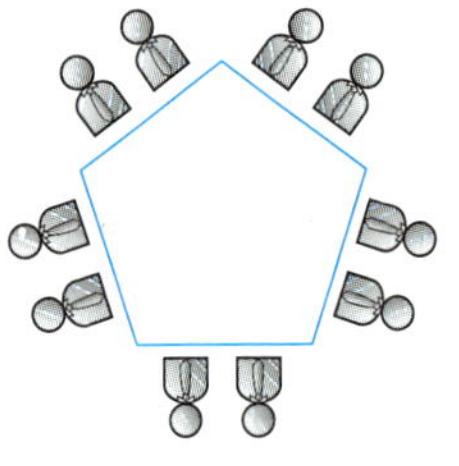

① $9!$ ② $9! \times 2$ ③ $9! \times 3$
④ $9! \times 5$ ⑤ $9! \times {}_5P_2$

풀이 ②
그림을 보면 대칭이 되는 구간이 5개이므로

$(10-1)! \times \frac{10}{5} = (10-1)! \times 2 = 9! \times 2$

2.3 조합

순서를 생각하지 않고 일렬로 선택하는 것을 **조합**이라 한다. 이번 절에서는 조합에 대한 개념을 이해하고, 조합의 종류와 그에 따른 계산 방법에 대해 알아보자.

2.3.1 조합

서로 다른 n개 중에서 중복되지 않도록 r개를 선택하여 순서를 생각하지 않고 선택하는 것을 n개에서 r개를 선택하는 **조합**이라고 하고, ${}_nC_r$로 나타낸다.

1, 2, 3, 4 숫자 4개에서 2개를 선택하는 경우를 살펴보자. 순서를 생각하여 배열하는 경우(순열)와 순서를 생각하지 않고 배열하는 경우(조합)를 나열하면 다음 [그림 2-13]과 같다.

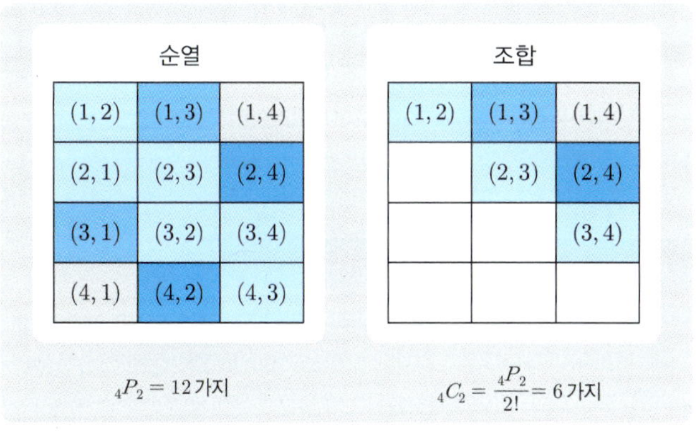

[그림 2-13] 조합의 정의

조합에서는 순서를 무시하므로 (1, 2)와 (2, 1)은 서로 같다. 이런 식으로 순서를 무시하여 숫자 4개에서 2개를 선택하는 방법은 따라서 6가지다. 따라서 조합은 순서를 배열하는 경우에서 같은 경우의 수만큼 나누면 된다. 즉 조합은 ${}_nC_r = \dfrac{{}_nP_r}{r!}$로 구한다.

정리 2-11 조합

- 서로 다른 n개에서 중복되지 않게 r개를 선택하는 경우의 수

$$ {}_nC_r = \frac{{}_nP_r}{r!} = \frac{n!}{r!(n-r)!} \quad (\text{단, } 0 \le r \le n) $$

정리 2-12 조합의 성질

- ${}_nC_r = {}_nC_{n-r}$
- ${}_nC_r = {}_{n-1}C_{r-1} + {}_{n-1}C_r$
- ${}_nC_0 = 1,\ {}_nC_n = 1,\ {}_nC_1 = n$

예를 들면, 다음과 같다.

$${}_5C_0 = 1,\ {}_5C_1 = 5$$

$${}_5C_2 = \frac{5 \times 4}{2 \times 1} = 10$$

$${}_5C_3 = \frac{5 \times 4 \times 3}{3 \times 2 \times 1} = 10$$

순열과 조합의 차이점을 생각해보자. [표 2-2]와 같이 A, B, C 세 사람 중에서 대표, 부대표를 1명씩 뽑는 경우와 대표 2명을 뽑는 경우를 비교해보자. 대표, 부대표를 뽑는 경우는 대표와 부대표라는 순서가 있으므로 순열에 해당한다. 반면에, 대표 2명을 뽑는 경우는 순서를 고려할 필요가 없으므로 조합에 해당한다.

[표 2-2] 순열과 조합 비교

대표, 부대표를 1명씩 뽑는 경우	대표 2명을 뽑는 경우
(A, B) (A, C) (B, C) (B, A) (C, A) (C, B) ${}_3P_2 = 6$가지	(A, B) (A, C) (B, C) ${}_3C_2 = 3$가지

예제 2-27

${}_{100}C_{98}$의 값을 구하라.

풀이

${}_nC_r = {}_nC_{n-r}$이므로

$${}_{100}C_{98} = {}_{100}C_2 = \frac{100 \times 99}{2 \times 1} = 4950$$

$\therefore\ 4950$

예제 2-28

$12 \times {}_nC_3 - 6 \times {}_nP_2 = {}_nP_3$을 만족하는 n의 값을 구하라.

풀이

$$12 \times \frac{n(n-1)(n-2)}{3 \times 2 \times 1} - 6n(n-1) = n(n-1)(n-2)$$

$n \geq 3$이므로 $n(n-1)$로 양변을 나누면

$$2(n-2) - 6 = n-2$$
$$2n - 4 - 6 = n - 2$$
$$n = 10 - 2 = 8$$

$\therefore\ n = 8$

예제 2-29

10개의 축구팀이 리그전을 할 때, 전체 시합의 수를 구하라.

풀이

축구 시합을 하는 두 팀을 뽑는 경우는 순서가 상관없으므로

$${}_{10}C_2 = \frac{10 \times 9}{2 \times 1} = 45$$

$\therefore\ 45$

예제 2-30

후보 10명에서 대표 5명을 선출하려고 한다. 이때 특정한 2명이 뽑히는 경우의 수를 구하라.

풀이

특정한 2명은 이미 뽑았다고 생각하고, 후보 8명 중에서 나머지 대표 3명을 선출하면 된다.

$${}_8C_3 = \frac{8 \times 7 \times 6}{3 \times 2 \times 1} = 56$$

$\therefore\ 56$

2.3.2 중복조합

서로 다른 n개 중에서 중복을 허락하여 r개를 선택하는 조합을 **중복조합**이라 하고, ${}_nH_r$로 나타낸다.

정리 2-13 중복조합

서로 다른 n개 중에서 중복을 허락하여 r개를 선택하는 조합의 수

$${}_nH_r = {}_{n+r-1}C_r$$

1, 2, 3, 4 숫자 4개 중에서 2개를 선택할 때, 순열의 종류에 따른 경우의 수를 [표 2-3]에 정리하였다.

[표 2-3] 순열과 조합 정리

순열의 종류	전개	계산식
순열	(1, 2), (1, 3), (1, 4), (2, 3), (2, 4), (3, 4) (2, 1), (3, 1), (4, 1), (3, 2), (4, 2), (4, 3)	${}_4P_2 = 12$가지
중복순열	(1, 2), (1, 3), (1, 4), (2, 3), (2, 4), (3, 4) (2, 1), (3, 1), (4, 1), (3, 2), (4, 2), (4, 3) + (1, 1), (2, 2), (3, 3), (4, 4)	${}_4\Pi_2 = 16$가지
조합	(1, 2), (1, 3), (1, 4), (2, 3), (2, 4), (3, 4)	${}_4C_2 = 6$가지
중복조합	(1, 2), (1, 3), (1, 4), (2, 3), (2, 4), (3, 4) + (1, 1), (2, 2), (3, 3), (4, 4)	${}_4H_2 = 10$가지

예제 2-31

유권자 10명이 입후보자 3명에게 투표할 때, 기명투표를 하는 경우와 무기명투표를 하는 경우의 수를 각각 구하라. (단, 입후보자 1명에게만 투표를 할 수 있으며 기권이나 무효표는 없다고 가정한다.)

풀이

기명투표는 중복순열로 구할 수 있으므로

$${}_3\Pi_{10} = 3^{10}$$

무기명투표는 중복조합으로 구할 수 있으므로

$${}_3H_{10} = {}_{3+10-1}C_{10} = 66$$

$\therefore$ 기명투표 : 3^{10}, 무기명투표 : 66

예제 2-32

$(x+y+z)^6$의 전개식에서 항의 총 수를 구하라.

풀이

$$_3H_6 = {}_{3+6-1}C_6 = {}_8C_6 = {}_8C_2 = \frac{8\times 7}{2\times 1} = 28$$

$\therefore$ 28

예제 2-33

다음 방정식을 만족하는 음이 아닌 정수해는 몇 쌍인지 구하라.

$$x+y+z=10$$

풀이

$$_3H_{10} = {}_{3+10-1}C_{10} = {}_{12}C_{10} = {}_{12}C_2 = \frac{12\times 11}{2\times 1} = 6\times 11 = 66$$

$\therefore$ 66쌍

2.3.3 분할과 분배

분할과 분배에 대한 개념에 대해 생각해보자. 서로 다른 n개의 물건을 나누는 것을 **분할**, 나누어 주는 것을 **분배**라고 한다.

분할은 나누는 방법에 따라 경우의 수가 달라진다. 예를 들어, $\{a, b, c, d, e, f, g, h, g\}$까지 총 9명을 세 조로 나누는 경우의 수를 생각해보자.

■ 2명, 3명, 4명으로 조를 나누는 경우 (각 조의 인원이 다른 경우)

9명에서 2명을 선택하는 경우의 수는 $_9C_2$, 남은 7명에서 3명을 선택하는 경우의 수는 $_7C_3$이다. 그리고 나머지 4명을 한 조로 생각하면 $_4C_4$가 된다. 즉 9명에서 2명, 3명, 4명으로 나누는 경우의 수는 다음과 같다.

$$_9C_2 \times {}_7C_3 \times {}_4C_4 = \frac{9\times 8}{2\times 1} \times \frac{7\times 6\times 5}{3\times 2\times 1} \times 1 = 36\times 35\times 1 = 1260$$

■ 2명, 2명, 5명으로 조를 나누는 경우 (두 조의 인원이 같은 경우)

9명에서 2명을 선택하는 경우의 수는 ${}_9C_2$, 남은 7명에서 2명을 선택하는 경우의 수는 ${}_7C_2$이다. 그리고 나머지 5명을 한 조로 생각하면 ${}_5C_5$가 된다. 그러나 3조를 뽑은 경우의 수에서 $\{(a,\ b),\ (c,\ d),\ (e,\ f,\ g,\ h,\ i)\}$와 $\{(c,\ d),\ (a,\ b),\ (e,\ f,\ g,\ h,\ i)\}$는 같은 경우가 된다. 따라서 9명에서 2명, 2명, 5명으로 나누는 경우의 수는 다음과 같다.

$${}_9C_2 \times {}_7C_2 \times {}_5C_5 \times \frac{1}{2!} = \frac{9\times 8}{2\times 1} \times \frac{7\times 6}{2\times 1} \times 1 \times \frac{1}{2!} = 36 \times 21 \times \frac{1}{2!} = 378$$

■ 3명, 3명, 3명으로 조를 나누는 경우 (세 조의 인원이 같은 경우)

9명에서 3명을 선택하는 경우의 수는 ${}_9C_3$, 남은 6명에서 3명을 선택하는 경우의 수는 ${}_6C_3$이다. 그리고 나머지 3명을 한 조로 생각하면 ${}_3C_3$이 된다. 그러나 $\{(a,\ b,\ c),\ (d,\ e,\ f),\ (g,\ h,\ i)\}$는 서로 자리를 바꿔도 같은 경우가 된다. 따라서 9명에서 3명, 3명, 3명을 뽑는 경우의 수는 다음과 같다.

$${}_9C_3 \times {}_6C_3 \times {}_3C_3 \times \frac{1}{3!} = \frac{9\times 8\times 7}{3\times 2\times 1} \times \frac{6\times 5\times 4}{3\times 2\times 1} \times 1 \times \frac{1}{6} = 84 \times 20 \times \frac{1}{6} = 280$$

분배는 분할하는 경우에서 나누어 주는 경우의 수를 곱하여 구할 수 있다. 3묶음을 3명에게 나누어 주면 3!, 4묶음을 4명에게 나누어 주면 4!이 된다.

정리 2-14 분할 경우의 수

서로 다른 n개를 p개, q개, r개의 3묶음으로 나누는 경우의 수

- $p,\ q,\ r$이 모두 다른 경우 : ${}_nC_p \times {}_{n-p}C_q \times {}_rC_r$
- $p,\ q,\ r$ 중 2묶음의 수가 같은 경우 : ${}_nC_p \times {}_{n-p}C_q \times {}_rC_r \times \frac{1}{2!}$
- $p,\ q,\ r$ 중 3묶음의 수가 모두 같은 경우 : ${}_nC_p \times {}_{n-p}C_q \times {}_rC_r \times \frac{1}{3!}$

정리 2-15 분배 경우의 수

p개, q개, r개씩 나누어 세 사람에게 나누어 주는 경우의 수

$$(\text{분할하는 방법의 수}) \times 3!$$

예제 2-34

인턴 10명을 4명과 6명의 두 조로 나누는 방법은 몇 가지인지 구하라.

풀이

10명 중에서 4명을 먼저 뽑고, 나머지 인원에서 6명을 뽑는다.

$$_{10}C_4 \times {_6C_6} = 210$$

∴ 210가지

예제 2-35

아르바이트생 10명을 5명씩 두 조로 나누는 방법은 몇 가지인지 구하라.

풀이

$$_{10}C_5 \times {_5C_5} \times \frac{1}{2!} = 126$$

∴ 126가지

예제 2-36

서로 다른 15종류의 꽃이 있다. 5송이씩 세 다발로 나누는 방법은 몇 가지인지 구하라.

풀이

$$_{15}C_5 \times {_{10}C_5} \times {_5C_5} \times \frac{1}{3!} = 126126$$

∴ 126,126가지

예제 2-37

서로 다른 15종류의 꽃이 있다. 5송이씩 세 사람에게 나누어 주는 방법은 몇 가지인지 구하라.

풀이

15종류의 꽃을 5송이씩 분할하는 방법은

$$_{15}C_5 \times {_{10}C_5} \times {_5C_5} \times \frac{1}{3!}$$

3다발의 꽃을 세 사람에게 나누어 주는 방법은

$$_3P_3 = 3!$$

따라서

$$_{15}C_5 \times {_{10}C_5} \times {_5C_5} \times \frac{1}{3!} \times 3! = 756756$$

$\therefore$ 756,756가지

Section 2.3 연습문제

A1. ${}_nP_2 + 4{}_nC_3 = {}_nP_3$을 만족하는 n의 값을 구하라.

① 9 ② 8 ③ 7 ④ 6 ⑤ 5

풀이 ⑤

${}_nP_3$이므로 $n \geq 3$이다.

$$n(n-1)+4\times\frac{n(n-1)(n-2)}{3\times2\times1}$$
$$=n(n-1)(n-2)$$

양변을 $n(n-1)$로 나누면

$$1+\frac{2\times(n-2)}{3}=(n-2)$$

양변에 3을 곱하면

$$3+2(n-2)=3(n-2)$$

따라서 $n=5$

A2. ${}_nP_r = 120,\ {}_nC_r = 20$일 때, $n+r$의 값을 구하라.

① 6 ② 7 ③ 8 ④ 9 ⑤ 10

풀이 ④

${}_nP_r = \frac{n!}{(n-r)!},\ {}_nC_r = \frac{{}_nP_r}{r!}$이므로

$${}_nP_r = {}_nC_r \times r!$$
$$120 = 20\times r!$$
$$r! = 6 = 3\times2\times1,\ r=3$$
$${}_nP_3 = n(n-1)(n-2)=120$$

$120=6\times5\times4$이므로 $n=6$

따라서 $n+r=6+3=9$

A3. ${}_nC_3 = {}_nC_5$을 만족하는 n의 값을 구하라.

① 5 ② 6 ③ 7 ④ 8 ⑤ 9

풀이 ④

${}_nC_5$이므로 $n \geq 5$이다.

$$\frac{n(n-1)(n-2)}{3!}$$
$$=\frac{n(n-1)(n-2)(n-3)(n-4)}{5!}$$

양변을 $n(n-1)(n-2)$로 나누면

$$(n-3)(n-4)=5\times4,\ n-3=5$$

따라서 $n=8$

A4. ${}_{12}C_r = {}_{12}C_{r-4}$를 만족하는 r의 값을 구하라.

① 5 ② 6 ③ 7 ④ 8 ⑤ 9

풀이 ④

${}_{12}C_r = {}_{12}C_{r-4}$에서 $r=r-4$을 만족하는 r은 없으므로 ${}_{12}C_r$을 ${}_{12}C_{12-r}$로 바꾸면

$$ {}_{12}C_{12-r} = {}_{12}C_{r-4} $$
$$ 12-r=r-4 $$
$$ 2r=16 $$

따라서 $r=8$

A5. $A=\{a, b, c\}$에서 $B=\{1, 2, 3, 4, 5\}$로의 함수 f 중에서

(a) $f(a)<f(b)<f(c)$를 만족하는 f의 개수를 구하라.

(b) $f(a)\le f(b)\le f(c)$를 만족하는 f의 개수를 구하라.

풀이 (a) 10, (b) 35

(a) 순서를 무시하고 집합 B에서 원소 3개를 크기에 맞게 나열하면 되므로 ${}_5C_3=10$

(b) 순서를 무시하고 중복을 허용하여 나열하므로 ${}_5H_3=35$

A6. $x+y+z+w=10$을 만족시키는 음이 아닌 정수해는 몇 쌍인지 구하라.

① 152 ② 512 ③ 286
④ 143 ⑤ 72

풀이 ③

${}_4H_{10} = {}_{4+10-1}C_{10} = 286$

A7. 탁구동호회 회원 10명이 모여 있다. 2명이 한 팀을 이루어, 두 팀끼리 시합을 하기로 한다. 이때 시합하는 방법은 몇 가지인지 구하라.

풀이 9,450가지

2명이 한 팀을 이루는 방법은

$$ {}_{10}C_2\times{}_8C_2\times{}_6C_2\times{}_4C_2\times{}_2C_2\times\frac{1}{5!} $$

5팀에서 2팀이 시합하는 경우는 ${}_5C_2$

따라서

$$ {}_{10}C_2\times{}_8C_2\times{}_6C_2\times{}_4C_2\times{}_2C_2\times\frac{1}{5!}\times{}_5C_2 $$
$$ =9450 $$

2.4 이항정리

이항정리는 다항식의 거듭제곱에 관한 정리식이다. [그림 2-14]는 다항식을 거듭제곱할 때 나오는 계수를 보여준다. 예를 들어, $(a+b)^2 = a^2 + 2ab + b^2$의 계수는 순서대로 1, 2, 1로 [그림 2-14]의 두 번째에 해당하는 수와 같음을 확인할 수 있다.

$$
\begin{aligned}
(a+b)^2 &= a^2b^0 + 2a^1b^1 + a^0b^2 \\
(a+b)^3 &= a^3b^0 + 3a^2b^1 + 3a^1b^2 + a^0b^3 \\
(a+b)^4 &= a^4b^0 + 4a^3b^1 + 6a^2b^2 + 4a^1b^3 + a^0b^4 \\
(a+b)^5 &= a^5b^0 + 5a^4b^1 + 10a^3b^2 + 10a^2b^3 + 5a^1b^4 + a^0b^5
\end{aligned}
$$

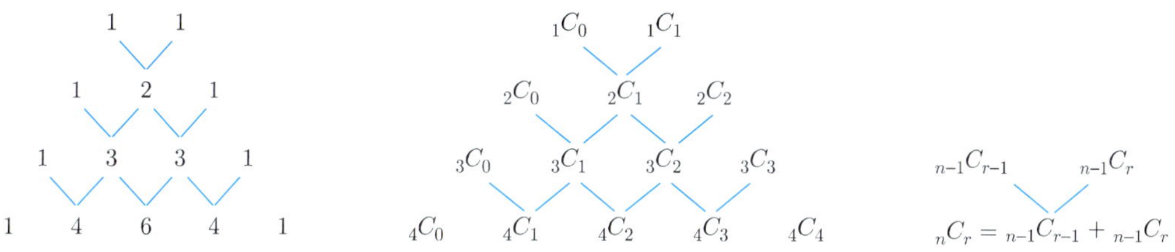

[그림 2-14] 파스칼의 삼각형

정리 2-16 이항정리

n이 양의 정수일 때,

$$(a+b)^n = {}_nC_0a^nb^0 + {}_nC_1a^{n-1}b^1 + {}_nC_2a^{n-2}b^2 + \cdots + {}_nC_na^0b^n = \sum_{r=0}^{n} {}_nC_ra^{n-r}b^r$$

$(a+b)^n$과 같이 2개의 항을 전개할 때를 이항정리라고 하고, $(a+b+c)^n$과 같이 3개의 항을 전개할 때를 삼항정리라고 한다. 일반적으로 삼함정리 이상을 다항정리라고 한다.

정리 2-17 다항정리

$$(a+b+c)^n = \frac{n!}{p!q!r!}a^pb^qc^r \quad (\text{단, } p+q+r=n\text{이고 } p,\ q,\ r \geq 0)$$

정리 2-18 이항계수의 성질

- $_nC_0 + {_nC_1} + {_nC_2} + {_nC_3} + {_nC_4} + \cdots + {_nC_n} = 2^n$

  $_nC_0 - {_nC_1} + {_nC_2} - {_nC_3} + {_nC_4} + \cdots + (-1)^n {_nC_n} = 0$
- $_nC_0 + {_nC_2} + {_nC_4} + {_nC_6} + \cdots = 2^{n-1}$

  $_nC_1 + {_nC_3} + {_nC_5} + {_nC_7} + \cdots = 2^{n-1}$
- $1 \times {_nC_1} + 2 \times {_nC_2} + 3 \times {_nC_3} + 4 \times {_nC_4} + \cdots + n \times {_nC_n} = n \times 2^{n-1}$

  $1 \times {_nC_1} - 2 \times {_nC_2} + 3 \times {_nC_3} - 4 \times {_nC_4} + \cdots = 0$

$(1+x)^n = {_nC_0}x^0 + {_nC_1}x^1 + nC_2x^2 + nC_3x^3 + \cdots + nC_nx^n$ 이므로

$$x = 1,\ {_nC_0} + {_nC_1} + {_nC_2} + {_nC_3} + {_nC_4} + \cdots + {_nC_n} = 2^n$$
$$x = -1,\ {_nC_0} - {_nC_1} + {_nC_2} - {_nC_3} + {_nC_4} - \cdots + (-1)^n {_nC_n} = 0$$

두 식을 더하면

$$2\{{_nC_0} + {_nC_2} + {_nC_4} + \cdots\} = 2^n$$
$$_nC_0 + {_nC_2} + {_nC_4} + {_nC_6} + \cdots = 2^{n-1}$$

두 식을 빼면

$$2\{{_nC_1} + {_nC_3} + {_nC_5} + {_nC_7} + \cdots\} = 2^n$$
$$_nC_1 + {_nC_3} + {_nC_5} + {_nC_7} + \cdots = 2^{n-1}$$

따라서 홀수항 계수의 총합과 짝수항 계수의 총합은 모두 2^{n-1}이 된다.

예제 2-38

$(2a-b)^4$을 전개하라.

풀이

$$(2a-b)^4 = 1(2a)^4(-b)^0 + 4(2a)^3(-b)^1 + 6(2a)^2(-b)^2 + 4(2a)^1(-b)^3 + 1(2a)^0(-b)^4$$
$$= 16a^4 - 32a^3b + 24a^2b^2 - 8ab^3 + b^4$$

예제 2-39

$(2x^2-3x)^4$의 전개식에서 x^7의 계수를 구하라.

풀이

$(a+b)^n = {}_nC_r a^{n-r} b^r$이므로

$${}_4C_r(2x^2)^{4-r}(-3x)^r = {}_4C_r 2^{4-r}(-3)^r x^{8-2r} x^r = {}_4C_r 2^{4-r}(-3)^r x^{8-r}$$

x^7의 계수를 구하려면

$$x^{8-r} = x^7,\ \ 8-r=7,\ \ r=1$$

계수 부분인 ${}_4C_r 2^{4-r}(-3)^r$에 $r=1$을 대입하면

$${}_4C_1 2^3(-3)^1 = 4\times 8\times(-3) = -96$$

$\therefore\ -96$

예제 2-40

파스칼의 삼각형을 이용하여 ${}_3C_2+{}_4C_2+{}_5C_2+{}_6C_2$의 값을 구하라.

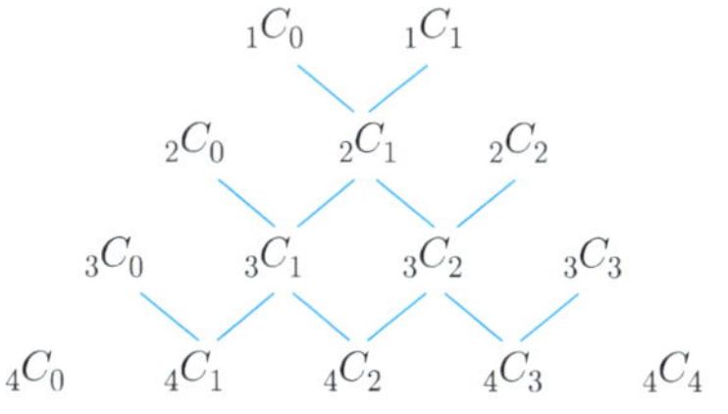

풀이

앞에서부터 차례로 구하면

$${}_3C_2+{}_3C_3={}_4C_3$$
$${}_4C_2+{}_4C_3={}_5C_3$$
$${}_5C_2+{}_5C_3={}_6C_3$$
$${}_6C_2+{}_6C_3={}_7C_3$$

따라서 모든 항을 더하면

$${}_7C_3-{}_3C_3=\frac{7\times 6\times 5}{3\times 2\times 1}-1=35-1=34$$

$\therefore\ 34$

Section 2.4 연습문제

A1. $\left(x-\frac{a}{x}\right)^7$의 전개식에서 x^3의 계수가 84일 때, a^2의 값을 구하라.

풀이 4

$$
{}_7C_r x^{7-r}\left(-\frac{a}{x}\right)^r = (-a)^r {}_7C_r x^{7-r}x^{-r} = (-a)^r {}_7C_r x^{7-2r}
$$

x^3의 계수를 구해야 하므로

$$7-2r=3,\quad r=2$$

계수 부분인 $(-a)^r {}_7C_r$에 $r=2$을 대입하면

$$(-a)^2 {}_7C_2 = a^2\left(\frac{7\times 6}{2\times 1}\right)=84$$

따라서 $a^2=4$

A2. $\frac{{}_5P_1}{1!}+\frac{{}_5P_2}{2!}+\frac{{}_5P_3}{3!}+\frac{{}_5P_4}{4!}+\frac{{}_5P_5}{5!}$의 값을 구하라.

풀이 31

$\frac{{}_nP_r}{r!}={}_nC_r$이므로

$$
\frac{{}_5P_1}{1!}+\frac{{}_5P_2}{2!}+\frac{{}_5P_3}{3!}+\frac{{}_5P_4}{4!}+\frac{{}_5P_5}{5!} = {}_5C_1+{}_5C_2+{}_5C_3+{}_5C_4+{}_5C_5
$$

이 식에 ${}_5C_0$을 더하고 빼면

$$
\begin{aligned}
&{}_5C_0+{}_5C_1+{}_5C_2+{}_5C_3+{}_5C_4+{}_5C_5-{}_5C_0 \\
&=2({}_5C_0+{}_5C_1+{}_5C_2)-{}_5C_0 \\
&=2(1+5+10)-1=(2\times 16)-1=31
\end{aligned}
$$

A3. $\sum_{k=0}^{\infty} {}_nC_k = 1024$일 때, n의 값을 구하라.

> **Hint**
> 조합의 성질
> ${}_nC_0+{}_nC_2+{}_nC_4+{}_nC_6+\cdots=2^{n-1}$
> ${}_nC_1+{}_nC_3+{}_nC_5+{}_nC_7+\cdots=2^{n-1}$

풀이 10

$\sum_{k=0}^{100} {}_nC_k = {}_nC_0+{}_nC_1+{}_nC_2+\cdots$을 짝수항과 홀수항으로 나누면

$$
\begin{aligned}
&{}_nC_0+{}_nC_1+{}_nC_2+\cdots \\
&=({}_nC_0+{}_nC_2+{}_nC_4+{}_nC_6+\cdots) \\
&\quad+({}_nC_1+{}_nC_3+{}_nC_5+{}_nC_7+\cdots) \\
&=2^{n-1}+2^{n-1} \\
&=2\times 2^{n-1}=2^n
\end{aligned}
$$

(Hint 적용)

$2^n=1024$이므로

$$2^n=2^{10}$$

따라서 $n=10$

A4. ${}_{2n}C_1+{}_{2n}C_3+\cdots+{}_{2n}C_{2n-1}=2048$ 을 만족하는 자연수 n의 값을 구하라.

풀이 6

${}_{2n}C_1+{}_{2n}C_3+{}_{2n}C_5+\cdots+{}_{2n}C_{2n-1}=2048$이므로

$$2^{2n-1}=2^{11}$$
$$2n-1=11$$
$$2n=12$$

따라서 $n=6$

A5. $(1+x)+(1+x)^2+(1+x)^3+\cdots+(1+x)^{10}$의 전개식에서 x^3의 계수를 구하라.

풀이 330

$(1+x)^3$ 의 전개식에서 x^3 의 계수 ${}_3C_3$

$(1+x)^4$ 의 전개식에서 x^4 의 계수 ${}_4C_3$

$(1+x)^5$ 의 전개식에서 x^5 의 계수 ${}_5C_3$

$\vdots$

$(1+x)^{10}$의 전개식에서 x^{10}의 계수 ${}_{10}C_3$

전체 x^3의 계수의 총합은

$${}_3C_3+{}_4C_3+{}_5C_3+{}_6C_3+{}_7C_3+{}_8C_3+{}_9C_3+{}_{10}C_3$$

이때 ${}_3C_3$을 ${}_4C_4$로 바꾸면

$${}_4C_4+{}_4C_3+{}_5C_3+{}_6C_3+{}_7C_3+{}_8C_3+{}_9C_3+{}_{10}C_3$$

파스칼의 삼각형을 이용하여 정리하면

$${}_4C_4+{}_4C_3={}_5C_4$$
$${}_5C_4+{}_5C_3={}_6C_4$$
$$\vdots$$
$${}_{10}C_4+{}_{10}C_3={}_{11}C_4$$

따라서 ${}_{11}C_4=330$

Chapter 02 연습문제

2.1.1 합사건

B1. 학생 식당에 있는 학생 전체 40명에게 좋아하는 음식을 조사해 보았다. 피자와 자장면을 좋아하는 학생이 각각 28명, 16명이었다. 피자와 자장면을 모두 좋아하는 학생 수의 최댓값과 최솟값을 각각 M, m이라 할 때, $M+m$의 값을 구하라.

① 12　② 14　③ 16
④ 18　⑤ 20

풀이 ⑤

전체 학생의 수를 U, 피자를 좋아하는 사람을 A, 자장면을 좋아하는 사람을 B라고 하면

$$n(U)=40,\ n(A)=28,\ n(B)=16$$
$$n(A\cap B)\le n(A),\ n(A\cap B)\le n(B)$$

이므로

$$n(A\cap B)\le 16 \cdots ①$$

$n(A\cup B)\le n(U)$이므로

$$n(A)+n(B)-n(A\cap B)\le n(U)$$
$$28+16-n(A\cap B)\le 40$$
$$4\le n(A\cap B)\cdots ②$$

식 ①과 식 ②를 합하면

$$4\le n(A\cap B)\le 16$$

따라서 최댓값 $M=16$, 최솟값 $m=4$이므로

$$M+m=20$$

B2. 세 집합 A, B, C에 대하여 $A\cap B=\phi$, $n(A)=5$, $n(B)=4$, $n(C)=3$, $n(A\cup C)=7$, $n(B\cup C)=5$일 때, $n(A\cup B\cup C)$의 값을 구하라.

① 6　② 7　③ 9
④ 10　⑤ 12

풀이 ③

$$n(A\cup C)=n(A)+n(C)-n(A\cap C)$$
$$7=5+3-n(A\cap C)$$

$n(A\cap C)=1$

$$n(B\cup C)=n(B)+n(C)-n(B\cap C)$$
$$5=4+3-n(B\cap C)$$

$n(B\cap C)=2$

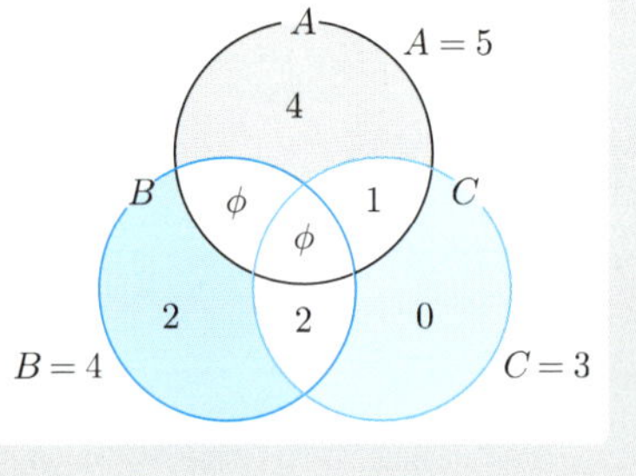

$$n(A\cup B\cup C)$$
$$=n(A)+n(B)+n(C)-n(A\cap B)$$
$$-n(B\cap C)-n(C\cap A)+n(A\cap B\cap C)$$
$$=5+4+3-0-2-1+0=9$$

B3. 대학생 50명에게 영어와 중국어 문제를 풀게 하였더니 영어 문제를 푼 학생은 25명, 중국어 문제를 푼 학생은 22명이었다. 영어와 중국어 문제를 모두 풀지 못한 학생이 8명일 때, 모두 푼 학생 수를 구하라.

① 5 ② 6 ③ 7
④ 8 ⑤ 9

풀이 ①

$$n(A\cup B)=U-(A\cup B)^c$$
$$=U-(A^c\cap B^c)$$
$$=50-8=42$$

$$n(A\cap B)=n(A)+n(B)-n(A\cup B)$$
$$=25+22-42$$
$$=5$$

B4. 전체 집합 U의 공집합이 아닌 두 유한집합 A, B에 대하여 $n(A\cup B)=n(A)+n(B)$가 성립할 때, 다음 중 $A-B$와 같은 집합을 구하라.

① ϕ ② A ③ $A\cup B$
④ A^c ⑤ B^c

풀이 ②

$$n(A\cup B)=n(A)+n(B)-n(A\cap B)$$
$$=n(A)+n(B)-\phi$$

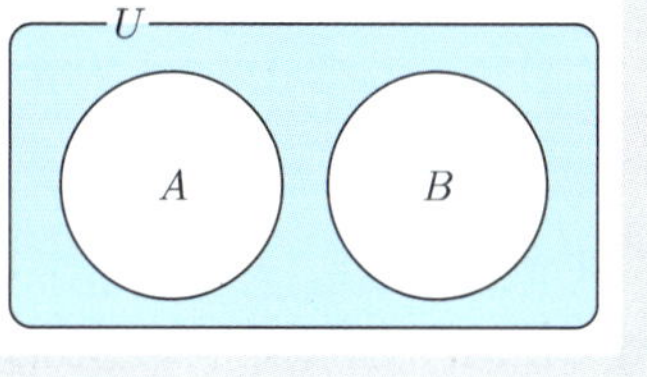

따라서 $A-B=A$

2.1.2 곱사건

B5. 다음 그림과 같은 도로망에서 도로 d와 e는 화살표 방향으로 일방통행만 되고 그 외의 도로는 양쪽 방향으로 통행이 된다고 한다. 이때 A지점에서 출발하여 B지점을 거쳐 C까지 갔다가 다시 B지점을 거쳐 A지점까지 되돌아오는 길의 가짓수를 구하라.

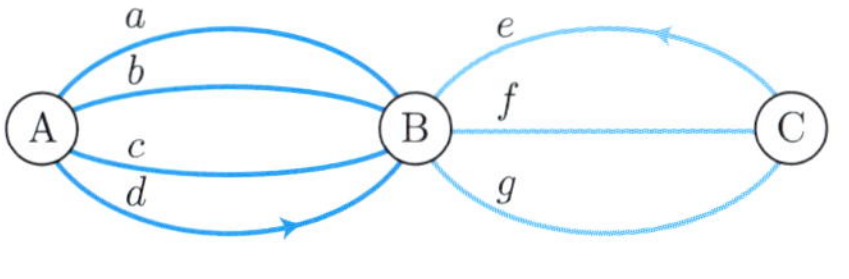

① 12 ② 36 ③ 64
④ 72 ⑤ 144

풀이 ④

A → B경로는 4가지, B → C경로는 2가지
C → B경로는 3가지, B → A경로는 3가지

따라서 $4\times2\times3\times3=72$

B6. 다음 그림과 같이 도시 A, B, C, D가 연결되어 있다. A를 출발하여 모든 도시를 한 번씩만 거치고 다시 A로 돌아오는 방법의 수를 구하라.

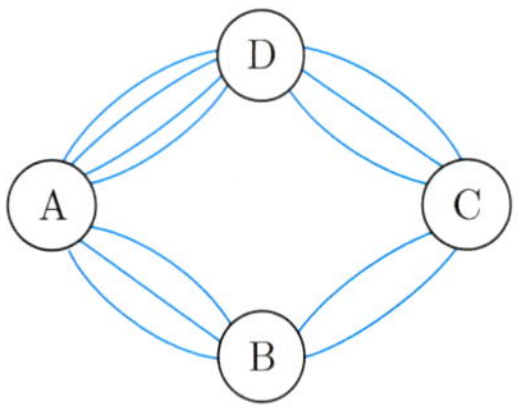

① 14　② 72　③ 144
④ 216　⑤ 228

풀이 ③

그림을 보면 A로 다시 돌아오는 방법은

i) $A \to B \to C \to D \to A$

$3 \times 2 \times 3 \times 4 = 72$

ii) $A \to D \to C \to B \to A$

$4 \times 3 \times 2 \times 3 = 72$

따라서 $72 + 72 = 144$

B7. 집합 $A = \{1, 2, 3, 4, 5\}$이다.

함수 $f: A \to A$에서 A의 임의의 원소 a에 대하여 다음 조건을 만족하는 함수 f를 구하라.

(a) $f(a) \geq a$는 몇 개인지 구하라.

① 30개　② 40개　③ 90개
④ 120개　⑤ 150개

(b) $a + f(a)$가 홀수를 만족하는 것은 몇 개인지 구하라.

① 24개　② 36개　③ 48개
④ 64개　⑤ 72개

풀이 (a) ④, (b) ⑤

(a) $f(1) = 1, 2, 3, 4, 5$가 될 수 있으므로 5개

$f(2) = 2, 3, 4, 5$가 될 수 있으므로 4개

$f(3) = 3, 4, 5$가 될 수 있으므로 3개

$f(4) = 4, 5$가 될 수 있으므로 2개

$f(5) = 5$가 될 수 있으므로 1개

따라서 $5 \times 4 \times 3 \times 2 \times 1 = 120$

(b) i) a가 홀수일 때 $a + f(a) =$ 홀수

$f(a) =$ 홀수 $- a =$ 짝수

ii) a가 짝수일 때 $a + f(a) =$ 홀수

$f(a) =$ 홀수 $- a =$ 홀수

즉, f(홀수) = 짝수, f(짝수) = 홀수이므로

a :	1	2	3	4	5
	↓	↓	↓	↓	↓
	2개	3개	2개	3개	2개

따라서 $2 \times 3 \times 2 \times 3 \times 2 = 72$

2.1.3 여사건

B8. 두 집합 $A=\{1,\ 2,\ 3\}$, $B=\{3,\ 4,\ 5,\ 6\}$에 대하여 $(A\cap B)\subset X\subset (A\cup B)$를 만족하는 X의 개수를 구하라.

① 4　② 8　③ 16
④ 32　⑤ 64

풀이 ④

$A\cap B=\{3\}$이므로 원소 3은 집합 X에 반드시 포함되어야 한다.

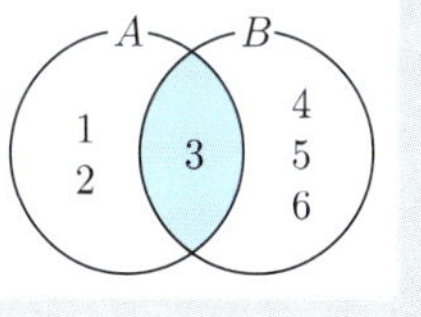

따라서 $2^{6-1}=2^5=32$

B9. 전체 집합 $U=\{a,\ b,\ c,\ d,\ e\}$에 대하여 $\{c,\ d,\ e\}\cap X\neq\phi$을 만족하는 U의 부분집합 X의 개수를 구하라.

① 4　② 8　③ 16
④ 28　⑤ 32

풀이 ④

X는 c, d, e중 적어도 하나의 원소를 가져야 한다. 적어도 문제이므로 여사건으로 접근한다.

$\{c,\ d,\ e\}$를 원소로 가지지 않는 집합의 개수는

$$2^{5-3}=4$$

전체 부분집합의 수에서 $\{c,\ d,\ e\}$를 원소로 가지지 않는 집합의 수를 뺀다.

따라서 $2^5-4=32-4=28$

2.2.1 순열

B10. ${}_nP_2+4{}_nP_1=28$을 만족하는 n의 값을 구하라.

① 2　② 3　③ 4　④ 5　⑤ 6

풀이 ③

${}_nP_2$가 존재하므로 $n\geq 2$이다.

$$n(n-1)+4n=28$$
$$n^2+3n-28=0$$
$$(n+7)(n-4)=0$$
$$n=-7,\ 4$$

따라서 $n=4$

B11. 0, 1, 2, 3, 4, 5, 6에서 서로 다른 네 숫자를 이용하여 네 자리 정수를 만들 때, 짝수의 개수를 구하라.

① 60 ② 420 ③ 450
④ 480 ⑤ 510

풀이 ②

자릿수가 짝수이려면 일의 자리가 짝수여야 한다.

□□□0의 꼴 → ${}_6P_3$

맨 앞 자리에 0이 오는 것을 제외해야 하므로

□□□2의 꼴 → $5\times{}_5P_2$

□□□4의 꼴 → $5\times{}_5P_2$

□□□6의 꼴 → $5\times{}_5P_2$

따라서 ${}_6P_3+3\times(5\times{}_5P_2)=420$

B12. 0, 1, 2, 3, 4중에서 서로 다른 세 숫자를 택하여 세 자리 정수를 만들 때, 3의 배수의 개수를 구하라.

① 15 ② 17 ③ 20 ④ 24 ⑤ 27

풀이 ③

3의 배수이려면 각 자리 수의 합이 3의 배수여야 한다. 만들 수 있는 세 자리를 나타내면

A(0, 1, 2), B(0, 2, 4)
C(1, 2, 3), D(2, 3, 4)

A, B 경우에는 ${}_3P_3-{}_2P_2=4$

C, D 경우에는 ${}_3P_3=3!=6$

따라서 $(4\times2)+(6\times2)=20$

2.2.2 중복순열

B13. 두 개의 숫자 1, 2로 중복을 허락하여 만들 수 있는 정수를 K라 할 때, $99<K<10000$을 만족하는 K의 개수를 구하라.

① 8 ② 16 ③ 24 ④ 32 ⑤ 64

풀이 ③

$99<K<10000$을 만족하는 K는 세 자리 또는 네 자리 정수이다.

i) K가 세 자리 정수인 경우 1, 2를 사용하여 만들 수 있는 세 자리 정수 개수는

$${}_2\Pi_3=2^3=8$$

ii) K가 네 자리 정수인 경우 1, 2를 사용하여 만들 수 있는 네 자리 정수 개수는

$${}_2\Pi_4=2^4=16$$

따라서 $8+16=24$

B14. 기호 '∘'와 '—'를 1개 이상, 4개 이하로 사용하여 만들 수 있는 신호의 가짓수를 구하라.

① 16 ② 22 ③ 30
④ 36 ⑤ 42

풀이 ③

1개를 사용하여 만들 수 있는 신호는

$$_2\Pi_1 = 2^1$$

2개를 사용하여 만들 수 있는 신호는

$$_2\Pi_2 = 2^2$$

3개를 사용하여 만들 수 있는 신호는

$$_2\Pi_3 = 2^3$$

4개를 사용하여 만들 수 있는 신호는

$$_2\Pi_4 = 2^4$$

따라서 $2^1 + 2^2 + 2^3 + 2^4 = 30$

B15. 기호 '∘'와 '—'를 배열하여 전신부호를 만들려고 한다. 100가지 부호를 만들려면 이 기호를 몇 개까지 써야 되는지 구하라.

① 6개 ② 7개 ③ 8개
④ 9개 ⑤ 10개

풀이 ①

기호를 사용하는 갯수에 따라 만들 수 있는 부호의 갯수를 더하면

$$\begin{aligned} &{}_2\Pi_1 + {}_2\Pi_2 + {}_2\Pi_3 + \cdots + {}_2\Pi_n \\ &= 2^1 + 2^2 + 2^3 + \cdots + 2^n \\ &= \frac{2(2^n - 1)}{2-1} \geq 100 \end{aligned}$$

$$2^n - 1 \geq 50,\ 2^n \geq 51,\ n \geq 6$$

따라서 6개까지 써야 한다.

2.2.3 같은 것이 있는 순열

B16. 남학생 6명과 여학생 5명의 모임에서 대표 4명을 선출할 때, 적어도 여학생 한명을 포함하는 방법의 수를 구하라.

① 195 ② 220 ③ 280
④ 315 ⑤ 330

풀이 ④

전체 11명의 학생에서 대표 4명을 선출하는 경우에서 남학생에서만 4명을 선출하는 경우를 제한다.

$$\begin{aligned} {}_{11}C_4 - {}_6C_4 &= \frac{11!}{4! \times 7!} - \frac{6!}{4! \times 2!} \\ &= 330 - 15 = 315 \end{aligned}$$

B17. 다섯 개의 문자 a_1, a_2, a_3, b_1, b_2를 일렬로 나열할 때, a_2는 a_1의 오른쪽에, a_3는 a_2의 오른쪽에, b_1는 b_2의 왼쪽에 놓이도록 나열하는 방법의 수를 구하라.

① 8 ② 10 ③ 12 ④ 14 ⑤ 16

풀이 ②

a_1, a_2, a_3는 왼쪽부터 차례로 a_1, a_2, a_3이고, b_1, b_2는 왼쪽부터 차례로 b_1, b_2이다.

3개의 a와 2개의 b를 $a\,a\,a\,b\,b$로 일렬로 나열한 후 왼쪽부터 차례로 a의 각 문자를 a_1, a_2, a_3로, b의 각 문자를 b_1, b_2로 쓴다.

$$\frac{5!}{3!\times 2!}=10$$

B18. 두 집합 $A=\{1, 2, 3\}$, $B=\{4, 5\}$에 대하여 A에서 B로의 함수 f 중에서 $f(1)+f(2)+f(3)=14$를 만족하는 함수 f의 개수를 구하라.

① 3 ② 4 ③ 5 ④ 6 ⑤ 7

풀이 ①

B의 원소가 $\{4, 5\}$이므로 세 함숫값의 합이 14가 되기 위해서는 4가 1번, 5가 2번 나와야 한다. $f(1)$, $f(2)$, $f(3)$의 집합이 $\{4, 5, 5\}$이어야 하므로 $\frac{3!}{2!\times 1!}=3$

2.2.4 원순열

B19. 서로 다른 7가지 색을 모두 사용하여 다음 그림과 같은 큰 원 내부의 7칸을 칠하는 방법의 수를 구하라.

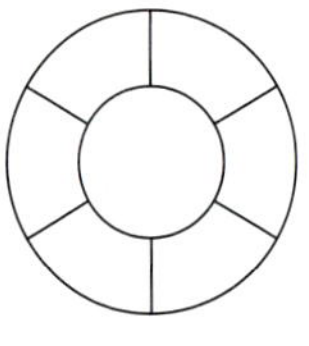

① 210 ② 420 ③ 840
④ 1280 ⑤ 1680

풀이 ③

가운데 원을 색칠하는 방법은 7가지이고,
나머지 6가지의 색을 6등분 칸에 칠하는 방법은 원순열이므로 $(6-1)!$이다.

따라서 $7\times(6-1)!=7\times 5!=840$

B20. 사람 8명이 원탁에 둘러앉을 때, 특정한 3명이 이웃하여 앉는 방법의 수를 구하라.

① 720　② 480　③ 360
④ 240　⑤ 120

풀이 ①
특정한 세 명을 묶으면 $(6-1)!$

특정한 3명 자리를 변경할 경우는 ${}_3P_3=3!$이므로 $(6-1)!\times{}_3P_3=5!\times3!=720$

B21. 회장과 부회장을 포함한 8명의 임원이 원형 탁자에 둘러앉아 회의를 할 때, 회장 맞은편에 부회장이 앉는 방법의 수를 구하라.

① 1080　② 8160　③ 5040
④ 1440　⑤ 720

풀이 ⑤

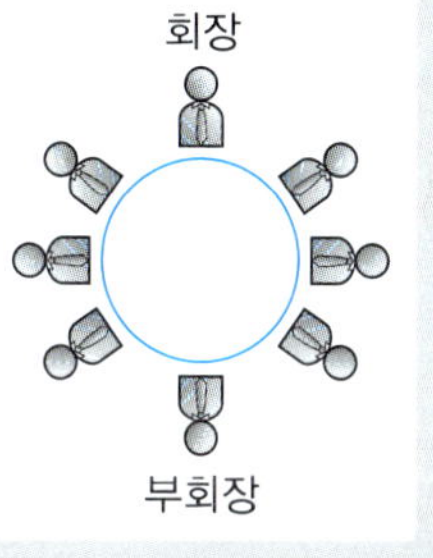

맞은편에 앉은 회장, 부회장을 한 사람으로 보고 7명을 원형으로 배열한다.

따라서 $(7-1)!=6!=720$

2.2.5 대칭순열

B22. 그림과 같은 반달 모양의 탁자에 5명이 둘러앉는 방법의 수를 구하라.

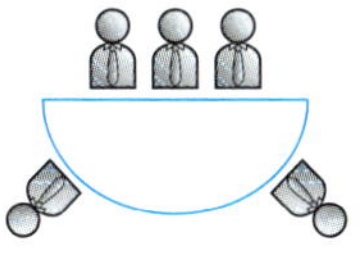

① $5!$　② $5!\times2$　③ $4!$
④ $4!\times3$　⑤ $4!\times5$

풀이 ⑤
5명을 원탁에 배열하는 수는 $(5-1)!=4!$

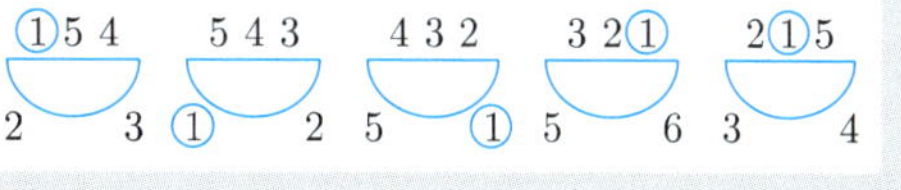

이때 주어진 모양의 테이블에서는 원형으로 배열하는 한 가지 방법에 대하여 서로 다른 경우가 5가지씩 존재하므로 $4!\times5$

B23. 다음 그림과 같이 8명을 정사각형 모양의 탁자에 앉히는 방법의 수를 구하라.

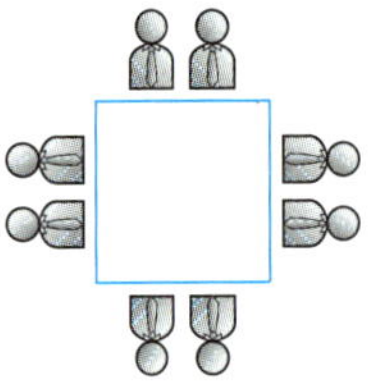

① 60 ② 120 ③ 720
④ 5040 ⑤ 10080

풀이 ⑤
그림을 보면 대칭되는 영역이 4개 있으므로

$$(8-1)! \times \frac{8}{4} = 7! \times 2 = 5040 \times 2 = 10080$$

2.3.1 조합

B24. ${}_{n+1}C_{n-2} + {}_{n+1}C_{n-1} = 35$를 만족하는 n의 값을 구하라.

① 2 ② 3 ③ 4 ④ 5 ⑤ 6

풀이 ④
${}_nC_r = {}_nC_{n-r}$을 이용하여 식을 정리하면

$${}_{n+1}C_3 + {}_{n+1}C_2 = 35$$

$$\frac{(n+1)n(n-1)}{3\times2\times1} + \frac{(n+1)n}{2\times1} = 35$$

$$\frac{(n+1)n(n-1)}{6} + \frac{(n+1)n}{2} = 35$$

$$\frac{(n+1)n}{2}\left(\frac{n-1}{3}+1\right) = 35$$

$$\frac{n(n+1)(n+2)}{6} = 35$$

$$n(n+1)(n+2) = 6\times35 = 6\times5\times7 = 5\times6\times7$$

따라서 $n=5$

B25. 학생 10명에서 5명을 뽑아 일렬로 세우려고 할 때, 학생 A와 B가 모두 뽑혀 인접해 있는 경우의 수를 구하라.

① 1344 ② 1855 ③ 2688
④ 3244 ⑤ 5376

풀이 ③
학생 A와 B는 이미 뽑혔다고 생각하고 8명 중에서 3명을 뽑으면 ${}_8C_3$
뽑은 5명 중에서 A와 B는 인접해 있으므로 하나로 묶어서 일렬로 배열하면 4!
A와 B가 자리를 바꾸는 경우는 2가지이므로

$${}_8C_3 \times 4! \times 2 = 56\times24\times2 = 2688$$

2.3.2 중복조합

B26. 토마토 12개를 3접시에 나눠 담아서 갑, 을, 병에게 나누어 주는 경우의 수를 구하라.

① 182 ② 364 ③ 546
④ 628 ⑤ 720

풀이 ③
토마토는 구별을 할 수 없으므로 중복조합을 이용하면

$$_{3}H_{12} = {}_{14}C_{12} = {}_{14}C_{2}$$

세 사람에게 분배하므로 구하는 확률은

$$_{14}C_{2} \times 3! = 546$$

2.3.3 분할과 분배

B27. 10명을 3명, 3명, 4명의 세 모임으로 나누는 방법의 수는 몇 가지인지 구하라.

① 2000 ② 2050 ③ 2100
④ 2150 ⑤ 2200

풀이 ③
두 조의 인원이 같으므로

$$_{10}C_{3} \times {}_{7}C_{3} \times {}_{4}C_{4} \times \frac{1}{2!}$$

$$= 120 \times 35 \times \frac{1}{2} = 2100$$

2.4 이항정리

B28. $\left(x - \frac{a}{x}\right)^7$ 의 전개식에서 x^3의 계수가 84일 때, a^2의 값을 구하라.

① 1 ② 2 ③ 3 ④ 4 ⑤ 5

풀이 ④

$$_{7}C_{r}x^{7-r}\left(-\frac{a}{x}\right)^{r} = (-a)^{r}{}_{7}C_{r}x^{7-r}x^{-r}$$
$$= (-a)^{r}{}_{7}C_{r}x^{7-2r}$$

$$7-2r=3,\ r=2$$

$$(-a)^{2}{}_{7}C_{2} = a^{2}\frac{7\times 6}{2\times 1} = 84$$

따라서 $a^2 = 4$

B29. $x\left(x^2-\dfrac{a}{x}\right)^6$의 전개식에서 x^7의 계수가 240일 때, 양수 a의 값을 구하라.

① 1　② 2　③ 3　④ 4　⑤ 5

풀이 ④

$x\left(x^2-\dfrac{a}{x}\right)^6$의 전개식에서 x^7의 계수는

$\left(x^2-\dfrac{a}{x}\right)^6$의 전개식에서 x^6을 구하면 된다.

$${}_6C_r(x^2)^{6-r}\left(-\frac{a}{x}\right)^r={}_6C_r(-a)^r x^{12-3r}$$

x^6의 계수를 구해야 하므로

$$12-3r=6,\quad r=2$$

계수 부분인 ${}_6C_r(-a)^r$에 $r=2$를 대입하면

$$240={}_6C_2(-a)^2$$

$$15a^2=240,\ a^2=16,\ a=\pm4$$

a는 양수이므로 $a=4$

B30. $(1+i)^{16}$의 전개식을 이용하여 ${}_{16}C_0-{}_{16}C_2+{}_{16}C_4-{}_{16}C_6+\cdots-{}_{16}C_{14}+{}_{16}C_{16}$ 의 값을 구하라.

(단, i는 허수)

Hint

복소수 성질

$i^2=-1,\ i^3=-i,\ i^4=1$

$i+i^2+i^3+i^4=0$

풀이 256

$$(1+i)^{16}={}_{16}C_0 i^0+{}_{16}C_1 i^1+{}_{16}C_2 i^2+{}_{16}C_3 i^3+{}_{16}C_4 i^4+\cdots+{}_{16}C_{16} i^{16}$$

(좌변) $\{(1+i)^2\}^8=(1+2i-1)^8=(2i)^8$ ← Hint 적용

$$=2^8 i^8=256(i^2)^4=256$$

(우변) $${}_{16}C_0+{}_{16}C_1 i-{}_{16}C_2-{}_{16}C_3 i+{}_{16}C_4+{}_{16}C_5 i-{}_{16}C_6-{}_{16}C_7 i+{}_{16}C_8+{}_{16}C_9 i-{}_{16}C_{10}-{}_{16}C_{11} i+{}_{16}C_{12}+{}_{16}C_{13} i-{}_{16}C_{14}-{}_{16}C_{15} i+{}_{16}C_{16}$$

$$={}_{16}C_0-{}_{16}C_2+{}_{16}C_4-{}_{16}C_6+\cdots-{}_{16}C_{14}+{}_{16}C_{16}$$

$$=256$$

Chapter

03

확률

Probability

학습목표

- 수학적 확률, 통계적 확률, 기하학적 확률을 정의할 수 있다.
- 합사건 확률과 여사건 확률을 구분하여 쉽게 확률의 덧셈정리를 구할 수 있다.
- 조건부 확률의 개념을 명확히 익히고, 종속사건과 독립사건을 구별하여 확률의 곱셈정리를 구할 수 있다.
- 독립시행의 확률에 대한 개념을 정의하고, 이를 문제에 적용할 수 있다.

확률이라는 표현은 일상생활에서 어렵지 않게 접할 수 있다. 일기예보를 통해 비가 올 '확률'을 확인할 수 있고, 로또에 당첨될 '확률'을 접해보기도 본다. 흔히 동전을 던졌을 때, 앞면이 나오는 확률은 1/2, 주사위를 던졌을 때 1이 나올 확률은 1/6이라고 한다. 이처럼 확률은 어떤 사건이 일어날 가능성을 수로 나타낸 것이다.

이 장에서는 확률의 정의를 익히고 사건에 따라 확률을 구하는 방법을 배우고자 한다. 또한, 주어진 조건에서 확률을 구해야 하는 조건부 확률을 이해하고 종속사건과 독립사건에 대해서 살펴본다. 최종적으로 독립적인 시행을 여러 번 반복할 때의 확률을 배움으로써 다양한 조건과 상황에서 그 사건이 일어날 가능성, 즉 확률이 얼마나 되는지 알아내고자 한다.

3.1 확률의 정의

확률을 배우기에 앞서 먼저, 확률에서 쓰이는 용어를 간단히 정리하고 확률을 정의해보자. 이 절에서는 일반적으로 쓰이는 수학적 확률과 함께 통계적으로 확률을 파악하는 방법과 기하학적 확률을 이용하여 도형이나 그래프에서 확률을 구하는 방법에 대해 알아볼 것이다.

3.1.1 시행과 사건

주사위 하나를 던져 짝수의 눈이 나오는 경우를 살펴보자. 이때 주사위 하나를 던지는 행위를 **시행**이라 하고, 그 시행에서 짝수의 눈이 나오는 것을 **사건**이라고 한다. 주사위를 던져 나올 수 있는 모든 결과의 집합을 **표본공간**이라고 하고 S로 나타낸다. 이 표본공간의 부분집합 중에서 한 개의 원소로만 이루어진 집합을 **근원사건**이라 한다. 또한 절대로 일어나지 않는 사건을 **공사건**이라 하고 ϕ으로 나타낸다. 한 시행에서 반드시 일어나는 사건을 **전사건**이라고 하는데 이 사건은 표본공간과 같다.

예를 들면, 주사위를 던지는 시행에서 표본공간 S는 $\{1, 2, 3, 4, 5, 6\}$이고, 짝수의 눈이 나오는 사건은 $\{2, 4, 6\}$이다. 근원사건은 $\{1\}$, $\{2\}$, $\{3\}$, $\{4\}$, $\{5\}$, $\{6\}$과 같이 원소 하나가 들어간 집합이 되고, 전사건은 $\{1, 2, 3, 4, 5, 6\}$이다. 그리고 7의 눈이 나오는 사건은 주사위에서 절대로 일어나지 않으므로 공사건 ϕ이 된다.

정리 3-1 시행과 사건

- 시행 : 같은 조건에서 여러 번 반복할 수 있고, 그 결과를 예측할 수 없는 실험이나 관찰
- 표본공간 : 어떤 시행에서 일어날 수 있는 모든 가능한 결과의 집합
- 사건 : 표본공간의 부분집합
- 근원사건 : 표본공간의 부분집합 중에서 한 개의 원소로만 이루어진 집합
- 전사건 : 한 시행에서 반드시 일어나는 사건
- 공사건 : 절대로 일어나지 않는 사건

전제 집합 S의 부분집합인 두 사건 A, B에 대하여 [그림 3-1(a)]와 같이 A 또는(or) B가 일어나는 사건을 **합사건**이라 하고, $A \cup B$로 나타낸다. [그림 3-1(b)]와 같이 A 그리고(and) B가 동시에 일어나는 사건을 **곱사건**이라 하고, $A \cap B$로 나타낸다.

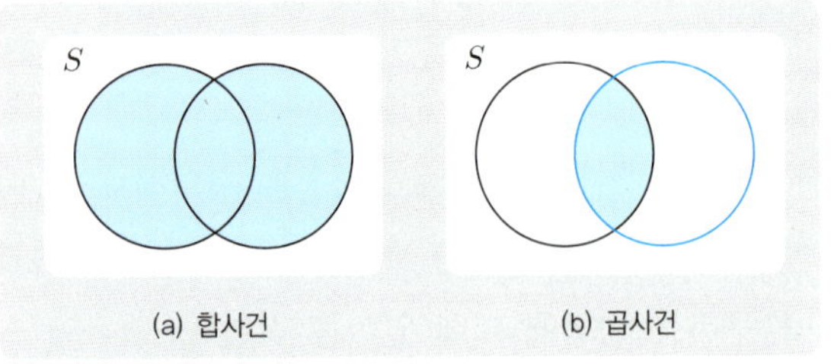

[그림 3-1] 합사건과 곱사건

사건 A와 B가 동시에 일어나지 않을 때, 즉 [그림 3-2(a)]처럼 $A \cap B = \phi$일 때 A와 B를 서로 **배반사건**이라고 한다. 즉 배반사건은 한 쪽이 일어나면 다른 쪽이 일어나지 않을 때의 두 사건을 의미한다.

위에서 예를 든 주사위 던지기 실험을 다시 생각해보자. 주사위 하나를 던질 때 홀수 눈이 나오는 사건을 A, 짝수 눈이 나오는 사건을 B라고 하면 A와 B는 서로 배반이다. 홀수나 짝수 둘 중 하나가 나오면 다른 수는 더 이상 나올 수가 없다. 즉 배반인 두 사건은 서로 동시에 일어날 수 없다.

[그림 3-2(b)]와 같이 어떤 사건 A에 대하여 A가 일어나지 않는 사건을 A의 **여사건** A^c로 나타낸다. 이때 사건 A와 여사건 A^c은 서로 배반이다.

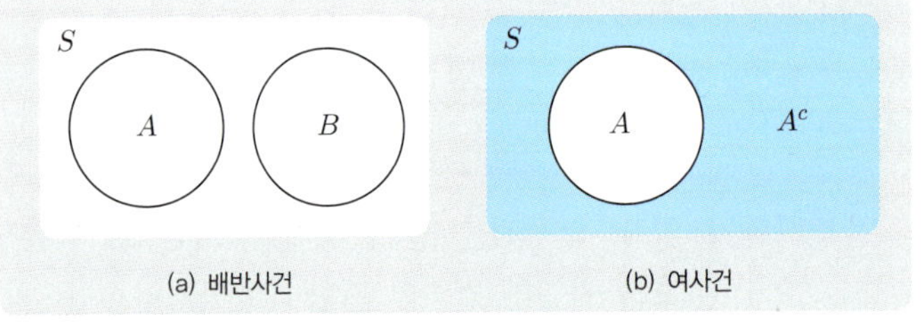

[그림 3-2] 배반사건과 여사건

[그림 3-3]은 주사위 하나를 던지는 시행에서 홀수 눈이 나오는 사건을 A, 소수의 눈이 나오는 사건을 B라고 했을 때를 나타낸 벤 다이어그램이다. 그러면 사건 A는 $\{1, 3, 5\}$이고 사건 B는 $\{2, 3, 5\}$가 된다. 홀수 또는 소수인 사건은 $A \cup B = \{1, 2, 3, 5\}$이고, 홀수이면서 소수인 사건은 $A \cap B = \{3, 5\}$가 된다. 만약 사건 A의 여사건을 구한다면 $A^c = \{2, 4, 6\}$가 된다.

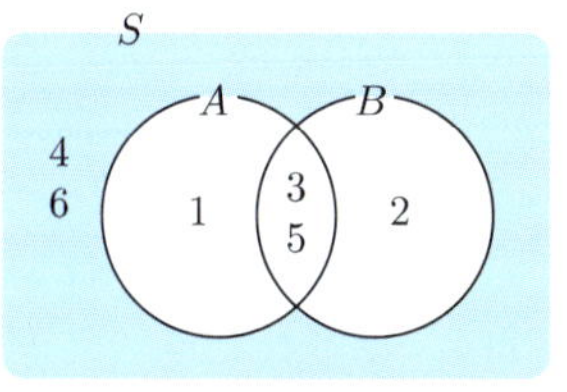

[그림 3-3] 주사위에서 홀수와 소수가 나오는 사건

정리 3-2 사건

두 사건 A, B에 대하여

- 합사건 : A 또는 B가 일어나는 사건($A \cup B$)
- 곱사건 : A와 B가 동시에 일어나는 사건($A \cap B$)
- 배반사건 : A와 B가 동시에 일어나지 않을 때의 두 사건($A \cap B = \phi$)
- 여사건 : A가 일어나지 않는 사건(A^c)

예제 3-1

1부터 10까지 자연수 중에서 A는 2의 배수, B는 3의 배수라 할 때, A 또는 B가 일어나는 경우의 수를 구하라.

풀이

전체 집합 $U = \{1, 2, 3, 4, 5, 6, 7, 8, 9, 10\}$일 때, $A = \{2, 4, 6, 8, 10\}$, $B = \{3, 6, 9\}$이므로 $A \cap B = \{6\}$이다. 따라서

$$n(A \cup B) = n(A) + n(B) - n(A \cap B) = 5 + 3 - 1 = 7$$

$\therefore$ 7

예제 3-2

동전 한 개를 4번 던졌을 때 일어나는 경우의 수를 구하라.

풀이

동전 한 개를 던졌을 때 일어나는 경우는 {앞, 뒤}이므로 2가지다. 따라서 동전을 4번 던지면 각각 2개의 사건이 일어나므로

$$2 \times 2 \times 2 \times 2 = 2^4 = 16$$

$\therefore$ 16

예제 3-3

바구니에 공이 가득 들어 있다. 공에는 각각 1부터 50까지의 숫자가 적혀 있다. 이 중에서 공 한 개를 뽑았을 때, 10과 서로소인 숫자가 적혀 있을 경우의 수를 구하라.

> **Hint**
>
> 서로소는 공약수가 1뿐인 두 정수이다.
>
> 1) 7 13 → 7 13　　2) 4 18 → 2 9
>
> 7과 13은 1외에는 공약수가 없으므로 서로소이고, 4와 18은 공약수 2가 있으므로 서로소가 아니다.

풀이

$10=2\times5$이므로 10과 서로소이려면 ← **Hint 적용**
2의 배수도 아니고 5의 배수도 아니어야 한다.

2의 배수인 사건을 A, 5의 배수인 사건을 B라 할 때, 2의 배수 또는 5의 배수인 사건은 다음과 같다.

$$n(A\cup B)=n(A)+n(B)-n(A\cap B)=25+10-5=30$$

10과 서로소는 2의 배수와 5의 배수가 아니어야 하므로

$$n(A^c\cap B^c)=U-n(A\cup B)=50-30=20$$

$\therefore$ 20

3.1.2 확률의 정의

임의의 한 사건이 일어날 가능성을 수로 나타낸 것을 **확률**이라고 하고, 사건 A가 일어날 확률을 $P(A)$로 나타낸다. 이 절에서는 수학적 확률의 정의에 대해서 살펴보자.

수학적 확률

일어날 수 있는 모든 경우의 수에서 사건 A가 일어나는 경우의 수의 비를 **수학적 확률**이라고 한다. 즉 표본공간 S에 속하는 근원사건의 개수를 $n(S)$, 사건 A에 속하는 근원사건의 개수를 $n(A)$라고 할 때, 사건 A가 일어나는 확률 $P(A)$는 다음과 같다.

$$P(A)=\frac{\text{사건 } A\text{가 일어나는 경우의 수}}{\text{일어날 수 있는 모든 경우의 수}}=\frac{n(A)}{n(S)}$$

주사위 하나를 두 번 던질 때, 나오는 두 눈의 합이 10 이상이 될 확률을 생각해보자. 표본공간의 근원사건은 $6\times6=36$가지이므로 $n(S)=36$이 된다. 두 눈의 합이 10 이상일 사건을 A라고 하면

합이 10인 경우 (4, 6), (5, 5), (6, 4)
합이 11인 경우 (5, 6), (6, 5)
합이 12인 경우 (6, 6)

$n(A)$는 6가지가 된다. 따라서 확률은 다음과 같다.

$$\frac{n(A)}{n(S)} = \frac{6}{36} = \frac{1}{6}$$

표본공간 S에서 사건 A는 S의 부분집합이므로 $0 \le n(A) \le n(S)$이다. 양변을 $n(S)$로 나누면

$$0 \le \frac{n(A)}{n(S)} \le 1, \text{ 즉 } 0 \le P(A) \le 1$$

가 된다. 즉 표본공간이 모두 발생하는 경우의 확률값은 1이고, 사건이 절대로 발생하지 않는 경우의 확률값은 0이다.

정리 3-3 확률의 기본성질

표본공간 S에 대하여

- 임의의 사건 A에 대하여 $0 \le P(A) \le 1$
- 전사건 S에 대하여 $P(S) = 1$
- 공사건 ϕ에 대하여 $P(\phi) = 0$

전사건을 좀 더 정확히 이해하기 위해 동전을 하나 던져서 앞 또는 뒤가 나올 확률을 생각해보자. 표본공간 S는 {앞, 뒤}이므로 $n(S) = 2$, 앞 또는 뒤가 나오는 사건을 A라고 하면 $n(A) = 2$이다. 따라서 앞 또는 뒤가 나올 확률은

$$P(A) = \frac{n(A)}{n(S)} = 1$$

이므로, 전사건의 확률이 1임을 알 수 있다.

예제 3-4

동전 한 개를 두 번 던질 때, 서로 다른 면이 나올 확률을 구하라.

풀이

동전의 앞면을 H, 뒷면을 T라 하자.

표본공간 S는 {(H, H), (H, T), (T, H), (T, T)}이므로 $n(S)=4$이다. 서로 다른 면이 나오는 사건을 A라 하면, A={(H, T), (T, H)}이므로 $n(A)=2$이다. 따라서 서로 다른 면이 나올 확률은

$$\frac{n(A)}{n(S)}=\frac{2}{4}=\frac{1}{2}$$

$\therefore \frac{1}{2}$

예제 3-5

선수 10명이 5명씩 두 팀으로 나눠 농구시합을 할 때, 특정한 2명이 같은 팀에서 뛸 확률을 구하라.

풀이

전체에서 두 팀으로 나누는 경우의 수는 10명 중에서 5명을 뽑고 나머지 5명을 다른 팀으로 보내면 되므로 ${}_{10}C_5 \times {}_5C_5 \times \frac{1}{2!}$이다.

2명이 같은 팀에서 뛰면 나머지 8명에서 5명을 뽑고 나머지 3명을 특정한 2명과 같은 팀으로 배정하면 되므로, 특정한 2명이 같은 팀에서 뛸 확률은 ${}_8C_5 \times {}_3C_3$이다. 따라서 확률은 다음과 같다.

$$\frac{{}_8C_5}{{}_{10}C_5 \times \frac{1}{2!}}=\frac{56}{126}=\frac{4}{9}$$

$\therefore \frac{4}{9}$

예제 3-6

1, 2, 3, 4의 숫자가 각각 하나씩 적혀 있는 네 장의 카드가 있다. 이 카드로 네 자리 정수를 만들 때, 이 정수가 짝수일 확률을 구하라.

풀이

천의 자리, 백의 자리, 십의 자리, 일의 자리에 숫자 4개를 일렬로 배열하면 되므로 전체 경우의 수는 4!이다. 이때 정수가 짝수이기 위해서는 일의 자리가 짝수여야 한다. 따라서 일의 자리에는 2와 4만 들어갈 수 있고, 나머지 자리에는 남은 숫자 3개를 일렬로 배열하면 되므로 짝수일 경우의 수는 $2\times 3!$이다.

$$\frac{2\times 3!}{4!}=\frac{2\times 3\times 2\times 1}{4\times 3\times 2\times 1}=\frac{1}{2}$$

$\therefore \frac{1}{2}$

예제 3-7

주사위 한 개를 던질 때, 4 이상의 눈이 나올 확률을 구하라.

풀이

전제 집합 $U=\{1, 2, 3, 4, 5, 6\}$이다. 4 이상의 눈이 나올 사건을 A라 하면 $A=\{4, 5, 6\}$이다. 따라서

$$P(A)=\frac{\text{사건 } A\text{의 개수}}{\text{전체 사건의 개수}}=\frac{n(A)}{n(U)}=\frac{3}{6}=\frac{1}{2}$$

$\therefore \frac{1}{2}$

예제 3-8

정의역이 $\{1, 2, 3\}$, 공역이 $\{a, b, c, d\}$일 때, X에서 Y로의 함수가 일대일 함수일 확률을 구하라.

> **Hint**
> 일대일 함수는 정의역의 x_1, x_2에 대하여 $x_1 \neq x_2$일 때 $f(x_1) \neq f(x_2)$인 함수이다.

풀이

일대일 함수일 확률은

$$\frac{X\text{에서 } Y\text{로의 일대일 함수 개수}}{Y\text{에서 } X\text{로의 함수 개수}}$$

$X \rightarrow Y$ 함수는 정의역 원소가 공역의 원소에 중복되어 들어갈 수 있으므로 ${}_4\Pi_3$

$X \rightarrow Y$ 일대일 함수는 정의역 원소가 공역에 중복 없이 순서대로 들어가야 하므로 ${}_4P_3$ ← Hint 적용

따라서 확률은

$$\frac{{}_4P_3}{{}_4\Pi_3}=\frac{4\times3\times2}{4\times4\times4}=\frac{3}{8}$$

$\therefore \frac{3}{8}$

3.1.3 통계적 확률

같은 시행을 n번 반복하여 사건 A가 일어난 횟수를 r_n이라 할 때, n을 한없이 크게 하여 상대도수 $\frac{r_n}{n}$이 일정한 값 p에 가까워지면 p를 사건 A의 **통계적 확률**이라 한다. 즉 사건 A의 통계적 확률은 다음과 같이 나타낸다.

$$\lim_{n\to\infty}\frac{r_n}{n}=p$$

그러면 여기서 수학적 확률과 통계적 확률을 비교하여 살펴보고, 각각의 개념을 명확히 이해해 보자. 수학적 확률은 이론적 확률로, 모든 경우가 나타날 확률이 같다는 조건을 전제로 하여 실제 실험이나 관측을 통하지 않고 이론적으로 기대할 수 있는 확률을 말한다. 위에서 예를 든 것처럼 주사위를 던질 때 1이 나오는 확률 $\frac{1}{6}$이 바로 수학적 확률이다.

통계적 확률은 경험적 확률로, 모든 경우가 나타날 확률이 동등하게 일어난다고 보지 않고 시행 횟수를 매우 크게 하면 확률이 일정한 값에 가까워진다고 보는 것이다. 예를 들면, 주사위를 많이 던지면 던질수록 1이 나올 확률이 $\frac{1}{6}$에 가까워진다(수학적으로 큰수의 법칙에 의하여 위의 정의처럼 n을 아주 크게 하면 한 값으로 수렴한다는 것이 증명되어 있다).

즉 어떤 실험이나 관측을 매우 여러 번(무한 번) 시행했을 때, 전체 시행횟수에 대한 어떤 특정사건이 일어나는 횟수의 비는 수학적 확률에 가까워진다. 이런 통계적 확률은 시행 횟수를 크게 하면 수학적 확률에 가까워지므로 일반적으로 수학적 확률을 쓴다.

예제 3-9

다음 표는 어느 국가 군대의 군인 수이다. 여군 중에서 임의로 한 사람을 뽑을 때, 장교일 확률을 구하라.

(단위 : 명)

	남자	여자
장교	80,091	8,921
사병	606,956	67,077

풀이

여군에는 장교와 사병이 모두 포함되므로 $8921+67077=75998$(명)이다. 이 중에서 장교는 8,921명이므로, 여군 중에서 장교를 뽑을 확률은

$$\frac{8921}{75998}\fallingdotseq 0.117$$

$\therefore$ 0.117

예제 3-10

다음 표는 주요 자동차 생산국들의 자동차 생산량을 나타낸 것이다. 이 중 한 대를 선택했을 때, 그 자동차가 한국에서 생산되었을 확률을 구하라.

(단위 : 천 대)

국가	일본	미국	독일	프랑스	한국	합계
생산량	11,000	10,000	4,000	3,000	2,000	30,000

풀이

전체 생산량은 30,000대이고, 한국 생산량은 2,000대이다. 따라서 확률은

$$\frac{2000}{30000} = \frac{1}{15}$$

$\therefore \frac{1}{15}$

예제 3-11

다음 표는 한국에서 남녀 각 10만 명에 대해 출생부터 나이에 따라 사망하여 감소한 인원을 나타낸 생명표이다. 이 표에서 20세 남자가 앞으로 40년간 생존할 확률을 구하라.

(단위 : 명)

	남자	여자
0	100,000	100,000
10	99,029	99,127
20	98,554	98,865
30	97,546	98,414
40	95,721	97,640
50	91,170	96,067
60	81,895	92,573

풀이

20세의 남자는 98,554명이고, 20세의 남자가 40년간 생존하여 60세가 되면 81,895명이 되므로 확률은

$$\frac{81895}{98554} \fallingdotseq 0.83$$

$\therefore 0.83$

3.1.4 기하학적 확률

일어날 수 있는 전체 영역에서 어떤 A의 영역의 일어날 수 있는 확률을 **기하학적 확률**이라고 하고 다음과 같이 나타낸다.

$$P(A) = \frac{A\text{가 일어날 수 있는 영역의 크기}}{\text{일어날 수 있는 전체 영역의 크기}}$$

예를 들어, [그림 3-4]에서 보는 바와 같이 반지름이 2인 원에서 $y=x$로 잘린 영역의 넓이가 차지하는 확률을 생각해보자. 원의 넓이는 반지름이 r일 때 πr^2이므로 전체 원의 넓이는 4π이다. 이때 잘린 영역의 넓이는 원의 넓이의 반이므로 2π가 된다. 따라서 전체 영역에서 주어진 영역이 차지하는 확률은

$$\frac{\text{반원의 넓이}}{\text{전체 원의 넓이}} = \frac{2\pi}{4\pi} = \frac{1}{2}$$

이 된다. 이처럼 기하학적 확률은 전체 영역에서 특정한 영역이 차지하는 비가 얼마인지 찾는 것이다. 따라서 도형의 길이, 넓이 등을 이용하여 기하학적 확률값을 구한다.

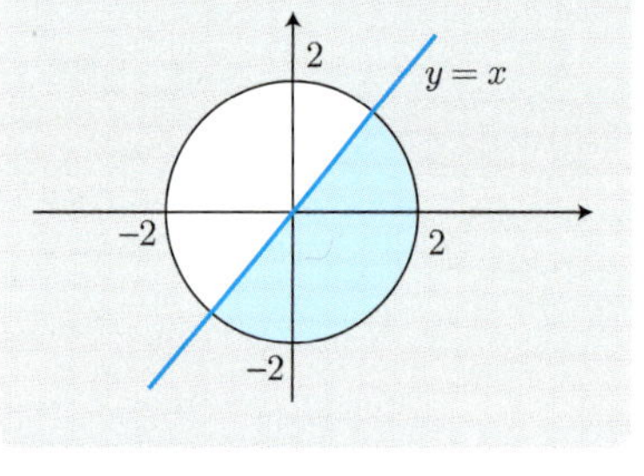

[그림 3-4] **전체 원에서 반원이 차지하는 영역**

예제 3-12

오른쪽 그림과 같이 한 변의 길이가 10인 정사각형 ABCD가 있다. □ABCD 내부에 한 점 P를 잡을 때, △PBC가 둔각삼각형이 될 확률을 구하라.

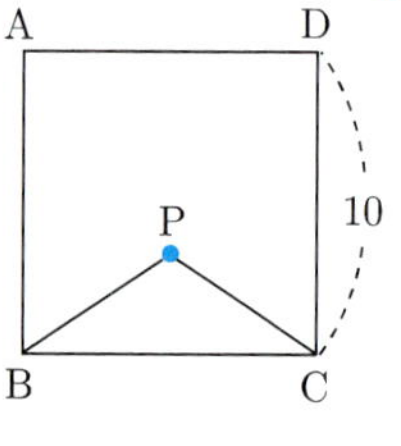

풀이

점 P가 $\overline{\text{BC}}$를 지름으로 하는 반원 위에 있을 때 △PBC는 직각삼각형이다. 따라서 이 반원의 내부에 점 P를 잡으면 △PBC는 둔각삼각형이 된다.

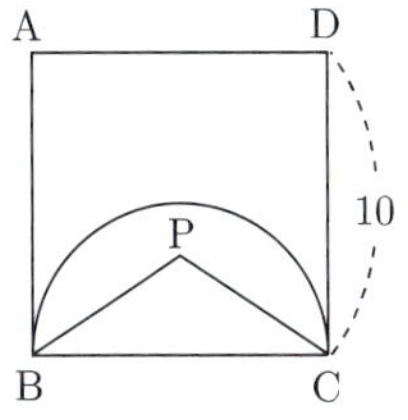

따라서 확률은

$$\frac{\text{반원의 넓이}}{\square \text{ABCD의 넓이}} = \frac{\frac{1}{2}\times\pi\times5^2}{10\times10} = \frac{\pi}{8}$$

$\therefore\ \frac{\pi}{8}$

예제 3-13

한 변의 길이가 2인 정사각형 ABCD가 있다. 정사각형 내부에 한 점 P를 잡을 때, P에서 가장 가까운 꼭짓점까지의 거리가 1 이하일 확률을 구하라.

풀이

점 P가 각 꼭짓점에서 거리가 1 이하인 영역에 있으면 된다. 다음 그림에서 색칠한 영역에 점 P가 있으면 가까운 꼭짓점까지의 거리가 1 이하가 된다.

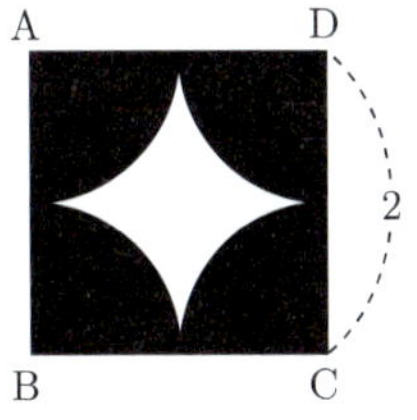

색칠한 영역은 원의 $\frac{1}{4}$ 조각이 4개 있으므로 모두 합하면 반지름이 1인 원이 된다. 따라서 확률은

$$\frac{\text{색칠한 부분의 넓이}}{\square \text{ABCD의 넓이}} = \frac{\pi\times1^2}{2\times2} = \frac{\pi}{4}$$

$\therefore\ \frac{\pi}{4}$

예제 3-14

$0 \le m \le 3$일 때, $4x^2+4mx+m=0$이 실근을 가질 확률을 구하라.

풀이

이차방정식이 실근을 가지려면 판별식 $D=b^2-4ac \ge 0$이어야 한다.
$4x^2+4mx+m=0$에서 판별식 D를 구하면

$$\begin{aligned} D &= (4m)^2 - 4\times 4\times m \\ &= 16m^2-16m \end{aligned}$$

$D \ge 0$이어야 하므로

$$\begin{aligned} 16m^2-16m &\ge 0 \\ m^2-m &\ge 0 \\ m(m-1) &\ge 0 \\ m\le 0 \text{ 또는 } m &\ge 1 \end{aligned}$$

그러나 주어진 범위가 $0 \le m \le 3$이므로 수직선에 나타내면 다음과 같다.

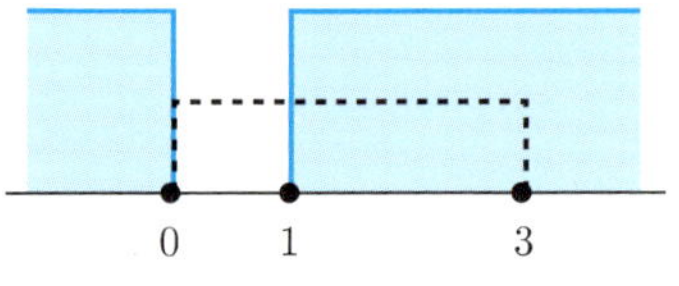

따라서 실근을 가질 확률은

$$\frac{\text{실근을 가지는 영역}}{\text{주어진 영역}} = \frac{2}{3}$$

$\therefore \frac{2}{3}$

예제 3-15

반지름이 10인 원판이 있다. 이 원판 위에 임의의 점 P를 잡을 때, 원판의 중심과 P점 사이의 거리가 $4 \le \overline{\text{OP}} \le 6$이 될 확률을 구하라.

풀이

$4 \le \overline{\text{OP}} \le 6$인 영역을 그림으로 나타내면 다음과 같다.

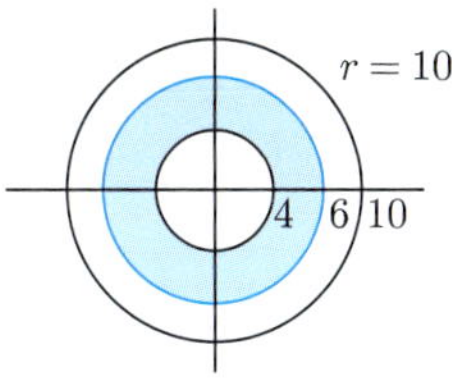

색칠한 영역은 반지름이 6인 원의 넓이에서 반지름이 4인 원의 넓이를 빼면 되므로 확률은

$$\frac{\pi \times 6^2 - \pi \times 4^2}{\pi \times 10^2} = \frac{(36-16)\pi}{100\pi} = \frac{1}{5}$$

$\therefore \frac{1}{5}$

Section 3.1 연습문제

A1. 서로 다른 주사위 세 개를 던질 때, 나온 눈이 모두 같거나 눈의 합이 17 이상일 경우의 수를 구하라.

풀이 9

나온 눈이 모두 같은 사건을 A라 하면

$$A=\left\{\begin{array}{l}(1,1,1),\ (2,2,2),\ (3,3,3)\\(4,4,4),\ (5,5,5),\ (6,6,6)\end{array}\right\}$$

나온 눈의 합이 17 이상인 사건을 B라 하면

$B=\{(5,6,6),\ (6,5,6),\ (6,6,5),\ (6,6,6)\}$

$A\cap B=\{(6,6,6)\}$이므로

$$\begin{aligned}n(A\cup B)&=n(A)+n(B)-n(A\cap B)\\&=6+4-1=9\end{aligned}$$

A2. A, B, C, D 네 사람을 일렬로 세울 때, A가 맨 앞에 서 있을 확률을 구하라.

풀이 $\frac{1}{4}$

네 명을 일렬로 세우는 경우의 수는

$${}_4P_4=4!=24$$

A가 맨 앞에 서는 경우의 수는 A를 맨 앞에 고정하고 나머지 사람을 일렬로 세우면 되므로

$${}_3P_3=3!=6$$

따라서 $\dfrac{{}_3P_3}{{}_4P_4}=\dfrac{3!}{4!}=\dfrac{3\times2\times1}{4\times3\times2\times1}=\dfrac{1}{4}$

A3. 주사위 한 개를 두 번 던질 때, 나오는 두 눈의 합이 5일 확률을 구하라.

풀이 $\frac{1}{9}$

처음 주사위를 던질 때 나오는 눈을 a, 두 번째 주사위를 던질 때 나오는 눈을 b라 하자.

$a+b=5$인 순서쌍은 $(1,4)$, $(4,1)$, $(2,3)$, $(3,2)$로 4가지이다.

따라서 $\dfrac{4}{6\times6}=\dfrac{4}{36}=\dfrac{1}{9}$

A4. 10개의 제비 중 당첨 제비가 6개 있다. 이 중에서 4개의 제비를 뽑을 때, 모두 당첨 제비일 확률을 구하라.

풀이 $\frac{1}{14}$

$\frac{{}_6C_4}{{}_{10}C_4} = \frac{15}{210} = \frac{1}{14}$

A5. 흰 구슬 3개와 푸른 구슬 2개가 들어 있는 주머니에서 구슬 2개를 꺼낼 때, 흰 구슬 1개와 푸른 구슬 1개가 나올 확률을 구하라.

풀이 $\frac{3}{5}$

$\frac{{}_3C_1 \times {}_2C_1}{{}_5C_2} = \frac{3\times2}{10} = \frac{3}{5}$

A6. 1, 2, 3, 4, 5, 6의 숫자가 각각 하나씩 적힌 6장의 카드를 일렬로 배열할 때, 6이 적힌 카드가 제일 끝에 올 확률을 구하라.

풀이 $\frac{1}{6}$

6장의 카드를 일렬로 배열하는 경우의 수는 6!

끝자리가 6일 경우는 □□□□□6이므로, 나머지 5장의 카드를 일렬로 배열하면 5!이 된다.

따라서 $\frac{5!}{6!} = \frac{1}{6}$

A7. 남학생 3명과 여학생 2명이 한 줄로 설 때, 여학생 2명이 이웃할 확률을 구하라.

풀이 $\frac{2}{5}$

전체 5명이 일렬로 서는 방법의 수는 $5! = 120$

여학생 2명을 한 묶음으로 생각하고 줄을 세우는 경우가 4!, 여학생이 자리를 바꾸는 경우가 2!이므로 여학생 2명이 이웃하는 경우는 $4! \times 2! = 48$

따라서 $\frac{48}{120} = \frac{2}{5}$

A8. 다음 표는 어느 야구선수의 통산 기록이다. 이 선수가 안타를 칠 확률을 구하라.

타수	1000
안타	297
삼진	150
타점	172

풀이 0.297

전체 타수가 1000번일 때, 안타를 297번을 치므로 확률은 $\frac{297}{1000}=0.297$

A9. 다음 표는 어느 무역회사의 근무년수를 조사한 것이다. 한 명을 임의로 선출할 때, 10년 미만 근무한 사원일 확률을 구하라.

근무년수	사원 수(명)
0 이상 ~ 5 미만	160
5 이상 ~ 10 미만	90
10 이상 ~ 15 미만	74
15 이상 ~ 20 미만	63
20 이상 ~ 25 미만	42
25 이상 ~ 30 미만	37
30 이상 ~ 35 미만	34
합계	500

풀이 $\frac{1}{2}$

10년 미만 근무한 사원 수는 $160+90=250$이므로 확률은 $\frac{250}{500}=\frac{1}{2}$

A10. 경영학부 학생 620명을 대상으로 혈액형을 조사했더니 결과가 다음 표와 같았다. 임의로 한 명을 뽑아 혈액형을 조사할 때, 그 학생의 혈액형이 A형일 확률을 구하라.

혈액형	A형	B형	AB형	O형	합계
학생 수(명)	210	186	89	135	620

풀이 0.339

$\frac{210}{620}=\frac{21}{62}\fallingdotseq 0.339$

A11. 다음 그림처럼 반지름의 비가 $1:2:3$인 동심원으로 이루어진 과녁에 화살을 쏠 때, 반지름이 작은 원부터 각각 3점, 2점, 1점을 얻을 수 있다. 이 과녁에 화살 한 개를 쏠 때, 2점을 얻을 확률을 구하라. (단, 화살은 반드시 과녁에 맞으며, 경계선에 꽂히는 경우는 생각하지 않는다.)

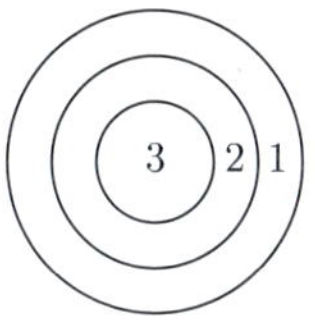

풀이 $\dfrac{1}{3}$

2점을 얻는 부분은 색칠한 영역과 같다.

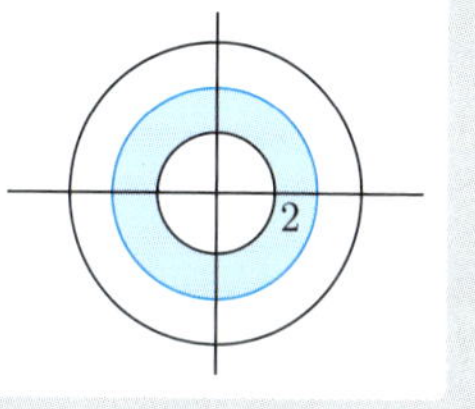

따라서 확률은

$$\frac{(\pi\times 2^2)-(\pi\times 1^2)}{\pi\times 3^2}=\frac{(4-1)\pi}{9\pi}=\frac{1}{3}$$

A12. 한 변의 길이가 $2a$인 정사각형 내부에 임의로 한 점 P를 잡을 때, $\overline{\mathrm{OP}}\ge a$일 확률을 구하라. (단, 점 O는 정사각형의 중점이다.)

풀이 $1-\dfrac{\pi}{4}$

$\overline{\mathrm{OP}}\ge a$인 영역은 다음 그림과 같이 반지름이 a인의 원의 바깥부분이다.

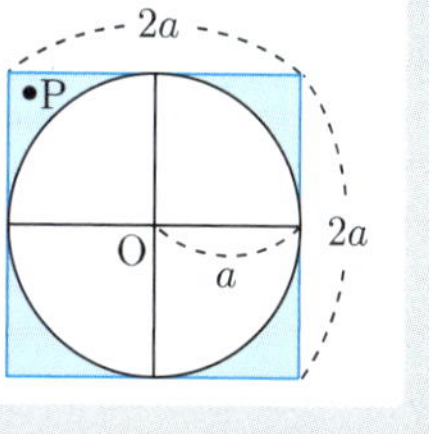

전체 넓이는 $2a\times 2a=4a^2$이고, 색칠한 부분의 넓이는

$$4a^2-\pi a^2=(4-\pi)a^2$$

따라서 확률은

$$\frac{(4-\pi)a^2}{4a^2}=\frac{4-\pi}{4}=1-\frac{\pi}{4}$$

A13. 한 변의 길이가 1인 정사각형 ABCD의 내부에 점 P를 잡을 때, △PBC가 예각삼각형일 확률을 구하라.

① $\frac{\pi}{8}$　② $1-\frac{\pi}{8}$　③ $\frac{3}{8}\pi$　④ $\frac{\pi}{4}$　⑤ $1-\frac{\pi}{4}$

풀이 ②

$\overline{BC}$를 지름으로 하는 반원을 그릴 때, 점 P가 반원 밖에 있으면 △PBC는 예각삼각형이 된다.

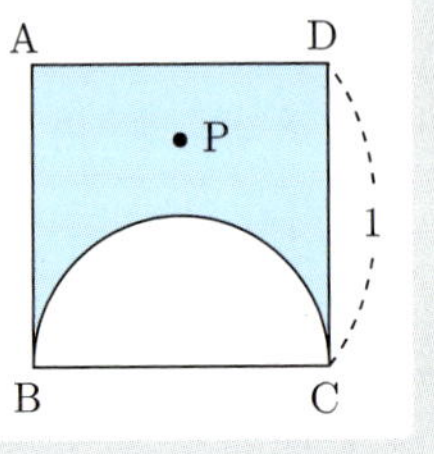

반원의 넓이는 $\frac{1}{2}\left(\pi\times\frac{1}{2^2}\right)=\frac{\pi}{8}$이다.

따라서 확률은

$$\frac{\square\text{ABCD의 넓이}-\text{반원의 넓이}}{\square\text{ABCD의 넓이}}=1-\frac{\pi}{8}$$

A14. 다음 그림과 같이 각각 반지름이 3, 5, 9인 과녁에 화살을 쏠 때, 어두운 부분의 영역에 들어갈 확률을 구하라.

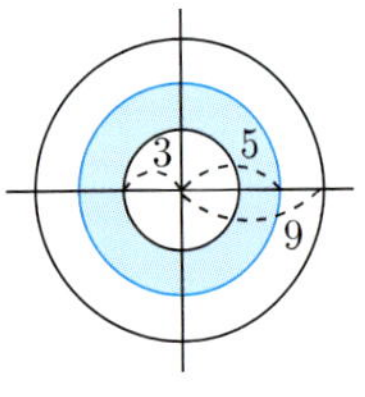

풀이 $\frac{16}{81}$

전체 원의 넓이는 $\pi(9)^2$이고 어두운 부분의 넓이는 $\pi(5)^2-\pi(3)^2$이다.

따라서 확률은

$$\frac{\pi(5^2)-\pi(3^2)}{\pi(9^2)}=\frac{25\pi-9\pi}{81\pi}=\frac{16}{81}$$

A15. 길이가 a인 선분 AB가 있다. AB 위에 임의의 두 점 P, Q를 잡고 $\overline{AP} \le \overline{QB}$가 될 확률을 구하라.

풀이 $\frac{1}{2}$

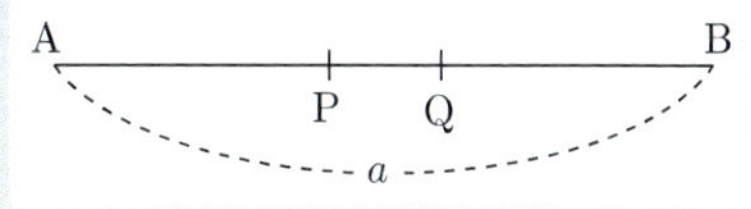

$\overline{AP}$의 길이를 x라 하면 $0 \le x \le a$

$\overline{AQ}$의 길이를 y라 하면 $0 \le y \le a$

따라서

$$\overline{AP} \le \overline{QB}$$

$$x \le a-y,\ y \le -x+a$$

$y \le -x+a$를 그래프로 나타내면 다음과 같다.

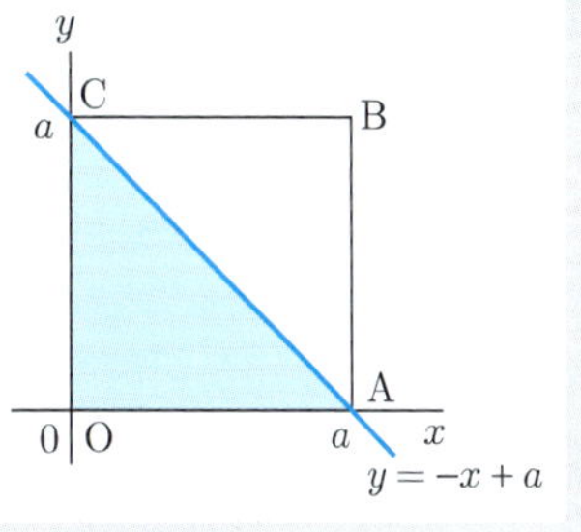

$\overline{AP} \le \overline{QB}$일 확률은 □ABCO의 넓이와 △OAC 넓이의 비이다.

따라서 $\dfrac{\frac{1}{2}a^2}{a \times a} = \dfrac{\frac{1}{2}a^2}{a^2} = \dfrac{1}{2}$

3.2 확률의 덧셈정리

동전 두 개를 던질 때, 적어도 한 개가 뒷면이 나올 확률을 구하려고 한다. 이때 앞(H), 뒤(T)가 나올 수 있는 경우는 (H, H), (H, T), (T, H), (T, T)이다. 적어도 한 개가 뒷면이 나오는 경우는 (H, T), (T, H), (T, T)이므로 확률은 $\frac{3}{4}$이다. 그러나 동전의 수가 많아지면 많아질수록 이런 접근 방식은 불편하다. 따라서 이 절에서는 합사건의 확률과 여사건의 확률을 배워 좀 더 간단하게 주어진 확률을 구하고자 한다.

3.2.1 합사건의 확률

사건 A 또는 사건 B가 일어날 확률을 **합사건의 확률**이라 하고, $P(A \cup B)$로 나타낸다. 합사건의 확률은 사건 A와 사건 B 중에서 적어도 하나의 사건이 일어날 확률을 의미한다. 일반적으로 두 사건의 합사건의 확률은 각각 사건의 확률을 구하여 더한 후에 중복되어 더해진 교집합의 확률 $P(A \cap B)$를 빼면 된다. 이를 정리하면 다음과 같다.

$$P(A \cup B) = P(A) + P(B) - P(A \cap B)$$

전제 집합 $S = \{x | x$는 15 이하의 자연수$\}$에서 2의 배수인 사건을 A, 10의 약수일 사건을 B라고 할 때 합사건의 확률을 구해보자. 사건 $A = \{2, 4, 6, 8, 10, 12, 14\}$이고 $B = \{1, 2, 5, 10\}$이므로 교집합 $A \cap B = \{2, 10\}$이 된다.

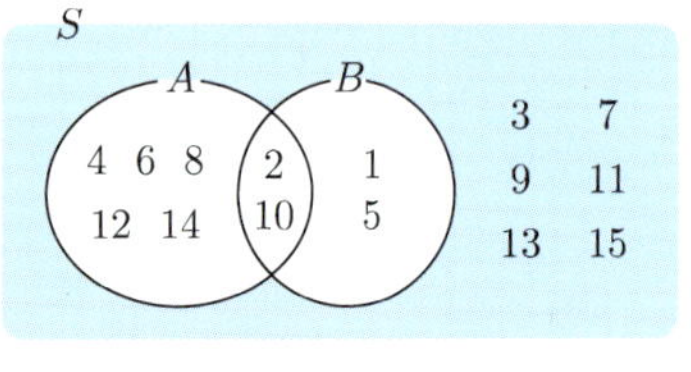

[그림 3-5] 2의 배수와 10의 약수

2의 배수일 확률 $P(A) = \frac{7}{15}$, 10의 약수일 확률 $P(B) = \frac{4}{15}$이다. 그리고 2의 배수이면서 10의 약수일 확률 $P(A \cap B) = \frac{2}{15}$이다. 그러므로 두 사건 A와 B의 합사건의 확률은

$$P(A \cup B) = \frac{7}{15} + \frac{4}{15} - \frac{2}{15} = \frac{9}{15}$$

가 된다. [그림 3-5]를 보면 $A \cup B = \{1, 2, 4, 5, 6, 8, 10, 12, 14\}$이므로 $P(A \cup B) = \frac{9}{15}$임을 확인할 수 있다.

전제 집합 $S = \{x \mid x$는 15 이하의 자연수$\}$에서 7의 배수인 사건을 A, 3의 배수일 사건을 B라고 할 때, 두 사건의 합사건 확률을 구해보자. 사건 $A = \{7, 14\}$이고 $B = \{3, 6, 9, 12, 15\}$이므로 교집합 $A \cap B = \phi$으로 배반사건이다. 배반사건의 덧셈정리는 교집합이 없으므로 다음과 같이 두 사건 A, B의 확률만 합하면 된다.

$$P(A \cup B) = P(A) + P(B)$$

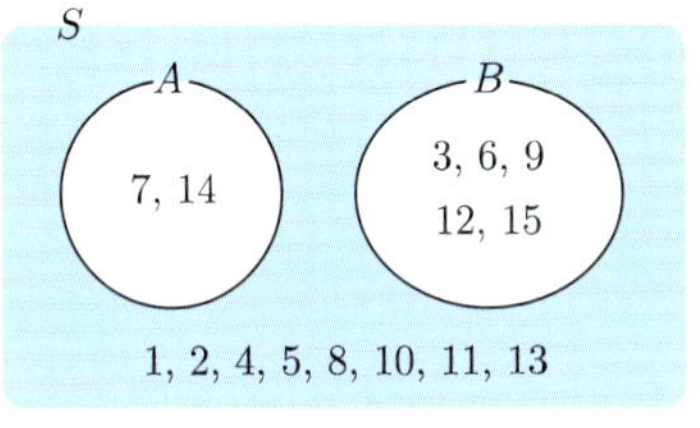

[그림 3-6] 7의 배수와 3의 배수

7의 배수일 확률 $P(A) = \frac{2}{15}$, 10의 소수일 확률 $P(B) = \frac{5}{15}$, 7의 배수이자 10의 소수일 확률 $P(A \cap B) = \phi$이다. 그러므로 두 사건 A와 B의 합사건의 확률은

$$P(A \cup B) = \frac{2}{15} + \frac{5}{15} = \frac{7}{15}$$

이 된다. [그림 3-6]을 보면 $A \cup B = \{3, 6, 7, 9, 12, 14, 15\}$이므로, $P(A \cup B) = \frac{7}{15}$임을 확인할 수 있다.

정리 3-4 덧셈정리

- 두 사건 A, B에 대한 합사건의 확률

$$P(A \cup B) = P(A) + P(B) - P(A \cap B)$$

- 두 사건 A, B가 배반사건인 경우 합사건의 확률

$$P(A \cup B) = P(A) + P(B)$$

예제 3-16

주사위 한 개를 던질 때, 짝수 또는 3 이상의 눈이 나올 확률을 구하라.

풀이

전체 사건 $S = \{1, 2, 3, 4, 5, 6\}$, 짝수 눈 $A = \{2, 4, 6\}$, 3 이상의 눈 $B = \{3, 4, 5, 6\}$이다. $A \cup B = \{2, 3, 4, 5, 6\}$, $A \cap B = \{4, 6\}$이므로 $n(A \cup B) = 5$, $n(A \cap B) = 2$이다.

확률의 정의에 의해

$$P(A \cup B) = \frac{5}{6}, \quad P(A) = \frac{3}{6}, \quad P(B) = \frac{4}{6}, \quad P(A \cap B) = \frac{2}{6}$$

확률의 덧셈정리를 이용하면 다음과 같다.

$$P(A \cup B) = P(A) + P(B) - P(A \cap B) = \frac{3}{6} + \frac{4}{6} - \frac{2}{6} = \frac{5}{6}$$

$\therefore \ \frac{5}{6}$

예제 3-17

다음 표는 정보통신공학과 학생 100명의 혈액형을 나타낸 것이다. 이 학생 중에서 임의로 한명을 뽑을 때, O형 또는 A형일 확률을 구하라.

혈액형	O형	A형	B형	AB형	합계
학생 수(명)	29	41	18	12	100

풀이

O형 학생이 뽑히는 경우를 X, A형 학생이 뽑히는 경우를 Y라 하면 확률은 다음과 같다.

$$P(X \cup Y) = P(X) + P(Y) = \frac{29}{100} + \frac{41}{100} = \frac{70}{100} = \frac{7}{10}$$

$\therefore \ \frac{7}{10}$

예제 3-18

주머니 속에 흰 공 5개, 검은 공 4개가 들어 있다. 이 주머니에서 공 2개를 꺼낼 때, 모두 흰 공 또는 모두 검은 공일 확률을 구하라.

풀이

흰 공 2개를 꺼내는 사건을 A, 검은 공 2개를 꺼내는 사건을 B라 하면

$$n(A) = {}_5C_2, \quad n(B) = {}_4C_2$$

따라서 흰 공 2개 또는 검은 공 2개만 꺼낼 확률은 다음과 같다.

$$P(A \cup B) = P(A) + P(B) = \frac{{}_5C_2}{{}_9C_2} + \frac{{}_4C_2}{{}_9C_2} = \frac{5}{18} + \frac{3}{18} = \frac{4}{9}$$

$\therefore \frac{4}{9}$

예제 3-19

표본공간 S의 부분집합인 두 사건 A, B에 대하여 $P(A) = \frac{1}{2}$, $P(B) = \frac{1}{3}$, $P(A^c \cap B^c) = \frac{1}{4}$일 때, $P(A \cap B)$의 값을 구하라.

풀이

$P(A^c \cap B^c) = 1 - P(A \cup B)$이므로

$$\frac{1}{4} = 1 - P(A \cup B), \quad P(A \cup B) = \frac{3}{4}$$

따라서

$$\begin{aligned} P(A \cup B) &= P(A) + P(B) - P(A \cap B) \\ \frac{3}{4} &= \frac{1}{2} + \frac{1}{3} - P(A \cap B) \\ \frac{3}{4} &= \frac{5}{6} - P(A \cap B) \end{aligned}$$

정리하면 $P(A \cap B) = \frac{5}{6} - \frac{3}{4} = \frac{1}{12}$이 된다.

$\therefore \frac{1}{12}$

예제 3-20

서로 다른 주사위 두 개를 던질 때 나오는 두 눈의 수의 합이 9 이상일 확률을 구하라.

풀이

두 눈의 수의 합이 9, 10, 11, 12인 사건을 각각 A, B, C, D라고 하면

$$\begin{aligned} A &= \{(4, 5), (5, 4), (6, 3), (3, 6)\} \\ B &= \{(4, 6), (5, 5), (6, 4)\} \\ C &= \{(5, 6), (6, 5)\} \\ D &= \{(6, 6)\} \end{aligned}$$

사건 A, B, C, D는 모두 배반사건이므로

$$\begin{aligned} P(A \cup B \cup C \cup D) &= P(A)+P(B)+P(C)+P(D) \\ &= \frac{4}{36}+\frac{3}{36}+\frac{2}{36}+\frac{1}{36}=\frac{10}{36}=\frac{5}{18} \end{aligned}$$

$\therefore \ \frac{5}{18}$

3.2.2 여사건의 확률

사건 A에 대하여 A가 일어나지 않을 확률을 A의 **여사건의 확률**이라고 하고, $P(A^c)$로 나타낸다. 사건 A와 A^c는 $A \cap A^c = \phi$이므로 확률의 덧셈정리에 의하여 $P(A \cup A^c) = P(A) + P(A^c)$이다. 이때 $P(A \cup A^c) = P(S) = 1$이 되므로 $P(A) + P(A^c) = 1$이다. 따라서 여사건의 확률은 다음과 같이 구한다.

$$P(A^c) = 1 - P(A)$$

10개의 제비 중에 당첨 제비가 3개 들어 있다고 하자. 이 중에서 2개의 제비를 뽑을 때, 2개 모두 당첨 제비가 아닐 확률을 생각해보자. 2개 모두 당첨 제비일 사건을 A라고 하면 2개 모두 당첨 제비가 아닐 사건은 A^c가 된다. 2개 모두 당첨 제비일 확률은

$$P(A) = \frac{{}_3C_2}{{}_{10}C_2} = \frac{1}{15}$$

이므로, 2개 모두 당첨 제비가 아닐 확률은 다음과 같다.

$$P(A^c) = 1 - P(A) = 1 - \frac{1}{15} = \frac{14}{15}$$

여사건의 확률로 접근할 수 있는 문제에는 '적어도'라는 표현이 있는 확률이 있다. '적어도' 사건 A인 확률을 구하기 위해서는 전체 확률에서 사건 A가 아닌 확률을 빼면 된다.

예를 들어, 안경을 쓴 사람 4명과 안경을 쓰지 않은 사람 3명 중에서 2명을 뽑을 때, 적어도 1명은 안경을 썼을 확률을 구해보자. 2명 중 '적어도' 1명이 안경을 썼을 경우는 2명이 모두 안경을 썼거나, 2명 중에서 1명만 안경을 쓴 경우가 해당된다. 이런 식으로 접근하면 해당하는 경우의 확률을 모두 계산하여 더해야하므로 쉽지 않다. 따라서 적어도 한 명이 안경을 썼을 확률은 [그림 3-7]처럼 전체 확률에서 2명 모두 안경을 쓰지 않을 확률을 빼는 방법으로 접근한다.

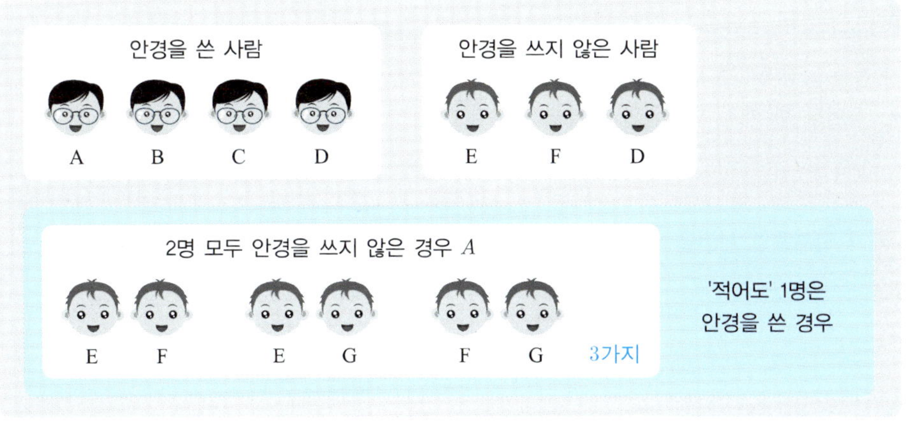

[그림 3-7] '적어도' 안경을 쓴 사람이 1명인 경우

2명이 모두 안경을 쓰지 않는 사건을 A라고 하면 $P(A)=\frac{{}_3C_2}{{}_7C_2}=\frac{1}{7}$이다. 따라서 적어도 한 명이 안경을 썼을 확률은 다음과 같다.

$$\begin{aligned} P(A^c) &= 1-P(A) \\ &= 1-\frac{1}{7} \\ &= \frac{6}{7} \end{aligned}$$

예제 3-21

주사위 2개를 동시에 던질 때, 서로 다른 눈이 나올 확률을 구하라.

풀이

전체 확률에서 두 개의 주사위를 던져 같은 눈이 나오는 확률을 빼면 된다. 같은 눈이 나오는 사건을 A라 하면 $\{(1,1), (2,2), (3,3), (4,4), (5,5), (6,6)\}$으로 $n(A)=6$이 된다.
$P(A)=\frac{6}{36}=\frac{1}{6}$이 되므로 서로 다른 눈이 나올 확률은 다음과 같다.

$$P(A^c)=1-P(A)=1-\frac{1}{6}=\frac{5}{6}$$

$\therefore \frac{5}{6}$

예제 3-22

어느 자동차 부품 공장에서는 생산한 제품 20개 중에서 16개가 합격품이다. 20개의 제품 중에서 3개를 꺼낼 때, 적어도 한 개가 합격품일 확률을 구하라.

풀이

적어도 한 개가 합격품일 사건을 A라 하면, 합격품이 한 개도 나오지 않는 사건은 A^c가 된다. A^c의 확률을 구하면 $P(A^c)=\frac{{}_4C_3}{{}_{20}C_3}=\frac{1}{285}$ 이므로 적어도 한 개가 합격품일 확률은

$$P(A)=1-P(A^c)=1-\frac{1}{285}=\frac{284}{285}$$

$\therefore \frac{284}{285}$

예제 3-23

동전 4개를 동시에 던질 때, 적어도 한 개는 뒷면이 나올 확률을 구하라.

풀이

동전 4개가 모두 앞면이 나올 사건을 A라 하면 $P(A)=\frac{1}{16}$ 이다. 따라서 적어도 한 개가 뒷면이 나오는 사건은

$$P(A^c)=1-\frac{1}{16}=\frac{15}{16}$$

$\therefore \frac{15}{16}$

예제 3-24

각각 1부터 8까지의 숫자가 적힌 8장의 카드가 있다. 이 중에서 2장을 뽑을 때, 적어도 한 장은 소수가 적힌 카드일 확률을 구하라.

풀이

2장의 카드가 모두 소수가 아닌 사건을 A라 하면, $A=\{1,\ 4,\ 6,\ 8\}$이므로 $P(A)=\frac{{}_4C_2}{{}_8C_2}=\frac{3}{14}$ 이다. 따라서 적어도 카드 한 장은 소수가 나올 확률은

$$P(A^c)=1-P(A)=1-\frac{3}{14}=\frac{11}{14}$$

$\therefore \frac{11}{14}$

예제 3-25

7개의 제비 중 2개가 당첨 제비인 상자에서 3개를 꺼낼 때, 적어도 한 개가 당첨 제비일 확률을 구하라.

풀이

적어도 한 개가 당첨 제비가 될 사건은 '3개 모두 당첨 제비가 아닌 사건'의 여사건이다. 3개 모두 당첨 제비가 아닐 사건을 A라 하면 $P(A)=\frac{{}_5C_3}{{}_7C_3}=\frac{2}{7}$이다. 따라서 적어도 한 개가 당첨 제비일 확률은

$$P(A^c)=1-P(A)=1-\frac{2}{7}=\frac{5}{7}$$

$\therefore \frac{5}{7}$

Section 3.2 연습문제

A1. $P(A)=\frac{1}{3}$, $P(B)=\frac{1}{4}$, $P(A\cap B)=\frac{1}{5}$일 때 $P(A\cup B)$를 구하라.

풀이 $\frac{23}{60}$

$$
\begin{aligned}
P(A\cup B) &= P(A)+P(B)-P(A\cap B)\\
&= \frac{1}{3}+\frac{1}{4}-\frac{1}{5}\\
&= \frac{20+15-12}{60}\\
&= \frac{23}{60}
\end{aligned}
$$

A2. 빨간 공이 3개, 흰 공이 2개, 파란 공이 4개가 들어 있는 상자에서 공 하나를 꺼낼 때, 빨간 공 또는 파란 공이 나올 확률을 구하라.

풀이 $\frac{7}{9}$

빨간 공이 나오는 사건을 A, 파란 공이 나오는 사건을 B라 하자.

빨간 공이 나올 확률 $P(A)=\frac{{}_3C_1}{{}_9C_1}$

파란 공이 나올 확률 $P(B)=\frac{{}_4C_1}{{}_9C_1}$

사건 A, B는 배반사건이므로

$$
\begin{aligned}
P(A\cup B) &= P(A)+P(B)-\phi\\
&= \frac{3}{9}+\frac{4}{9}=\frac{7}{9}
\end{aligned}
$$

A3. 다음과 같은 상자 속에 모양과 크기가 같은 흰 돌 4개와 검은 돌 5개가 들어 있다. 이 상자에서 임의로 3개의 돌을 꺼낼 때, 모두 같은 색의 돌을 꺼낼 확률을 구하라.

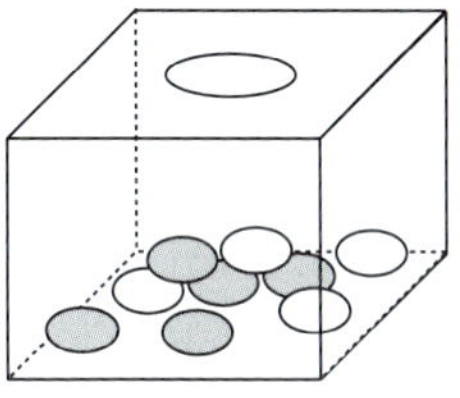

① $\frac{1}{3}$　② $\frac{1}{4}$　③ $\frac{1}{5}$
④ $\frac{1}{6}$　⑤ $\frac{5}{12}$

풀이 ④

세 개가 모두 흰 돌일 사건을 A, 모두 검은 돌일 사건을 B라 하면, 돌을 꺼낼 때 모두 같은 색일 사건은 $A\cup B$이다.

$$P(A)=\frac{{}_4C_3}{{}_9C_3}=\frac{1}{21}$$

$$P(B)=\frac{{}_5C_3}{{}_9C_3}=\frac{5}{42}$$

A, B는 서로 배반사건이므로 확률은

$$P(A\cup B)=\frac{1}{21}+\frac{5}{42}=\frac{7}{42}=\frac{1}{6}$$

A4. 흰 공 4개, 빨간 공 3개, 검은 공 2개가 들어 있는 주머니에서 공 두 개를 꺼낼 때, 같은 색이 나올 확률을 구하라.

① $\frac{5}{18}$　② $\frac{1}{3}$　③ $\frac{7}{18}$
④ $\frac{4}{9}$　⑤ $\frac{1}{2}$

풀이 ①

전체 9개의 공에서 2개의 공을 꺼내는 경우의 수는 ${}_9C_2$이다. 2개 모두 흰 공, 빨강 공, 검은 공을 꺼낼 사건을 각각 A, B, C라 하면

$$P(A)=\frac{{}_4C_2}{{}_9C_2},\quad P(B)=\frac{{}_3C_2}{{}_9C_2},\quad P(C)=\frac{{}_2C_2}{{}_9C_2}$$

사건 A, B, C는 배반사건이므로

$$\begin{aligned}P(A\cup B\cup C)&=P(A)+P(B)+P(C)\\&=\frac{6}{36}+\frac{3}{36}+\frac{1}{36}\\&=\frac{10}{36}\\&=\frac{5}{18}\end{aligned}$$

A5. 어느 전자 부품 공장에서 제품 5개를 생산하면 불량품이 1개 나온다고 한다. 이 공장의 제품 15개 중에서 3개를 뽑을 때, 불량품이 1개 이하로 나올 확률을 구하라.

풀이 $\frac{418}{455}$

불량품이 1개 이하로 뽑히는 경우는 불량품이 1개 또는 뽑히지 않는 경우이다.

불량품이 1개 뽑힐 확률은

$$\frac{{}_3C_1 \times {}_{12}C_2}{{}_{15}C_3} = \frac{198}{455}$$

불량품이 뽑히지 않는 확률은

$$\frac{{}_{12}C_3}{{}_{15}C_3} = \frac{220}{455}$$

따라서 $\frac{198}{455} + \frac{220}{455} = \frac{418}{455}$

A6. 남학생 6명, 여학생 4명 중에서 대표 5명을 뽑을 때, 여학생이 한 명 이상 포함될 확률을 구하라.

풀이 $\frac{41}{42}$

5명의 대표 중 여학생이 한 명 이상일 사건을 A라고 하면, 5명 모두 남학생일 사건은 A^c이다.

$$P(A^c) = \frac{{}_6C_5}{{}_{10}C_5} = \frac{6}{\frac{10\times9\times8\times7\times6}{5\times4\times3\times2\times1}} = \frac{1}{42}$$

$$P(A) = 1 - P(A^c) = 1 - \frac{1}{42} = \frac{41}{42}$$

A7. 7개의 제비 중에 2개의 당첨 제비가 들어 있는 상자에서 제비 3개를 꺼낼 때, 적어도 한 개가 당첨 제비일 확률을 구하라.

① $\frac{2}{7}$　② $\frac{3}{7}$　③ $\frac{4}{7}$　④ $\frac{5}{7}$　⑤ $\frac{6}{7}$

풀이 ④

적어도 한 개가 당첨 제비인 경우는 3개 모두 당첨 제비가 아닌 사건의 여사건이다.

3개 모두 당첨 제비가 아닌 사건을 A라 하면

$$P(A) = \frac{{}_5C_3}{{}_7C_3} = \frac{2}{7}$$

따라서 적어도 한 개가 당첨 제비일 확률은

$$P(A^c) = 1 - P(A) = 1 - \frac{2}{7} = \frac{5}{7}$$

A8. 3번, 4번, 5번 세 야구선수의 타율이 각각 0.3, 0.4, 0.2일 때, 적어도 한 명이 안타를 칠 확률을 구하라.

① 0.542　② 0.613　③ 0.664
④ 0.692　⑤ 0.732

풀이 ③

세 야구선수가 모두 안타를 못 치는 사건을 A라고 하면

$$\begin{aligned}P(A)&=(1-0.3)\times(1-0.4)\times(1-0.2)\\&=0.7\times0.6\times0.8\\&=0.336\end{aligned}$$

따라서 적어도 한 선수가 안타를 칠 확률은

$P(A^c)=1-P(A)=1-0.336=0.664$

A9. 딸기맛 사탕이 3개, 포도맛 사탕이 3개 들어 있는 주머니에서 사탕 2개를 동시에 꺼낼 때, 포도맛 사탕이 적어도 하나 포함될 확률을 구하라.

풀이 $\frac{4}{5}$

꺼낸 사탕 중 포도맛 사탕이 적어도 하나 포함되는 사건을 A라고 하면, 꺼낸 사탕이 모두 딸기맛 사탕일 사건은 A^c이다.

$$P(A^c)=\frac{{}_3C_2}{{}_6C_2}=\frac{3}{\frac{6\times5}{2\times1}}=\frac{3}{15}=\frac{1}{5}$$

따라서 $P(A)=1-P(A^c)=1-\frac{1}{5}=\frac{4}{5}$

A10. 서랍에 흰 봉투 3장, 검은 봉투 4장이 들어 있다. 봉투 2장을 동시에 꺼낼 때, 같은 색의 봉투가 나올 확률을 구하라.

풀이 $\frac{3}{7}$

전체 봉투 7장 중에서 2장을 꺼낼 때 모두 흰 봉투일 사건을 A, 모두 검은 봉투일 사건을 B라 하면

$$P(A)=\frac{{}_3C_2}{{}_7C_2}=\frac{1}{7},\ P(B)=\frac{{}_4C_2}{{}_7C_2}=\frac{2}{7}$$

A, B는 배반사건이므로

$P(A\cup B)=P(A)+P(B)=\frac{1}{7}+\frac{2}{7}=\frac{3}{7}$

A11. 두 개의 주사위를 던질 때 나오는 눈의 수의 합이 3의 배수일 확률을 구하라.

풀이 $\frac{1}{3}$

두 눈의 수의 합이 3, 6, 9, 12일 사건을 각각 A, B, C, D라 하면

$A=\{(1,\ 2),\ (2,\ 1)\},\ P(A)=\frac{2}{36}$

$B=\{(1,\ 5),\ (5,\ 1),(2,\ 4),\ (4,\ 2),\ (3,\ 3)\},$

$P(B)=\frac{5}{36}$

$C=\{(3,\ 6),\ (6,\ 3),(4,\ 5),\ (5,\ 4)\},$

$P(C)=\frac{4}{36}$

$D=\{(6,\ 6)\},\ P(D)=\frac{1}{36}$

A, B, C, D는 배반사건이므로

$$P(A\cup B\cup C\cup D)$$
$$=P(A)+P(B)+P(C)+P(D)$$
$$=\frac{2}{36}+\frac{5}{36}+\frac{4}{36}+\frac{1}{36}=\frac{12}{36}=\frac{1}{3}$$

A12. 자연수 1에서 11까지 숫자가 하나씩 적힌 카드가 각각 한 장씩 모두 11장이 있다. 이 중에서 2장을 선택할 때, 카드에 적힌 수의 곱이 2 또는 3의 배수일 확률을 구하라.

풀이 $\frac{49}{55}$

2 또는 3의 배수일 확률을 A라 하면, 카드의 곱이 2 또는 3의 배수가 아닐 확률은 A^c이다.

$P(A^c)=\frac{{}_4C_2}{{}_{11}C_2}=\frac{6}{55}$ 이므로

$$P(A)=1-P(A^c)=1-\frac{6}{55}=\frac{49}{55}$$

A13. 동전 6개를 던질 때, 적어도 한 개가 뒷면이 나올 확률을 구하라.

풀이 $\frac{63}{64}$

적어도 한 개가 뒷면이 나오는 사건을 A라 하면, 모두 앞면이 나올 사건은 A^c이다.

$P(A^c)=\frac{1}{2^6}=\frac{1}{64}$ 이므로

$P(A)=1-P(A^c)=1-\frac{1}{64}=\frac{63}{64}$

A14. 0, 1, 2, 3, 4, 5의 숫자가 적힌 6장의 카드로 두 자리의 정수를 만들 때, 짝수일 확률을 구하라.

풀이 $\frac{13}{25}$

0, 1, 2, 3, 4, 5의 숫자로 만드는 두 자리 정수는 $5\times5=25$이다.

일의 자리 숫자가 0, 2, 4인 사건을 각각 A, B, C라 하면

$$P(A)=\frac{5}{25},\ P(B)=\frac{4}{25},\ P(C)=\frac{4}{25}$$

A, B, C는 배반사건이므로

$$\begin{aligned}P(A\cup B\cup C)&=P(A)+P(B)+P(C)\\&=\frac{5}{25}+\frac{4}{25}+\frac{5}{25}\\&=\frac{13}{25}\end{aligned}$$

3.3 확률의 곱셈정리

이 절에서는 어떤 조건에서 일어나는 확률인 조건부 확률에 대해서 살펴볼 것이다. 또한 종속사건과 독립사건의 개념을 이해하고 곱셈정리에서 어떻게 표현되는지 알아볼 것이다.

3.3.1 조건부 확률

어떤 확률을 구할 때, 전사건이 일정한 조건을 가지는 사건으로 제한되는 확률을 조건부 확률이라고 한다. 즉 확률이 0이 아닌 두 사건 A, B에 대하여 사건 A가 일어났다는 가정 하에 사건 B가 일어날 확률을 **조건부 확률**이라고 하고, $P(B|A)$로 나타낸다.

조건부 확률을 이해하기 위해 제주도와 일본으로 여행을 가는 경우를 살펴보자. 운송수단을 비행기와 배로 선택하여 가는 여행객의 수는 [표 3-1]과 같다.

[표 3-1] 운송수단에 따른 제주도와 일본 여행객의 수

	일본	제주도	합계
비행기	128	84	212
배	72	168	88
합계	200	100	300

여행 장소와 상관없이 배를 타고 여행을 갈 확률은 $\frac{88}{300}$이다. 그러나 일본을 가는 여행객이 배를 타고 갈 확률을 구한다면, 구하는 확률에 여행 장소가 일본이라는 조건이 생기게 된다. 따라서 일본으로 여행을 가는 여행객 중에서 배를 타고 갈 확률은 $\frac{72}{200}$가 된다.

일본으로 여행가는 사건을 A, 배를 타는 사건을 B라고 하면 일본으로 여행갈 확률 $P(A)=\frac{200}{300}$, 일본에 배를 타고 갈 확률 $P(A\cap B)=\frac{72}{300}$이다. 따라서 일본으로 여행을 가는 여행객이 배를 탈 확률은

$$\frac{P(A\cap B)}{P(A)}=\frac{\frac{72}{300}}{\frac{200}{300}}=\frac{72}{200}$$

가 된다. 이처럼 조건부 확률은 조건이 일어난다는 가정하에 구하고자 하는 확률을 구한다.

정리 3-5 조건부 확률

두 사건 A, B에 대해 사건 A가 일어났다는 가정하에 사건 B가 일어날 확률

$$P(B|A) = \frac{P(A \cap B)}{P(A)} \quad (\text{단, } P(A) > 0,\ P(B) > 0)$$

전사건 S의 두 부분집합인 사건 A와 B에 대하여 $P(A \cap B)$와 $P(B|A)$의 차이점을 살펴보자. $n(S) = s$개, $n(A) = a$개, $n(B) = b$개, $n(A \cap B) = c$개라고 하면 $P(A \cap B) = \frac{n(A \cap B)}{n(S)} = \frac{c}{s}$개이고 $P(B|A) = \frac{P(A \cap B)}{P(A)} = \frac{c}{a}$개가 된다. 따라서 조건부 확률에서는 전사건의 수에 주의해야 한다.

여러 조건에서 사건 A가 일어날 수 있는 경우를 살펴보자. 서로 배반인 사건 $E_1, E_2, \cdots, E_n$에서 사건 A가 일어났을 때, 사건 A가 일어난 원인이 E_i일 확률은 다음과 같다.

$$P(E_i|A) = \frac{P(E_i)P(A|E_i)}{P(E_1)P(A|E_1) + \cdots + P(E_n)P(A|E_n)}$$

이 정리를 **베이즈 정리**라고 한다. 베이즈 정리란 우리가 알고 있는 하나의 조건부 확률을 이용하여, 모르는 조건부 확률을 알 수 있다는 것이다. 즉 $P(B|A)$를 이용하여, $P(A|B)$를 알 수 있다. 두 배반사건 E_1, E_2에서 사건 A가 일어날 원인이 E_1일 확률을 구해보자. 먼저 구하려는 확률은 사건 A가 일어났을 때 일어난 사건이 E_1에서 발생한 확률을 의미하므로 $P(E_1|A)$가 된다.

$$P(E_1|A) = \frac{P(E_1 \cap A)}{P(A)}$$

이때 사건 A가 일어날 수 있는 경우가 여러 개이므로

$$P(A) = P(A \cap E_1) + P(A \cap E_2)$$

가 된다. 이때 곱셈정리를 이용하여 교집합 확률을 정리하면

$$P(A \cap E_1) = P(E_1)P(A|E_1)$$
$$P(A \cap E_2) = P(E_2)P(A|E_2)$$

이므로, 사건 A가 일어날 원인이 E_1일 확률은 다음과 같다.

$$P(E_1|A) = \frac{P(E_1)P(A|E_1)}{P(E_1)P(A|E_1) + P(E_2)P(A|E_2)}$$

확률의 곱셈정리

조건부 확률에서 곱사건의 확률을 정리하면 $P(A \cap B) = P(A)P(B|A)$가 되는데, 이를 **확률의 곱셈정리**라고 한다. $P(A \cap B)$는 두 사건 A, B가 동시에 일어날 확률 또는 두 사건 A, B가 차례로 일어날 확률을 의미한다.

$$P(B|A) = \frac{P(A \cap B)}{P(A)} \Leftrightarrow P(A \cap B) = P(A)P(B|A)$$

$$P(A|B) = \frac{P(A \cap B)}{P(B)} \Leftrightarrow P(A \cap B) = P(B)P(A|B)$$

위와 같이 나타낼 수 있으므로 다음과 같이 정리할 수 있다.

$$P(A)P(B|A) = P(B)P(A|B)$$

예를 들어, $P(B|A) = 0.6$, $P(A) = 0.2$, $P(B) = 0.4$일 때, $P(A|B)$를 구해보자. $P(A)P(B|A) = P(B)P(A|B)$이므로 $0.2 \times 0.6 = 0.4 \times P(A|B)$가 된다. 이를 풀어서 정리하면 $P(A|B) = 0.3$이 된다.

정리 3-6 확률의 곱셈정리

확률이 0이 아닌 두 사건 A, B에 대하여

$$P(A \cap B) = P(A)P(B|A) = P(B)P(A|B) \text{ (단, } P(A) > 0,\ P(B) > 0)$$

예제 3-26

상자 속에 1부터 99까지 번호가 붙은 공이 있다. 이 주머니에서 공 하나를 꺼냈을 때, 3의 배수였다면 이 공이 5의 배수일 확률을 구하라.

풀이

3의 배수이면서 5의 배수인 경우는 15의 배수를 꺼내는 경우다. 3의 배수를 꺼낼 사건을 A, 5의 배수를 꺼낼 사건을 B라 하면 15의 배수를 꺼낼 사건은 $A \cap B$이다.

$$P(A) = \frac{33}{99},\ P(A \cap B) = \frac{6}{99}$$

이므로

$$P(B|A)=\frac{P(A\cap B)}{P(A)}=\frac{\frac{6}{99}}{\frac{33}{99}}=\frac{2}{11}$$

$\therefore \frac{2}{11}$

예제 3-27

주사위 한 개를 두 번 던질 때, 첫 번째 나온 수가 두 번째 나온 수보다 큰 사건을 A, 눈의 합이 짝수일 사건을 B라 할 때, $P(B|A)$의 값을 구하라.

풀이

사건 A는 주사위에서 나온 두 눈을 순서와 상관없이 뽑고 큰 수를 앞에 나열하면 되므로 ${}_6C_2$이다. 따라서 $P(A)=\frac{{}_6C_2}{36}=\frac{5}{12}$이다. 또한 $A\cap B=\{(3,\ 1)(4,\ 2)(5,\ 1)(5,\ 3)(6,\ 2)(6,\ 4)\}$이므로 $n(A\cap B)=6$, $P(A\cap B)=\frac{6}{36}=\frac{1}{6}$이다. 따라서 확률은

$$P(B|A)=\frac{P(A\cap B)}{P(A)}=\frac{\frac{1}{6}}{\frac{5}{12}}=\frac{2}{5}$$

$\therefore \frac{2}{5}$

예제 3-28

두 사건 A, B에 대하여 $P(A)=0.2$, $P(B)=0.3$, $P(A\cup B)=0.4$일 때, $P(A^c|B^c)$의 값을 구하라.

풀이

$$\begin{aligned}P(A^c|B^c)=\frac{P(A^c\cap B^c)}{P(B^c)}&=\frac{P(A\cup B)^c}{1-P(B)}\\&=\frac{1-P(A\cup B)}{1-P(B)}\\&=\frac{1-0.4}{1-0.3}=\frac{0.6}{0.7}=\frac{6}{7}\end{aligned}$$

$\therefore \frac{6}{7}$

예제 3-29

$P(A)=\frac{1}{3}$, $P(B)=\frac{7}{15}$, $P(B|A)=\frac{5}{7}$일 때, $P(A|B^c)$의 값을 구하라.

풀이

$P(B|A)=\frac{P(A\cap B)}{P(A)}$이므로

$$P(A\cap B)=P(A)P(B|A)=\frac{1}{3}\times\frac{5}{7}=\frac{5}{21}$$

$$P(A\cap B^c)=P(A)-P(A\cap B)=\frac{1}{3}-\frac{5}{21}=\frac{2}{21}$$

$$P(A|B^c)=\frac{P(A\cap B^c)}{P(B^c)}=\frac{P(A\cap B^c)}{1-P(B)}=\frac{\frac{2}{21}}{1-\frac{7}{15}}=\frac{\frac{2}{21}}{\frac{8}{15}}=\frac{5}{28}$$

$\therefore\ \frac{5}{28}$

예제 3-30

다음은 A, B 봉사 단체의 남녀 수를 조사한 표이다. 이 중에서 임의로 뽑은 한 명이 여자였을 때, 그 사람이 B 단체일 확률을 구하라.

(단위 : 명)

	남자	여자	합계
A 단체	5	6	11
B 단체	7	8	15
합계	12	14	26

풀이

남자인 사건을 M, 여자인 사건을 F라 하면 여자일 확률은 $P(F)=\frac{14}{26}$, B 단체이면서 여성일 확률은 $P(B\cap F)=\frac{8}{26}$이다. 따라서 확률은 다음과 같다.

$$P(B|F)=\frac{P(B\cap F)}{P(F)}=\frac{\frac{8}{26}}{\frac{14}{26}}=\frac{8}{14}=\frac{4}{7}$$

$\therefore\ \frac{4}{7}$

3.3.2 종속사건과 독립사건

종속사건의 확률

두 사건 A, B에 대하여 사건 A가 일어날 경우와 사건 A가 일어나지 않을 경우에 따라 사건 B가 일어날 확률이 다를 때, 사건 B는 사건 A에 종속된다고 하고 A와 B는 서로 **종속사건**이라고 한다. 즉 사건 B는 사건 A에 따라서 확률값이 다르므로 다음과 같이 표현한다.

$$P(B|A) \neq P(B|A^c)$$

예를 들어, 흰 공 3개와 검은 공 4개가 들어 있는 주머니 속에서 한 개씩 두 번 공을 꺼낼 때, 두 공이 모두 흰 공인 경우를 생각해보자. 이때 처음에 꺼낸 공은 다시 넣지 않는다. 처음 흰 공을 뽑는 경우를 A, 두 번째 흰 공을 뽑는 경우를 B라 하자. 첫 번째 흰 공을 뽑을 때 전체 공은 7개, 흰 공은 3개이고, 두 번째 공을 뽑을 때는 앞에서 흰 공 하나를 뽑았으므로 전체 공이 6개, 흰 공이 2개이다. 따라서 확률은

$$P(A \cap B) = P(A)P(B|A) = \frac{3}{7} \times \frac{2}{6} = \frac{1}{7}$$

이다. 반면에, 처음 공을 흰 공이 아닌 검은 공을 뽑으면 두 번째 흰 공을 뽑을 때 전체 공은 6개지만 흰 공은 여전히 3개이므로 $P(B|A^c) = \frac{4}{6}$이다. 이처럼 처음 흰 공을 뽑는 사건 A에 따라서 사건 B가 일어날 확률이 다른 경우, 즉 $P(B|A) \neq P(B|A^c)$가 다르면 종속사건이다.

독립사건의 확률

두 사건 A, B에 대하여 사건 A가 일어나든 일어나지 않든 사건 B가 일어날 확률이 달라지지 않을 때, 두 사건 A와 B는 서로 **독립사건**이라고 한다.

$$P(B|A) = P(B|A^c) = P(B)$$

독립사건의 곱셈정리는 A, B가 독립사건일 때, $P(A \cap B) = P(A)P(B)$가 된다. 즉 사건 A와 사건 B가 독립사건일 때 동시에 일어날 확률은 각각의 사건이 일어날 확률을 구해 곱하면 된다.

어떤 시험에 갑, 을, 병이 합격할 확률이 각각 $\frac{3}{4}$, $\frac{1}{3}$, $\frac{1}{2}$일 때, 3명이 모두 합격할 확률을 생각해보자. 3명이 모두 합격할 확률이 각각 주어져 있으므로 세 사건은 모두 독립사건이다. 갑, 을, 병이 합격할 사건을 차례로 A, B, C라고 하면 모두 합격할 확률은 다음과 같다.

$$P(A \cap B \cap C) = P(A) \times P(B) \times P(C) = \frac{3}{4} \times \frac{1}{3} \times \frac{1}{2} = \frac{1}{8}$$

정리 3-7 독립사건

두 사건 A, B가 독립일 때,

$$P(A \cap B) = P(A) \times P(B)$$

종속사건과 독립사건을 구별하기 위해서는 사건 A와 사건 B의 교집합의 확률 $P(A \cap B)$가 $P(A) \times P(B)$와 같은지 확인하면 된다. 만약 두 값이 같으면 독립사건이고 두 값이 다르면 종속사건을 의미한다.

예제 3-31

다음 표는 A, B 버스의 승객 120명을 남녀로 구분한 결과다. 120명에서 한 명을 뽑을 때, $P(M \cap A)$와 $P(M|A)$를 구하고, 구한 확률이 무엇을 뜻하는지 설명하라.

(단위 : 명)

	남(M)	여(W)	합계
A 버스	34	30	64
B 버스	32	24	56
합계	66	54	120

풀이

$P(M \cap A) = \dfrac{34}{120}$로, 뽑은 승객이 전체 승객 중에서 A 버스를 타는 남성일 확률을 의미한다.

$P(M|A) = \dfrac{34}{64}$로, 뽑은 승객이 A 버스를 타는 승객 중에서 남성일 확률을 의미한다.

예제 3-32

불량품이 각각 10%, 20%인 기계 A, B가 있다. A와 B에서 만든 제품 40개, 60개를 섞어서 그 중 하나를 확인해보니 불량품이었다. 이때 불량품이 A에서 만들어졌을 확률을 구하라.

풀이

A, B에서 만든 제품의 수와 불량품의 수는 다음 표와 같다.

	제품의 수	불량품의 수
A 기계	40	$40 \times \frac{10}{100} = 4$
B 기계	60	$60 \times \frac{20}{100} = 12$
합계	100	16

불량품이 나오는 사건을 X라 하면

$$n(X) = n(A \cap X) + n(B \cap X) = 4 + 12 = 16$$

따라서 불량품이 A 기계에서 만들어졌을 확률은 다음과 같다.

$$P(A|X) = \frac{P(A \cap X)}{P(X)} = \frac{4}{16} = \frac{1}{4}$$

$\therefore \frac{1}{4}$

예제 3-33

두 사건 A, B에 대하여 $P(B|A) = 0.8$, $P(A) = 0.5$, $P(B) = 0.6$일 때, $P(A|B)$의 값을 구하라.

풀이

$P(A \cap B) = P(A)P(B|A) = P(B)P(A|B)$이므로

$$0.5 \times 0.8 = 0.6 \times P(A|B)$$

$$P(A|B) = \frac{0.5 \times (0.8)}{0.6} = \frac{2}{3}$$

$\therefore \frac{2}{3}$

예제 3-34

1부터 10까지의 숫자가 적힌 10장의 카드에서 한 장을 꺼낼 때, 나오는 수가 짝수인 사건을 A, 5의 배수인 사건을 B라 하자. 이때 A와 B는 서로 독립인지 종속인지 설명하라.

풀이

$A = \{2, 4, 6, 8, 10\}$, $B = \{5, 10\}$, $A \cap B = \{10\}$이므로

$$P(A\cap B)=\frac{1}{10},\ \ P(A)\times P(B)=\frac{5}{10}\times\frac{2}{10}=\frac{1}{10}$$

$P(A\cap B)=P(A)P(B)$가 성립하므로 A와 B는 서로 독립이다.

∴ 독립

예제 3-35

두 사건 A, B가 다음과 같을 때, 두 사건이 독립인지 종속인지 구하라.

(a) $P(A)=0.3,\ P(B)=0.5,\ P(A\cap B)=0.15$
(b) $P(A)=0.3,\ P(B)=0.5,\ P(A\cup B)=0.4$

풀이

(a) $P(A)P(B)=(0.3)(0.5)=0.15$이다. $P(A\cap B)=P(A)P(B)$이므로 A, B는 독립이다.
(b) $P(A\cup B)=P(A)+P(B)-P(A\cap B)$이므로

$$0.4=0.3+0.5-P(A\cap B),\ (A\cap B)=0.4$$

$P(A)P(B)=(0.3)(0.5)=0.15$이므로 $P(A\cap B)\neq P(A)P(B)$다. 따라서 A, B는 서로 종속이다.

∴ (a) 독립, (b) 종속

Section 3.3 연습문제

A1. $P(A)=0.4$, $P(B)=0.6$, $P(A\cap B)=0.2$, $P(A^c\cap B)=0.3$일 때, $P(B|A^c)$의 확률을 구하라.

풀이 $\frac{1}{2}$

$P(A^c\cap B)=P(A^c)P(B|A^c)$이므로

$$P(B|A^c)=\frac{P(A^c\cap B)}{P(A^c)}=\frac{0.3}{1-P(A)}=\frac{0.3}{0.6}=\frac{1}{2}$$

A2. 회사원인 남자 50명, 여자 20명 중에서 남자 10명과 여자 5명이 안경을 끼고 있다. 한 사람을 뽑았더니 안경을 끼고 있을 때, 이 사람이 여자일 확률을 구하라.

① $\frac{1}{14}$ ② $\frac{3}{14}$ ③ $\frac{1}{10}$
④ $\frac{1}{4}$ ⑤ $\frac{1}{3}$

풀이 ⑤

안경을 낀 사람이 뽑힐 사건을 A, 여자가 뽑힐 사건을 B라 하면

$$P(A)=\frac{15}{70}=\frac{3}{14},\quad P(A\cap B)=\frac{5}{70}=\frac{1}{14}$$

따라서 확률은 $P(B|A)$이므로

$$P=(B|A)=\frac{P(A\cap B)}{P(A)}=\frac{\frac{1}{14}}{\frac{3}{14}}=\frac{1}{3}$$

A3. 카드 10장이 뒤집혀 있다. 이 중에는 '꽝'이라고 표시된 카드가 4장 숨어 있는데, 꽝 카드를 뽑으면 벌칙을 받는다고 한다. 갑과 을이 순서대로 한 장씩 카드를 뒤집을 때, 모두 벌칙을 받을 확률을 구하라. (단, 뒤집은 카드는 그대로 둔다.)

① $\frac{2}{15}$ ② $\frac{1}{3}$ ③ $\frac{3}{10}$
④ $\frac{1}{10}$ ⑤ $\frac{1}{5}$

풀이 ①

갑이 벌칙을 받는 사건을 A, 을이 벌칙을 받는 사건을 B라고 하자. 갑이 벌칙을 받을 확률은 $P(A)=\frac{4}{10}$이고, 갑이 벌칙을 받을 때 을이 벌칙을 받을 확률은 $P(B|A)=\frac{3}{9}$이다.

$$P(A\cap B)=P(A)P(B|A)=\frac{2}{5}\times\frac{1}{3}=\frac{2}{15}$$

A4. 파란 공이 3개, 검은 공이 2개 들어 있는 주머니에서 공을 한 개씩 두 번 꺼내는 시행을 할 때 첫 번째 꺼낸 공이 파란 공일 사건을 A, 두 번째 꺼낸 공이 파란 공일 사건을 B라고 한다. 이때 $P(B|A)$의 값을 구하라. (단, 꺼낸 공은 다시 넣지 않는다.)

① $\frac{2}{5}$ ② $\frac{1}{2}$ ③ $\frac{3}{5}$
④ $\frac{1}{5}$ ⑤ $\frac{2}{3}$

풀이 ②

첫 번째 꺼낸 공을 다시 넣지 않는 경우 첫 번째 꺼낸 공이 파란 공일 때에는 주머니 속에 파란 공 2개, 검은 공 2개가 남아 있으므로 두 번째에도 파란 공이 나올 확률은 다음과 같다.

$$P(B|A)=\frac{2}{4}=\frac{1}{2}$$

A5. 두 사건 A, B가 독립사건이다. $P(A)=0.3$, $P(B)=0.5$일 때, $P(A|B^c)$을 구하라.

풀이 0.3

두 사건 A와 B가 독립이므로 A와 B^c는 서로 독립이다.

따라서 $P(A|B^c)=P(A)=0.3$

A6. 두 사건 A, B에 대하여 $P(A)=0.4$, $P(B)=0.5$, $P(A|B)=0.3$일 때, $P(A\cap B)$를 구하라.

풀이 0.15

$$\begin{aligned}P(A\cap B)&=P(A)P(B|A)\\&=P(B)P(A|B)\\&=0.5\times P(B|A)\\&=0.5\times 0.3\\&=0.15\end{aligned}$$

A7. 두 사건 A, B에 대하여 사건 A가 일어날 확률이 $\frac{7}{10}$이고, 사건 A가 일어났을 때 사건 B가 일어날 확률이 $\frac{4}{7}$라고 한다. 사건 A와 사건 B가 동시에 일어날 확률을 구하라.

① $\frac{7}{25}$ ② $\frac{2}{7}$ ③ $\frac{2}{3}$
④ $\frac{4}{7}$ ⑤ $\frac{2}{5}$

풀이 ⑤

$$P(B|A)=\frac{P(A\cap B)}{P(A)}=\frac{P(A\cap B)}{\frac{7}{10}}=\frac{4}{7}$$

따라서 $P(A\cap B)=\frac{4}{7}\times\frac{7}{10}=\frac{2}{5}$

A8. 인터넷 서점 Y, K가 있다. 인터넷을 이용하여 책을 구매하는 성향을 조사한 결과 다음 표와 같은 결과가 나타났다. 임의로 한 사람을 뽑은 결과 10대였을 때, Y 서점을 이용했을 확률을 구하라.

나이 \ 서점	Y 서점	K 서점
20대	0.36	0.24
10대	0.28	0.12

① $\frac{3}{10}$　② $\frac{2}{5}$　③ $\frac{3}{5}$

④ $\frac{7}{10}$　⑤ $\frac{4}{5}$

풀이 ④

10대일 사건을 A, Y 서점을 이용할 사건을 B라 하면

$P(A)=0.28+0.12=0.4$, $P(A\cap B)=0.28$

$$P(B|A)=\frac{P(A\cap B)}{P(A)}=\frac{0.28}{0.4}=\frac{7}{10}$$

A9. 대학생 50명을 대상으로 노트북 보유 여부를 조사하였더니 아래 표와 같았다. 한 명을 뽑았을 때, 그 학생이 노트북을 가지고 있다면 그 학생이 남자일 확률을 구하라.

성별 \ 노트북	보유한 학생	보유하지 않은 학생	합계
남자	13	13	26
여자	10	14	24
합계	23	27	50

① $\frac{13}{23}$　② $\frac{13}{50}$　③ $\frac{13}{25}$

④ $\frac{13}{27}$　⑤ $\frac{10}{23}$

풀이 ①

50명 중에서 임의로 한 명을 뽑았을 때, 노트북을 보유한 학생인 사건을 A, 남자인 사건을 B라고 하면, 사건 A와 $A\cap B$가 일어날 확률은

$$P(A)=\frac{23}{50},\ P(A\cap B)=\frac{13}{50}$$

노트북을 보유한 학생들 중에 포함된 남자의 비율을 구하는 것이므로 그 확률을 $P(B|A)$라고 하면

$$P(B|A)=\frac{P(A\cap B)}{P(A)}=\frac{\frac{13}{50}}{\frac{23}{50}}=\frac{13}{23}$$

A10. 두 사건 A, B에 대하여 $P(A)=\dfrac{3}{10}$, $P(B)=\dfrac{1}{5}$, $P(A\cup B)=\dfrac{2}{5}$일 때, $P(B|A)$의 값을 구하라.

① $\dfrac{1}{10}$ ② $\dfrac{1}{5}$ ③ $\dfrac{1}{4}$
④ $\dfrac{1}{3}$ ⑤ $\dfrac{1}{2}$

풀이 ④

$$P(A\cap B)=P(A)+P(B)-P(A\cup B)$$
$$=\frac{3}{10}+\frac{1}{5}-\frac{2}{5}=\frac{1}{10}$$

$$P(B|A)=\frac{P(A\cap B)}{P(A)}=\frac{\frac{1}{10}}{\frac{3}{10}}=\frac{1}{3}$$

A11. 두 사건 A, B에 대하여 $P(A)=\dfrac{3}{8}$, $P(B)=\dfrac{1}{2}$, $P(A\cap B)=\dfrac{1}{4}$일 때, $P(B^c|A^c)$의 값을 구하라.

① $\dfrac{1}{5}$ ② $\dfrac{2}{5}$ ③ $\dfrac{3}{5}$
④ $\dfrac{3}{4}$ ⑤ $\dfrac{1}{4}$

풀이 ③

$$P(A\cup B)=P(A)+P(B)-P(A\cap B)$$
$$=\frac{3}{8}+\frac{1}{2}-\frac{1}{4}=\frac{5}{8}$$

$$P(B^c|A^c)=\frac{P(A^c\cap B^c)}{P(A^c)}$$
$$=\frac{1-P(A\cup B)}{1-P(A)}$$
$$=\frac{1-\frac{5}{8}}{1-\frac{3}{8}}=\frac{3}{5}$$

A12. 100 이하의 자연수에서 임의로 하나의 자연수를 뽑을 때, 그 수가 짝수일 사건을 A, 5의 배수일 사건을 B라 하자. 이때 A와 B는 서로 독립인지 종속인지 구하라.

풀이 독립

$$P(A)=\frac{50}{100}=\frac{1}{2},\ P(B)=\frac{20}{100}=\frac{1}{5}$$

이때 $A\cap B$는 뽑은 수가 10의 배수인 사건이다.

$$P(A\cap B)=\frac{10}{100}=\frac{1}{10}$$
$$P(A\cap B)=P(A)\times P(B)$$

따라서 A와 B는 독립이다.

A13. 어느 테니스 선수의 첫 번째 서브 성공률은 75%이고 첫 번째 서브가 들어가면 이길 확률이 80%라고 한다. 또, 두 번째 서브의 성공률은 90%이고, 두 번째 서브가 들어가면 이길 확률이 35%라고 한다. 이 선수가 이겼을 때, 두 번째 서브에 성공하였을 확률을 구하라. (단, 확률은 기약분수로 나타낸다.)

풀이 $\frac{21}{61}$

첫 번째 서브에 성공할 사건을 A, 두 번째 서브에 성공할 사건을 B, 이길 사건을 C라 하면

$$P(A)=0.75,\ P(C|A)=0.8$$
$$P(B)=0.9,\ P(C|B)=0.35$$

$$P(A\cap C)=P(A)\times P(C|A)=0.75\times 0.8=0.6$$

$$P(B\cap C)=P(B)\times P(C|B)=0.9\times 0.35=0.315$$

$$P(C)=P(A\cap C)+P(B\cap C)=0.6+0.315=0.915$$

따라서 $P(B|C)=\frac{P(B\cap C)}{P(C)}=\frac{0.315}{0.915}=\frac{21}{61}$

A14. 상자 A에는 배 2개와 사과 3개, 상자 B에는 배 3개와 사과 1개, 상자 C에는 배 3개와 사과 2개가 들어 있다. 임의로 한 상자를 선택하여 2개의 과일을 꺼내었더니 2개 모두 배라고 할 때, 선택한 상자가 C일 확률을 구하라.

① $\frac{1}{4}$ ② $\frac{1}{3}$ ③ $\frac{2}{5}$
④ $\frac{1}{2}$ ⑤ $\frac{3}{5}$

풀이 ②

배 2개가 나오는 사건을 E, 선택한 상자가 A, B, C인 사건을 각각 A, B, C라고 하면

$$P(A\cap E)=P(A)P(E|A)=\frac{1}{3}\times\frac{{}_2C_2}{{}_5C_2}=\frac{1}{30}$$

$$P(B\cap E)=P(B)P(E|B)=\frac{1}{3}\times\frac{{}_3C_2}{{}_4C_2}=\frac{1}{6}$$

$$P(C\cap E)=P(C)P(E|C)=\frac{1}{3}\times\frac{{}_3C_2}{{}_5C_2}=\frac{1}{10}$$

$$P(E)=P(E|A)+P(E|B)+P(E|C)=\frac{1}{30}+\frac{1}{6}+\frac{1}{10}=\frac{3}{10}$$

따라서 $P(C|E)=\frac{P(C\cap E)}{P(E)}=\frac{\frac{1}{10}}{\frac{3}{10}}=\frac{1}{3}$

A15. 주사위 한 개와 동전 한 개를 동시에 던질 때, 앞면이 나오는 사건과 4 이상의 눈이 나오는 사건이 서로 독립인지 종속인지 설명하라.

풀이 독립

동전의 앞면을 H, 뒷면을 T라고 하자. 이 시행의 표본공간 S는 다음과 같다.

$S=\{(\mathrm{H},1), (\mathrm{H},2), \cdots, (\mathrm{H},6), (\mathrm{T},1), (\mathrm{T},2), \cdots, (\mathrm{T},6)\}$

앞면이 나오는 사건을 A, 4 이상의 눈이 나오는 사건을 B라 하면

$A=\{(\mathrm{H},1), \cdots, (\mathrm{H},6)\}$

$B=\{(\mathrm{H},4), (\mathrm{H},5), (\mathrm{H},6), (\mathrm{T},4), (\mathrm{T},5), (\mathrm{T},6)\}$

각 사건의 확률은

$$P(A)=\frac{1}{2},\ \ P(B)=\frac{1}{2}$$

$A\cap B=\{(\mathrm{H},4),\ (\mathrm{H},5),\ (\mathrm{H},6)\}$이므로

$$P(A\cap B)=\frac{1}{4}$$

$P(A\cap B)=P(A)P(B)=\frac{1}{4}$이므로 A, B는 서로 독립이다.

3.4 독립시행의 확률

주사위나 동전을 여러 번 던질 때와 같이 매회 같은 조건에서 어떤 시행을 여러 번 반복할 때, 각 시행의 결과가 다른 시행의 결과에 아무런 영향을 주지 않을 경우, 즉 매번 일어나는 사건이 모두 서로 독립일 경우를 **독립시행**이라고 한다.

이러한 독립시행은 여러 번 시행을 반복하지만 각각의 시행이 독립적으로 일어나므로 사건 A가 일어날 확률을 p, 사건 A가 일어나지 않을 확률을 q라 하고 할 때, 독립적으로 n회 반복하는 경우를 사건 A가 r회 일어날 확률이라 하고 P_r라 나타낸다.

예를 들어, 주사위 한 개를 3번 던질 때 한 번만 6이 나올 확률을 알아보자. 6이 나오면 O, 6 외의 숫자가 나오면 X로 나타낸다. 3번 중 6이 한 번만 나오는 경우는 다음과 같다.

$$O\ X\ X \rightarrow \frac{1}{6}, \frac{5}{6}, \frac{5}{6} = \left(\frac{1}{6}\right)^1 \times \left(\frac{5}{6}\right)^2$$

$$X\ O\ X \rightarrow \frac{5}{6}, \frac{1}{6}, \frac{5}{6} = \left(\frac{1}{6}\right)^1 \times \left(\frac{5}{6}\right)^2$$

$$X\ X\ O \rightarrow \frac{5}{6}, \frac{5}{6}, \frac{1}{6} = \left(\frac{1}{6}\right)^1 \times \left(\frac{5}{6}\right)^2$$

이때 각각의 경우는 ${}_3C_1 = 3$이고, 각 경우의 수는 배반으로 확률값이 모두 같으므로

$${}_3C_1\left(\frac{1}{6}\right)^1\left(\frac{5}{6}\right)^2 = \frac{25}{72}$$

이 된다. 일반적으로 한 개의 주사위를 n회 던져서 특정 눈이 r회 나올 확률은 $P_r = {}_nC_r p^r q^{n-r}$이라 한다.

정리 3-8 독립시행의 정리

1회의 시행에서 사건 A가 일어날 확률을 p, 사건 A가 일어나지 않을 확률을 q라 하자. 이 시행을 독립적으로 n회 반복할 때, 사건 A가 r회 일어날 확률을 P_r라 하면

$$P_r = {}_nC_r p^r q^{n-r} \quad (\text{단, } p+q=1,\ r=0,\ 1,\ 2,\ \cdots,\ n)$$

이번에는 [표 3-2]를 보면서 주사위를 3번 던져 1의 눈이 2번 나올 확률을 생각해보자. 다음과 같이 세 가지 경우가 있다.

[표 3-2] 1의 눈이 나오는 경우

1회	2회	3회
O	O	X
O	X	O
X	O	O

주사위에서 1의 눈이 나올 확률은 $\frac{1}{6}$, 나오지 않을 확률이 $\frac{5}{6}$이므로 각각 어느 경우나 1의 눈이 2번 나올 확률은 $\left(\frac{1}{6}\right)^2\left(\frac{6}{5}\right)$이다. 주사위를 3회 던져 1의 눈이 나오는 경우가 ${}_3C_2$가지이므로, 주사위를 3회 던져 1의 눈이 2번 나올 확률은 ${}_3C_2\left(\frac{1}{6}\right)^2\left(\frac{6}{5}\right)$이 된다.

예제 3-36

주사위 한 개를 3번 던질 때, 3의 눈이 2번 나올 확률을 구하라.

풀이

주사위를 던졌을 때, 3의 눈이 나올 확률은 $p=\frac{1}{6}$이다. $p+q=1$이므로 $q=\frac{5}{6}$이다.

따라서 확률은

$${}_3C_2\left(\frac{1}{6}\right)^2\left(\frac{5}{6}\right)^{3-2}=\frac{5}{72}$$

$\therefore\ \frac{5}{72}$

예제 3-37

동전 2개를 던지는 시행을 10번 반복했을 때, 두 동전이 모두 앞면이 나온 경우가 3번일 확률을 구하라.

풀이

동전 2개를 던져 모두 앞면이 나올 확률은 $p=\frac{1}{4}$이고 $q=\frac{3}{4}$이다. 따라서 확률은

$${}_{10}C_3\left(\frac{1}{4}\right)^3\left(\frac{3}{4}\right)^7=\frac{10\times9\times8}{3\times2\times1}\times\left(\frac{1}{4}\right)^3\left(\frac{3}{4}\right)^7=120\left(\frac{1}{4}\right)^3\left(\frac{3}{4}\right)^7$$

$\therefore\ 120\left(\frac{1}{4}\right)^3\left(\frac{3}{4}\right)^7$

예제 3-38

주사위를 10번 던져서 3의 배수가 5번 나올 확률을 구하라.

풀이

3의 배수는 3, 6이므로 3의 배수가 나올 확률은 $p=\frac{2}{6}=\frac{1}{3}$, $q=\frac{2}{3}$이다. 따라서 확률은

$$_{10}C_5\left(\frac{1}{3}\right)^5\left(\frac{2}{3}\right)^5$$

$\therefore\ _{10}C_5\left(\frac{1}{3}\right)^5\left(\frac{2}{3}\right)^5$

예제 3-39

두 사람이 가위바위보를 3번 하여 이긴 횟수가 많은 사람을 승자로 하는 게임에서 무승부가 될 확률을 구하라. 단, 가위바위보를 할 때 이길 확률, 질 확률, 비길 확률은 각각 $\frac{1}{3}$이다.

풀이

가위바위보를 3회하여 무승부가 되는 경우는 세 번 모두 비기거나 두 사람이 각각 한 번씩 이기고 나머지 한 번은 비기는 경우가 있다.

세 번 모두 비길 확률은 $_3C_3\left(\frac{1}{3}\right)^3=\frac{1}{27}$, 두 명이 각각 한 번씩 이기고 나머지 한 번은 비길 확률은 $_3C_1\times{}_2C_1\times\left(\frac{1}{3}\right)\left(\frac{1}{3}\right)\left(\frac{1}{3}\right)=\frac{6}{27}$이다. 따라서 확률은 $\frac{1}{27}+\frac{6}{27}=\frac{7}{27}$이다.

$\therefore\ \frac{7}{27}$

예제 3-40

동전 한 개를 4번 던질 때, 앞면이 적어도 1번 나올 확률을 구하라.

풀이

동전을 1번 던져서 앞면, 뒷면이 나올 확률은 각각 $\frac{1}{2}$이고, 각각의 시행은 서로 독립이다. 적어도 앞면이 1번 나오는 사건은 4번 모두 뒷면이 나오는 확률의 여사건이다. 따라서 여사건의 확률과 독립시행의 정리를 이용하여 구하면 다음과 같다.

$$1-{}_4C_0\left(\frac{1}{2}\right)^0\left(\frac{1}{2}\right)^{4-0}=1-\frac{1}{16}=\frac{15}{16}$$

$\therefore\ \frac{15}{16}$

Section 3.4 연습문제

A1. 탁구선수 갑과 을이 시합을 할 때, 갑이 을에게 이길 확률은 $\frac{3}{5}$ 이다. 갑과 을이 3번 시합을 할 때, 갑의 성적이 2승 1패가 될 확률을 구하라.

① $\frac{27}{125}$ ② $\frac{6}{25}$ ③ $\frac{41}{125}$
④ $\frac{51}{125}$ ⑤ $\frac{54}{125}$

풀이 ⑤
매회 시합을 하는 것은 독립시행이다. 갑이 을에게 이길 확률이 $\frac{3}{5}$ 이므로 질 확률은 $\frac{2}{5}$ 이다.

따라서 갑이 3번의 시합 중에서 2번 이길 확률은

$${}_3C_2\left(\frac{3}{5}\right)^2\left(\frac{2}{5}\right)=3\times\frac{9}{25}\times\frac{2}{5}=\frac{54}{125}$$

A2. 윷놀이를 할 때, 윷이 나올 확률이 $\frac{1}{81}$ 이라면 개가 나올 확률이 얼마인지 구하라.

① $\frac{1}{4}$ ② $\frac{3}{4}$ ③ $\frac{4}{27}$
④ $\frac{8}{27}$ ⑤ $\frac{1}{81}$

풀이 ④
한 개의 윷짝에서 배(평면 부분)가 나올 확률을 p라 하면

$${}_4C_4\,p^4(1-p)^0=\frac{1}{81}$$

이므로 $p=\frac{1}{3}$ 이다.

따라서 ${}_4C_2\left(\frac{1}{3}\right)^2\left(\frac{2}{3}\right)^2=\frac{8}{27}$

A3. 대학생 100명이 정답률이 30%인 문제를 풀 때, 이 문제를 맞힌 사람이 20명일 확률을 구하라.

풀이 ${}_{100}C_{20}\left(\frac{3}{10}\right)^{20}\left(\frac{7}{10}\right)^{80}$
문제를 맞히는 사건을 A라 하면

$$P(A)=0.3,\ P(A^c)=0.7$$

대학생 100명 중에서 20명이 맞힐 확률은

$${}_{100}C_{20}\left(\frac{3}{10}\right)^{20}\left(\frac{7}{10}\right)^{80}$$

A4. 농구 게임에서 A군의 자유투 성공률은 $\frac{3}{5}$이다. 자유투를 4번 던질 때, 1번 이상 성공할 확률을 구하라.

풀이 $\frac{609}{625}$

자유투를 1번 이상 성공할 사건을 A라 하면 자유투를 한 번도 성공하지 못하는 사건은 A^c이다.

$P(A^c) = {}_4C_0\left(\frac{3}{5}\right)^0\left(\frac{2}{5}\right)^4 = \frac{16}{625}$ 이므로

$P(A) = 1 - P(A^c) = 1 - \frac{16}{625} = \frac{609}{625}$

A5. 주사위 한 개를 10회 던져서 10회 중에서 2회만 숫자 5가 나올 확률을 구하라.

풀이 $\frac{25}{6718464}$

주사위를 던져 숫자 5가 나올 확률 $p = \frac{1}{6}$ 이므로 $q = \frac{5}{6}$ 이다.

따라서 ${}_{10}C_2\left(\frac{1}{6}\right)^2\left(\frac{5}{6}\right)^8 = \frac{25}{6718464}$

Chapter 03 연습문제

3.1.1 시행과 사건

B1. 집합 $X=\{1, 2, 3, 4, 5\}$일 때, $X \rightarrow X$로 함수에서 X의 모든 원소 n에 대하여 $n+f(n)$이 홀수가 되는 개수를 구하라.

① 24　② 36　③ 48
④ 60　⑤ 72

풀이 ⑤

n이 홀수일 때 $f(n)$이 짝수이고, n이 짝수일 때 $f(n)$이 홀수여야 $n+f(n)$이 홀수가 된다.

$n=1$일 때, $f(1)$의 값은 2, 4
$n=2$일 때, $f(2)$의 값은 1, 3, 5
$n=3$일 때, $f(3)$의 값은 2, 4
$n=4$일 때, $f(4)$의 값은 1, 3, 5
$n=5$일 때, $f(5)$의 값은 2, 4

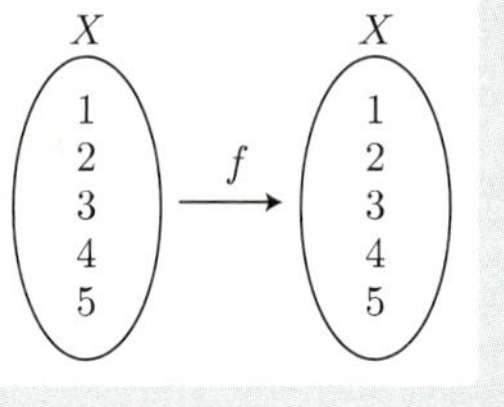

따라서 $2\times3\times2\times3\times2=72$

B2. 1, 2, 3, 4의 숫자를 일렬로 배열하는 것을 P_1, P_2, P_3, P_4라 할 때 $P_1 \neq 1$, $P_2 \neq 2$, $P_3 \neq 3$, $P_4 \neq 4$를 모두 만족하는 개수를 구하라.

① 7　② 8　③ 9
④ 10　⑤ 11

풀이 ③

$P_1 \neq 1$이므로 P_1자리에는 1이 올 수 없고 2, 3, 4만 올 수 있다. 수형도로 나타내면 다음과 같다.

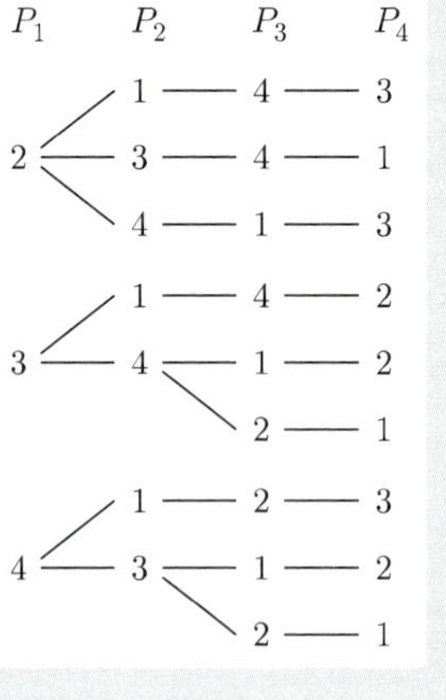

따라서 $3+3+3=9$

3.1.2 확률의 정의

B3. 학생 10명이 모여서 5명씩 2개 팀으로 나눠 농구시합을 할 때, 특정한 2명이 같은 팀에서 뛸 확률을 구하라.

① $\frac{2}{9}$ ② $\frac{1}{3}$ ③ $\frac{8}{21}$
④ $\frac{4}{9}$ ⑤ $\frac{10}{21}$

풀이 ④

특정한 2명이 같은 팀이려면 2명을 제외한 8명을 3명, 5명 2개 팀으로 나누면 되므로

$$ {}_8C_3 \times {}_5C_5 = 56 $$

이다. 전체 경우의 수는

$$ {}_{10}C_5 \times {}_5C_5 \times \frac{1}{2!} = 126 $$

따라서 확률은 $\frac{56}{126} = \frac{4}{9}$

B4. 주사위 3개를 동시에 던질 때, 주사위 3개가 모두 다른 눈이 나올 확률을 구하라.

① $\frac{1}{9}$ ② $\frac{2}{9}$ ③ $\frac{3}{9}$
④ $\frac{4}{9}$ ⑤ $\frac{5}{9}$

풀이 ⑤

주사위 3개를 동시에 던지는 전사건은

$$ {}_6\Pi_3 = 6 \times 6 \times 6 = 216 $$

주사위 3개가 모두 다른 눈이 나오는 사건은 ${}_6P_3 = 6 \times 5 \times 4$이다.

따라서 $\frac{6 \times 5 \times 4}{6 \times 6 \times 6} = \frac{120}{216} = \frac{5}{9}$

B5. 여학생 4명과 남학생 4명이 한 줄로 설 때, 여학생과 남학생이 교대로 서게 될 확률을 구하라.

① $\frac{48}{50400}$ ② $\frac{576}{50400}$
③ $\frac{1152}{46080}$ ④ $\frac{48}{46080}$
⑤ $\frac{96}{46080}$

풀이 ③

8명을 일렬로 세우는 경우는

$$ 8! = 46080 $$

남, 여, 남, 여, 남, 여, 남, 여로 세우는 경우는 다음과 같다.

$$ {}_4P_4 \times {}_4P_4 = 4! \times 4! = 24 \times 24 = 576 $$

여, 남, 여, 남, 여, 남, 여, 남으로 세우는 경우도 마찬가지로 576이다.

따라서 확률은 $\frac{1152}{46080}$

B6. 1, 2, 3, 4, 5 다섯 개의 숫자를 모두 배열하여 만들 수 있는 다섯 자리 정수가 34,000보다 작을 확률을 구하라.

① $\frac{1}{3}$ ② $\frac{2}{3}$ ③ $\frac{1}{4}$
④ $\frac{1}{2}$ ⑤ $\frac{3}{4}$

풀이 ④
1, 2, 3, 4, 5 다섯 개의 숫자를 배열하여 만들 수 있는 정수 개수는 $5!=120$이다.

34,000보다 작은 수는

1○○○○ $_4P_4=4!=24$
2○○○○ $_4P_4=4!=24$
3 1○○○ $_3P_3=3!=6$
3 2○○○ $_3P_3=3!=6$

$24+24+6+6=60$

따라서 확률은 $\frac{60}{120}=\frac{1}{2}$

3.1.3 통계적 확률

B7. 1000세대가 사는 도시 A와 2,200세대가 사는 도시 B가 있다. 1년 동안 도시 A에서는 322세대에 화재가 났고, 도시 B에서는 238세대에 화재가 났다고 한다. 두 도시에서 1년 동안 화재를 당한 확률을 구하라.

① 0.009 ② 0.018 ③ 0.124
④ 0.175 ⑤ 0.223

풀이 ④
도시 A, B의 전체 가구 수와 화재 수를 정리하면 다음과 같다.

	가구 수(세대)	화재 수(세대)
도시 A	1000	322
도시 B	2200	238
합계	3200	560

따라서 확률은 $\frac{560}{3200}=0.175$

3.1.4 기하학적 확률

B8. $0 \le a \le 5$, $0 \le b \le a$인 두 실수 a, b를 임의로 택하여 이차방정식 $x^2 + ax + b = 0$을 만들 때, 이 방정식이 실근을 가질 확률을 구하라.

① $\frac{1}{6}$ ② $\frac{5}{6}$ ③ $\frac{13}{6}$
④ $\frac{25}{6}$ ⑤ $\frac{27}{6}$

풀이 ②

$b \ge 0$, $b \le a$, $a \le 5$인 점 (a, b)의 영역을 이으면 $\triangle$OAB가 된다.

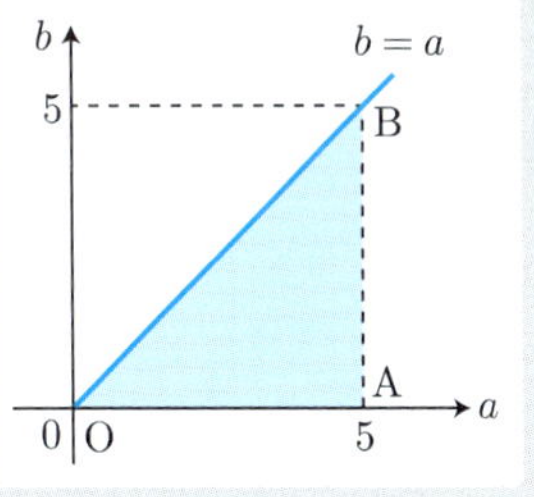

$$\text{넓이} = \frac{1}{2} \times 5 \times 5 = \frac{25}{2}$$

$x^2 + ax + b = 0$이 실근을 가질 조건은

$$D = a^2 - 4b \ge 0,\ b \le \frac{1}{4}a^2$$

$$\frac{\int_0^5 \frac{1}{4}a^2 da}{\triangle\text{OAB}} = \frac{\left[\frac{1}{4} \times \frac{1}{3}a^3\right]_0^5}{\frac{25}{2}} = \frac{\frac{125}{12}}{\frac{25}{2}} = \frac{5}{6}$$

B9. 길이가 2인 $\overline{\text{AB}}$ 위에 두 점 C, D를 잡을 때, $\overline{\text{CD}}$의 길이가 1 이하가 되는 확률을 구하라.

① $\frac{1}{4}$ ② $\frac{2}{4}$ ③ $\frac{3}{4}$
④ $\frac{2}{5}$ ⑤ $\frac{3}{5}$

풀이 ③

$\overline{\text{AC}} = x$라고 하고, $\overline{\text{AD}} = y$라고 하자.
전체 영역은 $0 \le x \le 2$, $0 \le y \le 2$라고 한다.
이를 그림으로 나타내면 다음과 같다.

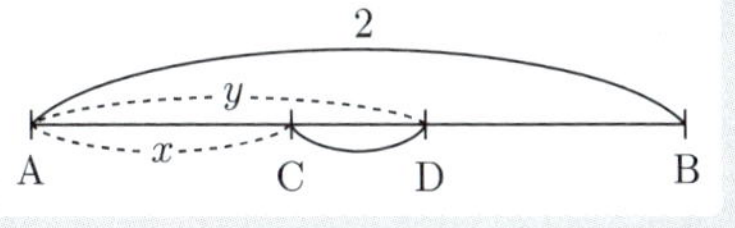

$|\text{CD}| \le 1 \rightarrow |y - x| \le 1$

$-1 \le y - x \le 1$, $x - 1 \le y \le x + 1$

따라서 아래 정사각형의 넓이와 색칠한 부분의 넓이를 구하면 된다.

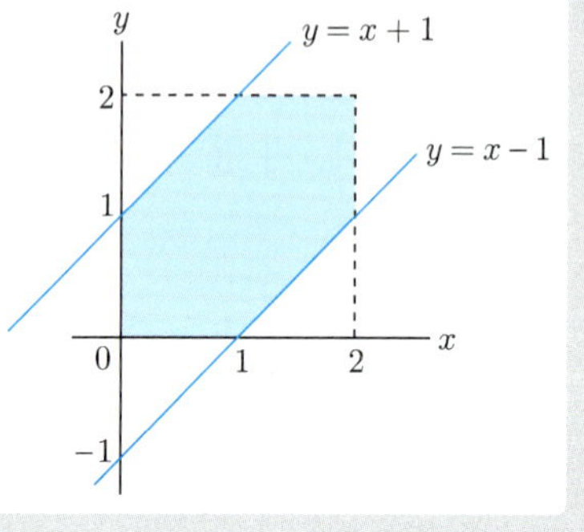

$$\frac{\text{색칠한 부분의 넓이}}{\text{정사각형의 넓이}} = \frac{4-\left(\frac{1}{2}\times 1\times 1\right)\times 2}{2\times 2} = \frac{4-1}{4} = \frac{3}{4}$$

B10. 반지름이 2인 원의 내부에 점 P를 잡을 때, 점 P가 이 원에 내접하는 정육각형 ABCDEF의 내부에 존재할 확률을 구하라.

① $\frac{7\sqrt{3}}{6\pi}$ ② $\frac{6\sqrt{3}}{5\pi}$ ③ $\frac{5\sqrt{3}}{4\pi}$
④ $\frac{4\sqrt{3}}{3\pi}$ ⑤ $\frac{3\sqrt{3}}{2\pi}$

Hint
두 변과 끼인각이 주어졌을 때 삼각형의 넓이

$$S = \frac{1}{2}ab\sin c$$

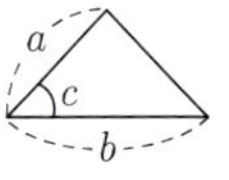

풀이 ⑤

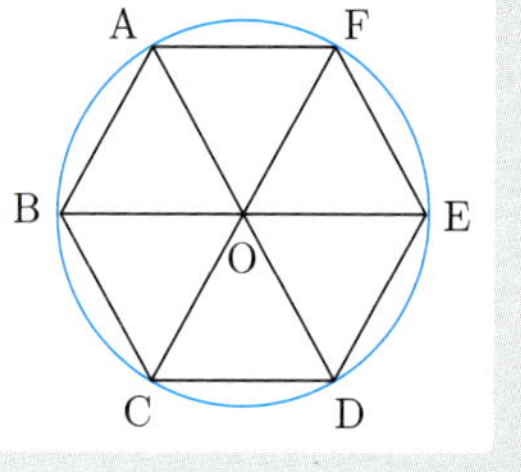

반지름이 2인 원의 넓이는 $\pi\times 2^2 = 4\pi$이다.
$\triangle$OAB는 한 변이 2인 정삼각형이므로

$$\frac{1}{2}\times 2\times 2\times \sin 60° \leftarrow \text{Hint 적용}$$
$$= \frac{1}{2}\times 2\times 2\times \frac{\sqrt{3}}{2} = \sqrt{3}$$

정육각형은 $\sqrt{3}$인 넓이가 6개이므로 $6\sqrt{3}$이다.

따라서 $\frac{6\sqrt{3}}{4\pi} = \frac{3\sqrt{3}}{2\pi}$

3.2.1 합사건의 확률

B11. 흰 공이 6개, 검은 공이 4개가 들어 있는 주머니에서 4개의 공을 꺼낼 때, 흰 공을 2개 이상 꺼낼 확률을 구하라.

① $\frac{36}{42}$ ② $\frac{37}{42}$ ③ $\frac{38}{42}$ ④ $\frac{39}{42}$ ⑤ $\frac{35}{42}$

풀이 ②

흰 공이 2개 이상일 사건을 A라 하면 A^c는 흰 공이 1개이거나 하나도 없는 사건이다.

즉, $P(A^c)$는 검은 공만 4개가 나올 확률 $\frac{{}_4C_4}{{}_{10}C_4}$와 검은 공 3개, 흰 공이 1개가 나올 확률 $\frac{{}_6C_1\times{}_4C_3}{{}_{10}C_4}$을 합하면 된다.

$$P(A)=1-\left(\frac{{}_4C_4}{{}_{10}C_4}+\frac{{}_6C_1\times{}_4C_3}{{}_{10}C_4}\right)=\frac{37}{42}$$

B12. $A\cap B=\phi$인 두 사건 A, B에 대하여 $P(A\cup B)=\frac{5}{7}$이다. $\frac{1}{4}\le P(A)\le\frac{3}{4}$일 때, $P(B)$의 최댓값을 구하라.

① $\frac{9}{28}$ ② $\frac{11}{28}$ ③ $\frac{13}{28}$ ④ $\frac{15}{28}$ ⑤ $\frac{17}{28}$

풀이 ③

$$P(A\cup B)=P(A)+P(B)-P(A\cap B)$$

이므로 $\frac{5}{7}=P(A)+P(B)-0$에서

$$P(A)=\frac{5}{7}-P(B)$$

$\frac{1}{4}\le P(A)\le\frac{3}{4}$에서

$$\frac{1}{4}\le\frac{5}{7}-P(B)\le\frac{3}{4}$$

$$\frac{1}{4}-\frac{5}{7}\le -P(B)\le\frac{3}{4}-\frac{5}{7}$$

$$-\frac{13}{28}\le -P(B)\le\frac{1}{28}$$

$$-\frac{1}{28}\le P(B)\le\frac{13}{28}$$

따라서 최댓값은 $\frac{13}{28}$

B13. 1부터 10까지의 숫자가 적힌 10개의 공이 들어 있는 상자에서 5개의 공을 동시에 꺼낼 때, 5개의 공에 적힌 숫자의 합이 홀수일 확률을 구하라.

① $\frac{1}{5}$ ② $\frac{1}{4}$ ③ $\frac{1}{3}$
④ $\frac{1}{2}$ ⑤ 1

풀이 ④

홀수가 1개, 짝수가 4개로 합이 홀수가 되는 사건을 A라 하면

$$P(A)=\frac{{}_5C_1\times{}_5C_4}{{}_{10}C_5}$$

홀수가 3개, 짝수가 2개로 합이 홀수가 되는 사건을 B라 하면

$$P(B)=\frac{{}_5C_3\times{}_5C_2}{{}_{10}C_5}$$

홀수가 5개로 합이 홀수인 사건을 C라 하면

$$P(C)=\frac{{}_5C_5}{{}_{10}C_5}$$

따라서 A, B, C는 배반사건이다.

$$\begin{aligned}&P(A\cup B\cup C)\\&=P(A)+P(B)+P(C)\\&=\frac{{}_5C_1\times{}_5C_4}{{}_{10}C_5}+\frac{{}_5C_3\times{}_5C_2}{{}_{10}C_5}+\frac{{}_5C_5}{{}_{10}C_5}\\&=\frac{25+100+1}{252}=\frac{125}{252}\\&=\frac{1}{2}\end{aligned}$$

B14. 다음 표는 어느 야구 선수가 한 시즌 동안 치른 경기의 결과다. 이 선수가 한 시즌 동안 홈런을 칠 확률을 a라 하고 안타를 칠 확률을 b라 할 때, $a+b$의 값을 구하라.

타수	안타	아웃	홈런	볼넷	도루
500	335	126	15	53	63

① $\frac{3}{5}$ ② $\frac{4}{10}$ ③ $\frac{5}{10}$
④ $\frac{6}{10}$ ⑤ $\frac{7}{10}$

풀이 ⑤

$a=\frac{15}{500}$, $b=\frac{335}{500}$

$$a+b=\frac{15}{500}+\frac{335}{500}=\frac{350}{500}=\frac{7}{10}$$

3.2.2 여사건의 확률

B15. 탄환 한 발이 표적에 명중할 확률은 $\frac{3}{4}$이다. 5발의 탄환을 발사했을 때, 적어도 한 발이 명중할 확률을 구하라.

① $\frac{1}{1024}$ ② $\frac{5}{1024}$ ③ $\frac{501}{1024}$
④ $\frac{1021}{1024}$ ⑤ $\frac{1023}{1024}$

풀이 ⑤

한발도 명중하지 못할 확률은 $\left(\frac{1}{4}\right)^5$이다.

$$1-\left(\frac{1}{4}\right)^5=1-\frac{1}{1024}=\frac{1023}{1024}$$

B16. 1에서 9까지의 숫자가 한 개씩 적힌 9장의 카드가 있다. 주머니에 넣고 임의로 2장을 뽑아 그 숫자를 a, b라고 할 때, $\frac{b}{a}$와 $\frac{a}{b}$가 모두 정수가 아닐 확률을 구하라.

① $\frac{7}{18}$ ② $\frac{1}{2}$ ③ $\frac{11}{18}$
④ $\frac{13}{18}$ ⑤ $\frac{10}{18}$

풀이 ③

$\frac{b}{a}$와 $\frac{a}{b}$가 모두 정수가 아닐 확률은 전체 확률에서 어느 하나가 정수인 확률을 빼면 된다.
$\left(\frac{b}{a}, \frac{a}{b}\right)$ 중 어느 하나가 정수인 순서쌍 (a, b)는 다음과 같이 14가지이다.

(1, 2), (1, 3), (1, 4), (1, 5), (1, 6), (1, 7)
(1, 8), (1, 9), (2, 4), (2, 6), (2, 8), (3, 6)
(3, 9), (4, 8)

따라서 $\frac{b}{a}$와 $\frac{a}{b}$ 중 어느 하나가 정수일 확률은 $\frac{14}{{}_9C_2}$이므로 $\frac{b}{a}$와 $\frac{a}{b}$가 모두 정수가 아닐 확률은

$$1-\frac{14}{{}_9C_2}=1-\frac{7}{18}=\frac{11}{18}$$

B17. 어느 회사에서는 1월부터 12월까지 열두 달 중 임의로 세 달을 선택하여 현장 근무를 한다. 세 달 중에서 어느 두 달도 연속되지 않을 확률을 구하라.

① $\frac{6}{11}$　② $\frac{5}{11}$　③ $\frac{4}{11}$
④ $\frac{3}{11}$　④ $\frac{2}{11}$

풀이 ①

i) 세 달이 모두 연속하는 경우

$(1,2,3)$
$(2,3,4)$
$\vdots$
$(10,11,12)$ → 10가지

ii) 두 달만 연속하는 경우

$(1,2,4)(1,2,5)(1,2,6)(1,2,7)(1,2,8)$
$(1,2,9)(1,2,10)(1,2,11)(1,2,12)$ → 9가지
$(2,3,5),(2,3,6),(2,3,7),\cdots,(2,3,12)$ → 8가지
$\vdots$　$\vdots$　$\vdots$　$\cdots$　$\vdots$
$(1,10,11),(2,10,11),(3,10,11),\cdots,(8,10,11)$ → 8가지
$(1,11,12),(2,11,12),(3,11,12),\cdots,(9,11,12)$ → 9가지

1년 열두 달 중 세 달을 선택하는 방법은 ${}_{12}C_3$이다. 이때 두 달이 연속하는 경우의 수는 $9\times2+8\times9$, 세 달이 연속하는 경우의 수는 10이다.

따라서 $1-\frac{10+9\times2+8\times9}{{}_{12}C_3}=\frac{6}{11}$

B18. 크기가 다른 5켤레의 구두가 있다. 이 중에서 3개를 뽑을 때, 짝이 맞는 구두가 적어도 한 켤레가 있을 확률을 구하라.

① $\frac{1}{3}$　② $\frac{2}{3}$　③ $\frac{1}{4}$
④ $\frac{2}{4}$　⑤ $\frac{3}{4}$

풀이 ①

왼쪽 구두를 $a,\ b,\ c,\ d,\ e$ 라고 하고, 오른쪽 구두를 $a',\ b',\ c',\ d',\ e'$ 이라고 하면, 짝이 맞는 경우는 $(a,\ a')(b,\ b')(c,\ c')(d,\ d')(e,\ e')$으로 5가지이다.

짝이 맞지 않는 경우의 수는 짝이 맞는 5가지 경우에서 서로 다른 3가지를 고른 후, 오른쪽과 왼쪽 구두 중에서 하나를 선택하면 되므로

$${}_5C_3\times2\times2\times2$$

따라서 적어도 짝이 맞는 구두가 한 켤레 있을 확률은 $1-\frac{{}_5C_3\times2^3}{{}_{10}C_3}=1-\frac{2}{3}=\frac{1}{3}$

B19. 흰 바둑돌 n개와 검은 바둑돌 6개가 들어 있는 주머니에서 동시에 바둑돌 2개를 꺼낼 때, 적어도 1개가 흰 바둑돌일 확률이 $\frac{7}{12}$이라 한다. 이때 n의 값을 구하라.

① 3 ② 4 ③ 5 ④ 6 ⑤ 7

풀이 ①

전체 바둑돌은 $n+6$개다. 적어도 1개가 흰 바둑돌일 확률이 $\frac{7}{12}$이므로 2개가 모두 검은 바둑돌일 확률은 $1-\frac{7}{12}=\frac{5}{12}$이다.

$\frac{{}_6C_2}{{}_{n+6}C_2}=\frac{5}{12}$이므로

$$\frac{\frac{6\times5}{2\times1}}{\frac{(n+6)(n+5)}{2\times1}}=\frac{30}{(n+5)(n+6)}=\frac{5}{12}$$

$$5(n+5)(n+6)=30\times12$$

$$(n+5)(n+6)=72$$

$$n^2+11n+30-72=0$$

$$n^2+11n-42=0$$

$$(n+14)(n-3)=0$$

$$n=-14,\ 3$$

$n>0$이므로 $n=3$

3.3.1 조건부 확률

B20. 흰 구슬 2개, 검은 구슬 3개가 들어 있는 주머니에서 구슬을 한 개씩 차례로 두 번 꺼낼 때, 구슬 두 개가 모두 흰 구슬일 확률을 구하라. 단, 꺼낸 구슬은 다시 넣지 않는다.

① $\frac{1}{8}$ ② $\frac{1}{10}$ ③ $\frac{1}{12}$

④ $\frac{1}{13}$ ⑤ $\frac{1}{14}$

풀이 ②

첫 번째 흰 구슬이 나오는 사건을 A

$$P(A)=\frac{{}_2C_1}{5}=\frac{2}{5}$$

두 번째 흰 구슬이 나오는 사건을 B

$$P(B|A)=\frac{1}{4}$$

2개 모두 흰 구슬일 확률은

$$P(A\cap B)=P(A)\times P(B|A)$$

$$=\frac{2}{5}\times\frac{1}{4}=\frac{1}{10}$$

B21. A 상자에는 흰 공이 5개, 검은 공이 3개 들어 있고, B 상자에는 흰 공이 3개, 검은 공이 4개 들어 있다. 두 상자 속에서 각각 한 개씩 꺼내어 바꾸어 넣을 때, 각 상자 속의 흰 공의 수와 검은 공의 수가 변하지 않을 확률을 구하라.

① $\frac{23}{56}$ ② $\frac{25}{56}$ ③ $\frac{27}{56}$
④ $\frac{29}{56}$ ⑤ $\frac{31}{56}$

풀이 ③

A 상자에서 흰 공일 때 B 상자도 흰 공일 확률은 $\frac{5}{8}\times\frac{3}{7}$이고, A 주머니에서 검은 공일 때 B 상자도 검은 공일 확률은 $\frac{3}{7}\times\frac{4}{7}$이므로

$$\left(\frac{5}{8}\times\frac{3}{7}\right)+\left(\frac{3}{8}\times\frac{4}{7}\right)=\frac{15+12}{56}=\frac{27}{56}$$

B22. 주머니 안에 흰 공이 3개, 검은 공이 9개가 들어 있다. 갑부터 시작하여 갑, 을이 교대로 하나씩 꺼내는 일을 반복한다. 먼저 흰 공을 꺼내는 쪽이 이기는 것으로 할 때, 갑이 이길 확률을 구하라. (단, 꺼낸 공을 다시 넣는 복원추출로 시행한다.)

① $\frac{2}{7}$ ② $\frac{4}{7}$ ③ $\frac{8}{7}$
④ $\frac{11}{7}$ ⑤ $\frac{13}{7}$

풀이 ②

흰 공을 뽑을 확률은 $\frac{{}_3C_1}{{}_{12}C_1}=\frac{1}{4}$이고, 검은 공을 뽑을 확률은 $\frac{{}_9C_1}{{}_{12}C_1}=\frac{3}{4}$이다.

흰 공을 뽑는 경우를 W, 검은 공을 뽑는 경우를 B라 하자. 갑이 이기는 경우를 표로 정리하면 다음과 같다.

갑	을	갑	…	확률
W				$\frac{1}{4}$
B	B	W		$\frac{3}{4}\times\frac{3}{4}\times\frac{1}{4}$
			⋮	

갑을 시작으로 갑, 을이 교대로 공을 뽑을 때 갑이 흰 공을 뽑는 경우는 위의 표를 반복해야 하므로

$$\frac{1}{4}+\frac{1}{4}\left(\frac{3}{4}\right)^2+\frac{1}{4}\left(\frac{3}{4}\right)^4+\cdots$$

첫째항이 $\frac{1}{4}$, 공비가 $\left(\frac{3}{4}\right)^2$인 무한급수이므로

$$S=\frac{\frac{1}{4}}{1-\left(\frac{3}{4}\right)^2}=\frac{\frac{1}{4}}{\frac{7}{16}}=\frac{16}{28}=\frac{4}{7}$$

B23. 한 전자제품 회사는 같은 제품을 구미와 울산 두 공장에서 각각 전체 제품의 40%, 60%를 생산하고 있다. 두 공장의 불량률은 각각 구미 2%, 울산 4%라고 하자. 한 제품이 불량품이었을 때, 이 제품이 울산 공장에서 생산되었을 확률을 구하라.

① $\frac{1}{5}$ ② $\frac{1}{4}$ ③ $\frac{2}{4}$
④ $\frac{3}{4}$ ⑤ $\frac{3}{5}$

풀이 ④

구미 공장에서 생산된 사건을 A, 울산 공장에서 생산된 사건을 B, 불량품일 사건을 C라 하자.

구미 공장에서 불량품이 나올 확률은

$$P(A\cap C)=P(A)\times P(C|A)=0.4\times 0.02$$
$$=0.008$$

울산 공장에서 불량품이 나올 확률은

$$P(B\cap C)=P(B)\times P(C|B)$$
$$=0.6\times 0.04=0.024$$

따라서

$$P(C)=P(A\cap C)+P(B\cap C)=0.032$$

$$P(B|C)=\frac{P(B\cap C)}{P(C)}=\frac{0.024}{0.032}=\frac{24}{32}=\frac{6}{8}=\frac{3}{4}$$

B24. 상자 A에는 흰 공 2개, 검은 공 4개가 들어 있고, 상자 B에는 흰 공 3개, 검은 공 2개가 들어 있다. 두 상자 중에서 한 상자를 임의로 선택하고 그 상자에서 2개의 공을 임의로 꺼냈더니 흰 공 1개, 검은 공 1개가 나왔다. 이때 선택된 상자가 A일 확률을 구하라.

① $\frac{12}{17}$ ② $\frac{11}{17}$ ③ $\frac{10}{17}$
④ $\frac{9}{17}$ ⑤ $\frac{8}{17}$

풀이 ⑤

상자 A를 선택하는 사건을 A, 상자 B를 선택하는 사건을 B라고 하고, 흰 공 1개, 검은 공 1개가 나오는 사건을 E라고 하자.

상자 A에서 흰 공 1개, 검은 공 1개가 나올 확률 $P(A\cap E)$는

$$P(A\cap E)=\frac{1}{2}\times\frac{{}_2C_1\times{}_4C_1}{{}_6C_2}=\frac{4}{15}$$

상자 B에서 흰 공 1개, 검은 공 1개가 나올 확률 $P(B\cap E)$은

$$P(B\cap E)=\frac{1}{2}\times\frac{{}_3C_1\times{}_2C_1}{{}_5C_2}=\frac{3}{10}$$

A, B는 배반 사건이므로

$$P(E)=P(A\cap E)+P(B\cap E)$$
$$=\frac{4}{15}+\frac{3}{10}=\frac{17}{30}$$

사건 E가 일어났다는 조건 아래에서 사건 A가 일어날 확률은 다음과 같다.

$$P(A|E)=\frac{P(A\cap E)}{P(E)}=\frac{\frac{4}{15}}{\frac{17}{30}}=\frac{8}{17}$$

3.3.2 종속사건과 독립사건

B25. 다음은 독립에 관한 설명이다. □ 안에 공통으로 들어가기에 알맞은 것을 찾아라.

> 사건 A의 발생 여부에 관계없이 사건 B가 일어날 확률이 일정할 때,
> 즉 $P(B|A)=P(B|A^c)=$□ 이면 사건 A와 사건 B는 서로 독립이라고 한다.
> 즉 사건 A와 사건 B가 서로 독립이면 $P(B|A)=$□, $P(A|B)=P(A)$ 또한 $P(A\cap B)=P(A)$ □가 성립한다.

① $P(A|B)$ ② $P(B^c)$ ③ $P(B)$
④ $P(A^c)$ ⑤ $P(A)$

풀이 ③

A, B가 독립이면

$P(B|A)=P(B)$, $P(B|A^c)=P(B)$이므로

$$P(A\cap B)=P(A)\times P(B|A)$$
$$=P(A)\times P(B)$$

따라서 □$=P(B)$

B26. 흰 공이 3개, 검은 공이 7개가 들어 있는 주머니에서 2개의 공을 차례로 꺼낸다. 첫 번째 꺼낸 공이 검은 공일 사건을 A, 두 번째 꺼낸 공이 흰 공일 사건을 B라 할 때, 꺼낸 공을 다시 넣지 않는 비복원 추출에서 두 사건 A, B가 독립인지 종속인지 구하라.

풀이 종속

첫 번째 꺼낸 공이 검은 공일 확률은

$$P(A)=\frac{{}_7C_1}{{}_{10}C_1}$$

첫 번째 꺼낸 공이 검은 공이고 두 번째 꺼낸 공이 흰 공일 확률은

$$P(A\cap B)=\frac{7}{10}\times\frac{3}{9}=\frac{7}{30}$$

두 번째 꺼낸 공이 흰 공일 확률은 첫 번째 검은 공, 두 번째 흰 공인 확률과 첫 번째 흰 공, 두 번째 흰 공인 확률을 합하면 된다. 식으로 정리하면 다음과 같다.

$$P(B)=\frac{{}_7C_1}{{}_{10}C_1}\times\frac{{}_3C_1}{{}_9C_1}+\frac{{}_3C_1}{{}_{10}C_1}\times\frac{{}_2C_1}{{}_9C_1}$$
$$=\left(\frac{7}{10}\right)\left(\frac{3}{9}\right)+\left(\frac{3}{10}\right)\left(\frac{2}{9}\right)$$
$$=\frac{21}{90}+\frac{6}{90}=\frac{27}{90}=\frac{3}{10}$$

따라서 $P(A)=\frac{7}{10}$, $P(B)=\frac{3}{10}$

$P(A)P(B)=\frac{7}{10}\times\frac{3}{10}=\frac{21}{100}$이다. 따라서 $P(A\cap B)\neq P(A)P(B)$이므로 사건 A, B는 서로 종속이다.

3.4 독립시행의 확률

B27. 비가 온 다음날에 비가 올 확률은 $\frac{1}{3}$이고, 비가 오지 않은 다음날에 비가 올 확률이 $\frac{1}{4}$이라고 한다. 월요일에 비가 왔을 때, 같은 주 목요일에 비가 올 확률을 구하라.

① $\frac{57}{216}$ ② $\frac{58}{216}$ ③ $\frac{59}{216}$
④ $\frac{60}{216}$ ⑤ $\frac{61}{216}$

풀이 ③

비가 오는 경우를 ○, 비가 오지 않는 경우를 ×로 표시하면 모든 경우는 다음과 같다.

오늘	다음날	확률
○	○	$\frac{1}{3}$
○	×	$\frac{2}{3}$
×	○	$\frac{1}{4}$
×	×	$\frac{3}{4}$

월요일에 비가 왔을 때 같은 주 목요일에 비가 오는 경우는 다음 표와 같다.

월	화	수	목	
○	○	○	○	$P(A)=\left(\frac{1}{3}\right)\left(\frac{1}{3}\right)\left(\frac{1}{3}\right)=\frac{1}{27}$
○	×	○	○	$P(B)=\left(\frac{2}{3}\right)\left(\frac{1}{4}\right)\left(\frac{1}{3}\right)=\frac{1}{18}$
○	○	×	○	$P(C)=\left(\frac{1}{3}\right)\left(\frac{2}{3}\right)\left(\frac{1}{4}\right)=\frac{1}{18}$
○	×	×	○	$P(D)=\left(\frac{2}{3}\right)\left(\frac{3}{4}\right)\left(\frac{1}{4}\right)=\frac{1}{8}$

A, B, C, D는 배반사건이므로

$$P(A\cup B\cup C\cup D)$$
$$=P(A)+P(B)+P(C)+P(D)$$
$$=\frac{1}{27}+\frac{1}{18}+\frac{1}{18}+\frac{1}{8}=\frac{8+24+27}{216}=\frac{59}{216}$$

B28. 실력이 똑같은 청, 백 두 축구팀이 6전 3승으로 승부를 결정한다. 백팀이 첫 시합에서 이겼을 때, 백팀이 승리할 확률을 구하라.

① $\frac{7}{16}$ ② $\frac{8}{16}$ ③ $\frac{9}{16}$
④ $\frac{10}{16}$ ⑤ $\frac{11}{16}$

풀이 ⑤

백팀이 첫 시합을 이겼기에 2, 3, 4, 5, 6 시합에서 청팀이 먼저 세 번 이기기 전에 백팀이 두 번만 더 이기면 백팀이 승리한다. 이기는 경우를 ○, 지는 경우를 ×로 하면, 백팀이 이기는 경우는

$$○○ = P(A) = \left(\frac{1}{2}\right)\left(\frac{1}{2}\right) = \left(\frac{1}{2}\right)^2$$

$$○×○ = P(B) = \left(\frac{1}{2}\right)\left(\frac{1}{2}\right)\left(\frac{1}{2}\right) = \left(\frac{1}{2}\right)^3$$

$$○××○ = P(C) = \left(\frac{1}{2}\right)\left(\frac{1}{2}\right)\left(\frac{1}{2}\right)\left(\frac{1}{2}\right) = \left(\frac{1}{2}\right)^4$$

$$×○○ = P(D) = \left(\frac{1}{2}\right)\left(\frac{1}{2}\right)\left(\frac{1}{2}\right) = \left(\frac{1}{2}\right)^3$$

$$×○×○ = P(E) = \left(\frac{1}{2}\right)\left(\frac{1}{2}\right)\left(\frac{1}{2}\right)\left(\frac{1}{2}\right) = \left(\frac{1}{2}\right)^4$$

$$××○○ = P(F) = \left(\frac{1}{2}\right)\left(\frac{1}{2}\right)\left(\frac{1}{2}\right)\left(\frac{1}{2}\right) = \left(\frac{1}{2}\right)^4$$

각 사건이 배반사건이므로 확률은

$$\left(\frac{1}{2}\right)^2 + \left(\frac{1}{2}\right)^3 + \left(\frac{1}{2}\right)^4 + \left(\frac{1}{2}\right)^3 + \left(\frac{1}{2}\right)^4 + \left(\frac{1}{2}\right)^4$$

$$= \frac{1}{4} + \frac{1}{8} + \frac{1}{16} + \frac{1}{8} + \frac{1}{16} + \frac{1}{16}$$

$$= \frac{1}{4} + \frac{2}{8} + \frac{3}{16} = \frac{11}{16}$$

B29. 동전 한 개를 10회 던질 때, 앞면이 8회 이상 나올 확률을 구하라.

① $\frac{54}{2^{10}}$ ② $\frac{55}{2^{10}}$ ③ $\frac{57}{2^{10}}$
④ $\frac{56}{2^{10}}$ ⑤ $\frac{58}{2^{10}}$

풀이 ④

$$P(X=8) = {}_{10}C_8\left(\frac{1}{2}\right)^8\left(\frac{1}{2}\right)^2 = 45\left(\frac{1}{2}\right)^{10}$$

$$P(X=9) = {}_{10}C_9\left(\frac{1}{2}\right)^9\left(\frac{1}{2}\right)^1 = 10\left(\frac{1}{2}\right)^{10}$$

$$P(X=10) = {}_{10}C_{10}\left(\frac{1}{2}\right)^{10}\left(\frac{1}{2}\right)^0 = 1\left(\frac{1}{2}\right)^{10}$$

따라서 확률은

$$45\left(\frac{1}{2}\right)^{10} + 10\left(\frac{1}{2}\right)^{10} + 1\left(\frac{1}{2}\right)^{10} = \frac{56}{2^{10}}$$

B30. 어떤 시행에서 사건 A가 일어날 확률을 $P(0 < P < 1)$라고 하자. 이 시행을 독립적으로 5회 시행했을 때, 사건 A가 3회 일어날 확률 $f(p)$를 최대로 만드는 P의 값을 구하라.

① $\frac{1}{5}$ ② $\frac{2}{5}$ ③ $\frac{3}{5}$
④ $\frac{4}{5}$ ⑤ $\frac{2}{4}$

풀이 ③

$$\begin{aligned} f(p) &= {}_5C_3\, p^3 q^2 \\ &= 10p^3(1-p)^2 \\ &= 10p^3(1-2p+p^2) \\ &= 10(p^5-2p^4+p^3) \end{aligned}$$

$f(p)$를 최대로 하는 점은 극값에서 구할 수 있으므로 $f'(p)$를 찾는다.

$$\begin{aligned} f'(p) &= 10(5p^4-8p^3+3p^2) \\ &= 10p^2(5p^2-8p+3) \\ &= 10p^2(p-1)(5p-3) \end{aligned}$$

p	0	$\cdots$	$\frac{3}{5}$	$\cdots$	1	$\cdots$
$f'(p)$	0		0		0	
$f(p)$		+		+		+

$0 \leq P(X) \leq 1$이므로 $p=\frac{3}{5}$일 때, 최댓값이 $\frac{3}{5}$이다.

Part 3

통계

Chapter

04

확률변수와 확률분포

Random variable and Probability distribution

학습목표

- 산포도와 도수분포의 개념을 정의할 수 있다.
- 변수와 확률의 대응관계를 이해하여 확률변수와 확률분포를 학습할 수 있다.
- 확률분포를 독립적으로 시행하는 이항분포를 설명할 수 있다.
- 모든 구간에서 연속인 변수의 개념을 익히고, 확률밀도함수를 이해할 수 있다.
- 확률분포를 분석하여 표준화하는 과정을 설명할 수 있다.

확률변수와 확률분포는 통계에서 가장 중요한 개념이다. 확률론 및 통계학의 가장 중요한 기초 개념이므로 이에 대한 철저한 이해가 필요하다. 4장에서는 산포도와 도수분포를 통해 평균과 분산에 대해 먼저 이해하고, 이산확률변수와 연속확률변수의 개념과 확률분포를 살펴볼 것이다.

독립시행으로 반복할 때도 확률분포에 따른 평균과 편차를 얻어낼 수 있어야 하며, 일상생활에 접목된 확률밀도함수도 해석할 수 있어야 한다. 이를 위해 분포를 표준화하여 살펴볼 수 있어야 한다.

4.1 산포도와 도수분포

이 절에서는 확률변수와 확률분포를 배우기에 앞서, 산포도와 도수분포를 통해 평균과 변량이 흩어진 정도를 파악할 수 있는 분산과 표준편차를 배우고자 한다. 또한 누적도수와 상대도수의 개념과 그 쓰임에 대해서도 알아본다.

4.1.1 산포도

산포도란 통계 자료에서 변량이 흩어진 정도를 나타내는 수치이다. 자료를 수량으로 나타낸 각 변량이 평균에 집중되어 있으면 흩어져 있는 정도가 작고, 평균에서 멀리 떨어져 있으면 흩어져 있는 정도가 크다. 이러한 산포도는 평균, 분산, 표준편차로 나타낼 수 있는데, 각각의 개념은 다음과 같다.

평균

평균은 통계 집단의 특성을 하나의 값으로 나타내는 대푯값이다. 변량과 도수의 곱을 모두 합한 값을 총 도수의 합으로 나누어 구하며, $E(x)$ 또는 m으로 나타낸다. 앞에서 배운 시그마를 평균으로 표현하여 나타낼 수 있다. 변량을 x_i, 도수를 f_i라고 할 때, 평균은 다음과 같이 변량과 도수의 곱을 합한 뒤에 전체 도수의 총합으로 구한다.

$$E(x)=\frac{(\text{변량}\times\text{도수})\text{의 합}}{\text{도수의 합}}=\frac{\displaystyle\sum_{i=1}^{n}x_i f_i}{\displaystyle\sum_{k=1}^{n}f_i=N}$$

분산

분산은 통계에서 변량이 평균으로부터 떨어져 있는 정도를 나타내는 값으로 $V(x)$ 또는 $\sigma^2(x)$로 나타낸다. 분산을 구하기 위해서는 변량에서 평균을 뺀 편차의 값을 알아야 한다. 분산은 편차의 제곱과 도수의 곱을 모두 합한 값에서 총 도수로 나누어 구한다.

$$V(x)=\sigma^2(x)=\frac{(\text{편차}^2\times\text{도수})\text{의 합}}{\text{도수의 합}}=\frac{\displaystyle\sum_{i=1}^{n}(x_i-m)^2 f_i}{N}$$

이 공식을 시그마 계산법을 이용하여 정리하면

$$\frac{\sum_{i=1}^{n}(x_i-m)^2 f_i}{N}=\frac{\sum_{i=1}^{n}(x_i^2-2mx_i+m^2)f_i}{N}$$

시그마 성질을 이용하여 계산하면

$$\begin{aligned}\frac{\sum_{i=1}^{n}{x_i}^2 f_i}{N}-2m\frac{\sum_{i=1}^{n}x_i f_i}{N}+m^2\frac{\sum_{i=1}^{n}f_i}{N}&=\frac{\sum_{i=1}^{n}{x_i}^2 f_i}{N}-2m^2+m^2\\&=\frac{\sum_{i=1}^{n}{x_i}^2 f_i}{N}-m^2\end{aligned}$$

$\frac{\sum_{i=1}^{n}{x_i}^2 f_i}{N}$ 는 변량 x^2 의 평균을 의미하므로

$$E(x^2)-m^2$$

으로 정리할 수 있다. 따라서 분산은 변량의 제곱의 평균에서 평균의 제곱을 빼면 된다. 평균에서 변량이 얼마나 떨어져 있느냐를 보기 위해 편차의 평균을 내면 당연히 0이 나오므로 분산은 편차의 제곱의 평균을 구하여 떨어져 있는 정도를 확인한다.

표준편차

표준편차는 변량이 퍼져있는 정도를 나타내는 값이다. 분산의 제곱근으로, $\sigma(x)$로 나타낸다.

$$\sigma(x)=\sqrt{V(x)}=\sqrt{\frac{\sum_{i=1}^{n}(x_i-m)^2 f_i}{N}}=\sqrt{\frac{\sum_{i=1}^{n}{x_i}^2 f_i}{N}-m^2}$$

표준편차가 크면 각각의 변량들이 평균에서 멀리 떨어져 있다는 의미이고 표준편차가 작으면 각각의 변량들이 평균 주위에 있다는 것을 의미한다. 분산은 편차에 제곱을 사용하므로 단위가 달라지지만 표준편차는 분산에 루트를 씌어 원래 변량의 단위로 변량이 평균으로부터 얼마나 떨어져 있는지 확인할 수 있다.

정리 4-1 평균, 분산, 표준편차

변량을 x_i, 도수를 f_i, 도수의 합을 N이라고 하면

- 평균 $E(x) = \dfrac{\sum_{i=1}^{n} x_i f_i}{N}$
- 분산 $V(x) = \dfrac{\sum_{i=1}^{n}(x_i - m)^2 f_i}{N} = \dfrac{\sum_{i=1}^{n} {x_i}^2 f_i}{N} - m^2 = E(x^2) - m^2$
- 표준편차 $\sigma(x) = \sqrt{V(x)}$

예를 들어, 변량 1, 2, 3, 4, 5의 평균, 분산, 표준편차를 살펴보자. 평균은 다음과 같다.

$$E(x) = \frac{1+2+3+4+5}{5} = 3$$

분산은

$$V(x) = \frac{(1-3)^2 + (2-3)^2 + (3-3)^2 + (4-3)^2 + (5-3)^2}{5} = \frac{10}{5} = 2$$

가 된다. 분산을 $V(x) = E(x^2) - m^2$ 공식을 이용하여 계산하면

$$\frac{1^2 + 2^2 + 3^2 + 4^2 + 5^2}{5} - 3^2 = \frac{55}{5} - 3^2 = 2$$

가 되므로 위의 식에서 구한 값과 같다는 것을 확인할 수 있다. 표준편차는 분산의 제곱근이므로 $\sqrt{2}$가 된다.

예제 4-1

다음 표에서 신장의 평균을 구하라.

신장(cm)	130~140	140~150	150~160	160~170	170~180
인원(명)	3	6	10	7	2

풀이

신장의 대푯값은 135, 145, 155, 165, 175이므로 평균을 구하면

$$m = \frac{(135 \times 3) + (145 \times 6) + (155 \times 10) + (165 \times 7) + (175 \times 2)}{28}$$

$$= \frac{405+870+1550+1155+350}{28} = \frac{4330}{28} = 154.64$$

∴ 154.64

예제 4-2

변량 8, x, 9, y, 10의 평균이 8이고 분산이 2일 때, xy의 값을 구하라.

풀이

변량 5개의 평균이 8이므로

$$\frac{8+x+9+y+10}{5} = 8, \quad x+y=13 \ \cdots \ ①$$

분산이 2이므로

$$\frac{(8-8)^2+(x-8)^2+(9-8)^2+(y-8)^2+(10-8)^2}{5} = 2$$

$$(x-8)^2+(y-8)^2 = 5 \ \cdots \ ②$$

식 ①과 식 ②를 연립하면

$$(x-6)(x-7)=0$$

$$x=6 \quad \text{또는} \quad x=7$$

따라서 $\begin{pmatrix} x=6 \\ y=7 \end{pmatrix}$ 또는 $\begin{pmatrix} x=7 \\ y=6 \end{pmatrix}$이므로 $xy=42$이다.

∴ 42

예제 4-3

변량 x_1, x_2, x_3, x_4의 평균이 5이고 표준편차가 3일 때, 변량 ${x_1}^2$, ${x_2}^2$, ${x_3}^2$, ${x_4}^2$의 평균을 구하라.

풀이

평균을 구하면

$$\frac{x_1+x_2+x_3+x_4}{4} = 5, \quad x_1+x_2+x_3+x_4 = 20$$

표준편차를 구하면

$$\frac{(x_1-5)^2+(x_2-5)^2+(x_3-5)^2+(x_4-5)^2}{4}=9$$

$$x_1{}^2+x_2{}^2+x_3{}^2+x_4{}^2-10(x_1+x_2+x_3+x_4)+25\times4=36$$

$$x_1{}^2+x_2{}^2+x_3{}^2+x_4{}^2=136$$

따라서 평균을 구하면

$$\frac{x_1{}^2+x_2{}^2+x_3{}^2+x_4{}^2}{4}=\frac{136}{4}=34$$

$\therefore$ 34

4.1.2 도수분포

도수분포는 변량을 적당한 폭으로 나누어 배열하는 것을 말한다. 이 일정한 폭을 **계급의 크기**라고 한다. 이를 적용해 볼 수 있도록 학생 8명의 성적을 예로 들어보자. 자료를 일정한 구간으로 변량을 나누어 정리한 표가 도수분포표다. 점수는 계급, 학생 수는 도수에 해당한다. 이 도수분포표에서는 10점 간격으로 계급을 나누었다.

자료

85	64	80	87
71	65	89	97

(단위 : 점)

도수분포표

점수(점)	학생 수(명)
60 이상 ~ 70 미만	2
70 이상 ~ 80 미만	1
80 이상 ~ 90 미만	4
90 이상 ~ 100 미만	1

[그림 4-1] **자료와 도수분포표**

각 계급의 중앙값을 **계급값**이라고 하는데 60점 이상에서 70점 미만 계급의 계급값은 $\frac{60+70}{2}$이므로 65가 된다. 도수분포표에서 평균, 분산, 표준편차를 구하기 위해서는 계급값이 필요하다. 계급값으로 도수분포표를 정리하면 다음과 같다.

[표 4-1] 계급값으로 정리한 도수분포표

점수(점)	계급값	학생 수(명)
60 이상 ~ 70 미만	65	2
70 이상 ~ 80 미만	75	1
80 이상 ~ 90 미만	85	4
90 이상 ~ 100 미만	95	1
합계		8

구한 계급값을 이용하여 평균, 분산, 표준편차를 구할 수 있다.

평균은 $\dfrac{[(\text{계급값} \times \text{도수})]\text{의 총합}}{\text{도수의 합}}$ 이므로

$$E(x) = \frac{(65\times2)+(75\times1)+(85\times4)+(95\times1)}{8} = 80$$

분산은 $\dfrac{[(\text{편차}^2 \times \text{도수})]\text{의 총합}}{\text{도수의 합}}$ 으로 구하면

$$V(x) = \frac{(65-80)^2\times2+(75-80)^2+(85-80)^2\times4+(95-80)^2}{8} = 100$$

표준편차는 $\sqrt{V(x)}$ 이므로 다음과 같이 구할 수 있다.

$$\sigma(x) = \sqrt{100} = 10$$

성적과 학생 수를 막대그래프로 나타내면 [그림 4-2]와 같다.

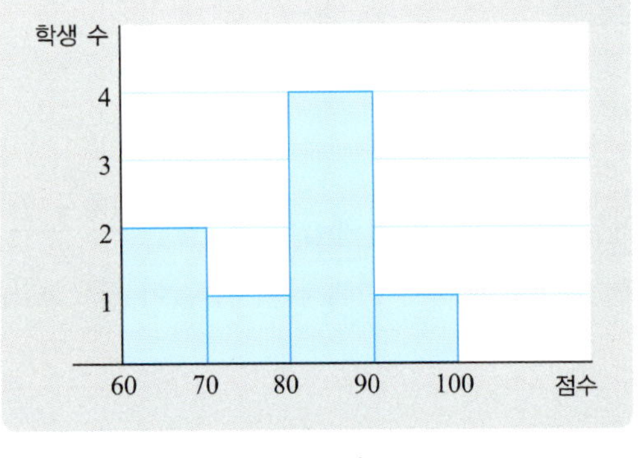

[그림 4-2] 성적을 나타낸 막대그래프

[그림 4-3]은 [그림 4-2]의 막대그래프를 히스토그램으로 나타낸 것이다. 히스토그램은 도수분포를 나타내는 그래프로 직사각형 개수는 계급의 개수를 의미하고, 직사각형 가로 길이는 계급의 크기, 세로 길이는 도수를 나타낸다.

$$\text{직사각형 넓이} = \text{각 계급의 크기} \times \text{그 계수의 도수}$$
$$\text{직사각형 넓이의 합} = \text{각 계급의 크기} \times \text{도수의 총합}$$

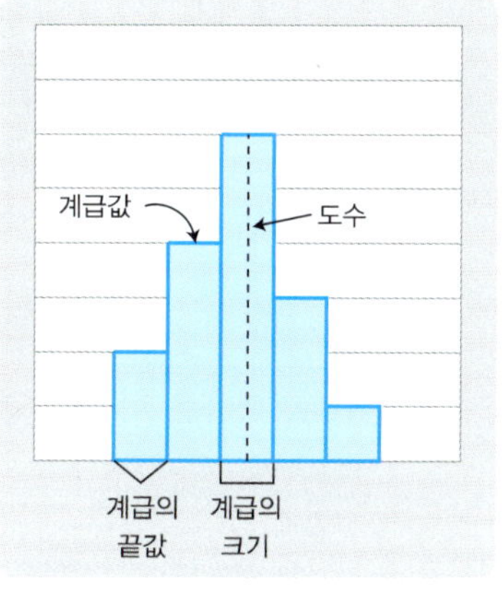

[그림 4-3] **히스토그램**

상대도수와 누적도수

도수분포에서 사용하는 도수의 개념에는 상대도수와 누적도수가 있다. 상대도수와 누적도수는 목적에 맞게 분포 상태를 파악할 때 쓰인다. 상대도수는 전체 도수가 다른 두 자료를 비교할 때 유용하고, 누적도수는 자료가 크기 순서대로 배열되어 있으므로 어떤 자료의 값이 대략 몇 번째인지 파악하는 데 편리하다.

■ 상대도수

상대도수는 각 변량의 도수의 총 도수에 대한 비율이다. 즉 $\frac{\text{도수}}{\text{도수의 합}}$를 나타낸다. 상대도수는 총 도수에 대한 비율이므로 상대도수의 총합은 항상 1이 된다. [표 4-2]는 여대생 30명의 몸무게를 상대도수로 나타낸 것이다.

$$\text{평균} = \frac{[(\text{계급값} \times \text{도수})]\text{의 총합}}{\text{도수의 합}}$$에서 $\frac{\text{도수}}{\text{도수의 합}}$가 상대도수이므로

$$(\text{평균}) = (\text{계급값}) \times (\text{상대도수})$$

로 나타낼 수 있다. [표 4-2]에서 계급값은 차례로 42.5, 47.5, 52.5이므로 평균을 구하면 다음과 같다.

$$(42.5 \times 0.1) + (47.5 \times 0.6) + (52.5 \times 0.3) = 48.5$$

[표 4-2] 여대생 30명 몸무게의 상대도수표

몸무게(kg)	도수	상대도수
40 ~ 45kg	3	$\frac{3}{30} = 0.1$
45 ~ 50kg	18	$\frac{18}{30} = 0.6$
50 ~ 55kg	9	$\frac{9}{30} = 0.3$
합계	30	1

■ 누적도수

누적도수는 도수분포표에서 이전 계급의 도수를 차례로 더한 도수를 말한다. 다음은 학생 30명의 성적을 누적도수로 나타낸 표다.

[표 4-3] 학생 30명 성적의 누적도수표

성적(점)	누적도수
50 이상 ~ 60 미만	3
60 이상 ~ 70 미만	10
70 이상 ~ 80 미만	22
80 이상 ~ 90 미만	28
90 이상 ~ 100 미만	30
합계	30

누적도수가 주어졌을 때, 평균을 구하기 위해서는 이전 계급까지의 누적도수를 빼서 해당 계급의 도수를 구해야 한다. [표 4-4]에 누적도수를 이용해 구한 도수를 나타내었다.

[표 4-4] 누적도수를 이용해 도수 구하기

성적(점)	누적도수	도수
50 이상 ~ 60 미만	3	3
60 이상 ~ 70 미만	10	$10 - 3 = 7$
70 이상 ~ 80 미만	22	$22 - 10 = 12$
80 이상 ~ 90 미만	28	$28 - 22 = 6$
90 이상 ~ 100 미만	30	$30 - 28 = 2$
합계	30	30

[표 4-4]에서 계급값은 차례로 55, 65, 75, 85, 95이므로 평균을 구하면 다음과 같다.

$$\frac{(55\times3)+(65\times7)+(75\times12)+(85\times6)+(95\times2)}{30}=74$$

예제 4-4

도수분포표에서 계급의 크기 5, 계급값이 37.5인 계급에 속하는 변량 x값의 범위를 구하라.

풀이

변량 x의 범위는 계급값에 계급 크기의 $\frac{1}{2}$을 더하고 빼서 구한다.

$$37.5-\frac{5}{2}\le x\le 37.5+\frac{5}{2}$$

$$35\le x\le 40$$

$\therefore\ 35\le x\le 40$

예제 4-5

다음 표는 어느 회사의 입사 시험 결과로 남성과 여성의 평균과 지원자 수이다. 지원자 모두의 평균을 구하라.

	평균(점)	지원자 수(명)
남성	75	16
여성	60	14

풀이

지원자 전체 평균은 남성 점수의 평균과 여성 점수의 평균을 나타내므로 평균을 인원에 곱하여 전체 총점을 구한다.

남성의 총점을 구하면 75×16이고, 여성의 총점을 구하면 60×14이다. 따라서 전체 평균은 다음과 같다.

$$\frac{(75\times16)+(60\times14)}{16+14}=\frac{2040}{30}=68$$

$\therefore$ 68점

예제 4-6

다음 표는 어느 업체에서 과외를 하고 있는 학생 20명의 성적을 조사하여 만든 상대도수분포표이다. 전체 학생의 평균을 구하라.

성적(점)	상대도수
50 이상 ~ 60 미만	0.05
60 이상 ~ 70 미만	0.2
70 이상 ~ 80 미만	0.25
80 이상 ~ 90 미만	0.35
90 이상 ~ 100 미만	x

풀이

상대도수의 총합은 1이므로 90 이상 100 미만의 상대도수 x는

$$1-(0.05+0.2+0.25+0.35)=0.15$$

이다. 상대도수를 이용하여 학생 수를 구하면 다음과 같다.

50 이상 ~ 60 미만의 상대도수가 0.05이므로 $\frac{5}{100}\times 20=1$

60 이상 ~ 70 미만의 상대도수가 0.2이므로 $\frac{20}{100}\times 20=4$

70 이상 ~ 80 미만의 상대도수가 0.25이므로 $\frac{25}{100}\times 20=5$

80 이상 ~ 90 미만의 상대도수가 0.35이므로 $\frac{35}{100}\times 20=7$

90 이상 ~ 100 미만의 상대도수가 0.15이므로 $\frac{15}{100}\times 20=3$

따라서 전체 학생의 평균을 구하면 다음과 같다.

$$\frac{(55\times 1)+(65\times 4)+(75\times 5)+(85\times 7)+(95\times 3)}{20}=\frac{1570}{20}=78.5$$

∴ 78.5점

예제 4-7

다음 도수분포표는 영어 학원을 다니는 직장인 10명의 성적을 나타낸 것이다. 평균 m과 표준편차 s를 구하라.

점수	0 이상 ~2 미만	2 이상 ~4 미만	4 이상 ~6 미만	6 이상 ~8 미만	8 이상 ~10 미만	합계
명수	1	1	2	4	2	10

풀이

계급값으로 도수분포표를 나타내면 다음과 같다.

계급값	1	3	5	7	9	합계
도수	1	1	2	4	2	10

따라서 평균을 구하면

$$m = \frac{1\times1+3\times1+5\times2+7\times4+9\times2}{10} = 6$$

이고, 표준편차를 구하면 다음과 같다.

$$s^2 = \frac{(1-6)^2\times1+(3-6)^2\times1+(5-6)^2\times2+(7-6)^2\times4+(9-6)^2\times2}{10} = \frac{58}{10} = 5.8$$

$$s = \sqrt{5.8}$$

$\therefore\ m=6,\ s=\sqrt{5.8}$

Section 4.1 연습문제

A1. 과외를 해주는 학생에게 수학 시험을 냈다. 5번 본 결과 평균이 82점이었다. 한 번 더 시험을 보았더니 평균이 2점이 올랐다. 이때, 마지막 본 수학 시험 성적을 구하라.

풀이 94점

5번 본 수학 성적 총점은 $5 \times 82 = 410$점 이다. 마지막 점수를 x라고 하면 전체 평균은

$$82+2=\frac{410+x}{6}$$

따라서 $x=94$

A2. 변량 6개의 편차가 각각 다음과 같고 표준편차가 $2\sqrt{2}$일 때, ab값을 구하라.

$$-4, -3, a, 2, 3, b$$

① 1 ② -1 ③ -5
④ 3 ⑤ -3

풀이 ⑤

편차의 합은 0이므로

$$-4-3+a+2+3+b=0,\ a+b=2 \cdots ①$$

표준편차가 $2\sqrt{2}$이므로 분산은 8이다.

$$\frac{(-4)^2+(-3)^2+a^2+2^2+3^2+b^2}{6}=8$$

$$a^2+b^2=10 \cdots ②$$

식 ①과 식 ②를 곱셈법칙에 적용하면

$$(a+b)^2=a^2+b^2+2ab$$

$$2^2=10+2ab$$

따라서 $ab=-3$

A3. 다음 네 수의 평균이 7일 때, a, b, c, d의 평균을 구하라.

$$2a+1,\ 2b+1,\ 2c+1,\ 2d+1$$

① $\frac{7}{2}$ ② 3 ③ $\frac{5}{2}$
④ 2 ⑤ $\frac{3}{2}$

풀이 ②

네 수의 평균을 구하면

$$\frac{(2a+1)+(2b+1)+(2c+1)+(2d+1)}{4}=7$$

$$a+b+c+d=12$$

따라서 $\frac{a+b+c+d}{4}=3$

A4. 다음 표를 보고 성적이 가장 고른 클래스를 찾아라.

클래스	A	B	C	D
평균	72	77	74	75
표준편차	5.1	10.2	6.3	8.6

풀이 A

표준편차가 가장 작으므로 A 클래스의 성적이 가장 고르다.

A5. 다음 자료들 중에서 표준편차가 가장 큰 것을 찾아라.

① 1, 5, 1, 5, 1, 5, 1, 5, 1, 5
② 1, 5, 1, 5, 1, 5, 3, 3, 3, 3
③ 2, 4, 2, 4, 2, 4, 2, 4, 2, 4
④ 2, 4, 2, 4, 2, 4, 3, 3, 3, 3
⑤ 4, 4, 4, 4, 4, 4, 4, 4, 4, 4

풀이 ①

①, ②, ③, ④의 평균은 3, ⑤의 평균은 4이다. 표준편차는 자료가 중심에서 가장 멀리 흩어져있는 정도를 파악한다.

A6. 도수분포표에서 평균이 7.2일 때, $2a+b$의 값을 구하라.

변량	2	4	6	8	10	합계
도수	2	a	5	8	b	25

풀이 13

전체 도수의 합은 25이므로

$$2+a+5+8+b=25$$

$$a+b=10 \quad \cdots \text{①}$$

평균이 7.2이므로

$$\frac{2\times2+4\times a+6\times5+8\times8+10\times b}{25}=7.2$$

$$2a+5b=41 \quad \cdots \text{②}$$

식 ①과 식 ②를 연립하면

$$a=3,\ b=7$$

따라서 $2a+b=6+7=13$

A7. 다음은 두 반의 수학 성적을 비교한 표이다. 두 반의 전체 수학 성적의 표준편차를 구하라.

	A반	B반
인원(명)	45	55
평균(점)	70	70
표준편차	3	$\sqrt{6}$

풀이 $\sqrt{7.35}$

$$\text{A반의 분산}=\frac{(\text{편차})^2\text{의 합}}{45}=9$$

$$\text{B반의 분산}=\frac{(\text{편차})^2\text{의 합}}{55}=6$$

두 반 전체의 $(\text{편차})^2$의 합은

$$45\times9+55\times6=405+330=735$$

두 반 전체의 인원은 100명이므로

$$\text{분산}=\frac{735}{100}=7.35$$

따라서 표준편차 $=\sqrt{7.35}$

A8. 다음 도수분포표는 담당하고 있는 클래스 학생 20명의 실습 성적을 나타낸 것이다. 20명의 실습 성적 평균이 73.5일 때, $x+y$의 값을 구하라.

① 8　② 7　③ 6
④ 5　⑤ 4

계급(점)	도수(명)
50 이상 ~ 60 미만	2
60 이상 ~ 70 미만	5
70 이상 ~ 80 미만	8
80 이상 ~ 90 미만	x
90 이상 ~ 100 미만	y
합계	20

풀이 ④

전체 도수의 합이 20이므로

$$2+5+8+x+y=20$$

$$x+y=5 \ \cdots \ ①$$

평균을 구하면

$$\frac{55\times2+65\times5+75\times8+85\times x+95\times y}{20}=73.5$$

$$85x+95y=435 \ \cdots \ ②$$

식 ①과 식 ②를 연립하면

$$x=4,\ y=1$$

따라서 $x+y=5$

A9. 전체 도수의 비가 $3:4$인 두 집단에서 어떤 계급의 도수의 비가 $5:4$일 때, 이 계급의 상대도수비를 구하라.

① $3:4$　② $4:3$　③ $5:3$
④ $3:5$　⑤ $7:4$

풀이 ③

상대도수 $=\dfrac{\text{도수}}{\text{전체 도수}}$ 이다.

두 집단의 전체 도수비는 $3a:4a$이고, 어떤 계급의 도수비는 $5b:4b$이다.

따라서 이 계급의 상대도수비는

$$\frac{5b}{3a}:\frac{4b}{4a}=\frac{5}{3}:1=5:3$$

A10. 다음 표를 보고 x, y를 사용하여 A, B 클래스의 전체 학생에 대한 상대도수를 구하라.

클래스	A	B
명수	40	30
상대도수	x	y

① $\dfrac{4x+3y}{7}$　② $\dfrac{x+y}{70}$　③ $\dfrac{70}{x+y}$
④ $x+y$　⑤ $\dfrac{40x+30y}{x+y}$

풀이 ①

A 클래스의 상대도수는 x이므로 인원은 $40x$
B 클래스의 상대도수는 y이므로 인원은 $30y$

따라서 전체 학생의 상대도수를 구하면

$$\frac{40x+30y}{40+30}=\frac{40x+30y}{70}=\frac{4x+3y}{7}$$

4.2 확률변수와 확률분포

이 절에서는 확률변수에 대한 개념을 이해하고, 변수와 확률간의 대응 관계를 나타내는 확률분포표를 만들어서 평균과 분산을 구한다. 이를 통해 확률분포를 파악하고 관련 문제에 적용해 보자.

4.2.1 확률변수와 확률분포

확률변수는 표본공간 안에 있는 원소를 실수로 대응시킨 것이다. 즉 한 시행에서 표본공간의 각 원소에 하나의 실수값을 대응시키고, 그 값을 가질 확률이 각각 정해지는 변수 X이다. 확률변수 X가 유한개의 값 x_1, x_2, $\cdots$, x_n을 가질 때, X를 **이산확률변수**라 한다. X가 어떤 값 x를 가질 확률을 기호 $P(X=x)$로 나타낸다.

예를 들어, 사과 3개와 귤 4개가 들어 있는 상자에서 2개를 임의로 꺼낼 때, 나오는 귤의 개수를 확률변수 X라 한다. 이때 $X=2$일 확률을 구해보자. 확률변수 X가 2를 가질 확률을 기호로 나타내면 $P(X=2)$이다. 전사건의 확률은 전체 과일 7개에서 2개를 꺼내므로 ${}_7C_2$이고, 귤을 2개 꺼내는 사건은 귤 4개에서 2개를 꺼내므로 ${}_4C_2$가 된다. 따라서 $P(X=2)=\dfrac{{}_4C_2}{{}_7C_2}=\dfrac{2}{7}$가 된다.

변수 X가 취할 수 있는 모든 값이 $x_1,\ x_2, \cdots, x_n$이고 각각이 취하는 확률 p_1, $p_2, \cdots, p_n$이 주어질 때, 이 둘의 대응 관계를 X의 **확률분포**라 한다. 이것을 [표 4-5]와 같이 나타낸 것을 X의 **확률분포표**라고 한다.

[표 4-5] **확률분포표**

X	x_1	x_2	x_3	$\cdots$	x_n
$P(X=x_i)$	p_1	p_2	p_3	$\cdots$	p_n

확률변수 X가 x_i를 취할 확률은 $P(X=x_i)=p_i$로 나타내고, 확률변수 X가 a 이상 b 이하의 값을 취할 확률은 $P(a \le x \le b)$로 나타낸다. 확률변수는 0보다 크거나 같고$(0 \le X)$ 1보다 작거나 같은 값$(X \le 1)$을 가지며, 확률변수가 가지는 모든 확률의 합은 항상 1이 된다.

정리 4-2 확률분포의 성질

$P(X=x_i)=p_i(i=1,\ 2,\ \cdots,\ n)$일 때

- $0 \le p_i \le 1$
- $p_1+p_2+\cdots+p_n=1$
- $P(X=x_i$ 또는 $X=x_j)=P(X=x_i)+P(X=x_j)=p_i+p_j$ (단, $i \ne j$)
- $P(a \le x \le b)=\sum_{X=a}^{b} P(X=x)$

예제 4-8

확률변수 X의 확률분포가 다음과 같을 때, 양수 a의 값을 구하라.

X	-1	0	1	2
$P(X=x_i)$	a^2	$\frac{1}{8}$	$\frac{3}{8}$	$\frac{a}{2}$

풀이

$\sum_{i=1}^{n} P(X=x_i)=1$이므로

$$a^2+\frac{1}{8}+\frac{3}{8}+\frac{a}{2}=1$$
$$2a^2+a-1=0$$
$$(2a-1)(a+1)=0$$
$$a=\frac{1}{2},\ -1$$

$\therefore\ \frac{1}{2}$

예제 4-9

확률변수 X가 확률분포 $P(X=x)=kx$를 따를 때, 상수 k의 값을 구하라. (단, $X=1, 2, \cdots, 10$)

풀이

$\sum_{k=1}^{10} P(X=x)=1$이므로

$$\sum_{x=1}^{10} P(X=x) = \sum_{x=1}^{10} kx = k\sum_{x=1}^{10} x$$
$$= k\left(\frac{10\times 11}{2}\right) = 55k$$
$$55k=1,\ k=\frac{1}{55}$$

$\therefore\ k=\frac{1}{55}$

예제 4-10

확률변수 X가 취할 수 있는 값이 0, 1, 2, 3이고 그 확률이 다음과 같을 때, $a+b$의 값을 구하라.

X	0	1	2	3
$P(X=x)$	$\frac{1}{8}$	a	b	$\frac{1}{4}$

풀이

전체 확률의 합은 1이므로

$$\frac{1}{8}+a+b+\frac{1}{4}=1$$
$$a+b+\frac{1}{8}+\frac{2}{8}=1$$
$$a+b=1-\frac{3}{8}=\frac{5}{8}$$

$\therefore\ \frac{5}{8}$

4.2.2 이산확률변수의 평균, 분산, 표준편차

이산확률변수의 평균, 분산, 표준편차에 대해 살펴보자. 확률변수 X의 평균은 기댓값이라고도 하고 $E(x)$ 또는 m으로 나타낸다. 확률변수 X가 유한개의 값 x_1, x_2, $\cdots$, x_n을 가질 때, 확률변수 X의 평균은 다음과 같다.

$$E(X)=x_1p_1+x_2p_2+x_3p_3+\cdots+x_np_n=\sum_{i=1}^{n}x_ip_i$$

확률변수 X의 평균을 m이라고 할 때, 분산은 다음과 같다.

$$\begin{aligned} V(X) &= E\{(X-m)^2\} \\ &= \sum_{i=1}^{n}(x_i-m)^2 p_i = \sum_{i=1}^{n} x_i^{\,2} p_i - m^2 = E(X^2) - m^2 = \sigma^2(X) \end{aligned}$$

정리 4-3 이산확률변수 X의 평균, 분산, 표준편차

이산확률변수 X에서 $P(X=x_i)=p_i$일 때

- 평균 $E(X) = m = x_1p_1 + x_2p_2 + x_3p_3 + \cdots + x_np_n = \sum_{i=1}^{n} x_ip_i$
- 분산 $V(X) = E\{(X-m)^2\} = \sum_{i=1}^{n}(x_i-m)^2p_i = \sum_{i=1}^{n}x_i^{\,2}p_i - m^2 = E(X^2) - m^2$
- 표준편차 $\sigma(X) = \sqrt{V(X)} = \sqrt{\sum_{i=1}^{n}x_i^{\,2}p_i - m^2}$

예를 들어, 동전 3개를 던져 앞면이 나오는 개수를 X라 할 때, 확률변수 X의 평균과 표준편차를 구해보자. [그림 4-4]는 동전 3개를 던져 앞면이 나오는 경우를 나타낸다.

(H, H, H) : 앞면 3개
(H, H, T) : 앞면 2개
(H, T, H) : 앞면 2개
(H, T, T) : 앞면 1개

(T, H, H) : 앞면 2개
(T, H, T) : 앞면 1개
(T, T, H) : 앞면 1개
(T, T, T) : 앞면 0개

[그림 4-4] 동전을 3개 던져 앞면이 나오는 경우

확률변수 X는 동전을 3개 던져 앞면이 나오는 개수이므로 0, 1, 2, 3이 된다. 이를 확률분포표로 나타내면 [표 4-6]과 같다.

[표 4-6] 동전 3개를 던져 앞면이 나오는 확률변수 X의 확률분포표

X	0	1	2	3	합계
$P(X=x_i)$	$\frac{1}{8}$	$\frac{3}{8}$	$\frac{3}{8}$	$\frac{1}{8}$	1

$x_1p_1 + x_2p_2 + x_3p_3 + \cdots + x_np_n$ 이므로, 평균은 다음과 같다.

$$E(x) = \left(0 \times \frac{1}{8}\right) + \left(1 \times \frac{3}{8}\right) + \left(2 \times \frac{3}{8}\right) + \left(3 \times \frac{1}{8}\right) = \frac{12}{8} = \frac{3}{2}$$

분산은 $\sum_{i=1}^{n} x_i{}^2 p_i - m^2 = E(X^2) - m^2$ 이므로

$$V(x) = \left(0^2 \times \frac{1}{8}\right) + \left(1^2 \times \frac{3}{8}\right) + \left(2^2 \times \frac{3}{8}\right) + \left(3^2 \times \frac{1}{8}\right) - \left(\frac{3}{2}\right)^2 = \frac{6}{8} = \frac{3}{4}$$

표준편차 $\sigma(x) = \sqrt{\frac{3}{4}} = \frac{\sqrt{3}}{2}$ 가 된다.

평균, 분산, 표준편차의 성질

이어서 평균과 분산, 표준편차의 성질에 대해 살펴보자. 확률변수 X에서 $Y = aX + b$의 평균을 구하면 $E(Y) = E(aX + b)$이므로

$$\begin{aligned} E(aX+b) &= \sum_{i=1}^{n} (ax_i + b)p_i \\ &= a\sum_{i=1}^{n} x_ip_i + b\sum_{i=1}^{n} p_i \\ &= aE(X) + b \end{aligned}$$

가 된다. 분산 $V(Y) = V(aX + b)$이므로

$$\begin{aligned} V(aX+b) &= \sum_{i=1}^{n} (ax_i + b - m)^2 p_i \\ &= \sum_{i=1}^{n} (ax_i + b - (am + b))^2 p_i \\ &= \sum_{i=1}^{n} (ax_i + b - am - b)^2 p_i \\ &= \sum_{i=1}^{n} (ax_i - am)^2 p_i \\ &= a^2 \sum_{i=1}^{n} (x_i - m)^2 p_i \\ &= a^2 V(X) \end{aligned}$$

로 정리된다. 표준편차 $\sigma(aX+b)=\sqrt{V(X)}$ 이므로 다음과 같이 정리할 수 있다.

$$\sqrt{a^2 V(X)} = |a|\sqrt{V(X)} = |a|\sigma(X)$$

정리 4-4 평균, 분산, 표준편차의 성질

확률변수 X와 임의의 상수 a, b에 대하여

- 평균 $E(aX+b)=aE(X)+b$
- 분산 $V(ax+b)=a^2 V(x)$
- 표준편차 $\sigma(ax+b)=|a|\sigma(x)$

그렇다면 $E(X)=2$, $V(X)=3$일 때, $E(3X+2)$와 $V(-2X+1)$의 값은 얼마일까? 이를 계산하면 다음과 같다.

$$E(3X+2)=3E(X)+2=8$$
$$V(-2X+1)=(-2)^2 V(X)=12$$

예제 4-11

주사위 한 개를 3회 던져서 4의 눈이 나오는 횟수를 X라 할 때, X의 평균을 구하라.

> **Hint**
> 독립시행
> n번 중 r번 나올 때의 확률
> ${}_nC_r p^r q^{n-r}$ $(p+q=1)$

풀이

4의 눈이 나오는 횟수를 확률변수 X라 하면 확률변수 $X=0, 1, 2, 3$이다.
이때 확률 P_0, P_1, P_2, P_3을 구하면

$$P_0={}_3C_0\left(\frac{1}{6}\right)^0\left(\frac{5}{6}\right)^3=\frac{125}{216}$$ ← Hint 적용

$$P_1={}_3C_1\left(\frac{1}{6}\right)^1\left(\frac{5}{6}\right)^2=\frac{75}{216}$$

$$P_2={}_3C_2\left(\frac{1}{6}\right)^2\left(\frac{5}{6}\right)^1=\frac{15}{216}$$

$$P_3={}_3C_3\left(\frac{1}{6}\right)^3\left(\frac{5}{6}\right)^0=\frac{1}{216}$$

이므로, 확률분포표로 나타내면 다음과 같다.

X	0	1	2	3
$P(X=x)$	$\frac{125}{216}$	$\frac{75}{216}$	$\frac{15}{216}$	$\frac{1}{216}$

X의 평균을 구하면

$$E(X)=\left(0\times\frac{125}{216}\right)+\left(1\times\frac{75}{216}\right)+\left(2\times\frac{15}{216}\right)+\left(3\times\frac{1}{216}\right)=\frac{1}{2}$$

$\therefore\ \frac{1}{2}$

예제 4-12

1~6까지 제비를 뽑아 나오는 숫자의 3배를 상금으로 받는 게임에서 상금을 확률변수 X라 할 때, 평균과 분산을 구하라.

풀이

확률변수 X에 대해 확률분포표를 나타내면 다음과 같다.

제비	1	2	3	4	5	6
상금 X	3	6	9	12	15	18
$P(X=x)$	$\frac{1}{6}$	$\frac{1}{6}$	$\frac{1}{6}$	$\frac{1}{6}$	$\frac{1}{6}$	$\frac{1}{6}$

X의 평균과 분산을 구하면

$$\begin{aligned}E(X)&=\left(3\times\frac{1}{6}\right)+\left(6\times\frac{1}{6}\right)+\left(9\times\frac{1}{6}\right)+\left(12\times\frac{1}{6}\right)+\left(15\times\frac{1}{6}\right)+\left(18\times\frac{1}{6}\right)\\&=\frac{(3+6+9+12+15+18)}{6}\\&=\frac{63}{6}=10.5\end{aligned}$$

$$\begin{aligned}V(X)&=\left\{\left(3^2\times\frac{1}{6}\right)+\left(6^2\times\frac{1}{6}\right)+\left(9^2\times\frac{1}{6}\right)+\left(12^2\times\frac{1}{6}\right)+\left(15^2\times\frac{1}{6}\right)+\left(18^2\times\frac{1}{6}\right)\right\}-\left(\frac{63}{6}\right)^2\\&=26.25\end{aligned}$$

$\therefore$ 평균 : 10.5, 분산 : 26.25

예제 4-13

확률변수 X에 대하여 $E(X)=200$, $V(X)=16$일 때, 다음 값을 구하라.

$$E(-X+3),\ V(-X+3),\ \sigma(-X+3)$$

풀이

$$E(ax+b)=aE(X)+b,\ V(ax+b)=a^2V(X),\ \sigma(aX+b)=|a|\sigma(X)$$

이므로

$$E(-X+3)=-E(X)+3=-200+3=-197$$
$$V(-X+3)=(-1)^2V(X)=16$$
$$\sigma(-X+3)=|-1|\sigma(X)=4$$

$\therefore\ E(-X+3)=-197,\ V(-X+3)=16,\ \sigma(-X+3)=4$

예제 4-14

주사위 한 개를 3번 던지는 시행에서 6의 약수가 나오는 횟수를 확률변수라 할 때, 기댓값을 구하라.

풀이

6의 약수는 1, 2, 3, 6이므로 6의 약수가 나올 확률은 $\frac{4}{6}=\frac{2}{3}$이다.

확률변수 X에 대해 확률분포표를 나타내면 다음과 같다.

X	0	1	2	3
$P(X=x)$	${}_3C_0\left(\frac{2}{3}\right)^0\left(\frac{1}{3}\right)^3=\frac{1}{3^3}$	${}_3C_1\left(\frac{2}{3}\right)^1\left(\frac{1}{3}\right)^2=\frac{6}{3^3}$	${}_3C_2\left(\frac{2}{3}\right)^2\left(\frac{1}{3}\right)^1=\frac{12}{3^3}$	${}_3C_3\left(\frac{2}{3}\right)^3\left(\frac{1}{3}\right)^0=\frac{8}{3^3}$

$$E(X)=\left(0\times\frac{1}{3^3}\right)+\left(1\times\frac{6}{3^3}\right)+\left(2\times\frac{12}{3^3}\right)+\left(3\times\frac{8}{3^3}\right)$$
$$=0+\frac{6}{3^3}+\frac{24}{3^3}+\frac{24}{3^3}=\frac{54}{27}=2$$

$\therefore\ E(X)=2$

예제 4-15

빨간 사탕 5개, 노란 사탕 3개가 들어있는 봉투에서 동시에 사탕 4개를 꺼냈다. 꺼낸 사탕 중 빨간 사탕의 수를 확률변수 X라 할 때 평균과 표준편차를 구하라.

풀이

확률변수 X에 대해 확률분포표를 나타내면 다음과 같다.

X	1	2	3	4
$P(X=x)$	$\frac{{}_5C_1 \times {}_3C_3}{{}_8C_4} = \frac{1}{14}$	$\frac{{}_5C_2 \times {}_3C_2}{{}_8C_4} = \frac{6}{14}$	$\frac{{}_5C_3 \times {}_3C_1}{{}_8C_4} = \frac{6}{14}$	$\frac{{}_5C_4}{{}_8C_4} = \frac{1}{14}$

$$E(X) = \left(1 \times \frac{1}{14}\right) + \left(2 \times \frac{6}{14}\right) + \left(3 \times \frac{6}{14}\right) + \left(4 \times \frac{1}{14}\right) = \frac{35}{14} = \frac{5}{2}$$

$$V(X) = \left(1^2 \times \frac{1}{14}\right) + \left(2^2 \times \frac{6}{14}\right) + \left(3^2 \times \frac{6}{14}\right) + \left(4^2 \times \frac{1}{14}\right) - \left(\frac{5}{2}\right)^2 = \frac{15}{28}$$

$$\sigma(X) = \sqrt{\frac{15}{28}}$$

$\therefore\ E(X) = \frac{5}{2},\ \sigma(X) = \sqrt{\frac{15}{28}}$

Section 4.2 연습문제

A1. 원점 0을 출발하여 수직선 위를 움직이는 점 P가 있다. 점 P는 동전을 던져 앞면이 나오면 $+1$, 뒷면이 나오면 -1만큼 이동한다. 동전을 두 번 던질 때, 점 P의 좌표를 확률변수 X로 하는 확률분포에서 $P(X<2)$의 값을 구하라.

풀이 $\frac{3}{4}$

동전의 앞면이 나오는 경우를 H, 동전의 뒷면이 나오는 경우를 T라고 할 때, 두 번 던지는 경우의 수는 다음과 같다.

(H, H)	(H, T)	(T, H)	(T, T)
$+1+1$	$+1-1$	$-1+1$	$-1-1$
2칸	0칸	0칸	-2칸

확률변수 X에 대해 확률분포표로 나타내면 다음과 같다.

X	-2	0	2	합계
$P(X=x)$	$\frac{1}{4}$	$\frac{2}{4}$	$\frac{1}{4}$	1

$$P(X<2)=P(X=-2)+P(X=0)$$
$$=\frac{1}{4}+\frac{2}{4}=\frac{3}{4}$$

A2. 동전 한 개를 3회 던질 때, 앞면이 나오는 횟수를 확률변수 X라 하자. 이때 평균 $E(X)$를 구하라.

풀이 $\frac{3}{2}$

앞면이 나오는 횟수는 다음과 같다.

앞면의 수	0	1	2	3
경우	TTT	HTT THT TTH	THH HTH HHT	HHH
확률	$\frac{1}{8}$	$\frac{3}{8}$	$\frac{3}{8}$	$\frac{1}{8}$

확률분포표로 나타내면 다음과 같다.

X	0	1	2	3	합계
$P(X=x)$	$\frac{1}{8}$	$\frac{3}{8}$	$\frac{3}{8}$	$\frac{1}{8}$	1

X의 평균을 구하면

$$E(X)=0\times\left(\frac{1}{8}\right)+1\times\left(\frac{3}{8}\right)+2\times\left(\frac{3}{8}\right)+3\times\left(\frac{1}{8}\right)$$
$$=\frac{12}{8}=\frac{3}{2}$$

A3. 주사위 한 개를 던져서 나온 숫자의 제곱을 확률변수 X라 할 때, X의 기댓값을 구하라.

Hint
시그마 계산
$$\sum_{k=1}^{n} k^2 = \frac{n(n+1)(2n+1)}{6}$$

풀이 $\frac{91}{6}$

확률변수 X에 대해 확률분포표를 나타내면 다음과 같다.

X	1^2	2^2	3^2	4^2	5^2	6^2	합계
$P(X=x)$	$\frac{1}{6}$	$\frac{1}{6}$	$\frac{1}{6}$	$\frac{1}{6}$	$\frac{1}{6}$	$\frac{1}{6}$	1

$$E(X)=\left(1^2\times\frac{1}{6}\right)+\left(2^2\times\frac{1}{6}\right)+\left(3^2\times\frac{1}{6}\right)+\left(4^2\times\frac{1}{6}\right)+\left(5^2\times\frac{1}{6}\right)+\left(6^2\times\frac{1}{6}\right)$$
$$=\frac{1}{6}(1^2+2^2+3^2+4^2+5^2+6^2)$$
$$=\frac{1}{6}\sum_{k=1}^{6}k^2 \leftarrow \text{Hint 적용}$$
$$=\frac{1}{6}\times\left(\frac{6\times7\times13}{6}\right)$$
$$=\frac{91}{6}$$

A4. 확률 X의 확률분포가 다음과 같이 주어졌다. 이때 X의 분산이 4가 되도록 하는 양수 a의 값을 구하라. (단, a, b, c는 상수)

X	$6a+b$	$2a+b$	$a+b$
$P(X=x)$	$3c$	$5c$	$2c$

풀이 1

$3c+5c+2c=1$이므로 $c=\frac{1}{10}$이다.

따라서
$$E(X)=3c(6a+b)+5c(2a+b)+2c(a+b)$$
$$=\frac{3}{10}(6a+b)+\frac{5}{10}(2a+b)+\frac{2}{10}(a+b)$$
$$=3a+b$$
$$V(X)=\frac{3}{10}(6a+b)^2+\frac{5}{10}(2a+b)^2+\frac{2}{10}(a+b)^2-(3a+b)^2$$
$$=4a^2$$
$$4a^2=4,\ a^2=1,\ a=\pm1$$

따라서 $a=1(a>0)$

A5. 다음과 같은 확률분포를 가지는 확률변수 X가 있다. X의 평균 $E(X)=2$, X의 분산 $V(X)=\frac{1}{2}$일 때, $P(X=3)$의 값을 구하라.

X	1	2	3	합계
$P(X=x)$	a	b	c	1

풀이 $\frac{1}{4}$

$a+b+c=1$이고, 평균이 2이므로

$$E(X)=1a+2b+3c=2$$

분산이 $\frac{1}{2}$이므로

$$V(X)=1^2a+2^2b+3^2c-2^2=\frac{1}{2}$$

따라서

$$a+b+c=1$$
$$a+2b+3c=2$$
$$a+4b+9c=\frac{9}{2}$$

세 식을 연립하면

$$a=\frac{1}{4},\ b=\frac{1}{2},\ c=\frac{1}{4}$$

따라서 $P(X=3)=c=\frac{1}{4}$

A6. 확률변수 X에 대하여 $E(X)=6$, $V(X)=4$일 때, 확률변수 $2X+5$의 평균과 분산의 합을 구하라.

① 31 ② 32 ③ 33
④ 34 ⑤ 35

풀이 ③

$E(aX+b)=aE(X)+b$, $V(aX+b)=a^2V(X)$ 이므로

$$E(2X+5)=2E(X)+5$$
$$=12+5=17$$
$$V(2X+5)=4V(X)=16$$

따라서 평균과 분산의 합은 $17+16=33$

A7. 확률변수 X의 확률분포에서 $Y=\frac{1}{5}X-10$이라 할 때, $E(Y)=-2$, $E(Y^2)=5$이다. 이때 $E(X)+V(X)$의 값을 구하라.

Hint
평균, 분산, 표준편차의 성질
(1) $E(aX+b)=aE(X)+b$
(2) $V(X)=E(X^2)-\{E(X)\}^2$
(3) $V(aX+b)=a^2V(X)$

풀이 65

$Y=\frac{1}{5}X-10$, $5Y=X-50$, $X=5Y+50$이다.

$E(X)=E(5Y+50)$ ← Hint (1) 적용
$=5E(Y)+50=40$

$V(Y)=E(Y^2)-\{E(Y)\}^2$ ← Hint (2) 적용
$=5-(-2)^2=1$

$V(Y)=1$이므로

$V(X)=V(5Y+50)$ ← Hint (3) 적용
$=25V(Y)=25$

따라서 $E(X)+V(X)=40+25=65$

A8. 500원짜리 동전 한 개와 100원짜리 동전 한 개를 동시에 던져서 앞면이 나온 동전의 금액의 합을 X원이라 할 때, X의 기댓값을 구하라.

풀이 300원

확률변수 X를 구하면 다음과 같다.

500원	100원	확률변수 X
H	H	600
H	T	500
T	H	100
T	T	0

X가 취할 수 있는 값은 0, 100, 500, 600이다.
확률분포표로 나타내면 다음과 같다.

X	0	100	500	600
$P(X=x)$	$\frac{1}{4}$	$\frac{1}{4}$	$\frac{1}{4}$	$\frac{1}{4}$

$$E(X)=\left(0\times\frac{1}{4}\right)+\left(100\times\frac{1}{4}\right)+\left(500\times\frac{1}{4}\right)+\left(600\times\frac{1}{4}\right)$$
$$=0+\frac{100}{4}+\frac{500}{4}+\frac{600}{4}$$
$$=\frac{1200}{4}=300$$

A9. 확률변수 X의 확률분포가

$$P(X=x)=\frac{k}{\sqrt{x+1}+\sqrt{x}}\ (x=1,\ 2,\ \cdots,\ 99)$$

일 때, $P(4<X\leq 99)$를 구하라. (단, k는 상수)

풀이 $\dfrac{10-\sqrt{5}}{9}$

$$\begin{aligned}\sum_{x=1}^{99}P(X=x)&=\sum_{x=1}^{99}k(\sqrt{x-1}-\sqrt{x})\\&=k\{(\sqrt{2}-\sqrt{1})+(\sqrt{3}-\sqrt{2})\\&\quad+(\sqrt{4}-\sqrt{3})+\cdots+(\sqrt{100}-\sqrt{99})\}\\&=k(\sqrt{100}-1)\\&=9k\end{aligned}$$

전체 합은 1이므로

$$9k=1,\ k=\frac{1}{9}$$

$$\begin{aligned}&P(4<X\leq 99)\\&=1-\{P(X=1)+P(X=2)+P(X=3)\\&\quad+P(X=4)\}\\&=1-\left\{\frac{1}{9}(\sqrt{2}-\sqrt{1})+\frac{1}{9}(\sqrt{3}-\sqrt{2})\right.\\&\quad\left.+\frac{1}{9}(\sqrt{4}-\sqrt{3})+\frac{1}{9}(\sqrt{5}-\sqrt{4})\right\}\\&=1-\frac{1}{9}\{(\sqrt{2}-1)+(\sqrt{3}-\sqrt{2})\\&\quad+(\sqrt{4}-\sqrt{3})+(\sqrt{5}-\sqrt{4})\}\\&=1-\frac{1}{9}(\sqrt{5}-1)\\&=\frac{9-\sqrt{5}+1}{9}\\&=\frac{10-\sqrt{5}}{9}\end{aligned}$$

A10. 확률변수 X에 대하여 $Y=\frac{1}{10}X-15$라고 한다. $E(Y^2)=\frac{7}{10}$, $E(Y)=\frac{1}{2}$일 때, $E(X)$, $V(Y)$을 구하라.

풀이 $E(X)=155$, $V(Y)=\frac{9}{20}$

$E(aX+b)=aE(X)+b$, $V(aX+b)=a^2V(X)$ 이므로

$$V(X)=E(X^2)-(E(X))^2$$

$$V(Y)=E(Y^2)-(E(Y))^2$$

$$=\frac{7}{10}-\frac{1}{4}$$

$$=\frac{18}{40}=\frac{9}{20}$$

$$E(Y)=E\left(\frac{1}{10}X-15\right)$$

$$\frac{1}{2}=\frac{1}{10}E(X)-15$$

따라서 $E(X)=155$, $V(Y)=\frac{9}{20}$

4.3 이항분포

확률변수가 가질 수 있는 값이 둘 중 하나인 경우가 있다. 예를 들어 동전을 던지면 앞 또는 뒤가 나온다. 시험을 보았다면 합격 또는 불합격 중 하나다. 또 스위치는 켜거나 끄거나 둘 중 하나밖에 없다. 이렇게 선택지가 둘 중 하나밖에 없고, 선택의 결과가 무작위라면 이런 실험을 **베르누이 실험**Bernoulli Trial이라고 한다.

이항분포는 n개의 베르누이 실험이 합쳐진 것이다. 이때 n번의 동일한 시도는 전부 독립이어야 한다. 따라서 이항분포의 개념에서 가장 중요한 것은 선택지가 두 개라는 점과 시도는 전부 독립이어야 한다는 점이다. 즉 이항분포는 n개의 서로 독립인 양자택일 실험에서 두 개의 가능성 중 하나의 확률이 p일 때, p의 확률을 가지는 선택지의 개수를 나타내는 **이산확률분포**라고 정의할 수 있다. 이 절에서는 매회 독립으로 반복할 때의 횟수와 확률을 통해 빠르게 평균과 분산을 구하고자 한다.

4.3.1 이항분포

어떤 사건 A가 1회의 시행에서 일어나는 확률을 p, 일어나지 않을 확률을 q라고 하자. 이때 $q = 1 - p$가 된다. 이 시행을 독립적으로 n회 반복할 때, 사건 A가 일어나는 경우를 확률변수 X라 하면 확률변수 X가 x일 때의 확률은 다음과 같다.

$$P(X = x) = {}_nC_x p^x q^{n-x} \quad (\text{단, } x = 0,\ 1,\ 2,\ \cdots,\ n)$$

이를 확률분포표로 나타내면 [표 4-7]과 같다.

[표 4-7] 확률변수 X의 확률분포표

X	0	1	2	$\cdots$	n	합계
$P(X=x)$	${}_nC_0p^0q^n$	${}_nC_1p^1q^{n-1}$	${}_nC_2p^2q^{n-2}$	$\cdots$	${}_nC_np^nq^0$	1

위의 표에서 각 확률은 $(p+q)^n$의 전개식 우변의 각 항과 같다.

$$(p+q)^n = {}_nC_0q^n + {}_nC_1pq^{n-1} + {}_nC_2p^2q^{n-2} + \cdots + {}_nC_np^n$$

이와 같은 확률분포를 **이항분포**라 하고, $B(n,\ p)$로 나타낸다. 이때 확률변수 X는 **이항분포 $B(n,\ p)$를 따른다**고 한다. 이항분포에서 n은 사건이 일어나는 횟수, p는 1번 시행할 때, 사건이 일어나는 확률을 의미한다. 이항분포 $B(n,\ p)$에서 평균 $E(X)=np$, 분산 $V(X)=npq$, 표준편차 $\sigma(X)=\sqrt{npq}$로 구한다.

정리 4-5 이항분포의 평균, 분산, 표준편차

이항분포 $B(n,\ p)$에서

- 평균 $E(X)=np$
- 분산 $V(X)=npq$
- 표준편차 $\sigma(X)=\sqrt{npq}\quad(p+q=1)$

확률변수 X가 이항분포 $B\left(150,\ \frac{1}{3}\right)$를 따를 때, X의 평균, 분산, 표준편차를 구해보자. $n=150,\ p=\frac{1}{3},\ q=1-p=\frac{2}{3}$이므로 다음과 같이 구할 수 있다.

$$\text{평균}\quad E(X)=np=150\times\frac{1}{3}=50$$

$$\text{분산}\quad V(X)=npq=150\times\frac{1}{3}\times\frac{2}{3}=\frac{100}{3}$$

$$\text{표준편차}\quad \sigma(X)=\sqrt{\frac{100}{3}}=\frac{10}{\sqrt{3}}=\frac{10\sqrt{3}}{3}$$

예제 4-16

주사위 한 개를 6회 던져서 3의 배수의 눈이 나오는 횟수를 X라 할 때, $P(X=k)={}_6C_k\left(\frac{1}{3}\right)^k\left(\frac{2}{3}\right)^{6-k}$이고 X는 이항분포 $B(a,\ b)$를 따른다. 이때 $a,\ b$의 값을 구하라. (단, $k=0,\ 1,\ 2,\ 3,\ 4,\ 5,\ 6$)

풀이

주사위에서 3의 배수는 3, 6이므로, 3의 배수가 나올 확률 $p=\frac{2}{6}=\frac{1}{3}$이다.
$B(n,\ p)$에서 n은 시행 횟수, p는 확률이므로 $n=6$이다. 따라서 $B(a,\ b)=B\left(6,\ \frac{1}{3}\right)$이므로 $a=6,\ b=\frac{1}{3}$이다.

$\therefore\ a=6,\ b=\frac{1}{3}$

예제 4-17

이항분포 $B\left(100,\ \frac{1}{5}\right)$에서 평균과 분산을 구하라.

풀이

이항분포에서 평균 $E(X)=np$, 분산 $V(X)=npq$이므로

$$E(X)=100\times\frac{1}{5}=20$$

$$V(X)=100\times\frac{1}{5}\times\frac{4}{5}=16$$

$\therefore\ E(X)=20,\ V(X)=16$

예제 4-18

동전 한 개를 3회 던질 때, 앞면이 나오는 개수를 확률변수 X라 하자. 이때 X의 표준편차를 구하라.

풀이

동전에서 앞면이 나오는 확률 $p=\frac{1}{2}$이고, 시행 횟수가 3회이므로 $n=3$이다.
따라서 이항분포 $B\left(3,\ \frac{1}{2}\right)$이다.

표준편차를 구하기 위해 분산을 먼저 구하면

$$V(X)=npq=3\times\frac{1}{2}\times\frac{1}{2}=\frac{3}{4}$$

이다. $\sigma(X)=\sqrt{r(X)}$ 이므로

$$\sigma(X)=\sqrt{\frac{3}{4}}=\frac{\sqrt{3}}{2}$$

$\therefore\ \frac{\sqrt{3}}{2}$

예제 4-19

검은 구슬 3개와 빨간 구슬 2개가 들어 있는 주머니에서 구슬을 꺼내어 보고 다시 넣는 시행을 50번 반복했다. 검은 구슬이 나오는 횟수를 확률변수 X라 할 때, X의 평균을 구하라.

풀이

검은 구슬이 나오는 확률 $p=\frac{3}{5}$이고, 시행 횟수가 50번이므로 $n=50$이다.

따라서 이항분포 $B\left(50,\ \frac{3}{5}\right)$이다. 평균을 구하면

$$E(X)=50\times\frac{3}{5}=30$$

$\therefore$ 30

예제 4-20

이항분포 $B(n,\ p)$의 평균이 20, 표준편차가 4라고 할 때, n과 p의 값을 구하라.

풀이

$E(X)=np=20,\quad V(X)=npq=16$이므로

$$20q=16,\ q=\frac{16}{20}=\frac{4}{5}$$

이때 $p+q=1$이므로 $p=\frac{1}{5}$이다.

$\sigma(X)=\sqrt{npq}=4$이므로 $p,\ q$를 대입하면

$$\sqrt{n\times\frac{1}{5}\times\frac{4}{5}}=4$$

$$\sqrt{\frac{4n}{25}}=4,\quad \frac{4n}{25}=16,\quad n=100$$

$\therefore\ n=100,\ p=\frac{1}{5}$

4.3.2 큰수의 법칙

1회 시행에서 사건 A가 일어날 확률이 p인 시행을 독립적으로 n회 반복하는 이항분포를 살펴봤다. 이때 사건 A가 일어나는 횟수를 X라 하면 반복하는 n이 한없이 커지면 아무리 작은 양수 α를 선택해도 상대도수 $\frac{x}{n}$는 p에 가까워진다. 이를 **큰수의 법칙**이라고 하고, 다음과 같이 나타낸다.

$$\lim_{n \to \infty} P\left(\left|\frac{x}{n} - p\right| < \alpha\right) = 1$$

$\frac{x}{n}$는 사건 A의 통계적 확률, p는 사건 A의 수학적 확률을 나타낸다. 즉 큰수의 법칙은 시행하는 횟수가 클수록 사건 A가 일어나는 통계적 확률이 사건 A가 일어나는 수학적 확률에 가까워짐을 의미한다.

[표 4-8] $n=10,\ 30,\ 50$일 때의 확률분포표

$P(X=r)$ \ n	10	30	50
$P(X=0)$	0.1615	0.0042	0.0001
$P(X=1)$	0.3230	0.0253	0.0011
$P(X=2)$	0.2907	0.0733	0.0054
$P(X=3)$	0.1550	0.1368	0.0172
$P(X=4)$	0.0543	0.1847	0.0405
$P(X=5)$	0.0130	0.1921	0.0745
$P(X=6)$	0.0022	0.1601	0.1118
$P(X=7)$	0.0002	0.1098	0.1405
$P(X=8)$	0.0000	0.0631	0.1510
$P(X=9)$		0.0309	0.1410
$P(X=10)$		0.0130	0.1156
$P(X=11)$		0.0047	0.0841
$P(X=12)$		0.0015	0.0546
$P(X=13)$		0.0004	0.0319
$P(X=14)$		0.0001	0.0169
$P(X=15)$		0.0000	0.0081
$P(X=16)$			0.0035
$P(X=17)$			0.0014
$P(X=18)$			0.0005
$P(X=19)$			0.0002
$P(X=20)$			0.0001
$P(X=21)$			0.0000

주사위 한 개를 n회 던질 때, 1의 눈이 나오는 횟수를 확률변수 X라고 하면 X의 확률분포는 $B\left(n,\ \frac{1}{6}\right)$을 따른다. [표 4-8]은 $n=10,\ 30,\ 50$일 때의 확률 $P(X=r)={}_nC_r\left(\frac{1}{6}\right)^r\left(\frac{5}{6}\right)^{n-r}$을 $r=0,1,2,\cdots,n$의 근삿값을 계산하여 만든 확률분포표이다.

주어진 표를 이용하여 $n=10,\ 30,\ 50$일 때의 $P\left(\left|\frac{x}{n}-p\right|<\alpha\right)=1$에서 $P\left(\left|\frac{x}{n}-\frac{1}{6}\right|<0.1\right)$을 구해보자. x의 범위를 구하면

$$\left(\frac{x}{n}-\frac{1}{6}\right)<0.1$$

$$-\frac{1}{10}<\frac{x}{n}-\frac{1}{6}<\frac{1}{10}$$

$$\frac{n}{15}<x<\frac{4n}{15}$$

가 된다. 이때 확률변수 X는 이산값을 가지므로 자연수를 취한다.

- $n=10$일 때, $\frac{10}{15}<x<\frac{40}{15}$이므로

$$\begin{aligned}P(0.66\cdots<x<2.66\cdots)&=P(X=1)+P(X=2)\\&=0.3230+0.2907\\&=0.6137\end{aligned}$$

- $n=30$일 때, $\frac{30}{15}<x<\frac{120}{15}$이므로

$$\begin{aligned}P(2<x<8)&=P(X=3)+P(X=4)+P(X=5)+P(X=6)+P(X=7)\\&=0.1368+0.1847+0.1921+0.1601+0.1098\\&=0.7837\end{aligned}$$

- $n=50$일 때, $\frac{50}{15}<x<\frac{200}{15}$이므로

$$\begin{aligned}&P(3.33\cdots<x<13.33\cdots)\\&=P(X=4)+P(X=5)+P(X=6)+\cdots+P(X=13)\\&=0.0405+0.0745+0.1118+0.1405+0.1510+0.1410+0.1156+0.0841\\&\quad+0.0546+0.0319\\&=0.9455\end{aligned}$$

$n=10,\ 30,\ 50$으로 커지면 값도 0.6137, 0.7837, 0.9455로 커지는 것을 알 수 있다. 이로부터 통계적 확률 $\frac{x}{n}$와 수학적 확률 $\frac{1}{6}$의 차이가 0.1보다 작을 확률 $P\left(\left|\frac{x}{n}-\frac{1}{6}\right|<0.1\right)$의 값은

시행하는 횟수 n이 커짐에 따라 1에 가까워짐을 알 수 있다. 즉 통계적 확률이 수학적 확률에 가까워지는 것을 확인할 수 있다.

예제 4-21

주사위를 n번 던져서 1의 눈이 나온 횟수를 r이라 할 때, $n=12$에 대해 $\frac{1}{6}-0.1<\frac{r}{n}<\frac{1}{6}+0.1$이 되는 확률 p_r을 구하라.

풀이

$n=12$이므로

$$\frac{1}{6}-\frac{1}{10}<\frac{r}{12}<\frac{1}{6}+\frac{1}{10}$$

$$\frac{4}{60}<\frac{r}{12}<\frac{16}{60}$$

$$\frac{4}{5}<r<\frac{16}{5}$$

$$0.8<r<3.2$$

r은 이산값이므로 $r=1,\ 2,\ 3$이다. 따라서 확률은

$$\begin{aligned} p_r &= {}_{12}C_1\left(\frac{1}{6}\right)^1\left(\frac{5}{6}\right)^{11}+{}_{12}C_2\left(\frac{1}{6}\right)^2\left(\frac{5}{6}\right)^{10}+{}_{12}C_3\left(\frac{1}{6}\right)^3\left(\frac{5}{6}\right)^9 \\ &= \frac{5^9}{6^{12}}\times 850 \fallingdotseq 0.763 \end{aligned}$$

$\therefore$ 0.763

예제 4-22

[예제 4-21]에서 $n=20$일 때, 확률 p_r을 구하라.

풀이

$n=20$이므로

$$\frac{1}{6}-\frac{1}{10}<\frac{r}{20}<\frac{1}{6}+\frac{1}{10}$$

$$\frac{4}{3}<r<\frac{16}{3}$$

r은 이산값이므로 $r=2,\ 3,\ 4,\ 5$이다. 따라서 확률은

$$p_r = {}_{20}C_2\left(\frac{1}{6}\right)^2\left(\frac{5}{6}\right)^{18}+{}_{20}C_3\left(\frac{1}{6}\right)^3\left(\frac{5}{6}\right)^{17}+{}_{20}C_4\left(\frac{1}{6}\right)^4\left(\frac{5}{6}\right)^{16}+{}_{20}C_5\left(\frac{1}{6}\right)^5\left(\frac{5}{6}\right)^{15}$$

$$= \frac{5^{15}}{6^{20}} \times 91979 \fallingdotseq 0.768$$

$\therefore$ 0.768

예제 4-23

[표 4-8]을 참조하여 다음을 구하라. 주사위 한 개를 n회 던져 1의 눈이 나오는 횟수를 X라 할 때, $n=10$, $n=30$에서 $P\left(\left|\frac{x}{n}-\frac{1}{6}\right|<0.01\right)$의 값을 각각 구하라.

풀이

$\left|\frac{x}{n}-\frac{1}{6}\right|<0.01$이므로

$$-\frac{1}{100}<\frac{x}{n}-\frac{1}{6}<\frac{1}{100}$$

$$\frac{94}{600}<\frac{x}{n}<\frac{106}{600}$$

$$\frac{47n}{300}<x<\frac{53n}{300}$$

i) $n=10$일 때

$$\frac{470}{300}<x<\frac{530}{300}$$

$$1.566\cdots<x<1.766\cdots$$

X가 취할 수 있는 값은 이산값이어야 하므로 $1.566\cdots<x<1.766\cdots$을 만족하는 X는 존재하지 않는다.

$\therefore\ P\left(\left|\frac{x}{10}-\frac{1}{6}\right|<0.01\right)=0$

ii) $n=30$일 때

$$\frac{47n}{300}<x<\frac{53n}{300}$$

$$\frac{1410}{300}<x<\frac{1590}{300}$$

$$4.7<x<5.3$$

X가 취할 수 있는 값은 이산값이므로 $X=5$가 된다.

$P\left(\left|\frac{x}{30}-\frac{1}{6}\right|<0.01\right)$의 값은 $n=30$일 때 $P(X=5)$의 값인 0.1921이다.

$\therefore$ 0.1921

Section 4.3 연습문제

A1. 이항분포 $B(n,\ p)$를 따르는 확률변수 X가 있다. $E(X)=2$, $\sigma(X)=1$일 때, $P(X=2)$의 값을 구하라.

① $\frac{1}{4}$ ② $\frac{1}{2}$ ③ $\frac{3}{8}$
④ $\frac{1}{5}$ ⑤ $\frac{2}{5}$

풀이 ③

$E(X)=np=2$, $V(X)=npq=1$이므로

$$2q=1,\ q=\frac{1}{2}$$

$p+q=1$이므로 $p=\frac{1}{2}$이다. $npq=1$에서 $\frac{n}{4}=1$이므로 $n=4$이다.

$$P(X=2)={}_4C_2\left(\frac{1}{2}\right)^2\left(\frac{1}{2}\right)^2=6\times\frac{1}{16}=\frac{3}{8}$$

A2. 동전 2개를 동시에 던지는 시행을 480회 반복시행할 때, 2개 모두 앞면이 나오는 횟수 X의 평균과 표준편차를 구하라.

풀이 $E(X)=120$, $\sigma(X)=3\sqrt{10}$

동전 2개를 던져 앞면이 나오는 확률 $P=\frac{1}{4}$이므로 이항분포 $B(n,\ p)=B\left(480,\ \frac{1}{4}\right)$이다.

$$E(X)=480\times\frac{1}{4}=120$$

$$V(X)=480\times\frac{1}{4}\times\frac{3}{4}=90$$

$$\sigma(X)=\sqrt{90}=3\sqrt{10}$$

A3. 동전 한 개를 n회 던져서 앞면이 나오는 횟수 X에 대하여 $E(X)=10$일 때, $2X+3$의 분산을 구하라.

풀이 20

동전 한 개를 던져 앞면이 나오는 확률 $P=\frac{1}{2}$이므로 이항분포 $B(n,\ p)=\left(n,\ \frac{1}{2}\right)$이다.

$$E(X)=n\times\frac{1}{2}=\frac{n}{2}=10,\ n=20$$

$$V(X)=n\times\frac{1}{2}\times\frac{1}{2}=\frac{n}{4}=\frac{20}{4}=5$$

$V(aX+b)=a^2V(X)$이므로

$V(2X+3)=2^2V(X)=4\times5=20$

A4. 이항분포 $B(10,\ p)$에서 분산이 최대가 될 때의 이항분포의 평균을 구하라.

> **Hint**
> 이차방정식의 최댓값
> $ax^2+bx+c=a\left(x+\frac{b}{2a}\right)^2-\frac{b^2-4ac}{4a}$
> $a>0,\ x=-\frac{b}{2a}$, 최댓값$=\left(-\frac{b^2-4ac}{4a}\right)$

풀이 5

$V(X)=npq$에 $q=1-p$를 대입하면

$$\begin{aligned} np(1-p)&=-n(p^2-p)\\ &=-n\left(p^2-p+\frac{1}{4}-\frac{1}{4}\right)\\ &=-n\left(p-\frac{1}{2}\right)^2+\frac{n}{4} \end{aligned}$$ ← Hint 적용

따라서 $p=\frac{1}{2}$일 때 최댓값 $\frac{n}{4}$을 갖는다.

$E(X)=np=10\times\frac{1}{2}=5$

A5. 주사위 한 개를 10회 던져서 3의 눈이 나오는 횟수 X에 대하여 4^x원의 상금을 받기로 하였다. 이때 상금의 기댓값을 구하라.

풀이 $\left(\frac{3}{2}\right)^{10}$

주사위 한 개를 던져서 3의 눈이 나오는 확률 $p=\frac{1}{6}$이므로 이항분포 $B(n,\ p)=B\left(10,\ \frac{1}{6}\right)$이다. 4^x원의 기댓값은

$$\begin{aligned} E(4^x)&=\sum_{x=0}^{10}4^x{}_{10}C_x\left(\frac{1}{6}\right)^x\left(\frac{5}{6}\right)^{10-x}\\ &=\sum_{x=0}^{10}{}_{10}C_x\left(\frac{4}{6}\right)^x\left(\frac{5}{6}\right)^{10-x}\\ &=\left(\frac{4}{6}+\frac{5}{6}\right)^{10}=\left(\frac{3}{2}\right)^{10} \end{aligned}$$

A6. 타율이 3할인 야구선수가 10번 타석에서 안타를 친 횟수를 X라 할 때, $P(X \le 8)$을 구하라.

① $1-\left(\frac{7}{30}\right)\left(\frac{3}{10}\right)^{10}$

② $1-\left(\frac{71}{3}\right)\left(\frac{3}{10}\right)^{10}$

③ $1-\left(\frac{72}{3}\right)\left(\frac{3}{10}\right)^{10}$

④ $1-\left(\frac{73}{3}\right)\left(\frac{3}{10}\right)^{10}$

⑤ $1-\left(\frac{74}{3}\right)\left(\frac{3}{10}\right)^{10}$

풀이 ④

타율이 3할이므로 $P=\frac{3}{10}$이다.

따라서 이항분포 $B(n,\ p)=B\left(10,\ \frac{3}{10}\right)$이다.

$$\begin{aligned} P(X \le 8) &= 1-\{P(X=9)+P(X=10)\} \\ &= 1-\left\{{}_{10}C_9\left(\frac{3}{10}\right)^9\left(\frac{7}{10}\right)^1+{}_{10}C_{10}\left(\frac{3}{10}\right)^{10}\left(\frac{7}{10}\right)^0\right\} \\ &= 1-\left\{10\left(\frac{3}{10}\right)^9\left(\frac{7}{10}\right)^1+1\left(\frac{3}{10}\right)^{10}\right\} \\ &= 1-\left\{10\left(\frac{3}{10}\right)^{10}\left(\frac{10}{3}\right)\left(\frac{7}{10}\right)+\left(\frac{3}{10}\right)^{10}\right\} \\ &= 1-\left(\frac{70}{3}+1\right)\left(\frac{3}{10}\right)^{10} \\ &= 1-\left(\frac{73}{3}\right)\left(\frac{3}{10}\right)^{10} \end{aligned}$$

A7. 동전 3개를 던지는 시행을 8번 반복할 때 2개는 앞면, 1개는 뒷면이 나오는 횟수를 확률변수 X라고 할 때, X의 평균을 구하라.

① 1 ② 2 ③ 3 ④ 4 ⑤ 5

풀이 ③

독립시행 $P(X=r)={}_nC_r p^r q^{n-r}$이므로

동전 3개를 던질 때 앞면이 2개, 뒷면이 1개 나올 확률은

$${}_3C_2\left(\frac{1}{2}\right)^2\left(\frac{1}{2}\right)^1=3\left(\frac{1}{8}\right)=\frac{3}{8}$$

따라서 이항분포 $B(n,\ p)=\left(8,\ \frac{3}{8}\right)$이므로

$$E(X)=8\times\frac{3}{8}=3$$

A8. 갑과 을이 가위바위보를 27번 시행한다. 갑이 을에게 이기는 횟수를 X라고 할 때, $E(X^2)$의 값을 구하라.

① 83 ② 84 ③ 85 ④ 86 ⑤ 87

풀이 ⑤

가위바위보를 할 때 갑이 이길 확률은 $\frac{1}{3}$이므로 이항분포 $B(n,\ p)=B\left(27,\ \frac{1}{3}\right)$이다.

$$E(X)=27\times\frac{1}{3}=9$$

$$V(X)=27\times\frac{1}{3}\times\frac{2}{3}=6$$

$V(X)=E(X^2)-(E(X))^2$이므로

$6=E(X^2)-81,\ E(X^2)=87$

A9. 동전 한 개를 4회 던질 때 앞면이 나오는 횟수를 X라 한다. $(X-a)^2$의 기댓값의 최솟값을 구하라.

① 1 ② 2 ③ 3 ④ 4 ⑤ 5

풀이 ①

이항분포 $B(n,\ p)=\left(4,\ \frac{1}{2}\right)$이므로

$$E(X)=2,\ V(X)=4\times\frac{1}{2}\times\frac{1}{2}=1$$

$V(X)=E(X^2)-\{E(X)\}^2$이므로

$$1=E(X^2)-4,\ E(X^2)=5$$

$$\begin{aligned}E\{(X-a)^2\}&=E(X^2-2aX+a^2)\\&=E(X^2)-2aE(X)+a^2\\&=a^2-4a+5\\&=a^2-4a+4+1\\&=(a-2)^2+1\end{aligned}$$

따라서 $a=2$일 때 최솟값 1을 가진다.

A10. 확률변수 X의 확률분포가

$$P(X=x)={}_{200}C_x\left(\frac{1}{5}\right)^x\left(\frac{4}{5}\right)^{200-x}$$

$(x=0, 1, 2, \cdots, 200)$일 때, 확률변수에 대하여 $\sigma(9X-4)+E(3X-4)+V(3X-4)$의 값을 구하라.

① $404+3\sqrt{2}$ ② $404+6\sqrt{2}$
③ $404+9\sqrt{2}$ ④ $404+36\sqrt{2}$
⑤ $404+15\sqrt{2}$

풀이 ④

$P(X=x)={}_{200}C_x\left(\frac{1}{5}\right)^x\left(\frac{4}{5}\right)^{200-x}$ 이므로

이항분포 $B(n,\ p)=\left(200,\ \frac{1}{5}\right)$이다.

$$E(X)=200\times\frac{1}{5}=40$$
$$V(X)=200\times\frac{1}{5}\times\frac{4}{5}=32$$
$$\sigma(X)=\sqrt{32}=4\sqrt{2}$$

$$E(3X-4)=3E(X)-4=120-4=116$$
$$V(3X-4)=9V(X)=9\times 32=288$$
$$\sigma(9X-4)=9\sigma(X)=9\times 4\sqrt{2}=36\sqrt{2}$$

따라서 $116+288+36\sqrt{2}=404+36\sqrt{2}$

(A11~A13) 다음 이항분포표를 이용하여 물음에 답하라.

$P(X=K)$ \ n	10	30	50
$P(X=0)$	0.1615	0.0042	0.0001
$P(X=1)$	0.3230	0.0253	0.0011
$P(X=2)$	0.2907	0.0733	0.0054
$P(X=3)$	0.1550	0.1368	0.0172
$P(X=4)$	0.0543	0.1847	0.0405
$P(X=5)$	0.0130	0.1921	0.0745
$P(X=6)$	0.0022	0.1601	0.1118
$P(X=7)$	0.0002	0.1098	0.1405
$P(X=8)$	0.0000	0.0631	0.1510
$P(X=9)$	…	0.0309	0.1410

A11. 이항분포표를 이용하여 $P(X<1.9)$을 구하라. (단, $n=10$)

① 0.4845 ② 0.4840 ③ 0.3230
④ 0.2907 ⑤ 0.2093

풀이 ①

X는 이산값을 가지므로

$$P(X<1.9)=P(X=0)+P(X=1)$$
$$=0.1615+0.3230$$
$$=0.4845$$

A12. 이항분포표를 이용하여 $P(1.8<X<4.8)$을 구하라. (단, $n=30$)

① 0.1847 ② 0.3215 ③ 0.3948
④ 0.4201 ⑤ 0.4242

풀이 ③

X는 이산값을 가지므로

$$P(1.8<X<4.8)$$
$$=P(X=2)+P(X=3)+P(X=4)$$
$$=0.0733+0.1368+0.1847$$
$$=0.3948$$

A13. 주사위 한 개를 n회 던져서 5의 눈이 나오는 횟수를 X라고 할 때, 이항분포표를 이용하여 $\left|\frac{X}{n}-\frac{1}{6}\right|<0.1$의 확률을 구하라. (단, $n=30$)

① 0.7835 ② 0.6723 ③ 0.4313
④ 0.2466 ⑤ 0.1368

풀이 ①

$n=30$이므로

$$\left|\frac{X}{30}-\frac{1}{6}\right|<0.1$$
$$-\frac{1}{10}<\frac{X}{30}-\frac{1}{6}<\frac{1}{10}$$
$$2<X<8$$

X는 이산값을 가지므로

$$P(2<X<8)$$
$$=P(X=3)+P(X=4)$$
$$+P(X=5)+P(X=6)+P(X=7)$$
$$=0.1368+0.1847+0.1921+0.1601+0.1098$$
$$=0.7835$$

A14. 주사위 한 개를 n회 던져 1의 눈이 나오는 횟수를 X라고 할 때, 다음 표를 참고하여 $P\left(\left|\frac{x}{n}-\frac{1}{6}\right|< 0.01\right)$의 확률을 구하라. (단, $n=50$)

$P(X=r)$ \ n	50
$P(X=6)$	0.1118
$P(X=7)$	0.1405
$P(X=8)$	0.1510
$P(X=9)$	0.1410
$P(X=10)$	0.1156

풀이 0.1510

$n=50$이므로

$$-\frac{1}{100}<\frac{x}{50}-\frac{1}{6}<\frac{1}{100}$$

$$\frac{2350}{300}<x<\frac{2650}{300}$$

$$7.8<x<8.8$$

x가 이산값을 가지므로

$P(7.8< X< 8.8)= P(X=8)=0.1510$

A15. 확률변수 X의 확률분포가 $P(X=k)={}_nC_k p^k q^{n-k}(p+q=1,$ $0<p<1,\ k=0,\ 1,\ 2,\ \cdots,\ n)$일 때, $f(X)=\sum_{k=0}^{n}(X-k)^2P(X=k)$를 만족하는 최솟값을 구하라.

① $E(X)$ ② $E(X^2)$ ③ $\sigma(X)$
④ $V(X)$ ⑤ $\{E(X)\}^2$

풀이 ④

$$f(X)=\sum_{k=0}^{n}(X-k)^2P(X=k)$$
$$=\sum_{k=0}^{n}(X^2-2kX+k^2)P(X=k)$$
$$=X^2\sum_{k=0}^{n}P(X=k)-2X\sum_{k=0}^{n}kP(X=k)$$
$$+\sum_{k=0}^{n}k^2P(X=k)$$

이때

$$E(X)=\sum_{k=0}^{n}kP(X=k)$$
$$E(X^2)=\sum_{k=0}^{n}k^2P(X=k)$$
$$V(X)=E(X^2)-(E(X))^2$$
$$\sum_{k=0}^{n}P(X=k)=1$$

이므로 $f(X)$는 다음과 같이 정리할 수 있다.

$$1X^2-2XE(X)+E(X^2)$$
$$=X^2-2XE(X)+(E(X))^2-(E(X))^2+E(X^2)$$
$$=\{X-E(X)\}^2+E(X^2)-(E(X))^2$$
$$=(X-m)^2+V(X)$$

따라서 $X=m$일 때 최솟값은 $V(X)$이다.

4.4 확률밀도함수

확률변수 X가 어떤 구간 안에 있는 모든 실수값을 취할 때, X를 연속확률변수라고 한다. 이산확률변수가 주사위의 눈, 동전의 앞면 수, 물건을 생산할 때 발생하는 불량품 등과 같이 불연속인 값을 가지는 반면에 연속확률변수는 시간, 길이, 무게 등과 같이 어떤 구간에서 연속적인 값을 가진다.

연속확률변수 X가 $\alpha \le X \le \beta$에 모든 실수값을 취하는 함수 $f(x)$를 **확률밀도함수**라고 한다. 확률밀도함수는 연속확률변수를 X가 가지는 구간을 정의역 x로 하고 각각의 확률변수가 가지는 확률 $P(X=x_i)$를 치역으로 한다. 확률밀도함수는 다음과 같은 성질을 갖는다.

- $f(x) \ge 0$ (단, $\alpha \le x \le \beta$), 즉 확률 p의 범위가 $0 \le p \le 1$이므로 확률밀도함수는 모든 구간에서 0보다 크거나 같은 함수값을 가진다.
- 함수 $y=f(x)$의 그래프와 x축 사이의 넓이는 1이다. (단, 정의역은 $\alpha \le x \le \beta$)

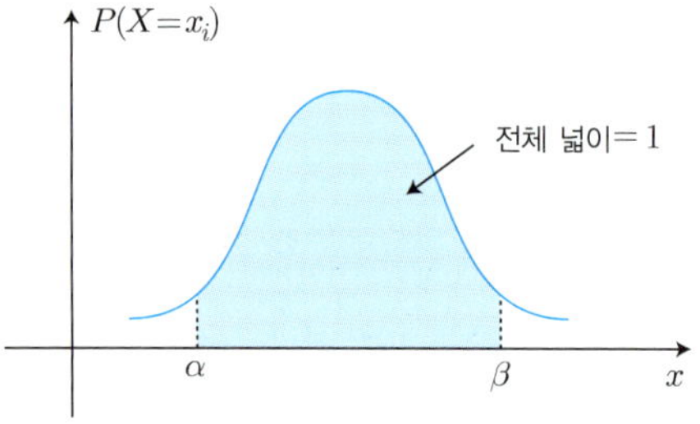

[그림 4-5] $f(x)$의 그래프와 x축 사이의 넓이

- $P(x_1 \le X \le x_2)$는 함수 $y=f(x)$의 그래프와 x축 및 직선 $x=x_1$과 $x=x_2$로 둘러싸인 부분의 넓이와 같다. (단, $\alpha \le x_1 < x_2 \le \beta$)

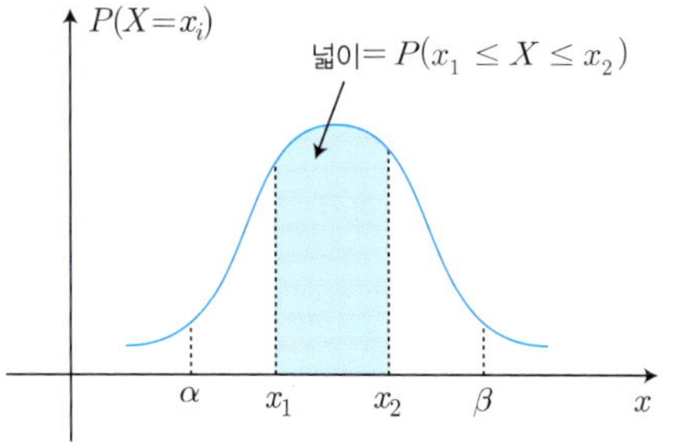

[그림 4-6] $x_1 \le X \le x_2$의 확률

[표 4-9]에서 이산확률변수와 연속확률변수를 비교해보자.

[표 4-9] 이산확률변수와 연속확률변수 비교

	이산확률변수	연속확률변수
확률변수의 형태		
확률분포 그래프	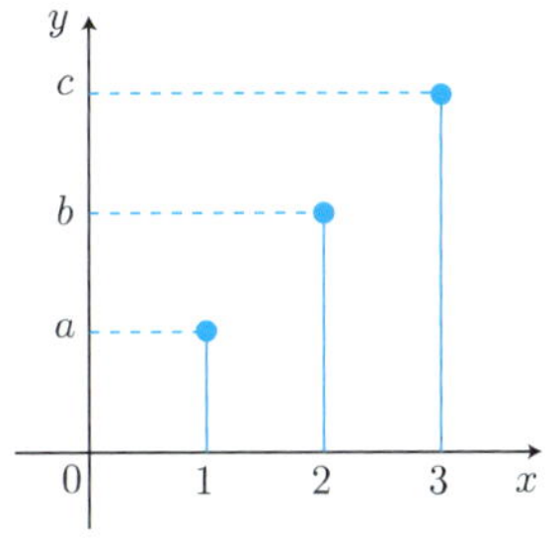	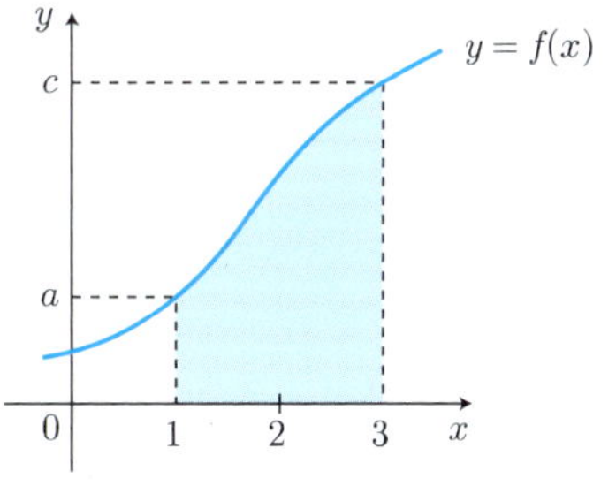
확률의 총합	(각 선분의 길이의 합)$=1$	(색칠한 부분의 넓이)$=1$
확률 $P(1 \le X \le 2)$	$P(X=1)+P(X=2)=a+b$	$y=f(x)$에서 x축과 $x=1$, $x=2$로 둘러싸인 부분의 넓이 $\int_1^2 f(x)dx$

연속적인 함수 $f(x)$에서 주어진 구간의 넓이는 적분을 이용하여 구한다.

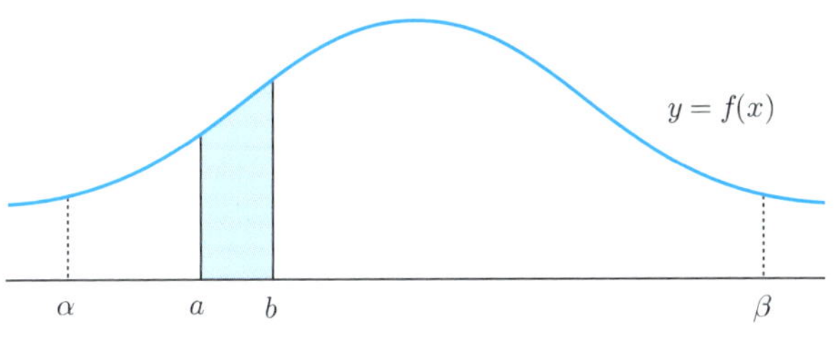

[그림 4-7] $y=f(x)$ 그래프에서 $[a, b]$의 확률

따라서 확률밀도함수 $f(x)$가 $[a, b]$에서 가지는 확률은

$$P(a \le X \le b) = \int_a^b f(x)dx$$

로 구할 수 있다. 또한 확률밀도함수 $f(x)$는 $\int_{-\infty}^{\infty} f(x)dx = 1$이 된다.

예제 4-24

$0 \leq X \leq 5$에서 정의된 확률밀도함수 $y=f(x)$의 그래프가 다음과 같을 때, 상수 a의 값을 구하라.

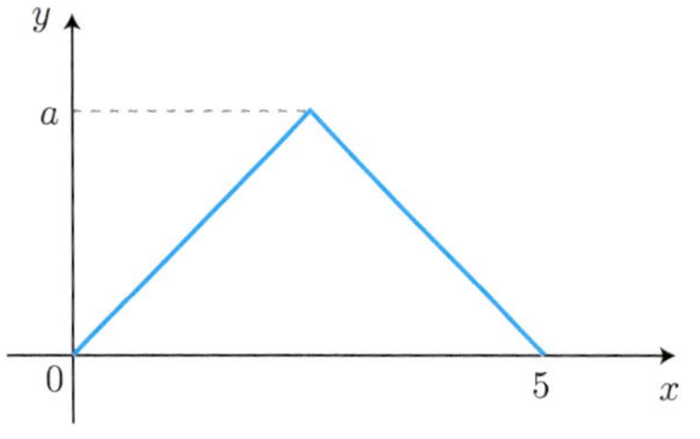

풀이

함수 $y=f(x)$와 x축이 만든 삼각형의 넓이는 1이므로

$$\frac{1}{2}\times 5\times a=1, \ a=\frac{2}{5}$$

$\therefore \ \frac{2}{5}$

예제 4-25

확률변수 X가 정규분포 $N(m, \sigma^2)=N(50, 10^2)$을 따를 때, $P(X>50)$의 값을 구하라.

풀이

$N(50, 10^2)$에서 $m=50$이므로 정규분포곡선의 중심은 $m=50$이다.

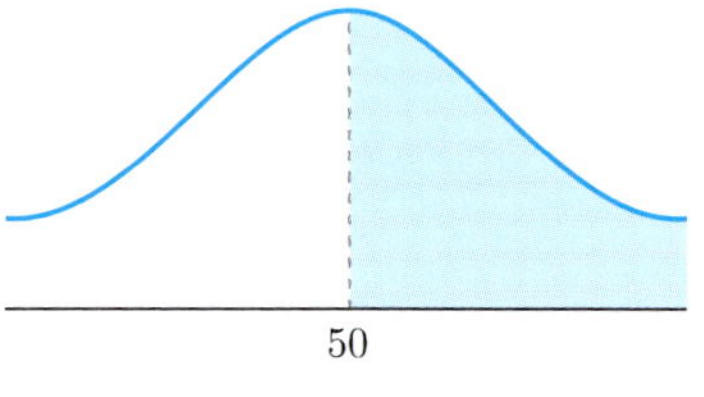

따라서 정규분포곡선에서 $P(X>50)$의 넓이는

$$P(X>50)=\frac{1}{2}=0.5$$

$\therefore$ 0.5

예제 4-26

연속확률변수 X의 확률밀도함수 $f(x)=\begin{cases} ax, & 0 \le x \le 2 \\ a(4-x), & 2 \le x \le 4 \end{cases}$일 때, $P(0 \le X \le 1)$을 구하라.

풀이

확률밀도함수 $f(x)$를 그래프로 나타내면 다음과 같다.

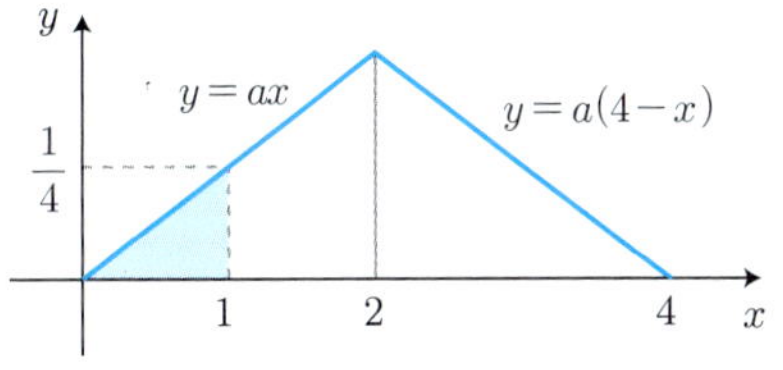

전체 삼각형의 넓이는 1이므로

$$\frac{1}{2}\times 4\times 2a=1,\ a=\frac{1}{4}$$

색칠된 영역의 넓이를 구하면

$$\int_0^1 \frac{1}{4}x\,dx=\frac{1}{4}\left[\frac{1}{2}x^2\right]_0^1=\frac{1}{4}\left(\frac{1}{2}\right)=\frac{1}{8}$$

또는 색칠된 도형이 삼각형이므로

$$\frac{1}{2}\times 1\times\frac{1}{4}=\frac{1}{8}$$

$\therefore\ \frac{1}{8}$

예제 4-27

$[0,\ 1]$에서 정의된 연속확률변수 X의 확률밀도함수가 $f(x)=ax+a$로 주어질 때, 상수 a의 값을 구하라.

> **Hint**
> 사다리꼴의 넓이
> 넓이 $=\frac{1}{2}$(윗변 + 아랫변) × 높이

풀이

확률밀도함수 $f(x)$를 그래프로 나타내면 다음과 같다.

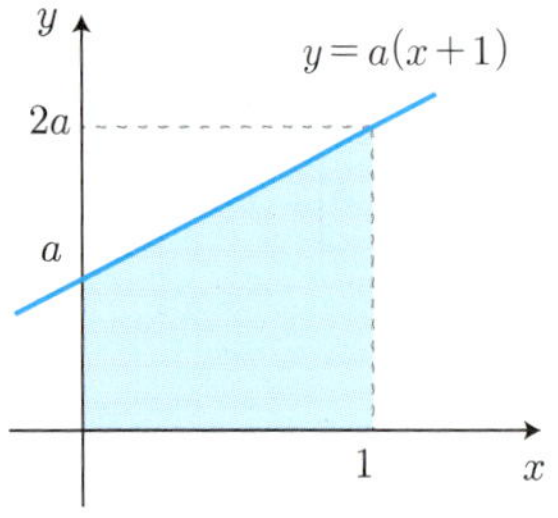

주어진 구간에서 색칠된 사다리꼴의 넓이 S는 1이므로

$$S=\frac{1}{2}(a+2a)\times 1 \leftarrow \text{Hint 적용}$$

$$\frac{1}{2}(a+2a)\times 1=1,\ 3a=2,\ a=\frac{2}{3}$$

$\therefore\ \frac{2}{3}$

예제 4-28

연속확률변수 X의 확률밀도함수 $f(x)=k(2\le X\le 6)$일 때, $P(2.5\le X\le 4.5)$의 값을 구하라.

풀이

확률밀도함수 $f(x)$가 상수함수이므로 그래프로 나타내면 다음과 같다.

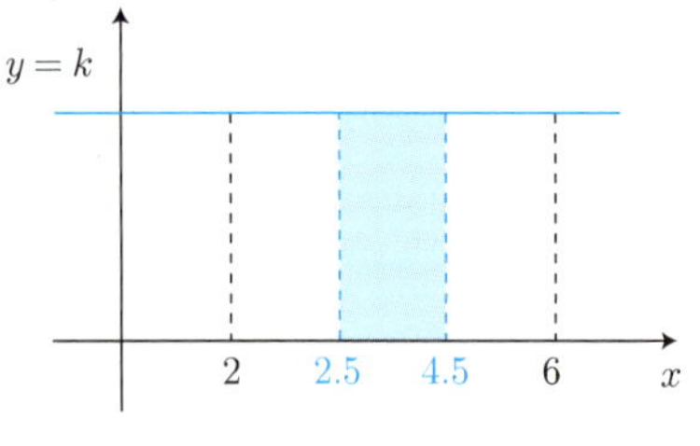

구간 $[2,\ 6]$에서 넓이의 합은 1이므로

$$S=(6-2)\times k=1,\ k=\frac{1}{4}$$

그림에 색칠된 직사각형의 넓이를 구하면

$$\begin{aligned}P(2.5\le X\le 4.5)&=(4.5-2.5)\times k\\&=2k=2\times\frac{1}{4}=\frac{1}{2}\end{aligned}$$

$\therefore\ \frac{1}{2}$

Section 4.4 연습문제

A1. 다음 중 구간 [-1, 1]에서 정의된 확률변수 X의 확률밀도함수 $y=f(x)$의 그래프로 옳은 것을 찾아라.

①
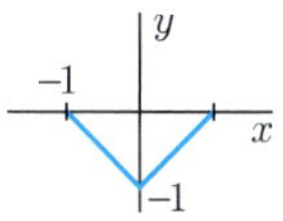

②
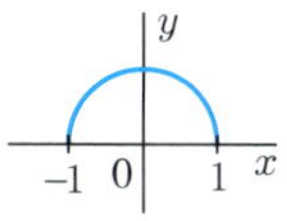

③
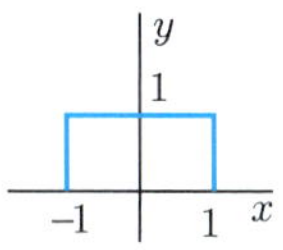

④
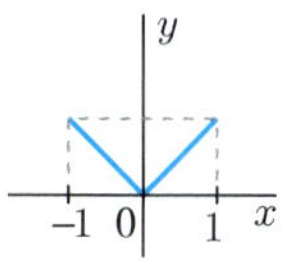

풀이 ④

$[-1, 1]$에서 확률밀도함수 $f(x)$의 특징은 $f(x) \geq 0$, $\int_{-\infty}^{\infty} f(x)dx = 1$이다.

즉 확률밀도함수 $f(x)$는 정의된 구간에서의 넓이가 항상 1이다.

따라서 $[-1, 1]$에서

$$\int_{-\infty}^{\infty} f(x)dx = 1$$

과 $f(x) \geq 0$을 만족해야 한다.

A2. $0 \leq x \leq 2$인 값을 갖는 확률변수 X의 확률밀도함수가 $f(x)=k$일 때, 상수 k값을 구하라.

① $\frac{1}{3}$　② $\frac{1}{2}$　③ 1

④ $\frac{3}{2}$　⑤ 2

풀이 ②

확률밀도함수 $f(x)$를 그래프로 나타내면

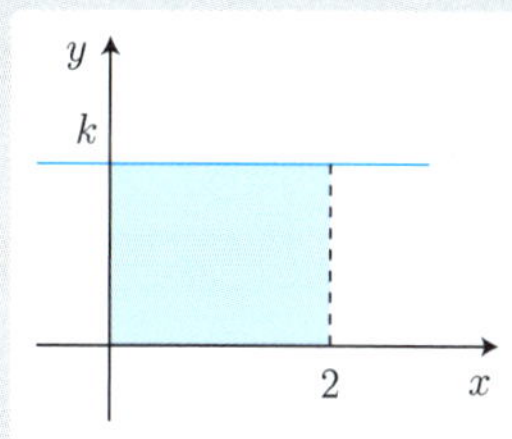

구간 $[0, 2]$에서 넓이는 1이므로

$2k=1$, $k=\frac{1}{2}$

A3. 연속확률변수 X가 취하는 값의 범위가 $0 \le x \le 2$이고 확률밀도함수가 다음과 같을 때, k의 값을 구하라. (단, k는 상수)

$$f(x)=\begin{cases} kx, & 0 \le x \le 1 \\ -k(x-2), & 1 \le x \le 2 \end{cases}$$

풀이 1

확률밀도함수 $f(x)$를 그래프로 나타내면 다음과 같다.

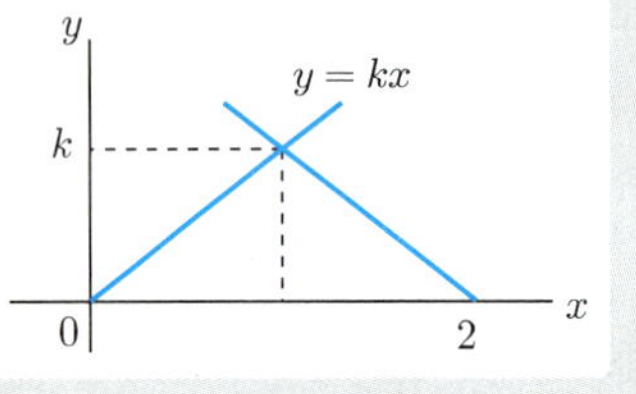

구간 $[0, 2]$에서 삼각형의 넓이는 1이므로

$\frac{1}{2}\times 2\times k=1$, $k=1$

A4. 구간 $[0, 2]$에서 정의된 연속확률변수 X의 확률밀도함수가 $f(x)=ax+a$로 주어졌을 때, 상수 a의 값을 구하라.

① $\frac{1}{4}$ ② $\frac{3}{4}$ ③ 1

④ $\frac{5}{4}$ ⑤ 2

풀이 ①

확률밀도함수 $f(x)$를 그래프로 나타내면 다음과 같다.

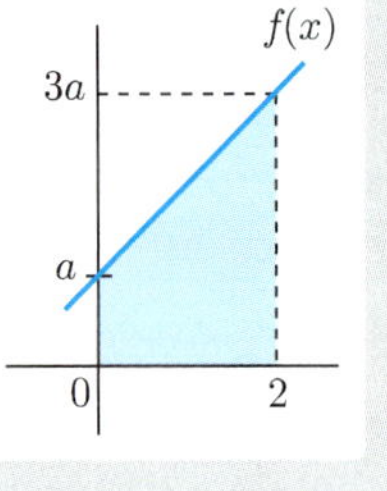

색칠된 영역의 사다리꼴 넓이는 1이므로

$$\frac{1}{2}\times 2(a+3a)=1$$

$$4a=1$$

따라서 $a=\frac{1}{4}$

A5. 연속확률변수 X의 확률밀도함수가 $f(x)=\frac{1}{2}x$ 로 주어질 때, $P(0 \le X \le 1)=a$, $P(X \ge 1)=b$이다. 이때 $\frac{b}{a}$의 값을 구하라. (단, $0 \le X \le 2$)

풀이 3

확률밀도함수 $f(x)=\frac{1}{2}x$를 그래프로 나타내면 다음과 같다.

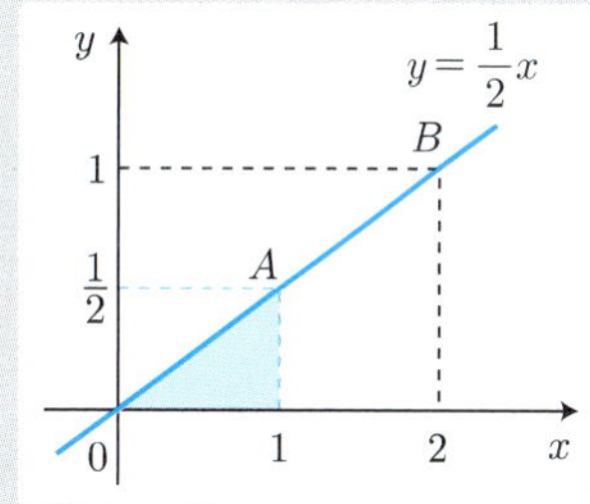

구간 $[0,\ 1]$에서의 넓이가 a이므로

$$\frac{1}{2}\times1\times\frac{1}{2}=a,\ a=\frac{1}{4}$$

구간 $[1,\ 2]$에서의 넓이는 b이므로

$$\frac{1}{2}\times\left(\frac{1}{2}+1\right)\times1=b,\ b=\frac{3}{4}$$

따라서 $\frac{b}{a}=3$

A6. 연속확률변수 X가 $-1 \le x \le 1$에서 정의되고, 확률밀도함수가

$f(x)=\begin{cases} x+1, & -1 \le x \le 0 \\ 1-x, & 0 \le x \le 1 \end{cases}$일 때,

$P\left(\frac{1}{2} \le X \le 1\right)$의 값을 구하라.

풀이 $\frac{1}{8}$

확률밀도함수 $f(x)$를 그래프로 나타내면 다음과 같다.

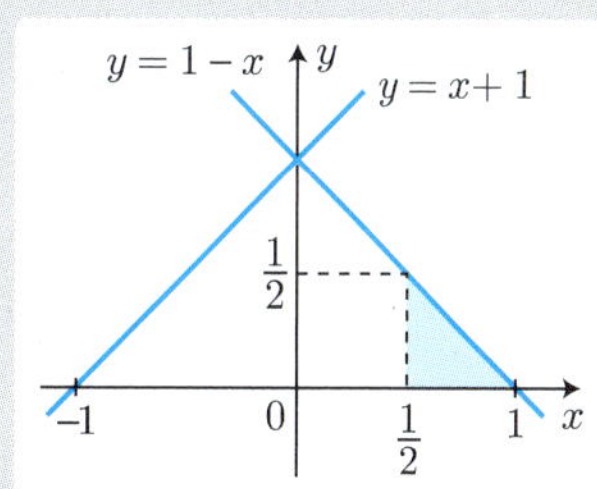

구간 $\left[\frac{1}{2},\ 1\right]$에서의 넓이를 구하면

$$\int_{\frac{1}{2}}^{1}(1-x)dx=\left[x-\frac{1}{2}x^2\right]_{\frac{1}{2}}^{1}=\frac{1}{8}$$

또는 삼각형의 넓이를 이용하여 풀면

$$\frac{1}{2}\times\left(1-\frac{1}{2}\right)\times\frac{1}{2}=\frac{1}{8}$$

A7. 확률변수 X의 확률밀도함수가

$$f(x)=\begin{cases} x, & 0 \le x \le 1 \\ 2-x, & 1 \le x \le 2 \\ 0, & x<0 \text{ 또는 } x>2 \end{cases}$$

일 때, $P\left(\frac{1}{2} \le X \le \frac{3}{2}\right)$의 값을 구하라.

풀이 $\frac{3}{4}$

확률밀도함수 $f(x)$를 그래프로 나타내면 다음과 같다.

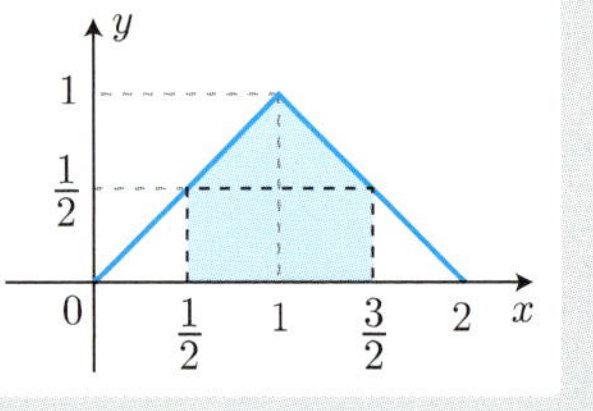

구간 $\left[\frac{1}{2}, \frac{3}{2}\right]$의 넓이는 구간 $\left[\frac{1}{2}, 1\right]$의 넓이의 2배이므로

$$\begin{aligned} P\left(\frac{1}{2} \le X \le \frac{3}{2}\right) &= 2P\left(\frac{1}{2} \le X \le 1\right) \\ &= 2\left\{\frac{1}{2} - P\left(0 \le X \le \frac{1}{2}\right)\right\} \\ &= 2\left\{\frac{1}{2} - \left(\frac{1}{2} \times \frac{1}{2} \times \frac{1}{2}\right)\right\} \\ &= \frac{3}{4} \end{aligned}$$

A8. 확률변수 X의 확률밀도함수 $f(x)$의 그래프가 다음과 같을 때, $P(1 \le X \le 4)$의 값을 구하라.

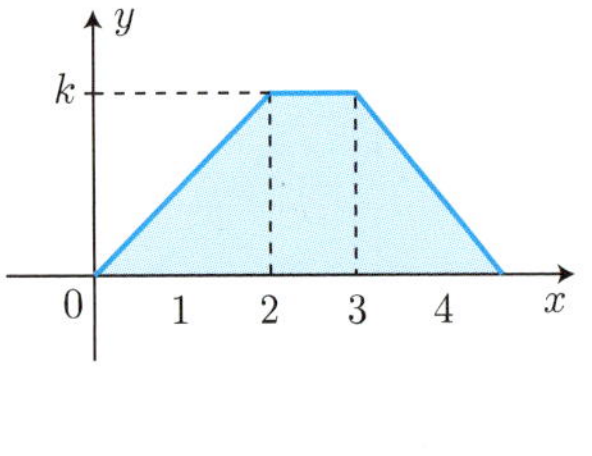

풀이 $\frac{9}{10}$

$y=f(x)$의 그래프와 x축 및 $x=0$, $x=4$로 둘러싸인 부분의 넓이는 1이므로

$$\frac{1}{2}(1+4)k=1, \quad k=\frac{2}{5}$$

$0 \le x \le 2$에서 점 $(0, 0)$과 $\left(2, \frac{2}{5}\right)$을 지나므로

$$f(x)=\frac{1}{5}x$$

$f(1)=\frac{1}{5}$이다. 색칠된 영역의 넓이를 구하면

$$\begin{aligned} P(1 \le X \le 4) &= 1 - P(0 \le X \le 1) \\ &= 1 - \left(\frac{1}{2} \times 1 \times \frac{1}{5}\right) \\ &= \frac{9}{10} \end{aligned}$$

A9. 연속확률변수 X의 확률밀도함수 $f(x)$가 $[3,\ 5]$에서 $f(x)=3k(x-2)$일 때, 상수 k의 값을 구하라.

풀이 $\frac{1}{12}$

확률밀도함수 $f(x)$를 그래프로 나타내면 다음과 같다.

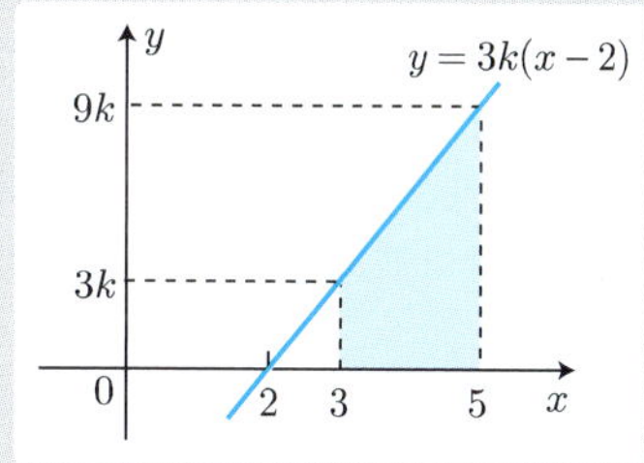

구간 $[3,\ 5]$에서 사다리꼴의 넓이는 1이므로

$$\frac{1}{2}(3k+9k)2=1$$

$$12k=1$$

따라서 $k=\frac{1}{12}$

A10. 확률변수 X의 확률밀도함수가

$f(x)=\begin{cases} kx, & 0\le x\le 3 \\ k, & 3\le x\le 6 \end{cases}$일 때 상수 k의 값을 구하라.

① $\frac{1}{27}$ ② $\frac{2}{27}$ ③ $\frac{4}{27}$
④ $\frac{5}{27}$ ⑤ $\frac{7}{27}$

풀이 ②

확률밀도함수 $f(x)$를 그래프로 나타내면 다음과 같다.

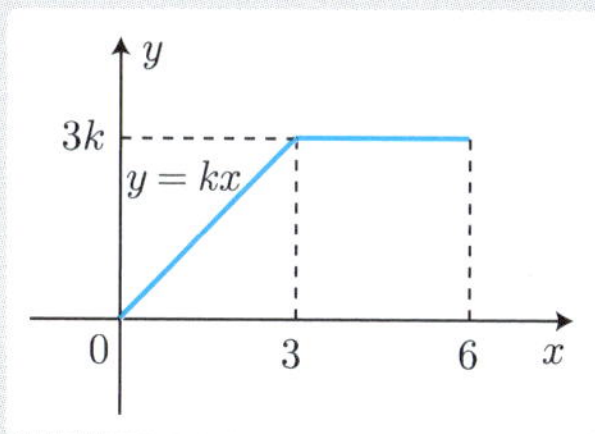

구간 $[0,\ 6]$에서의 넓이는 1이므로

$$\left(\frac{1}{2}\times 3\times 3k\right)+(3\times 3k)=1$$

$$\frac{9k}{2}+9k=1$$

$$9k+18k=2$$

$$27k=2$$

따라서 $k=\frac{2}{27}$

A11. 30분 간격으로 지나가는 마을버스가 있다. 어떤 사람이 임의의 시각에 버스 정류장에 나갈 때, 이 사람이 버스를 기다리는 시간이 20분 이상 될 확률을 구하라.

① $\frac{3}{4}$ ② $\frac{2}{3}$ ③ $\frac{1}{3}$

④ $\frac{1}{4}$ ⑤ $\frac{2}{4}$

풀이 ③

버스를 기다리는 시간을 확률변수 T라고 하면 버스는 30분마다 지나가므로

$$P(0 \le T \le 30) = 1$$

구간 $[0, 30]$의 확률변수 T의 확률밀도함수는

$$f(t) = \frac{1}{30}$$

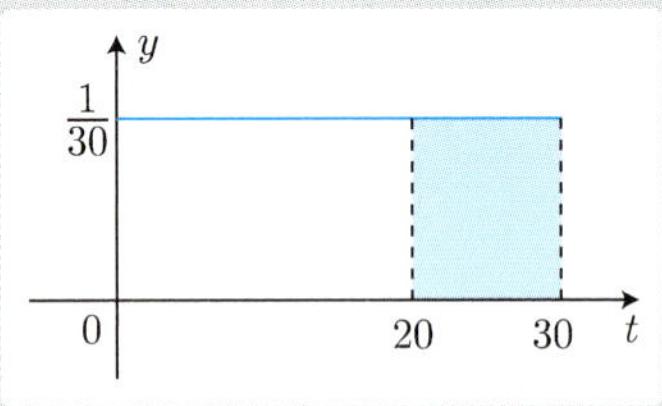

따라서 20분 이상 버스를 기다릴 확률은

$$P(20 \le T \le 30) = \int_{20}^{30} \frac{1}{30} dt = \left[\frac{1}{30}t\right]_{20}^{30}$$

$$= \frac{1}{30}(30-20) = \frac{10}{30} = \frac{1}{3}$$

또는 도형의 넓이를 이용하면

$$\frac{1}{30} \times (30-20) = \frac{1}{3}$$

임을 확인할 수 있다.

A12. 확률변수 X의 확률밀도함수가 $f(x) = 5x^2 (0 \le x \le 2)$로 주어질 때, X의 평균을 구하라.

① 5 ② 10 ③ 15 ④ 20 ⑤ 25

풀이 ④

$m = \int_0^2 xf(x)dx$이므로

$$\int_0^2 x(5x^2)dx = 5\int_0^2 x^3 dx$$

$$= 5\left[\frac{1}{4}x^4\right]_0^2$$

$$= \frac{5}{4} \times 16 = 20$$

A13. 확률변수 X의 확률밀도함수 $f(x)$가 다음과 같을 때, $P\left(X \geq \frac{1}{2}\right)$을 구하라.

$$f(x)\begin{cases}0, & x<0,\ x>2\\ ax, & 0\leq x\leq 1\\ -a(x-2), & 1\leq x\leq 2\end{cases}$$

① $\frac{3}{8}$　② $\frac{4}{8}$　③ $\frac{5}{8}$

④ $\frac{6}{8}$　⑤ $\frac{7}{8}$

풀이 ⑤

확률밀도함수 $f(x)$를 그래프로 나타내면 다음과 같다.

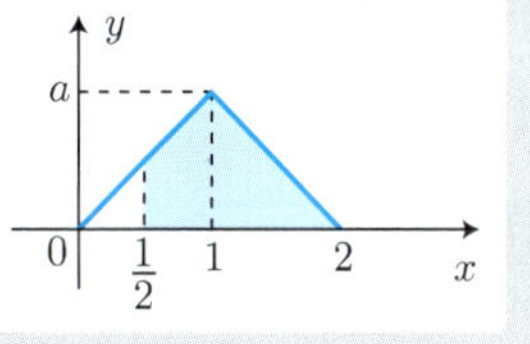

전체 구간의 삼각형 넓이는 1이므로

$$\frac{1}{2}\times 2\times a=1,\ a=1$$

구간 $\left[\frac{1}{2},\ 2\right]$에서의 넓이는

$$P\left(X\geq \frac{1}{2}\right)=1-P\left(0\leq X\leq \frac{1}{2}\right)$$
$$=1-\left(\frac{1}{2}\times\frac{1}{2}\times\frac{1}{2}\right)$$
$$=1-\frac{1}{8}=\frac{7}{8}$$

A14. $[0, 2]$ 의 모든 값을 취하는 확률변수 X 의 확률밀도함수 $f(x)$가 $f(x)=kx(2-x)$로 주어질 때, 평균을 구하라.

① 1　② $\frac{1}{2}$　③ $\frac{1}{3}$

④ $\frac{1}{4}$　⑤ $\frac{1}{5}$

풀이 ①

확률밀도함수 $f(x)$를 그래프로 나타내면 다음과 같다.

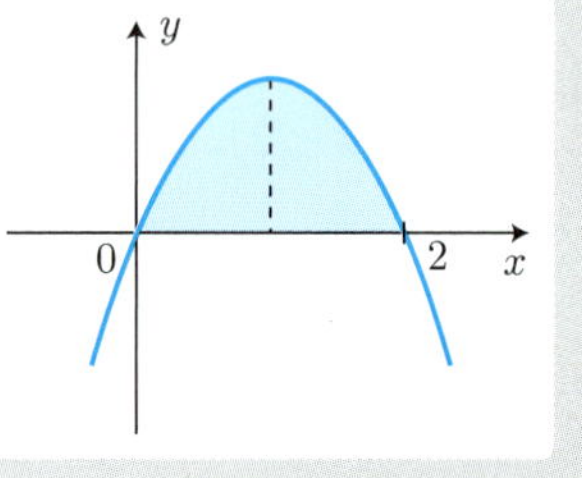

전체 구간 $[0, 2]$에서의 넓이는 1이므로

$$\int_0^2 k(-x^2+2x)dx = k\left[-\frac{1}{3}x^3+x^2\right]_0^2$$
$$= k\left(-\frac{8}{3}+4\right)$$
$$= \frac{4}{3}k = 1, \quad k = \frac{3}{4}$$

평균 $m = \int_0^2 xf(x)dx$ 이므로

$$m = \int_0^2 \frac{3}{4}x(-x^2+2x)dx$$
$$= \int_0^2 \frac{3}{4}(-x^3+2x^2)dx$$
$$= \frac{3}{4}\left[-\frac{1}{4}x^4+\frac{2}{3}x^3\right]_0^2$$
$$= \frac{3}{4}\left\{\left(-\frac{1}{4}\times 16\right)+\left(\frac{2}{3}\times 8\right)\right\}$$
$$= \frac{3}{4}\left(-4+\frac{16}{3}\right)$$
$$= \frac{3}{4}\times\frac{4}{3} = 1$$

A15. 확률변수 X의 확률밀도함수 $f(x)$가 $[0, 2]$에서 다음과 같이 주어졌다. X의 평균이 1일 때, 분산을 구하라.

$$f(x)=\begin{cases} ax, & 0 \le x \le 1 \\ b-x, & 1 \le x \le 2 \end{cases}$$

① $\frac{2}{6}$ ② $\frac{1}{6}$ ③ $\frac{3}{6}$

④ $\frac{4}{6}$ ⑤ $\frac{5}{6}$

풀이 ②

구간 $[0, 2]$에서 확률밀도함수 $f(x)$의 넓이는 1이므로

$$\int_0^2 f(x)dx = \int_0^1 ax dx + \int_1^2 (b-x)dx = 1$$

위 식을 계산하면

$$\left[\frac{1}{2}ax^2\right]_0^1 + \left[bx - \frac{1}{2}x^2\right]_1^2 = 1$$

$$\frac{1}{2}a + \left(2b - \frac{4}{2}\right) - \left(b - \frac{1}{2}\right) = 1$$

$$\frac{1}{2}a + b - \frac{3}{2} = 1$$

$$\frac{1}{2}a + b = \frac{5}{2} \quad \cdots ①$$

확률변수 $f(x)$의 평균이 1이므로

$$m = \int_0^2 xf(x)dx$$

$$= \int_0^1 ax^2 dx + \int_1^2 x(b-x)dx = 1$$

위 식을 계산하면

$$\int_0^1 ax^2 dx + \int_1^2 (-x^2 + bx)dx = 1$$

$$\left[\frac{1}{3}ax^3\right]_0^1 + \left[-\frac{1}{3}x^3 + \frac{1}{2}bx^2\right]_1^2 = 1$$

$$\frac{1}{3}a - \frac{8}{3} + 2b - \left(-\frac{1}{3} + \frac{1}{2}b\right) = 1$$

$$2a + 9b = 20 \quad \cdots ②$$

식 ①과 식 ②를 연립하면, $a=1$, $b=2$이므로

$$V(x) = \int_0^2 x^2 f(x)dx - m^2$$

$$= \int_0^1 x^2 \times x dx + \int_1^2 x^2(2-x)dx - 1^2$$

$$= \int_0^1 x^3 dx + \int_1^2 (-x^3 + 2x^2)dx - 1^2$$

$$= \left[\frac{1}{4}x^4\right]_0^1 + \left[-\frac{1}{4}x^4 + \frac{2}{3}x^3\right]_1^2 - 1^2$$

$$= \frac{1}{4} + \left\{\left(-\frac{16}{4} + \frac{2}{3} \times 8\right) - \left(-\frac{1}{4} + \frac{2}{3}\right)\right\} - 1$$

$$= \frac{1}{6}$$

4.5 정규분포

연속확률변수의 확률분포를 연속확률분포라 한다. 이 절에서는 통계학에서 가장 중요한 연속확률분포인 정규분포에 대하여 살펴본다. 정규분포는 공학과 경영학 등에서 많은 측정치를 모형화할 때 사용한다. 예를 들어 텔레비전의 수명이나 주택관리 비용도 정규분포를 따르는 확률변수들이다.

4.5.1 정규분포

연속확률변수 X가 모든 실수값을 취하고 그 확률밀도함수 $f(x)$가

$$f(x)=\frac{1}{\sqrt{2\pi}\,\sigma}e^{\frac{-(x-m)^2}{2\sigma^2}} \quad (e : \text{무리수(자연로그)},\ -\infty < x < \infty)$$

과 같을 때 X의 확률분포를 **정규분포**라 한다. 이때 확률밀도함수 $y=f(x)$의 그래프를 정규분포곡선이라 한다. 평균 m, 표준편차 σ를 갖는 정규분포를 기호 $N(m,\ \sigma^2)$으로 나타낸다. 정규분포곡선의 모양은 표준편차가 결정한다. 평균은 분포의 중심 위치(대칭점)를 결정하고 표준편차는 분포의 흩어짐 정도를 결정한다.

평균이 m이고 분산이 σ^2인 정규분포곡선은 다음과 같은 성질이 있다.

- 정규분포곡선은 직선 $x=m$에 대하여 대칭인 종모양이고 점근선은 x축이다.
- $X=m$일 때, 최댓값 $\frac{1}{\sqrt{2\pi}\,\sigma}$을 갖는다.
- 곡선과 x축 사이의 넓이는 1이다.
- 표준편차 σ가 일정할 때, 평균 m이 변하면 대칭축의 위치는 바뀌지만 곡선의 모양은 같다.

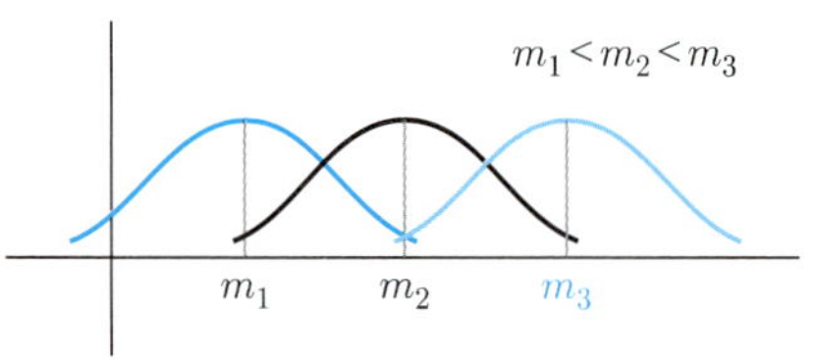

[그림 4-8] 평균 m에 따른 그래프의 대략적인 형태

- 표준편차 σ가 클수록 정규분포곡선의 높이는 낮아지고 폭이 넓어지며, σ가 작을수록 높이는 높아지고 폭은 좁아진다.

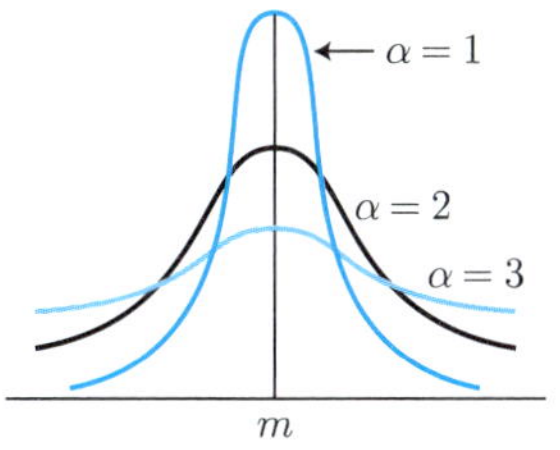

[그림 4-9] 표준편차 σ에 따른 그래프의 대략적인 형태

이어서 이항분포와 정규분포의 관계에 대해 살펴보자. 확률변수 X가 이항분포 $B(n,\ p)$를 따를 때, n이 충분히 크면 X의 분포는 근사적으로 정규분포 $N(m,\ \sigma^2)$을 따른다. 이항분포를 통해 평균 m과 분산 σ^2을 구하여 정규분포로 표현한다. 이항분포 $B(n,\ p)$에서 평균 $m=np$, 분산 $\sigma^2=npq$이므로 정규분포 $N(np,\ npq)$로 나타내면 된다.

정리 4-6 이항분포와 정규분포의 관계

시행을 독립적으로 n회 반복할 때, 어떤 사건이 일어나는 확률을 p라고 하면

$$\text{이항분포 } B(n,\ p) \Rightarrow \text{정규분포 } N(m,\ \sigma^2)=N(np,\ npq) \quad (\text{단, } p+q=1)$$

예제 4-29

X가 정규분포 $N(10,\ 2^2)$를 따를 때, 다음 정규분포표를 이용하여 확률변수 $P(10 \le X \le 16)$의 값을 구하라.

x	$P(m \le X \le x)$
$m+\alpha$	0.3413
$m+2\alpha$	0.4772
$m+3\alpha$	0.4987

풀이

$N(10,\ 2^2)$이므로 평균 $m=10$, 표준편차 $\sigma=2$이다. 따라서

$$P(10 \le X \le 16) = P(m \le X \le m+3\alpha)$$
$$P(m \le X \le m+3\alpha) = 0.4987$$

그림으로 나타내면 다음과 같다.

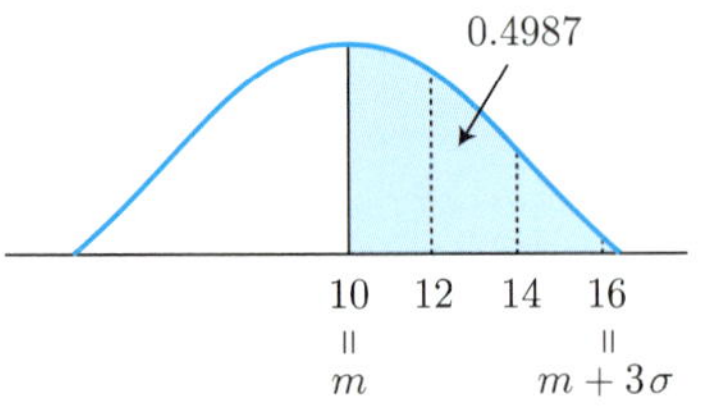

$\therefore$ 0.4987

예제 4-30

확률변수 X가 정규분포 $N(80,\ 5^2)$을 따를 때 [예제 4-29]의 정규분포표를 이용하여 $P(70 \le X \le 90)$의 값을 구하라.

풀이

$N(80,\ 5^2)$이므로 평균 $m=80$, 표준편차 $\sigma=5$이다.

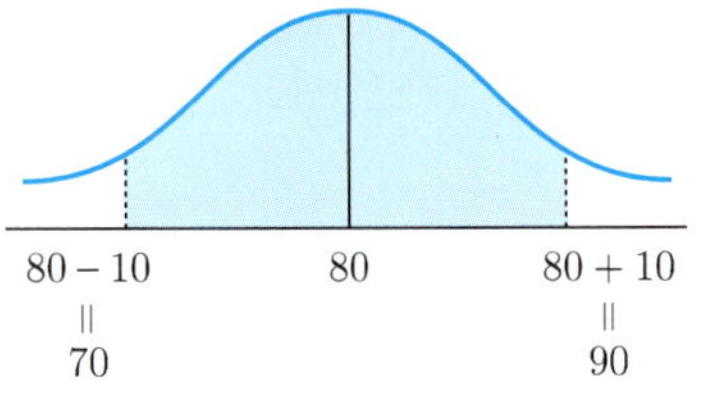

$$\begin{aligned} P(70 \le X \le 90) &= P(80-10 \le X \le 80+10) \\ &= P(80-2\times 5 \le X \le 80+2\times 5) \\ &= P(m-2\alpha \le X \le m+2\alpha) \\ &= 2P(m \le X \le m+2\alpha) \\ &= 2(0.4772) = 0.9544 \end{aligned}$$

$\therefore$ 0.9544

예제 4-31

이차방정식 $x^2+kx+1=0$에서 k의 값이 정규분포 $N(0,\ 1^2)$을 따를 때, 이 방정식이 서로 다른 두 실근을 가질 확률을 구하라. (단, $P(|X-m| \le \alpha)=0.683$, $P(|X-m| \le 2\alpha)=0.954$)

풀이

이차방정식이 실근을 가지려면 $D>0$이므로

$$D=k^2-4>0,\ |k|>2$$

확률을 구하면

$$P(|k| > 2) = 1 - P(|k| \le 2)$$

$\sigma = 1$이므로

$$\begin{aligned} 1 - P(|k| \le 2) &= 1 - P(|k| \le 2\sigma) \\ &= 1 - 0.954 \\ &= 0.046 \end{aligned}$$

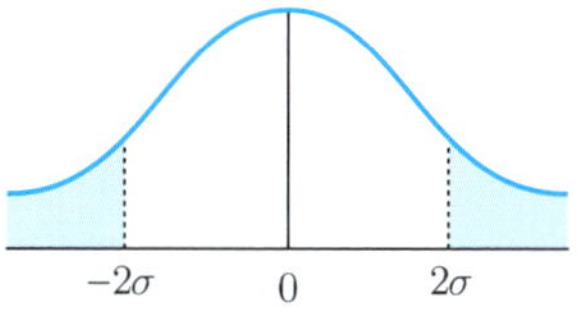

∴ 0.046

예제 4-32

세 학교 A, B, C의 성적분포가 각각 다음과 같이 정규분포를 이룰 때, 다음 보기 중 옳은 것을 모두 찾아라.

㉠ C학교 학생보다 B학교 학생의 성적이 더 고른 편이다.

㉡ B학교 학생은 평균적으로 A학교 학생보다 성적이 더 우수하다.

㉢ 성적이 우수한 학생은 B학교보다 A학교에 더 많이 있다.

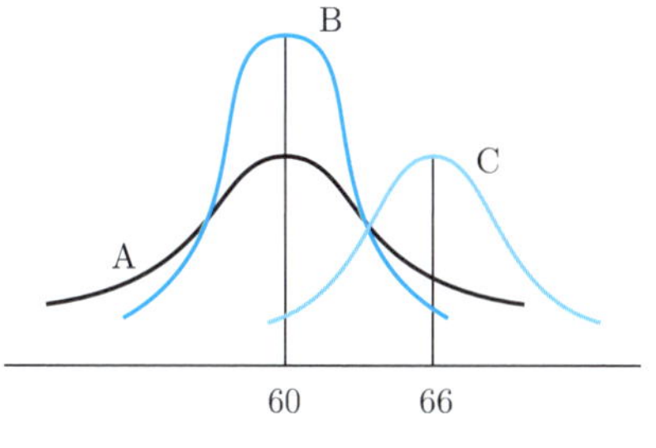

풀이

A, B, C학교의 성적을 각각 X, Y, Z라 하면

X의 정규분포 $N(60,\ \sigma_1^2)$, Y의 정규분포 $N(60,\ \sigma_2^2)$, Z의 정규분포 $N(66,\ \sigma_3^2)$이다.

B의 분포가 A, C보다 평균 주위에 밀집되어 있으므로, 즉 $\sigma_1 = \sigma_3 > \sigma_2$이므로 B학교의 성적이 더 고르다. 또 66점 이상인 학생 수는 A학교가 B학교보다 많다.

∴ ㉠, ㉢

예제 4-33

대학생 500명을 대상으로 하루 컴퓨터 사용 시간을 조사하였더니 평균이 100분, 표준편차가 15분이었다. 컴퓨터 사용 시간이 정규분포를 따른다고 할 때, 하루 사용 시간이 130분 이상인 대학생의 수를 구하라. (단, $P(m-2\alpha \le X \le m+2\alpha)=0.95$)

풀이

$m=100$, $\sigma=15$, $N(100, 15^2)$이므로

$$\begin{aligned} P(X \ge 130) &= P(X \ge 100+2\times 15) \\ &= P(X \ge m+2\alpha) \end{aligned}$$

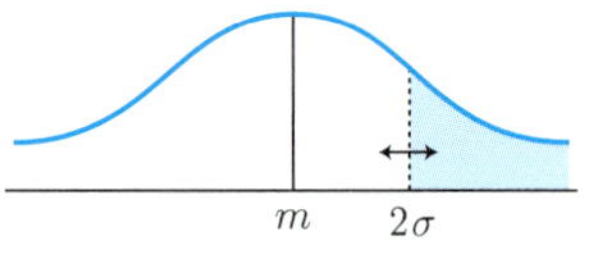

정규분포곡선에 색칠된 넓이를 구하면

$$\begin{aligned} &0.5-P(0 \le X \le m+2\alpha) \\ &= 0.5-\frac{1}{2}(0.95)=0.025 \end{aligned}$$

대학생 수는 $500\times 0.025=12.5$이므로 약 13명이다.

$\therefore$ 13명

4.5.2 표준정규분포

각각의 평균과 분산을 가진 수많은 정규분포들 중에서 평균이 0, 표준편차가 1인 정규분포를 표준정규분포라고 하고 $N(0,\ 1^2)$으로 나타낸다. 표준정규분포의 확률밀도함수는

$$f(z)=\frac{1}{\sqrt{2\pi}}e^{-\frac{z^2}{2}} \quad (e : \text{무리수},\ -\infty < Z < \infty)$$

이다. 정규분포 $N(m,\ \sigma^2)$을 따르는 확률변수 X를 표준정규분포를 따르는 확률변수 $Z=\dfrac{X-m}{\sigma}$으로 변화시키는 것을 **표준화**라고 한다. 확률변수 X가 정규분포 $N(m,\ \sigma^2)$을 따를 때, 확률변수 $Z=\dfrac{X-m}{\sigma}$으로 표준화하면

$$E(Z) = E\left(\frac{(X-m)}{\sigma}\right) = \frac{1}{\sigma}E(X-m) = \frac{1}{\sigma}(E(X)-m) = 0$$

$$V(Z) = V\left(\frac{(X-m)}{\sigma}\right) = \frac{1}{\sigma^2}V(X-m) = \frac{1}{\sigma^2}V(X)\frac{\sigma^2}{\sigma^2} = 1$$

가 된다. 따라서 확률변수 Z는 **표준정규분포** $N(0,\ 1^2)$을 따른다. $P(a \le X \le b)$를 정규화하면 $P\left(\frac{a-m}{\sigma} \le Z \le \frac{b-m}{\sigma}\right)$가 된다. 정규분포를 표준화하면 표준정규분포표를 이용하여 확률을 구할 수 있다. 표준정규분포를 이용하여 확률을 구하는 방법을 살펴보자.

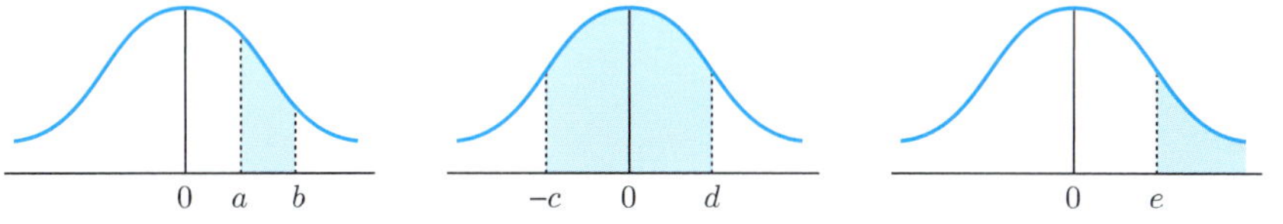

(a) $P(a \le Z \le b)$ (b) $P(-c \le Z \le d)$ (c) $P(Z \ge e)$

[그림 4-10] **표준정규분포를 이용한 확률 표현**

표준정규분포표는 $P(0 \le Z \le c)$의 값을 나타낸다. 그러므로 [그림 4-10(a)]의 $P(a \le Z \le b)$는

$$P(a \le Z \le b) = P(0 \le Z \le b) - P(0 \le Z \le a)$$

로 확률을 구한다. [그림 4-10(b)]와 같은 $P(-c \le Z \le d)$는

$$\begin{aligned} P(-c \le Z \le d) &= P(-c \le Z \le 0) + P(0 \le Z \le d) \\ &= P(0 \le Z \le c) + P(0 \le Z \le d) \end{aligned}$$

가 된다. [그림 4-10(c)]의 $P(Z \ge e)$는 $P(0 \le Z \le \infty) = 0.5$임을 이용하여

$$P(Z \ge e) = 0.5 - P(0 \le Z \le e)$$

로 구하면 된다. 정규분포에서는 확률을 구하기 위해서 적분을 이용하여 함수의 넓이를 구해야 한다. 그러나 표준화를 이용하면 표준정규분포표를 이용하여 확률을 더 쉽고 빠르게 구할 수 있다.

정리 4-7 정규분포 표준화

확률변수 X가 정규분포 $N(m,\ \sigma^2)$을 따를 때, 확률변수 $Z=\dfrac{X-m}{\sigma}$로 표준화한다.

$$X \sim N(m,\ \sigma^2) \xrightarrow{Z=\frac{X-m}{\sigma}} Z \sim N(0,\ 1)$$

예제 4-34

확률변수 X가 정규분포 $N(50,\ 3^2)$을 따를 때, 다음 표를 이용하여 $P(47 \le X \le 53)$의 확률을 구하라.

x	$P(m \le X \le x)$
$P(m \le x \le m+\alpha)$	0.3413
$P(m \le x \le m+2\alpha)$	0.4772
$P(m \le x \le m+3\alpha)$	0.4987

풀이

$N(50,\ 3^2)$이므로 평균 $m=50$, 표준편차 $\sigma=3$이다.

$$P(47 \le x \le 53) = P(50-3 \le x \le 50+3)$$

$m=50$, $\sigma=3$이므로

$$\begin{aligned} P(50-3 \le x \le 50+3) &= P(m-\alpha \le m \le m+\alpha) \\ &= 2P(m \le x \le m+\alpha) \\ &= 2(0.3413) = 0.6826 \end{aligned}$$

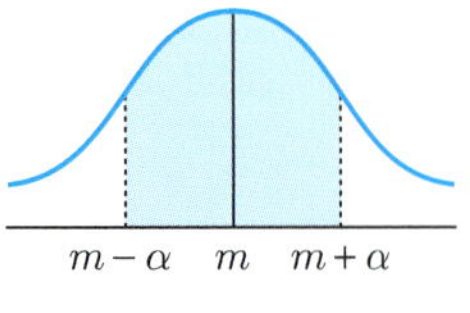

$\therefore$ 0.6826

예제 4-35

확률변수 X가 정규분포 $N(m,\ \sigma^2)$을 따른다. $P\left(m-\dfrac{3}{2}\alpha \le X \le m+\dfrac{3}{2}\alpha\right)=0.9876$일 때, $P\left(X \ge m-\dfrac{3}{2}\alpha\right)$을 구하라.

풀이

주어진 조건을 정규분포곡선으로 나타내면 다음과 같다.

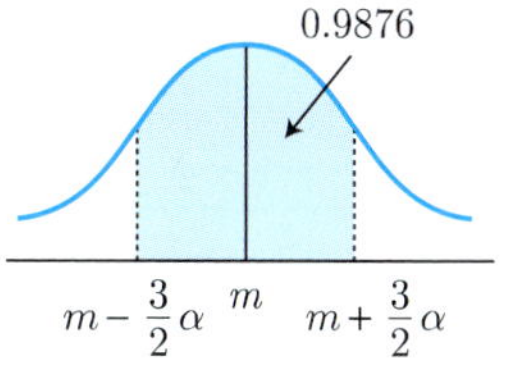

$$P\left(m-\frac{3}{2}\alpha \le X \le m+\frac{3}{2}\alpha\right)=2P\left(m-\frac{3}{2}\alpha \le X \le m\right)=0.9876$$

이므로

$$P\left(m-\frac{3}{2}\alpha \le X \le m\right)=0.4938$$

$P\left(X \ge m-\frac{3}{2}\alpha\right)$을 정규분포곡선으로 나타내면 다음과 같다.

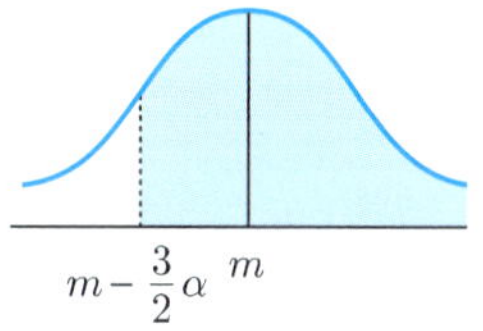

$$\begin{aligned} P\left(X \ge m-\frac{3}{2}\alpha\right) &= P\left(m-\frac{3}{2}\alpha \le X \le m\right)+0.5 \\ &= 0.4938+0.5=0.9938 \end{aligned}$$

$\therefore$ 0.9938

예제 4-36

정규분포를 따르는 두 확률변수 X, Y의 분포곡선이 다음 그림과 같다. 색칠한 부분의 넓이가 같을 때, 두 변수 X, Y의 표준편차의 비를 구하라.

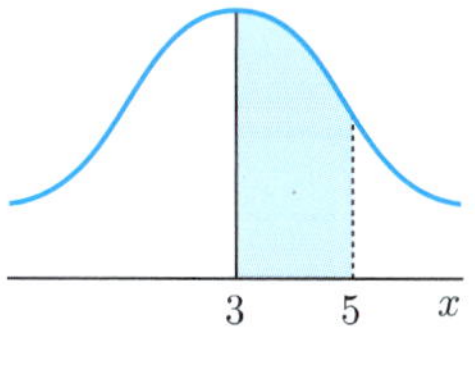

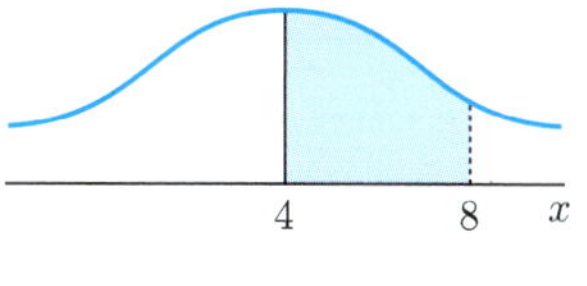

풀이

두 분포곡선을 식으로 나타내면

$$P(3 \le X \le 5) = P\left(\frac{3-3}{\sigma_1} \le Z \le \frac{5-3}{\sigma_1}\right) = P\left(0 \le Z \le \frac{2}{\sigma_1}\right)$$

$$P(4 \le Y \le 8) = P\left(\frac{4-4}{\sigma_2} \le Z \le \frac{8-4}{\sigma_2}\right) = P\left(0 \le Z \le \frac{4}{\sigma_2}\right)$$

두 분포곡선의 넓이가 같으므로

$$P\left(0 \le Z \le \frac{2}{\sigma_1}\right) = P\left(0 \le Z \le \frac{4}{\sigma_2}\right)$$

$$\frac{2}{\sigma_1} = \frac{4}{\sigma_2}, \quad \sigma_1 : \sigma_2 = 1 : 2$$

$\therefore\ 1:2$

예제 4-37

확률변수 X가 정규분포 $N(70,\ 10^2)$을 따를 때, 표준정규분포표를 이용하여 $P(60 \le X \le 90)$의 값을 구하라.

z	$P(0 \le Z \le z)$
1.0	0.3413
2.0	0.4772
3.0	0.4987

풀이

정규분포를 표준화하여 표준정규분포로 나타내면

$$\begin{aligned} P(60 \le X \le 90) &= P\left(\frac{60-70}{10} \le Z \le \frac{90-70}{10}\right) \\ &= P(-1 \le Z \le 2) \\ &= P(-1 \le Z \le 0) + P(0 \le Z \le 2) \\ &= P(0 \le Z \le 1) + P(0 \le Z \le 2) \\ &= 0.3413 + 0.4772 \\ &= 0.8185 \end{aligned}$$

$\therefore\ 0.8185$

예제 4-38

확률변수 X가 정규분포 $N(40,\ 5^2)$을 따를 때, 다음 표준정규분포표를 이용하여 $P(30 \le X \le 50)$의 값을 구하라.

z	$P(0 \le Z \le z)$
1.0	0.3413
2.0	0.4772
3.0	0.4987

풀이

표준정규분포로 나타내면

$$\begin{aligned} P(30 \le X \le 50) &= P\left(\frac{30-40}{5} \le Z \le \frac{50-40}{5}\right) \\ &= P(-2 \le Z \le 2) = 2P(0 \le Z \le 2) \\ &= 2(0.4772) = 0.9544 \end{aligned}$$

$\therefore$ 0.9544

예제 4-39

확률변수 X가 정규분포 $N(50,\ 2^2)$을 따를 때, 다음 표준정규분포표를 이용하여 $P(X \le 53) + P(47 \le X \le 49)$의 값을 구하라.

z	$P(0 \le Z \le z)$
0.5	0.1915
1.0	0.3413
1.5	0.4332

풀이

정규분포를 표준화하면

$$\begin{aligned} P(X \le 53) &= P\left(Z \le \frac{53-50}{2}\right) \\ &= P(Z \le 1.5) \\ &= 0.5 + P(0 \le Z \le 1.5) \\ &= 0.5 + 0.4332 = 0.9332 \end{aligned}$$

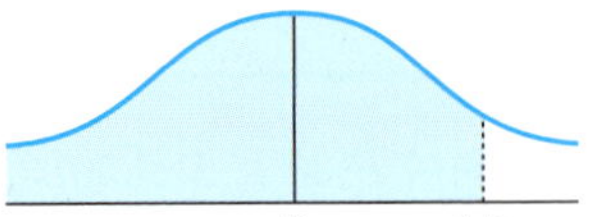

$$P(47 \le X \le 49) = P\left(\frac{47-50}{2} \le Z \le \frac{49-50}{2}\right)$$
$$= P(-1.5 \le Z \le -0.5)$$
$$= P(0 \le Z \le 1.5) - P(0 \le Z \le 0.5)$$
$$= 0.4332 - 0.1915$$
$$= 0.2417$$

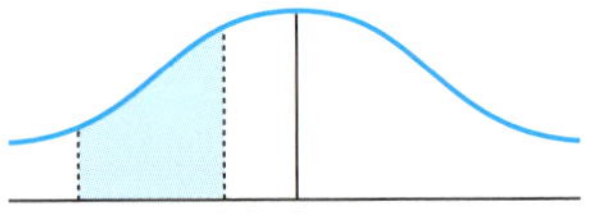

따라서 $0.9332 + 0.2417 = 1.1749$

$\therefore$ 1.1749

예제 4-40

어느 학년의 기말고사 성적이 정규분포 $N(65,\ 8^2)$을 따른다고 할 때, 재학생 500명 중 100등 이내에 들어가려면 몇 점 이상을 받아야 하는지 구하라.

표준정규분포 $P(0 \le Z \le z)$

z	0.02	0.03	0.04	0.05
0.8	0.2939	0.2967	0.2995	0.3023
0.9	0.3212	0.3238	0.3264	0.3289

풀이

100등 이내에 들어가려면 $\frac{100}{500} \times 100 = 20\%$ 이내에 들어가야 한다.
성적을 x라 하면 $P(Z \ge z) \ge 0.2$여야 한다.

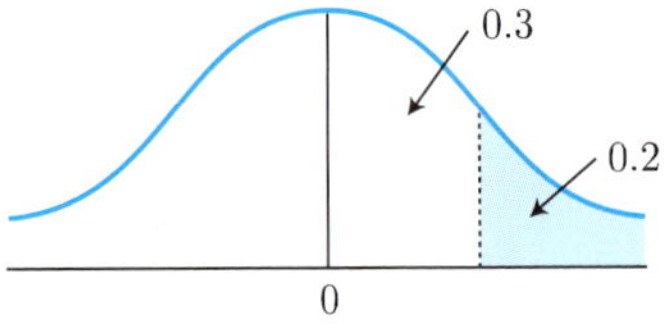

$P(0 \le Z \le z) = 0.5 - 0.2 = 0.3$인 Z는 정규분포표에 의하여 $Z = 0.84$이다.

따라서

$$Z=\frac{x-m}{\sigma}=\frac{x-65}{8}=0.84$$

$$x-65=0.84\times 8$$

$$x=65+6.72=71.72$$

$\therefore$ 72점 이상

Section 4.5 연습문제

A1. 정규분포를 이루는 연속확률변수 X, Y의 확률밀도함수가 각각 $f(x)$, $g(x)$다. 두 함수 $f(x)$, $g(x)$의 그래프가 다음과 같을 때, 다음 중 옳은 것을 모두 찾아라.

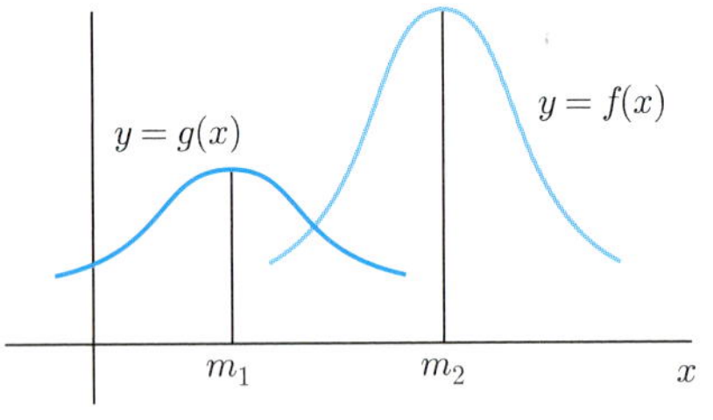

㉠ $E(X) > E(Y)$ ㉡ $\sigma(X) > \sigma(Y)$ ㉢ $f(E(X)) < f(E(Y))$

① ㉠　② ㉡　③ ㉢
④ ㉠, ㉡　⑤ ㉡, ㉢

풀이 ①

㉠ $m_1 = E(Y)$, $m_2 = E(X)$이므로

$E(Y) < E(X)$: 참

㉡ $y = g(x)$의 그래프가 더 낮고, 옆으로 넓으므로 Y의 표준편차가 X의 표준편차보다 더 크다 : 거짓

㉢ $f(m_2) > f(m_1)$에서 m_2의 평균점이 m_1의 평균점보다 높다.

따라서 $f(E(X)) > f(E(Y))$: 거짓

A2. 정규분포 $N(m\ \sigma^2)$을 따르는 확률변수 X에 대하여 $P(m-\alpha \le X \le m+\alpha) = b$, $P(m-2\alpha \le X \le m+\alpha) = a$라 할 때, $P(m \le X \le m+2\alpha)$을 a, b로 나타내라.

① $a+2b$　② $a+b$　③ $2b-a$
④ $a-\dfrac{b}{2}$　⑤ $2a-b$

풀이 ④

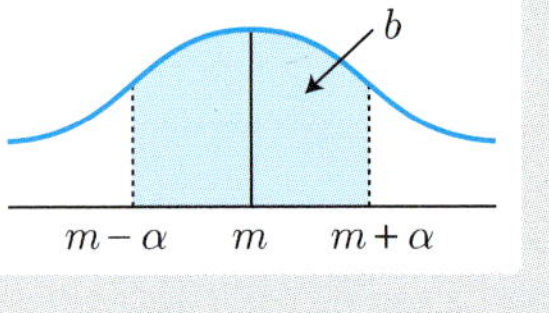

$$P(m \le X \le m+\alpha) = \frac{b}{2}$$

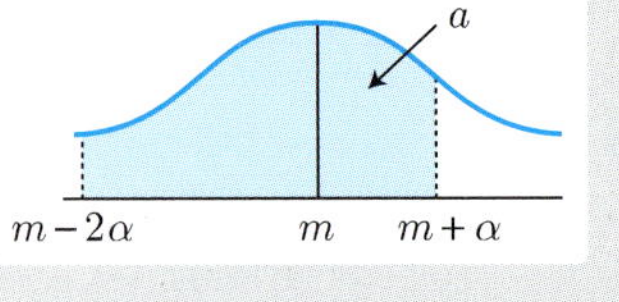

$$P(m-2\alpha \le X \le m) + P(m \le X \le m+\alpha) = a$$

$$P(m-2\alpha \le X \le m) = a - \frac{b}{2}$$

$$P(m \le X \le m+2\alpha) = P(m-2\alpha \le X \le m)$$

따라서 $P(m \le X \le m+2\alpha) = a - \dfrac{b}{2}$

A3. 확률변수 X가 정규분포 $N(0,\ 1^2)$을 따를 때, 다음 표를 보고 $P(|Z| \geq 2.5)$을 구하라.

z	$P(0 \leq Z \leq z)$
1.0	0.3413
1.5	0.4332
2.5	0.4772

① 0.0668 ② 0.0456 ③0.0317
④ 0.0103 ⑤ 0.0336

풀이 ②

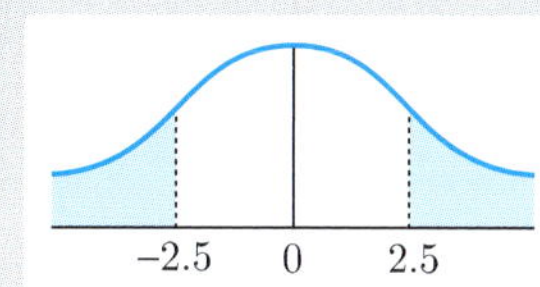

$$P(|Z| \geq 2.5)$$
$$= P(Z \leq -2.5) + P(Z \geq 2.5)$$
$$= 2P(Z \geq 2.5)$$
$$= 2(P(Z \geq 0)) - P(0 \leq Z \leq 2.5)$$
$$= 2(0.5 - 0.4772) = 2(0.0228) = 0.0456$$

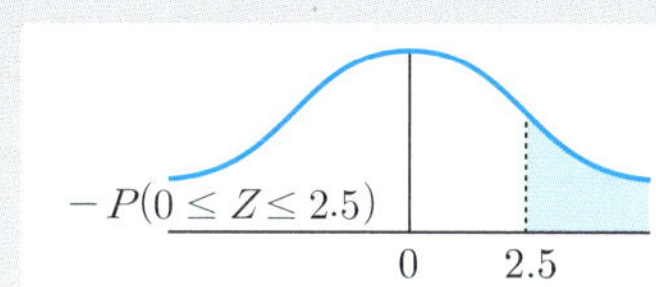

A4. 확률변수 a가 정규분포 $N(2,\ 2^2)$을 따를 때, 다음 표를 이용하여 X에 대한 이차방정식 $x^2 - ax + 1 = 0$이 허근을 가질 확률을 구하라. (단, m은 평균, σ는 표준편차)

x	$P(m \leq X \leq x)$
$m+\alpha$	0.3413
$m+1.5\alpha$	0.4332
$m+2\alpha$	0.4772

① 0.3413 ② 0.4332 ③ 0.4772
④ 0.9542 ⑤ 0.8664

풀이 ③

이차방정식이 허근을 가지려면 $D<0$이므로

$$D = a^2 - 4 < 0$$
$$(a+2)(a-2) < 0$$

$m=2,\ \alpha=2$이므로

$$P(-2<a<2) = P(2-4<a<2)$$
$$= P(m-2\alpha < a < m)$$
$$= P(m < a < m+2\alpha)$$
$$= 0.4772$$

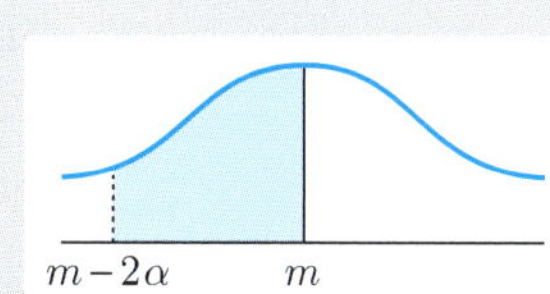

A5. 확률변수 X 정규분포 $N(70,\ 3^2)$을 만족할 때, 다음 그림을 참조하여 $P(X \le a) = 0.2088$을 만족하는 상수 a의 값을 구하라.

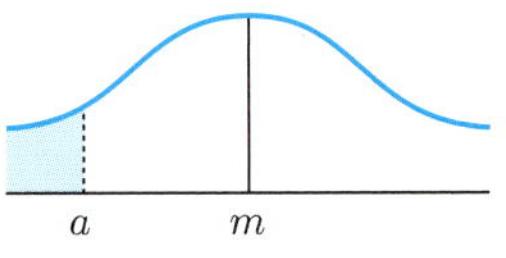

x	$P(m \le X \le x)$
$m+0.5\alpha$	0.2088
$m+\alpha$	0.2912

① 67 ② 68 ③ 69 ④ 70 ⑤ 71

풀이 ①

$P(X \le a) = 0.2088$이므로

$$P(X \le m) - P(a \le X \le m) = 0.2088$$
$$0.5 - P(a \le X \le m) = 0.2088$$
$$P(a \le X \le m) = 0.2912$$

정규분포표에서 $P(m \le X \le m+\alpha) = 0.2912$이므로

$$P(m-\alpha \le X \le m) = 0.2912$$
$$P(a \le X \le m) = P(m-\alpha \le X \le m)$$

따라서 $a = m - \alpha = 70 - 3 = 67$

A6. 확률변수 X가 정규분포 $N(0,\ 1^2)$을 따를 때, 표준정규분포표를 이용하여 $f(x) = P(x \le X \le x+2)$의 최댓값을 구하라.

z	$P(0 \le Z \le z)$
0.5	0.1915
1.0	0.3413
2.0	0.4332
3.0	0.4987

풀이 0.6826

$P(x \le X \le x+2)$는 $X = m$에서 대칭일 때 넓이가 최대이다. 평균이 $\dfrac{x+x+2}{2} = 0$이므로

$$x = -1$$

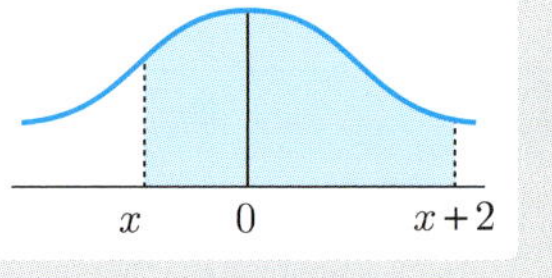

$x = -1$을 대입하면

$$\begin{aligned} f(-1) &= P(-1 \le X \le 1) \\ &= 2P(0 \le X \le 1) \\ &= 2(0.3413) \\ &= 0.6826 \end{aligned}$$

따라서 $f(x)$의 최댓값은 0.6826이다.

A7. 확률변수 X가 정규분포 $N(m,\ \sigma^2)$을 따를 때, $P(C \le X \le C+2)$가 최대가 되는 C값을 구하라.

풀이 $C=m-1$

$P(C \le X \le C+2)$의 넓이를 살펴보면, $X=m$에서 대칭일 때 최대가 된다.

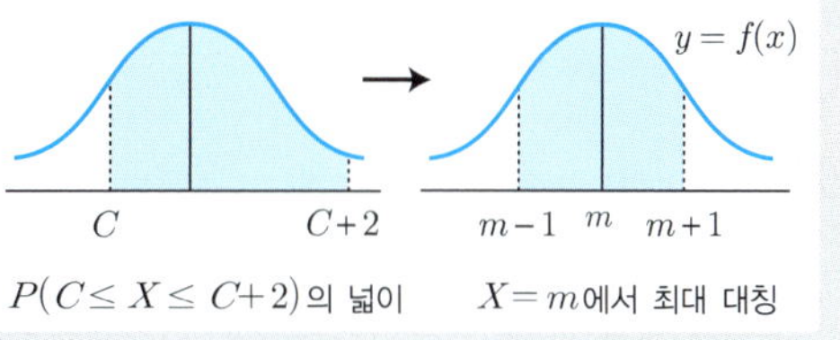

즉 C와 $C+2$의 평균이 정규분포의 m과 같으면 된다.

$$\frac{C+C+2}{2}=m,\ 2C=2m-2$$

따라서 $C=m-1$

A8. 확률변수 X가 정규분포 $N(2,\ 3^2)$을 따르고 확률변수 Y는 표준정규분포 $N(0,\ 1^2)$을 따른다고 한다. 이때 $P(X \ge k)=P(Y \ge k)$을 만족하는 상수 k값을 구하라.

풀이 -1

$N(2,\ 3^2)$을 따를 때 $Z=\frac{k-2}{3}$이고,

$N(0,\ 1^2)$을 따를 때, $Z=\frac{k-0}{1}$이므로

$$P\left(Z \ge \frac{k-2}{3}\right)=P(Z \ge k)$$

$$\frac{k-2}{3}=k,\ k-2=3k$$

따라서 $k=-1$

A9. 확률변수 X가 이항분포 $B\left(450,\ \frac{1}{3}\right)$을 따를 때, $P(140 \le X \le 170)$의 값을 구하라.

z	$P(0 \le Z \le z)$
0.5	0.1915
1.0	0.3413
1.5	0.4332
2.0	0.4772

풀이 0.8185

$n=450$으로 충분히 큰 수이므로

$$E(X)=np=450\times\frac{1}{3}=150$$

$$V(X)=npq=450\times\frac{1}{3}\times\frac{2}{3}=100$$

이므로 정규분포 $N(150,10^2)$을 따른다.

$$\begin{aligned}&P(140 \le X \le 170)\\&=P\left(\frac{140-150}{10} \le Z \le \frac{170-150}{10}\right)\\&=P(-1 \le Z \le 2)\\&=P(0 \le Z \le 1)+P(0 \le Z \le 2)\\&=0.3413+0.4772\\&=0.8185\end{aligned}$$

A10. 두 확률변수 X, Y가 정규분포 $N_1(20,\ 3^2)$, $N_2(30,\ 5^2)$을 따르고 $P(26 \le X \le 32) = P(40 \le Y \le k)$일 때, 상수 k 값을 구하라.

① 40 ② 45 ③ 50 ④ 55 ⑤ 60

풀이 ③

$N_1(20,\ 3^2)$ 곡선을 나타내면

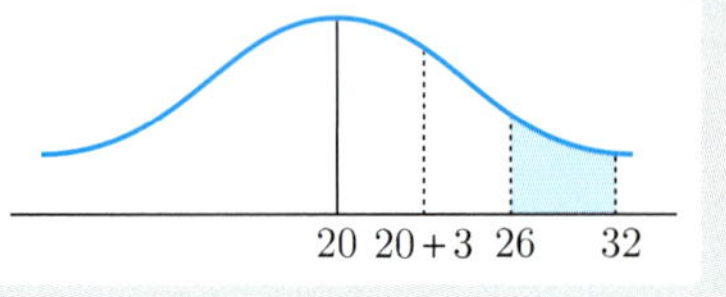

$N_2(30,\ 5^2)$ 곡선을 나타내면

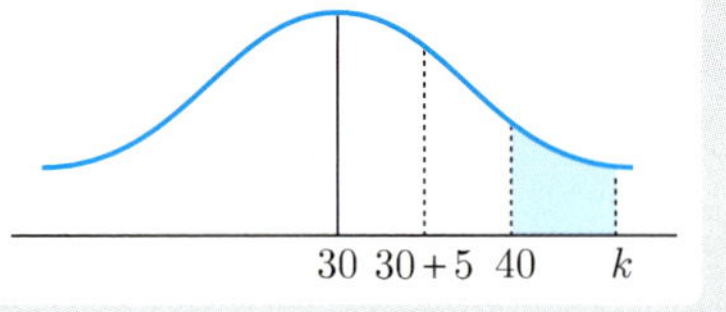

$Z_x = \dfrac{X-20}{3}$, $Z_y = \dfrac{Y-30}{5}$으로 놓으면, Z_x, Z_y는 모두 표준정규분포 $N(0,\ 1^2)$을 따른다.

$$P(26 \le X \le 32) = P(40 \le Y \le k)$$

$$P\left(\frac{26-20}{3} \le Z_x \le \frac{32-20}{3}\right) = P\left(\frac{40-30}{5} \le Z_y \le \frac{k-30}{5}\right)$$

$$P(2 \le Z_x \le 4) = P\left(2 \le Z_y \le \frac{k-30}{5}\right)$$

$$4 = \frac{k-30}{5},\ 20 = k-30$$

따라서 $k = 50$

A11. 정규분포 $N(5,\ 1^2)$을 따르는 확률변수 X와 정규분포 $N(m,\ 3^2)$을 따르는 확률변수 Y에 대하여 $2P(5 \le X \le 10) = P(2 \le Y \le 2m-2)$이 성립할 때, 상수 m값을 구하라.

① 15 ② 16 ③ 17 ④ 18 ⑤ 19

풀이 ③

두 확률변수 X, Y가 각각 정규분포 $N(5,\ 1^2)$, $N(m,\ 3^2)$을 따르므로

$$Z_x = \frac{X-5}{1},\ Z_y = \frac{Y-m}{3}$$

으로 놓으면 Z_x, Z_y는 표준정규분포 $N(0,\ 1^2)$을 따른다.

$2P(5 \le X \le 10) = P(2 \le Y \le 2m-2)$에서

$$2P\left(\frac{5-5}{1} \le Z_x \le \frac{10-5}{1}\right) = P\left(\frac{2-m}{3} \le Z_y \le \frac{2m-2-m}{3}\right)$$

$$2P(0 \le Z_x \le 5) = P\left(\frac{-(m-2)}{3} \le Z_y \le \frac{(m-2)}{3}\right) = 2P\left(0 \le Z_y \le \frac{m-2}{3}\right)$$

$$\frac{m-2}{3} = 5,\ m-2 = 15$$

따라서 $m = 17$

A12. 확률변수 X가 정규분포 $N(10, 3^2)$을 따를 때 $P(4 \le X \le 14.5)$을 구하라.

z	$P(0 \le Z \le z)$
1.0	0.3413
1.5	0.4332
2.0	0.4772
2.5	0.4938

① 0.7745　② 0.8664　③ 0.9710
④ 0.9544　⑤ 0.9104

풀이 ⑤

$N(10,\ 3^2)$ 곡선을 나타내면 다음과 같다.

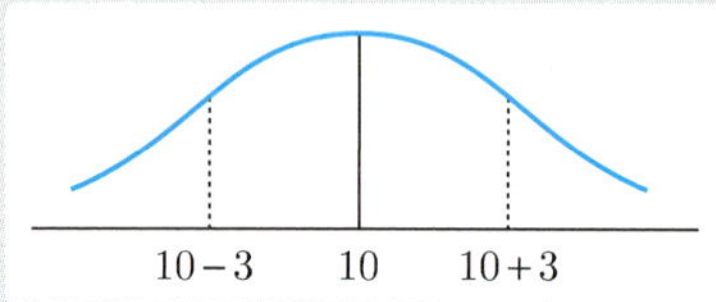

$P(4 \le X \le 14.5)$

$= P\left(\frac{4-10}{3} \le Z \le \frac{14.5-10}{3}\right)$

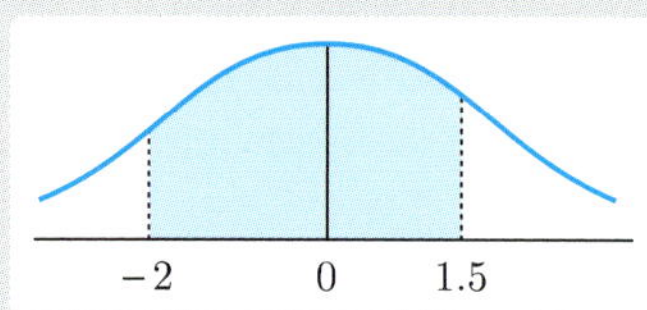

$P(-2 \le Z \le 1.5)$

$= P(-2 \le Z \le 0) + P(0 \le Z \le 1.5)$

$= 0.4772 + 0.4332 = 0.9104$

A13. 건축공학과 학생 300명의 신장 분포는 거의 정규분포를 이루고 있다고 한다. 평균이 178cm, 표준편차가 5cm일 때 신장이 183cm 이상 또는 168cm 이하인 학생은 대략 몇 명인지 구하라.

z	$P(0 \le Z \le z)$
1	0.3413
1.5	0.4332
2	0.4772

① 47명　② 49명　③ 51명
④ 53명　⑤ 55명

풀이 ⑤

총 학생 300명의 정규분포가 $N(178, 5^2)$일 때

$P(X \le 168$ 또는 $X \ge 183)$

$= P\left(Z \le \frac{168-178}{5}\right) + P\left(Z \ge \frac{183-178}{5}\right)$

$= P(Z \le -2) + (Z \ge 1)$

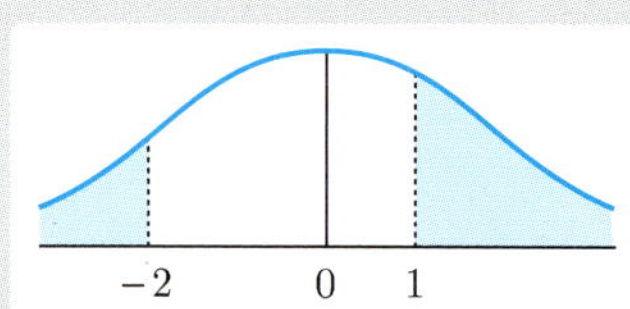

$= 0.5 - P(0 \le Z \le 2) + 0.5 - P(0 \le Z \le 1)$

$= 0.5 - (0.4772) + 0.5 - (0.3413)$

$= 0.0228 + 0.1587 = 0.1815$

300명이므로 $0.1815 \times 300 = 54.45$

따라서 약 55명이다.

A14. 정규분포 $N(10,\ 3^2)$을 따르는 확률변수 X에 대하여 확률변수 Y가 $Y=3X+2$일 때, $P(Y\geq 45.5)$을 구하라.

z	$P(0\leq Z\leq z)$
0.5	0.1915
1.0	0.3413
1.5	0.4332
2.0	0.4772

① 0.0668 ② 0.0385 ③ 0.0307
④ 0.0456 ⑤ 0.0542

풀이 ①

$E(X)=10,\ V(X)=9$이므로

$E(Y)=E(3X+2)=3E(X)+2=30+2=32$

$V(Y)=V(3X+2)=9V(X)=9\times 9=81$

따라서 Y는 정규분포 $N(32, 9^2)$을 따른다.

$$P(Y\geq 45.5)=P\left(Z\geq \frac{45.5-32}{9}\right)=P\left(Z\geq \frac{13.5}{9}\right)=P(Z\geq 1.5)$$

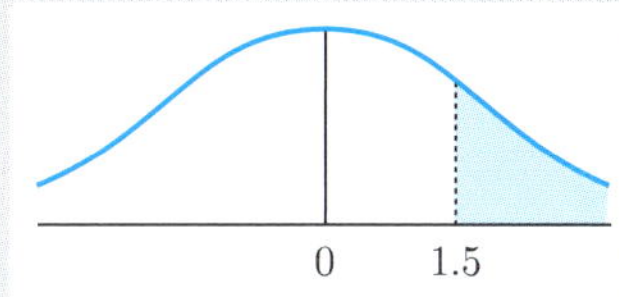

$0.5-P(0\leq Z\leq 1.5)=0.5-0.4332=0.0668$

A15. 3,000명의 수험생이 컴퓨터 자격증 시험에 응시하였다. 평균은 875점, 표준편차는 55점인데, 985점 이상을 받으면 어느 소프트웨어 회사에 합격할 가능성이 있다고 한다. 이 시험의 성적이 정규분포를 이룬다고 가정할 때, 합격할 가능성이 있는 수험생은 몇 명인가를 구하라.

z	$P(0\leq Z\leq z)$
1.0	0.3413
1.5	0.4332
2.0	0.4772
2.5	0.4938

① 76 ② 74 ③ 72 ④ 70 ⑤ 68

풀이 ⑤

시험 성적을 X라 하면 X는 정규분포 $N(875, 55^2)$을 따른다.

$$P(X\geq 985)=P\left(Z\geq \frac{985-875}{55}\right)=P(Z\geq 2)=0.5-P(0\leq Z\leq 2)=0.5-0.4772=0.0228$$

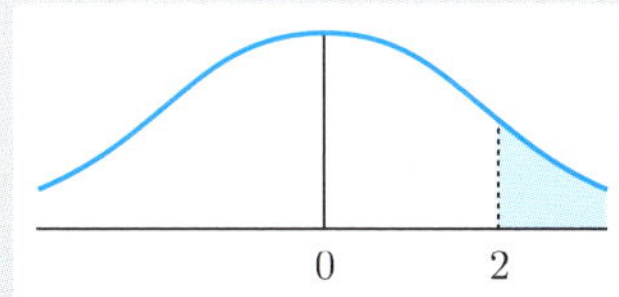

합격할 가능성이 있는 수험생 수는 다음과 같다.

$$3000\times 0.0228=68.4$$

따라서 약 68명이다.

Chapter 04 연습문제

4.1.1 산포도

B1. 다음과 같이 5개의 변량의 평균이 6이고 분산이 4.4일 때, xy의 값을 구하라.

$$4,\ 10,\ x,\ y,\ 5$$

① 30 ② 40 ③ 50
④ 60 ⑤ 70

풀이 ①

$\frac{4+10+x+y+5}{5}=6$이므로

$$x+y=11$$

분산은 4.4이므로

$$\frac{1}{5}\{(4-6)^2+(10-6)^2+(x-6)^2+(y-6)^2+(5-6)^2\}=4.4$$

$$\begin{aligned} x^2+y^2 &= 61 \\ &= (x+y)^2-2xy \\ &= 11^2-2xy \end{aligned}$$

$xy=30$

B2. a km의 길을 왕복하려고 한다. 갈 때는 m km/시, 올 때는 n km/시의 속력으로 걸을 때, 평균 속력을 구하라.

Hint
속도와 거리
시간$=\frac{\text{거리}}{\text{속력}}$, 속력$=\frac{\text{거리}}{\text{시간}}$

풀이 $\frac{2mn}{m+n}$(km/시)

전체 이동 시간은 갈 때 걸린 시간과 올 때 걸린 시간의 합이므로 $t=\frac{a}{m}+\frac{a}{n}$이다.

평균 속력 $=\frac{\text{전체 이동 거리}}{\text{전체 이동 시간}}$ ← Hint 적용

$$=\frac{a+a}{\frac{a}{m}+\frac{a}{n}}=\frac{2a}{\frac{1}{\frac{(m+n)a}{mn}}}$$

$$=\frac{2mn}{m+n}\text{(km/시)}$$

B3. 변량 x, y, z의 평균이 m, 분산이 s^2일 때, 변량 ax, ay, az의 분산을 구하라. (단, a는 상수)

풀이 a^2s^2

세 변량 x, y, z의 평균이 m, 분산이 s^2이므로

평균 $m=\frac{x+y+z}{3}$

분산 $s^2=\frac{(x-m)^2+(y-m)^2+(z-m)^2}{3}$

세 변량 ax, ay, az의 평균은

$$\frac{ax+ay+ax}{3}=\frac{a(x+y+z)}{3}=am$$

분산을 구하면

$$\frac{(ax-am)^2+(ay-am)^2+(az-am)^2}{3}$$
$$=\frac{a^2\{(x-m)^2+(y-m)^2+(z-m)^2\}}{3}$$
$$=a^2s^2$$

4.1.2 도수분포

B4. 다음 그림은 수학 성적을 나타낸 히스토그램이다. 평균을 구하라.

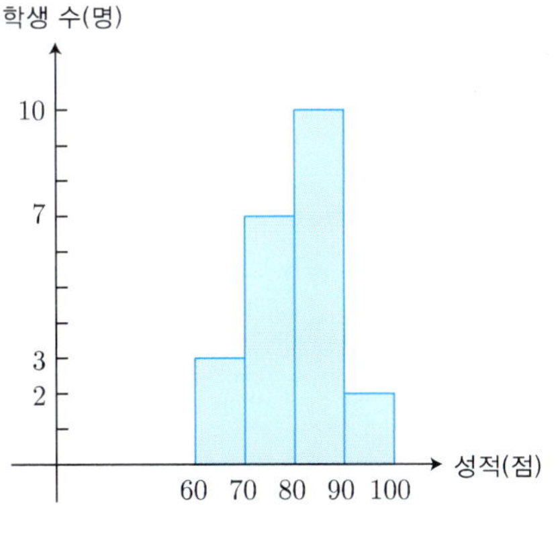

풀이 80점

히스토그램을 도수분포표로 나타내면 다음과 같다.

계급(성적)	계급값	도수(학생 수)	계급값×도수
60 이상 ~70 미만	65	3	$65\times3=195$
70 이상 ~80 미만	75	7	$75\times7=525$
80 이상 ~90 미만	85	10	$85\times10=850$
90 이상 ~100 미만	95	2	$95\times2=190$
합계		22	1760

평균을 구하면

$$\frac{195+525+850+190}{22}=\frac{1760}{22}=80$$

B5. 다음 표는 두 클래스의 성적을 나타낸 것이다. 다음 설명 중 옳은 것을 찾아라.

클래스	A	B
평균	71	69
분산	15	10.3

① B 클래스가 A 클래스보다 성적이 더 우수하다.
② A 클래스의 분산이 B 클래스의 분산보다 크므로, A 클래스 성적이 더 우수하다.
③ A 클래스 성적이 더 고르다.
④ B 클래스 성적이 더 고르다.
⑤ 위의 표로는 알 수 없다.

풀이 ④
A 클래스 평균이 더 높으므로 A 클래스 성적이 더 우수하지만 B 클래스의 분산이 더 작으므로 B 클래스 성적이 더 고르다.

B6. 두 제조업체 A, B의 직원 수는 각각 50명, 80명이다. 두 제조업체 직원들의 근무 기간을 조사하여 도수분포표를 만들었더니 근무기간이 5년 이상 10년 미만인 직원의 수가 같았다. 근무 기간이 5년 이상 10년 미만인 A, B 제조업체 직원의 상대도수의 비를 구하라.

① 8 : 5 ② 5 : 8 ③ 7 : 4
④ 4 : 7 ⑤ 9 : 8

풀이 ①
A 업체의 5년 이상 10년 미만의 직원 수는 K_1명, B 업체의 5년 이상 10년 미만의 직원 수는 K_2명이라 하자.

이때 $K_1 = K_2$이므로 $\frac{K_1}{50} : \frac{K_2}{80} = \frac{1}{5} : \frac{1}{8} = 8 : 5$

4.2.1 확률변수와 확률분포

B7. 크기가 다른 동전 4개를 던져 앞면이 나오는 개수를 X라 할 때, 확률변수 $3X+5$의 평균을 구하라.

① 8 ② 9 ③ 10
④ 11 ⑤ 12

풀이 ④

동전 4개를 던져 앞면이 나오는 확률을 구하면

$$P(X=0)={}_4C_0\left(\frac{1}{2}\right)^4=\frac{1}{16}$$

$$P(X=1)={}_4C_1\left(\frac{1}{2}\right)^1\left(\frac{1}{2}\right)^3=\frac{4}{16}$$

$$P(X=2)={}_4C_2\left(\frac{1}{2}\right)^2\left(\frac{1}{2}\right)^2=\frac{6}{16}$$

$$P(X=3)={}_4C_3\left(\frac{1}{2}\right)^3\left(\frac{1}{2}\right)^1=\frac{4}{16}$$

$$P(X=4)={}_4C_4\left(\frac{1}{2}\right)^4\left(\frac{1}{2}\right)^0=\frac{1}{16}$$

확률분포표로 정리하면 다음과 같다.

X	0	1	2	3	4	합계
$P(X=x)$	$\frac{1}{16}$	$\frac{4}{16}$	$\frac{6}{16}$	$\frac{4}{16}$	$\frac{1}{16}$	1

확률변수 X의 평균을 구하면

$$E(X)=0\times\frac{1}{16}+1\times\frac{4}{16}+2\times\frac{6}{16}+3\times\frac{4}{16}+4\times\frac{1}{16}=2$$

따라서 $E(3X+5)=3E(X)+5=3\times2+5=11$

B8. 확률변수 X의 평균이 8, 표준편차가 4일 때, 확률변수 $Y=5X^2-8X$의 평균을 구하라.

① 302 ② 318 ③ 336
④ 347 ⑤ 363

풀이 ③

$E(aX+b)=aE(X)+b$이므로

$$E(Y)=E(5X^2-8X)$$
$$=5E(X^2)-8E(X)$$

이때 $E(X)=8$, $V(X)=16$이고,

$V(X)=E(X^2)-(E(X))^2$이므로

$$16=E(X^2)-64$$
$$E(X^2)=80$$

$E(Y)=5E(X^2)-8E(X)$

$=5\times80-64=400-64=336$

B9. 확률변수 X에 대하여 $E(X)=10$, $E(X^2)=109$이다. 확률변수 $Y=aX+b$의 평균과 분산을 각각 $E(Y)=21$, $V(Y)=81$이 되도록 상수 a, b을 구해서 $a+b$의 값을 구하라. (단, $a>0$)

① -6 ② -3 ③ 0
④ 3 ⑤ 6

풀이 ①

$V(X)=E(X^2)-(E(X))^2$

$=109-100=9$

$E(Y)=aE(X)+b$이므로

$$21=10a+b \cdots ①$$

$V(Y)=a^2V(X)$이므로

$$81=a^2\times9,\ a^2=9,\ a=\pm3$$

$a>0$이므로 $a=3$

식 ①에 $a=3$을 대입하면

$$21=30+b,\quad b=-9$$

따라서 $a+b=-6$

4.2.2 이산확률변수의 평균, 분산, 표준편차

B10. 주사위 한 개를 던져서 나오는 눈의 수를 확률변수 X라 할 때, 확률변수 $4X-a^2$에 대하여 $E(4X-a^2)$의 최댓값을 구하라.

X	1	2	3	4	5	6	합계
$P(X=x)$	$\frac{1}{6}$	$\frac{1}{6}$	$\frac{1}{6}$	$\frac{1}{6}$	$\frac{1}{6}$	$\frac{1}{6}$	1

① 14 ② 7 ③ $\frac{7}{2}$
④ -7 ⑤ -14

풀이 ①
확률변수 X의 평균을 구하면

$$E(X)=\frac{1}{6}(1+2+3+4+5+6)=\frac{7}{2}$$

이다. $E(X)=\frac{7}{2}$이므로

$$\begin{aligned}E(4X-a^2)&=4E(X)-a^2\\&=4\times\frac{7}{2}-a^2\\&=-a^2+14\end{aligned}$$

따라서 $a=0$일 때 최댓값은 14다.

B11. 어느 병원의 암환자 10,000명의 암 치료율이 85%이고, 완치하는 환자의 수를 X라 할 때 X의 표준편차를 구하라.

① $9\sqrt{51}$ ② $8\sqrt{51}$ ③ $7\sqrt{51}$
④ $6\sqrt{51}$ ⑤ $5\sqrt{51}$

풀이 ⑤
전체 환자 수는 10,000명이고, 암 치료 확률은 0.85이므로 이항분포 $B(n, p)=B(10000, 0.85)$이다. 따라서

$$E(X)=np=10000\times0.85=8500$$
$$V(X)=npq=10000\times0.85\times0.15=1275$$
$$\sigma(X)=\sqrt{1275}=5\sqrt{51}$$

B12. 확률변수 X가 1과 2의 두 값만을 취한다고 한다. 평균이 $\frac{5}{3}$일 때, 분산을 구하라.

① $\frac{2}{3}$ ② $\frac{2}{9}$ ③ $\frac{1}{3}$
④ $\frac{4}{9}$ ⑤ $\frac{5}{9}$

풀이 ②
$P(X=1)=a$, $P(X=2)=b$라 하면

$$a+b=1 \quad \cdots ①$$

이다. 확률변수 X의 평균을 구하면

$$E(X)=1a+2b=\frac{5}{3} \quad \cdots ②$$

식 ①과 식 ②를 연립하면

$$a=\frac{1}{3},\ b=\frac{2}{3}$$

$$\begin{aligned}V(X)&=E(X^2)-(E(X))^2\\&=\left(1^2\times\frac{1}{3}\right)+\left(2^2\times\frac{2}{3}\right)-\left(\frac{5}{3}\right)^2\\&=3-\frac{25}{9}=\frac{2}{9}\end{aligned}$$

B13. 확률변수 X에 대하여 $E(X)=72$, $E(X^2)=5284$다. 확률변수 $Y=aX+b$의 평균과 분산이 각각 $E(Y)=50$, $V(Y)=1$이 되도록 상수 ab값을 구하라. (단, $a>0$)

① $\frac{103}{25}$ ② $\frac{104}{25}$ ③ $\frac{21}{5}$
④ $\frac{106}{25}$ ⑤ $\frac{107}{25}$

풀이 ⑤
$E(Y)=E(aX+b)=aE(X)+b$에서
$E(X)=72$, $E(Y)=50$이므로

$$72a+b=50 \ \cdots \ ①$$

$V(Y)=V(aX+b)=a^2V(X)$에서
$V(Y)=1$이므로

$$a^2V(X)=1 \ \cdots \ ②$$

$V(X)=E(X^2)-(E(X))^2$에서
$E(X^2)=5284$, $E(X)=72$이므로

$$V(X)=5284-72^2=100, \quad V(X)=100$$

식 ②에 $V(X)=100$을 대입하면

$$a^2\times100=1, \ a^2=\frac{1}{100}, \quad a=\pm\frac{1}{10}$$

$a>0$이므로 $a=\frac{1}{10}$이다.

식 ①에 a를 대입하면

$$\frac{72}{10}+b=50, \ b=\frac{428}{10}=\frac{214}{5}$$

따라서 $ab=\frac{1}{10}\times\frac{214}{5}=\frac{107}{25}$

4.3.1 이항분포

B14. 평균이 6, 분산이 2인 이항분포를 따르는 확률변수를 X라 한다. 이때 $X=2$일 확률을 구하라.

① ${}_9C_2\left(\frac{1}{3}\right)^2\left(\frac{2}{3}\right)^7$ ② ${}_7C_2\left(\frac{1}{3}\right)^2\left(\frac{2}{3}\right)^5$
③ ${}_9C_2\left(\frac{1}{3}\right)^9$ ④ ${}_9C_2\left(\frac{2}{3}\right)^2\left(\frac{1}{3}\right)^7$
⑤ ${}_7C_2\left(\frac{2}{3}\right)^2\left(\frac{1}{3}\right)^5$

풀이 ④

$E(X)=np=6$, $V(X)=np(1-p)=2$이다.

$$6(1-p)=2, \ 6-6p=2, \ 6p=4$$

$p=\frac{2}{3}$이고 $n=9$이다.

따라서 $P(X=2)={}_9C_2\left(\frac{2}{3}\right)^2\left(\frac{1}{3}\right)^7$

B15. 한 테니스 국가대표 선수의 서브 성공률이 75%이다. 이 선수가 100번의 서브를 시도할 때, 성공하는 횟수 X의 평균과 표준편차를 구하라.

① 70, $2\sqrt{3}$ ② 70, $\frac{5}{2}\sqrt{3}$
③ 75, $\frac{3}{2}\sqrt{3}$ ④ 75, $2\sqrt{2}$
⑤ 75, $\frac{5}{2}\sqrt{3}$

풀이 ⑤

시행 횟수는 100, 서브 성공 확률은 0.75이므로 이항분포 $B(n, p)=B\left(100, \frac{3}{4}\right)$이다.

$$E(X)=100\times\frac{3}{4}=75$$

$$V(X)=100\times\frac{3}{4}\times\frac{1}{4}=\frac{75}{4}$$

$$\sigma(X)=\sqrt{V(X)}=\frac{5}{2}\sqrt{3}$$

B16. 동전을 5회 던질 때, 앞면이 나오는 횟수를 확률변수 X로 하는 확률분포에서 $aX-b$의 평균이 0, 분산이 1일 때, ab의 값을 구하라.

① -2 ② -1 ③ 1
④ 2 ⑤ 4

풀이 ④

동전을 던져 앞면이 나올 확률은 $\frac{1}{2}$이므로 이항분포 $B(n, p)=B\left(5, \frac{1}{2}\right)$이다. 따라서

$$E(X)=5\times\frac{1}{2}=\frac{5}{2}$$

$$V(X)=5\times\frac{1}{2}\times\frac{1}{2}=\frac{5}{4}$$

$E(aX-b)=aE(X)-b=0$이므로

$$\frac{5}{2}a-b=0,\quad b=\frac{5}{2}a$$

$V(aX-b)=a^2V(X)=1$이므로

$$\frac{5}{4}a^2=1,\quad a^2=\frac{4}{5},\quad a=\frac{2}{\sqrt{5}}$$

따라서 $ab=a\times\frac{5}{2}a=\frac{5}{2}a^2=\frac{5}{2}\times\frac{4}{5}=2$

B17. 어느 항공노선에서 예약한 사람이 사전 통보 없이 탑승하지 않는 경우가 40명 중 2명 발생한다. 좌석 수가 80명인 비행기에 81명이 좌석을 예약한 경우 좌석이 부족하게 될 확률을 구하라. (단, $(0.95)^{81}=0.0157$, $(0.95)^{82}=0.0149$)

① 0.00128 ② 0.00149
③ 0.00157 ④ 0.0149
⑤ 0.0157

풀이 ⑤

예약한 사람이 탑승할 확률은 $\frac{38}{40}=0.95$이므로 이항분포 $B(n, p)=B(81, 0.95)$이다. 좌석이 부족한 경우는 81명이 모두 오는 경우이다.

$$P(X\geq 81)=P(X=81)$$
$$={}_{81}C_{81}(0.95)^{81}(0.05)^0$$
$$=(0.95)^{81}=0.0157$$

4.3.2 큰수의 법칙

B18. 다음은 큰수의 법칙을 설명하는 내용이다. 이때 ㉠, ㉡에 알맞은 용어를 차례대로 나타낸 것을 찾아라.

> 어떤 시행에서 사건 A가 일어날 확률이 P이고 n회의 독립시행에서 사건 A가 일어나는 횟수를 X라 하면 다음이 성립한다. 임의의 작은 양수 a에 대하여
>
> $$\lim_{n\to\infty} P\left(\left|\frac{X}{n} - p\right| < \alpha\right) = 1$$
>
> 따라서 큰 수의 법칙은 시행 횟수 n을 크게 할수록 사건 A가 일어나는 횟수에 대한 상대도수인 ㉠ 확률이 사건 A가 일어나는 ㉡ 확률에 가까워짐을 뜻한다. 큰 수의 법칙에 의하여 자연현상이나 사회현상에 대하여 ㉡ 확률을 알 수 없는 경우에는 ㉠ 확률을 대신 사용할 수 있다.

① 통계적, 경험적　② 경험적, 확률적
③ 경험적, 통계적　④ 확률적, 수학적
⑤ 통계적, 수학적

풀이 ⑤

㉠ 통계적

㉡ 수학적

B19. 주사위 한 개를 n회 던져서 2가 나오는 횟수를 x라 한다. 다음 확률분포를 이용하여 $n=50$일 때, $P\left(\left|\frac{x}{n}-\frac{1}{6}\right|<0.01\right)$의 값을 구하라.

$P(X=r)$ \ n	50
$P(X=0)$	0.0001
$P(X=1)$	0.0011
$P(X=2)$	0.0054
$P(X=3)$	0.0172
$P(X=4)$	0.0405
$P(X=5)$	0.0745
$P(X=6)$	0.1118
$P(X=7)$	0.1405
$P(X=8)$	0.1510
$P(X=9)$	0.1410

풀이 0.1510

$\left|\frac{x}{n}-\frac{1}{6}\right|<0.01$을 풀면

$$-\frac{1}{100}<\frac{x}{n}-\frac{1}{6}<\frac{1}{100}$$

$$\frac{94}{600}<\frac{x}{n}<\frac{106}{600}$$

$$\frac{47n}{300}<x<\frac{53n}{300}$$

이 부등식에 $n=50$을 대입하면

$$\frac{2350}{300}<x<\frac{2650}{300}$$

$$7.833\cdots<x<8.833\cdots$$

X는 이산값을 가지므로 $P(X=8)=0.1510$

B20. 주사위 한 개를 n회 던져서 2가 나오는 횟수를 X라 할 때, 위의 이항분포표를 이용하여 $\left|\frac{X}{n}-\frac{1}{6}\right|<0.01$의 확률을 구하라. (단, $n=50$)

① 0.1118 ② 0.0745 ③ 0.1405
④ 0.1410 ⑤ 0.1510

풀이 ⑤

$n=50$일 때

$$\left|\frac{X}{50}-\frac{1}{6}\right|<\frac{1}{100}$$
$$=-\frac{1}{100}<\frac{X}{50}-\frac{1}{6}<\frac{1}{100}$$
$$=\frac{1}{6}-\frac{1}{100}<\frac{X}{50}<\frac{1}{6}+\frac{1}{100}$$
$$=\frac{94}{600}<\frac{X}{50}<\frac{106}{600}$$

$7.833<X<8.8333\cdots$

$P(7.833<X<8.8333)=P(X=8)=0.1510$

4.4 확률밀도함수

B21. 연속확률변수 X의 확률밀도함수가 $f(x)=Kx(0 \le x \le 3)$일 때, $P(0 \le X \le K)$의 값을 구하라. (단, K는 상수)

① $\frac{5}{729}$ ② $\frac{4}{729}$ ③ $\frac{3}{729}$
④ $\frac{2}{729}$ ⑤ $\frac{1}{729}$

풀이 ②

확률밀도함수의 넓이는 1이므로

$$\frac{1}{2}\times 3\times 3K=1,\ K=\frac{2}{9}$$

따라서

$$f(x)=\frac{2}{9}x,\ f\left(\frac{2}{9}\right)=\frac{4}{81}$$

확률을 구하면

$$P\left(0 \le X \le \frac{2}{9}\right)=\frac{1}{2}\times\frac{2}{9}\times f\left(\frac{2}{9}\right)=\frac{1}{2}\times\frac{2}{9}\times\left(\frac{4}{81}\right)=\frac{4}{729}$$

B22. 연속확률변수 X의 확률밀도함수가 $f(x)=ax\ (0 \le x \le 3)$로 주어질 때, $P(1 \le X \le 2)$의 값을 구하라.

① $\frac{3}{4}$ ② $\frac{2}{4}$ ③ $\frac{1}{4}$
④ $\frac{2}{3}$ ⑤ $\frac{1}{3}$

풀이 ⑤

확률밀도함수 $f(x)$를 그래프로 나타내면 다음과 같다.

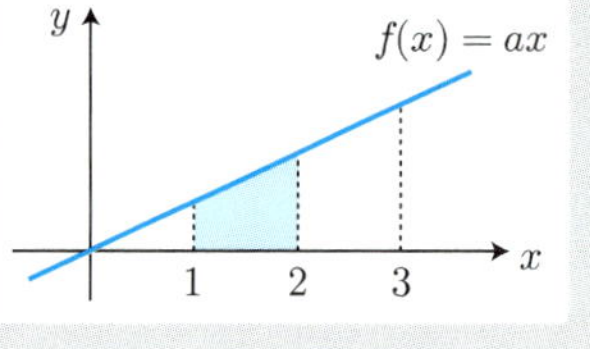

따라서 $\frac{1}{2}\times 3\times 3a=1,\ 9a=2,\ a=\frac{2}{9}$

$f(x)=\frac{2}{9}x$이므로 $f(1)=\frac{2}{9},\ f(2)=\frac{4}{9}$

$$P(1 \le X \le 2)=\frac{1}{2}\left(\frac{2}{9}+\frac{4}{9}\right)1=\frac{1}{2}\times\frac{6}{9}=\frac{1}{3}$$

B23. 확률밀도함수 $f(x)$가 $-2 \le x \le 2$에서 임의의 값을 취할 때, 다음 보기에서 확률밀도함수가 될 수 있는 것을 모두 골라라.

㉠ $f(x)=\left\lvert\frac{1}{4}x\right\rvert$	㉡ $f(x)=\frac{1}{2}x$
㉢ $f(x)=\frac{1}{4}$	㉣ $f(x)=\frac{3}{16}x^2$

풀이 ㉠, ㉢, ㉣

확률밀도함수 $f(x)$의 특징은 다음과 같다.

- $f(x)\ge 0$
- 평균에 대칭
- 넓이의 합 $=1$

보기의 함수를 그래프로 나타내면 다음과 같다.

㉠ 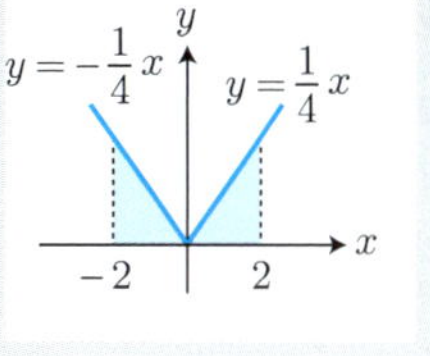

㉡ 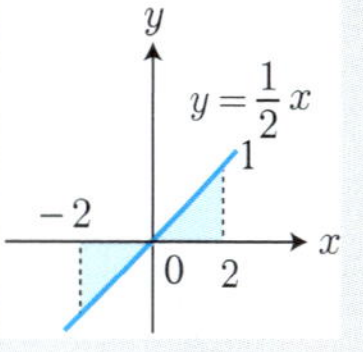

㉢ 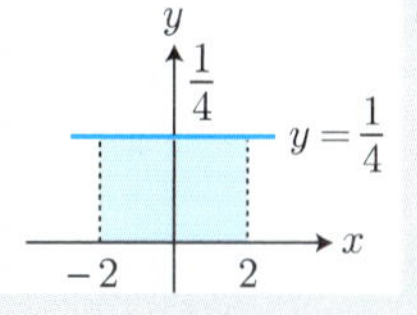

㉣ 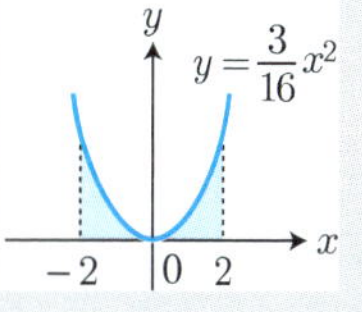

㉠ 넓이를 구하면 $\left(\frac{1}{2}\times 2\times\frac{1}{2}\right)\times 2=1$

㉡ 음수 부분이 존재하면 안 된다.

㉢ 넓이를 구하면 $4\times\frac{1}{4}=1$

㉣ 넓이를 구하면

$$2\int_0^2 \frac{3}{16}x^2dx=\frac{3}{8}\left[\frac{1}{3}x^3\right]_0^2=\frac{3}{8}\times\frac{8}{3}=1$$

B24. 확률변수 X의 확률밀도함수 $f(x)$의 그래프가 다음과 같을 때, $P(1 \le X \le 4)$의 값을 구하라.

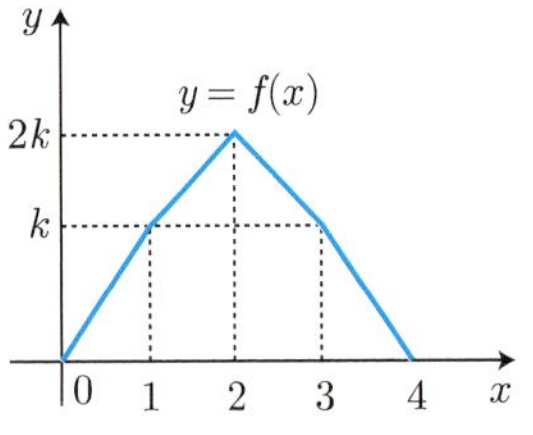

① $\frac{3}{8}$　② $\frac{4}{8}$　③ $\frac{5}{8}$

④ $\frac{7}{8}$　⑤ $\frac{6}{8}$

풀이 ④

구간을 나누어 $f(x)$를 구하면

$$0 \le x \le 1 \text{일 때, } f(x) = kx$$
$$1 \le x \le 2 \text{일 때, } f(x) = kx$$

넓이를 구하면

$0 \le x \le 1$, 넓이$= \frac{1}{2} \times 1 \times k = \frac{k}{2}$

$1 \le x \le 2$, 넓이$= \frac{1}{2} \times (k+2k) \times 1 = \frac{3k}{2}$

전체 넓이는 구간 $[0,\ 2]$의 2배이므로

$$2\left(\frac{k}{2} + \frac{3k}{2}\right) = 1,\ 2 \times \left(\frac{4k}{2}\right) = 1,\ k = \frac{1}{4}$$

따라서 $f(x) = \frac{1}{4}x$이다.

$P(1 \le X \le 4)$

$= 1 - P(X \le 1) = 1 - \frac{1}{2} \times 1 \times k$

$= 1 - \frac{1}{2} \times \left(\frac{1}{4}\right) = 1 - \frac{1}{8} = \frac{7}{8}$

B25. 전자제품 공장에서 제작되는 기계의 최장 수명을 1로 할 때, 수명의 확률밀도함수가 $f(x)=a(x-1)^2\ (0 \le x \le 1)$로 주어진다. 이 공장의 기계를 구입한 쪽에서 수명이 0.1까지 문제없이 사용한 경우에 수명이 0.5 이상일 확률을 구하라.

① $\frac{121}{729}$ ② $\frac{122}{729}$ ③ $\frac{123}{729}$
④ $\frac{124}{729}$ ⑤ $\frac{125}{729}$

Hint
조건부 확률
$P(B|A)=\frac{P(B\cap A)}{P(A)}$

풀이 ⑤

확률밀도함수는 구간 [0, 1]에서 넓이가 1이므로

$$\int_0^1 f(x)dx=\int_0^1 a(x-1)^2dx = \left[\frac{1}{3}a(x-1)^3\right]_0^1=\frac{1}{3}a$$

따라서 $\frac{1}{3}a=1$, $a=3$이다. 기계 수명을 X라 할 때

$P((X\ge 0.5)|(X\ge 0.1))$ ← Hint 적용

$=\frac{P(X\ge 0.5)}{P(X\ge 0.1)}$

이때

$$P(X\ge 0.5)=\int_{0.5}^1 3(x-1)^2dx=\left(\frac{1}{2}\right)^3$$

$$P(X\ge 0.1)=\int_{0.1}^1 3(x-1)^2dx=\left(\frac{9}{10}\right)^3$$

$P((X\ge 0.5)\,|\,(X\ge 0.1))$

$=\frac{P(X\ge 0.5)}{P(X\ge 0.1)}=\left(\frac{5}{9}\right)^3=\frac{125}{729}$

4.5.1 정규분포

B26. 확률변수 X가 정규분포 $N(0,1^2)$을 따르고 $P(0\le X\le 3)=p$, $P(X\ge -2)=q$일 때, $P(2\le X\le 3)$의 값을 p, q로 나타내라.

① $p-q-0.5$ ② $p-q+0.5$
③ $0.5-p+q$ ④ $0.5-p-q$
⑤ $p+q-0.5$

풀이 ②

확률변수 X의 정규분포곡선은 다음과 같다.

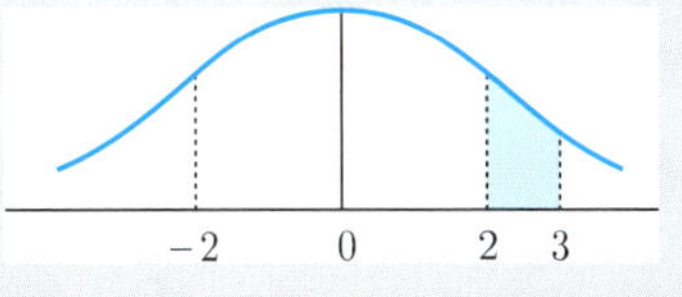

$P(0\le X\le 2)=P(-2\le X\le 0)$
$=P(X\ge -2)-0.5$
$=q-0.5$

$P(X\ge 3)=0.5-P(0\le X\le 3)=0.5-p$

$P(2\le X\le 3)$
$=0.5-P(0\le X\le 2)-P(X\ge 3)$
$=0.5-(q-0.5)-(0.5-p)$
$=p-q+0.5$

4.5.2 표준정규분포

B27. 연속확률변수 X가 정규분포 $N\left(n, \frac{n^2}{4}\right)$을 따를 때, $P(n \le X \le 120) = P(0 \le Z \le 1)$을 만족시키는 자연수 n의 값을 구하라. (단, 확률변수 Z는 표준정규분포를 따른다.)

① 40　② 50　③ 60
④ 70　⑤ 80

풀이 ⑤

$N\left(n, \frac{n^2}{4}\right)$을 따르므로

$$\begin{aligned} &P(n \le X \le 120) \\ &= P\left(\frac{n-n}{\frac{n}{2}} \le Z \le \frac{120-n}{\frac{n}{2}}\right) \\ &= P\left(0 \le Z \le \frac{120-n}{\frac{n}{2}}\right) \\ &= P(0 \le Z \le 1) \end{aligned}$$

따라서 $\frac{120-n}{\frac{n}{2}} = 1$, $120 - n = \frac{n}{2}$, $n = 80$

B28. 25명을 뽑는 어느 공무원 시험에 1,000명이 응시했다. 1,000명의 성적이 평균 150점, 표준편차가 10점인 정규분포를 따를 때, 이 시험에 합격하기 위한 최소 점수는 몇 점인지 구하라.
(단, $P(0 \le Z \le 1.96) = 0.475$)

① 121.6　② 189.2　③ 179.6
④ 175.8　⑤ 169.6

풀이 ⑤

합격하기 위한 최소 점수를 K라고 하면

$$P(X \ge K) = P\left(Z \ge \frac{K-150}{10}\right) = \frac{25}{1000}$$

$$\begin{aligned} &P\left(Z \ge \frac{K-150}{10}\right) \\ &= 0.5 - P\left(0 \le Z \le \frac{K-150}{10}\right) = 0.025 \end{aligned}$$

$$\begin{aligned} &P\left(0 \le Z \le \frac{K-150}{10}\right) \\ &= 0.5 - 0.025 = 0.475 \end{aligned}$$

따라서 $\frac{K-150}{10} = 1.96$, $K = 169.6$

B29. 주사위 한 개를 720회 던져서 1의 눈이 나오는 횟수를 X라 할 때, $P(110 \le X \le 140)$의 값을 구하라.

① 0.8185 ② 0.4772 ③ 0.2166
④ 0.1358 ⑤ 0.0228

z	$P(0 \le Z \le z)$
1	0.3413
2	0.4772
3	0.4987

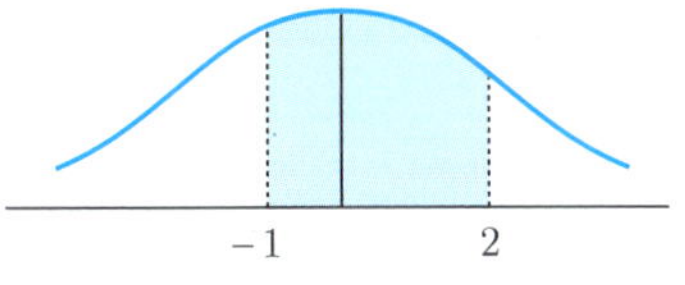

풀이 ①

주사위를 던져 1의 눈이 나올 확률은 $\frac{1}{6}$이므로
이항분포 $B(n,\ p) = B\left(720,\ \frac{1}{6}\right)$

$$m = 720 \times \frac{1}{6} = 120$$

$$\sigma^2 = 720 \times \frac{1}{6} \times \frac{5}{6} = 100$$

따라서 정규분포 $N(120,\ 10^2)$을 따른다.

$P(110 \le X \le 140)$
$= P\left(\frac{110-120}{10} \le Z \le \frac{140-120}{10}\right)$
$= P(-1 \le Z \le 2)$
$= P(0 \le Z \le 1) + P(0 \le Z \le 2)$
$= 0.3413 + 0.4772$
$= 0.8185$

B30. 정규분포를 이용하여

$${}_{48}C_6\left(\frac{1}{4}\right)^6\left(\frac{3}{4}\right)^{42} + {}_{48}C_7\left(\frac{1}{4}\right)^7\left(\frac{3}{4}\right)^{41} + \cdots + {}_{48}C_{21}\left(\frac{1}{4}\right)^{21}\left(\frac{3}{4}\right)^{27}$$

의 근삿값을 구하라.

① 0.9987 ② 0.9759 ③ 0.8413
④ 0.1587 ⑤ 0.0228

z	$P(0 \le Z \le z)$
1.0	0.3413
2.0	0.4772
3.0	0.4987

풀이 ②

이항분포는 $B\left(48,\frac{1}{4}\right)$이고 확률변수 X에 대해 $P(6 \le X \le 21)$의 값과 같다.

$$m = 48 \times \frac{1}{4} = 12$$

$$\sigma^2 = 48 \times \frac{1}{4} \times \frac{3}{4} = 9$$

따라서 정규분포 $N(12, 3^2)$을 따른다.

$P(6 \le X \le 21)$
$= P\left(\frac{6-12}{3} \le Z \le \frac{21-12}{3}\right)$
$= P(-2 \le Z \le 3)$
$= P(0 \le Z \le 2) + P(0 \le Z \le 3)$
$= 0.4772 + 0.4987 = 0.9759$

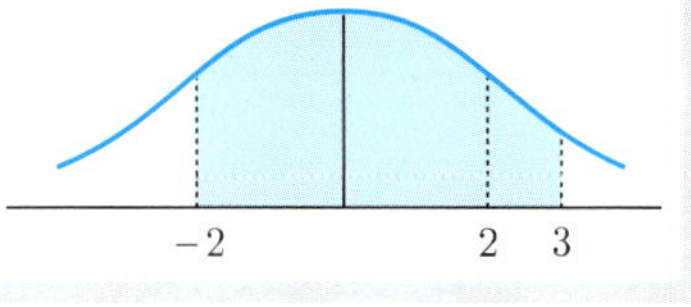

Chapter

05

추정 및 검정

Estimation and Assay

학습목표

- 표본평균의 평균과 모평균의 관계를 이해하고, 표본을 이용하여 모집단의 정보를 얻을 수 있다.
- 신뢰도에 따른 신뢰상수와 표본비율을 통해 모평균과 모비율의 신뢰구간을 추정할 수 있다.
- 가설검정에 대한 개념과 방법을 익혀 모평균, 모분산, 모비율을 검정하고 통계적 결정을 내릴 수 있다.

실험을 하거나 데이터를 분석할 때 모든 데이터를 사용하여 낸 결과값은 참이 될 것이다. 그러나 현실에서는 모든 데이터를 전부 파악하는 것이 불가능하다. 따라서 참에 가까운 답을 찾기 위해 여러 가지 통계 방법을 사용하게 되는데, 이러한 과정을 '추정'이라 하고 이렇게 얻은 값을 '추정값'이라고 한다. 그 다음으로 이렇게 추측하여 구한 값이 정말 참에 가까운지, 또는 얼마나 참에 가까운지를 알아보는 과정이 '가설검정'이다.

이 장에서는 앞에서 특정한 영역에 모집단을 설정하고 그 집단에서 표본추출을 하여 구한 표본평균과 표본편차로 전수조사를 한 것처럼, 추정을 했을 경우 오차의 한계를 추정함으로써 신뢰도를 검증하고자 한다.

5.1 표본분포

어떤 모집단에서 일정한 크기의 표본을 추출하여 표본평균을 계산하면 표본의 크기에 따라 복원추출과 비복원추출에 따른 표본의 분포를 구할 수 있다. 이 절에서는 모집단과 표본에 대한 개념을 이해하고, 표본평균의 값과 모집단의 관계를 살펴본다.

5.1.1 모집단과 표본

일반적으로 통계조사에는 조사할 집단 전체를 모두 조사하는 전수조사와 조사할 집단에서 일부 대상을 뽑아 조사하는 표본조사가 있다. 어느 학급의 모든 학생의 성적이나 인구조사 등은 전수조사에 해당하고 시청률, 설문조사 등은 표본조사에 해당한다. 조사하고자 하는 전체를 **모집단**, 모집단에서 조사를 위해 뽑은 자료를 **표본**, 이때 표본의 개수를 **표본의 크기**라고 한다. 그리고 이 모집단에서 표본을 뽑아 집단 전체의 성질을 추측하는 것을 **통계적 추정**이라고 한다.

정리 5-1 모집단과 표본

- 모집단 : 조사의 대상이 되는 자료 전체
- 표본 : 모집단에서 조사를 위해 뽑은 자료
- 통계적 추정 : 모집단에서 표본을 뽑아 그 표본에서 집단 전체의 성질을 추측하는 것

모집단에서 표본을 추출하는 방법에는 복원추출과 비복원추출 및 임의추출이 있다. **복원추출**은 자료 한 개를 뽑은 후에 뽑은 자료를 다시 넣어 다음 자료를 뽑는 방법이고, **비복원추출**은 뽑은 자료를 다시 넣지 않고 다음 자료를 뽑는 방법이다. **임의추출**은 모집단에서 표본을 추출할 때 어느 특정한 것을 택하지 않고 모든 자료가 뽑힐 확률을 같게 하여 임의로 뽑는 방법이다. 표본을 임의추출할 때는 제비뽑기, 난수표 등을 이용한다.

정리 5-2 표본추출 방법

- 복원추출 : 뽑은 자료를 다시 넣어 뽑는 방법
- 비복원추출 : 뽑은 자료를 다시 넣지 않고 다음 표본을 뽑거나 동시에 뽑는 방법
- 임의추출 : 어느 특정한 것을 택하지 않고 모든 자료가 뽑힐 확률을 같게 하여 임의로 뽑는 방법

5.1.2 표본평균의 분포

모집단의 평균, 분산, 표준편차를 모평균, 모분산, 모표준편차라 한다. 모집단의 확률변수 X에 대해 모평균은 $m = E(X)$, 모분산은 $\sigma^2 = V(X)$, 모표준편차는 $\sigma = \sigma(X)$로 나타낸다. 어떤 모집단에서 크기가 n인 표본 x_1, x_2, $\cdots$, x_n를 임의추출할 때, 이들의 평균을 **표본평균**이라고 하고, $\overline{X}$로 나타낸다.

$$\overline{X} = \frac{1}{n}(x_1 + x_2 + \cdots + x_n)$$

복원추출

표본평균의 평균과 분산 및 표준편차에 대해 살펴보자. 주머니에서 1, 2, 3 의 숫자가 적힌 3개의 공을 복원추출할 때, 모집단의 확률분포표는 [표 5-1]과 같다.

[표 5-1] 모집단의 확률분포표

$\overline{X}$	1	2	3	합계
$P(X)$	$\frac{1}{3}$	$\frac{1}{3}$	$\frac{1}{3}$	1

여기서 모평균과 모분산을 구하면

$$E(X) = m = 1 \times \frac{1}{3} + 2 \times \frac{1}{3} + 3 \times \frac{1}{3} = 2$$

$$V(X) = \sigma^2 = 1^2 \times \frac{1}{3} + 2^2 \times \frac{1}{3} + 3^2 \times \frac{1}{3} - 2^2 = \frac{2}{3}$$

이다. 이 모집단에서 표본의 크기를 2로 임의추출한 표본평균 $\overline{X}$는 [표 5-2]와 같다.

[표 5-2] 복원추출을 두 번할 때의 $\overline{X}$

X	1	2	3
1	1	1.5	2
2	1.5	2	2.5
3	2	2.5	3

위의 표에서 표본을 2개 추출한 값이 1과 2면 표본평균인 $\overline{X}$는 1.5가 되고, 3과 3을 추출하면 표본평균인 $\overline{X}$는 3이 된다. 따라서 [표 5-2]에서 구한 $\overline{X}$를 확률분포표로 정리하면 다음과 같다.

[표 5-3] 표본평균의 확률분포표

$\overline{X}$	1	1.5	2	2.5	3	합계
$P(X)$	$\frac{1}{9}$	$\frac{2}{9}$	$\frac{3}{9}$	$\frac{2}{9}$	$\frac{1}{9}$	1

따라서 표본평균의 평균과 분산을 구하면

$$E(\overline{X}) = 1 \times \frac{1}{9} + 1.5 \times \frac{2}{9} + 2 \times \frac{3}{9} + 2.5 \times \frac{2}{9} + 3 \times \frac{1}{9} = 2$$

$$V(\overline{X}) = 1^2 \times \frac{1}{9} + (1.5)^2 \times \frac{2}{9} + 2^2 \times \frac{3}{9} + (2.5)^2 \times \frac{2}{9} + 3^2 \times \frac{1}{9} - 2^2 = \frac{1}{3}$$

이다. 즉 모집단의 평균 $E(X) = m = 2$, 분산 $V(x) = \sigma^2(X) = \frac{2}{3}$ 이고, 표본의 크기를 2로 임의추출한 표본평균의 평균은 $E(\overline{X}) = 2$, $V(\overline{X}) = \frac{1}{3}$ 이다. 모집단과 표본평균의 관계를 살펴보면

$$E(\overline{X}) = m = 2$$

$$V(\overline{X}) = \frac{1}{n}\sigma^2 = \frac{1}{2} \times \frac{2}{3} = \frac{1}{3}$$

가 된다. 예를 들어 정규분포 $N(20,\ 3^2)$을 따르는 모집단에서 크기 30인 표본을 복원추출할 때, 표본평균의 평균과 분산을 구해보자.

모집단의 모평균 $m = 20$, 모분산 $\sigma^2 = 3^2$, $n = 30$이므로 표본평균의 평균은

$$E(\overline{X}) = m = 20$$

이 된다. 또한 표본평균의 분산은

$$V(\overline{X}) = \frac{\sigma^2}{n} = \frac{3^2}{30} = \frac{3}{10}$$

이다. 즉 모집단과 표본평균의 평균은 같고, 표본평균의 분산은 모집단의 분산을 표본의 크기로 나눈 값과 같다.

따라서 모평균이 m, 모분산이 σ^2인 모집단에서 크기가 n인 표본을 임의로 복원추출할 때, 표본평균 $\overline{X}$는 언제나 정규분포 $N\left(m,\ \left(\frac{\sigma}{\sqrt{n}}\right)^2\right)$을 따른다.

정리 5-3 표본평균의 평균, 분산, 표준편차

모평균 m, 모분산 σ^2, 모표준편차 σ인 모집단에서 크기가 n인 표본을 복원추출할 때 표본평균 $\overline{X}$에 대하여

- $E(\overline{X}) = m$ (표본평균의 평균은 모평균과 같다.)
- $V(\overline{X}) = \dfrac{\sigma^2}{n}$
- $\sigma(\overline{X}) = \dfrac{\sigma}{\sqrt{n}}$

비복원추출

다음으로 비복원추출하는 경우 표본평균의 평균과 분산도 생각해보자. 모집단의 크기를 N, 표본의 크기를 n이라고 하면

$$E(\overline{X})= m,\ \ V(\overline{X}) = \frac{\sigma^2}{n} \times \frac{N-n}{N-1}$$

로 나타낼 수 있다. 이때

$$\lim_{N\to\infty} \frac{N-m}{N-1} \fallingdotseq 1$$

이므로, N이 충분히 크면

$$V(\overline{X}) \fallingdotseq \frac{\sigma^2}{n}$$

이다. 즉 모집단의 크기 N이 충분히 클 때 비복원추출을 시행하면 $V(\overline{X}) = \dfrac{\sigma^2}{n}$과 같다고 해도 큰 오차가 없다. 모평균이 m, 모분산이 σ^2인 모집단에서 크기가 n인 표본을 임의로 비복원추출할 때도 모집단의 크기가 충분히 크면 근사적으로 정규분포 $N\left(m,\ \left(\dfrac{\sigma}{\sqrt{n}}\right)^2\right)$을 따른다.

예를 들어, 정규분포 $N(40,\ 8^2)$을 따르는 모집단에서 크기 4로 표본을 추출할 때, 표본평균의 정규분포를 구하면 표본평균의 평균과 표준편차는

$$E(\overline{X}) = m = 40,\ \ \sigma(\overline{X}) = \frac{\sigma}{\sqrt{n}} = \frac{8}{\sqrt{4}} = 4$$

이므로, 표본평균 $\overline{X}$는 $N(40,\ 4^2)$을 따른다.

정리 5-4 표본평균의 분포

정규분포 $N(m,\ \sigma^2)$을 따르는 모집단에서 크기가 n인 표본을 비복원추출할 때 표본평균 $\overline{X}$는 정규분포 $\overline{N}\left(m,\ \left(\dfrac{\sigma}{\sqrt{n}}\right)^2\right)$을 따른다.

예제 5-1

정규분포를 따르는 어떤 모집단의 평균이 50, 표준편차가 10이라 할 때, 크기 25로 표본을 임의추출한 표본평균 $\overline{X}$에 대하여 평균 $E(\overline{X})$와 분산 $V(\overline{X})$를 구하라.

풀이

모집단의 정규분포는 $N(50,\ 10^2)$이고, 표본의 크기는 $n=25$이므로

$$E(\overline{X})=m=50$$
$$V(\overline{X})=\frac{\sigma^2}{n}=\frac{10^2}{25}=4$$

$\therefore\ E(\overline{X})=50,\ V(\overline{X})=4$

예제 5-2

주머니에 2, 4, 6, 8, 10의 숫자가 하나씩 적힌 5개의 공이 들어 있다. 임의로 크기가 2인 표본을 복원추출할 때, 표본평균 $\overline{X}$의 평균과 분산을 구하라.

풀이

모집단의 평균과 분산을 구하면

$$m=\frac{2+4+6+8+10}{5}=6$$
$$\sigma^2=\frac{(2-6)^2+(4-6)^2+(6-6)^2+(8-6)^2+(10-6)^2}{5}=\frac{40}{5}=8$$

모집단의 정규분포는 $N(6,\ 8)$이고 표본의 크기가 $n=2$이므로

$$E(\overline{X})=m=6$$
$$V(\overline{X})=\frac{\sigma^2}{n}=\frac{8}{2}=4$$

$\therefore\ E(\overline{X})=6,\ \ V(\overline{X})=4$

예제 5-3

봉투에 1, 2, 3, 4, 5의 숫자가 적힌 카드가 5장 들어 있다. 여기서 복원추출로 2장의 카드를 꺼내어 그 카드에 적힌 숫자의 평균을 $\overline{X}$라 한다. 이때 $E(\overline{X})$와 $V(\overline{X})$를 구하라.

풀이

모집단의 평균과 분산을 구하면

$$m = \frac{1+2+3+4+5}{5} = 3$$

$$\sigma^2 = \frac{1^2+2^2+3^2+4^2+5^2}{5} - 3^2 = 2$$

모집단의 정규분포는 $N(3, 2)$이고 표본의 크기가 $n=2$이므로

$$E(\overline{X}) = m = 3$$

$$V(\overline{X}) = \frac{\sigma^2}{n} = \frac{2}{2} = 1$$

$\therefore\ E(\overline{X}) = 3,\ V(\overline{X}) = 1$

예제 5-4

모평균이 30, 모표준편차가 6인 정규분포를 따르는 모집단에서 크기가 9인 표본을 임의추출할 때, 평균이 28 이상 32 이하인 확률을 구하라. (단, $P(0 \le Z \le 1) = 0.34$)

풀이

모집단의 정규분포는 $N(30, 6^2)$이고 표본의 크기 $n=9$이므로

$$E(\overline{X}) = m = 30$$

$$V(\overline{X}) = \frac{\sigma^2}{n} = \frac{36}{9} = 4$$

표본평균 $\overline{X}$는 정규분포 $N(30, 2^2)$을 따른다. 따라서 확률을 구하면

$$\begin{aligned} &P(28 \le \overline{X} \le 32) \\ &= P\left(\frac{28-30}{2} \le Z \le \frac{32-30}{2}\right) \\ &= P(-1 \le Z \le 1) = 2P(0 \le Z \le 1) \\ &= 2 \times 0.34 = 0.68 \end{aligned}$$

$\therefore\ 0.68$

예제 5-5

모평균이 250, 모표준편차가 40인 정규분포를 따르는 모집단에서 크기가 100인 표본을 임의추출한 표본평균 $\overline{X}$에 대하여 $P(246 \le \overline{X} \le 258)$를 구하라.
(단, $P(0 \le Z \le 1) = 0.3413$, $P(0 \le Z \le 2) = 0.4772$)

풀이

모집단의 정규분포는 $N(250,\ 40^2)$이고 표본의 크기 $n = 100$이므로

$$E(\overline{X}) = m = 250$$
$$V(\overline{X}) = \frac{\sigma^2}{n} = \frac{1600}{100} = 16$$

표본평균 $\overline{X}$는 정규분포 $N(250,\ 4^2)$을 따른다. 따라서 확률을 구하면

$$\begin{aligned} &P(246 \le \overline{X} \le 258) \\ &= P\left(\frac{246-250}{4} \le Z \le \frac{258-250}{4}\right) \\ &= P(-1 \le Z \le 2) \\ &= P(0 \le Z \le 1) + P(0 \le Z \le 2) \\ &= 0.3413 + 0.4772 \\ &= 0.8185 \end{aligned}$$

$\therefore$ 0.8185

Section 5.1 연습문제

A1. 서로 다른 숫자가 적힌 공 5개에서 크기가 3인 표본을 복원추출을 하는 방법의 수를 구하라.

① 95 ② 105 ④ 115
④ 125 ⑤ 135

풀이 ④
복원추출은 공 5개에서 중복을 허락하여 3개를 뽑는 경우의 수이다.

따라서 ${}_5\Pi_3 = 5^3 = 125$

A2. 정규분포 $N(10, 9)$를 따르는 모집단에서 크기가 3인 표본을 복원추출할 때, $E(\overline{X}^2)$의 값을 구하라.

① 103 ② 102 ③ 101
④ 100 ⑤ 99

풀이 ①
모집단의 정규분포가 $N(10, 9)$이므로

$$E(\overline{X}) = m = 10$$

$$V(\overline{X}) = \frac{\sigma^2}{n} = \frac{9}{3} = 3$$

$V(\overline{X}) = E(\overline{X}^2) - (E(\overline{X}))^2$이므로

$$E(\overline{X}^2) = V(\overline{X}) + (E(\overline{X}))^2 = 3 + 100 = 103$$

A3. 모평균이 10, 모분산이 4인 모집단에서 크기가 25인 표본을 복원추출할 때, 그 표본평균 $\overline{X}$의 평균과 표준편차를 구하라.

풀이 $E(\overline{X}) = 10$, $\sigma(\overline{X}) = \frac{2}{5}$

$m = 10$, $\sigma^2(X) = 4$, $n = 25$이므로

$E(\overline{X}) = m = 10$

$V(\overline{X}) = \frac{\sigma^2}{n} = \frac{4}{25}$

$\sigma(\overline{X}) = \sqrt{\frac{4}{25}} = \frac{2}{5}$

A4. 어떤 공장에서 생산되는 전구의 무게는 $N(150, 20^2)$을 따른다. 이 중에서 100개의 표본을 임의로 추출할 때, 표본평균 $\overline{X}$의 표준편차 $\sigma(\overline{X})$의 값을 구하라.

① 2 ② 3 ③ 4 ④ 5 ⑤ 6

풀이 ①
모집단의 정규분포가 $N(150, 20^2)$이므로 $m = 150$, $\sigma = 20$이다.

따라서 $\sigma(\overline{X}) = \frac{\sigma}{\sqrt{n}} = \frac{20}{\sqrt{100}} = 2$

A5. 모집단의 확률변수 X가 다음 표와 같다. 이 모집단에서 크기가 3인 표본을 복원추출할 때, $\overline{X}$의 평균과 분산을 구하라.

X	1	2	3	합계
$P(X=x)$	$\frac{3}{12}$	$\frac{6}{12}$	$\frac{3}{12}$	1

풀이 $E(\overline{X})=2,\ V(\overline{X})=\frac{1}{6}$

모집단의 평균과 분산을 구하면

$$m=\left(1\times\frac{3}{12}\right)+\left(2\times\frac{6}{12}\right)+\left(3\times\frac{3}{12}\right)=\frac{24}{12}=2$$

$$\sigma^2=\left\{\left(1^2\times\frac{3}{12}\right)+\left(2^2\times\frac{6}{12}\right)+\left(3^2\times\frac{3}{12}\right)\right\}-(2)^2$$

$$=\frac{54}{12}-4=\frac{9}{2}-\frac{8}{2}=\frac{1}{2}$$

표본평균 $\overline{X}$의 평균과 분산은

$$E(\overline{X})=m=2$$

$$V(\overline{X})=\frac{\sigma^2}{n}=\frac{1}{2}\times\frac{1}{3}=\frac{1}{6}$$

A6. 봉투 속에 1부터 9까지 숫자가 하나씩 적힌 9장의 카드가 들어 있다. 여기서 크기가 4인 표본을 복원추출한 카드에 적힌 숫자의 평균을 $\overline{X}$라 할 때, $\overline{X}$의 분산을 구하라.

Hint

시그마 공식

(1) $\sum_{k=1}^{n}k=\frac{n(n+1)}{2}$

(2) $\sum_{k=1}^{n}k^2=\frac{n(n+1)(2n+1)}{6}$

풀이 $\frac{5}{3}$

모평균을 구하면

$$m=\frac{1}{9}\sum_{k=1}^{9}k \quad \leftarrow \text{Hint (1) 적용}$$

$$=\frac{1}{9}\left(\frac{9\times10}{2}\right)=5$$

모분산을 구하면

$$\sigma^2=\frac{1}{9}\sum_{k=1}^{9}k^2-5^2 \quad \leftarrow \text{Hint (2) 적용}$$

$$=\frac{1}{9}\left(\frac{9\times10\times19}{6}\right)-25=\frac{20}{3}$$

$E(\overline{X})=m,\ \sigma^2(\overline{X})=\frac{\sigma^2}{n}$이므로

$$V(\overline{X})=\frac{\sigma^2}{n}=\frac{20}{3}\times\frac{1}{4}=\frac{5}{3}$$

A7. 어떤 공장에서 생산되는 제품의 무게는 평균이 50g, 표준편차가 6g인 정규분포를 따른다. 이 공장에서 생산된 제품 중에서 4개를 임의로 택할 때, 무게의 평균이 44kg 이상 54.5kg 이하일 확률을 구하라.

z	$P(0 \le Z \le z)$
0.5	0.19
1.0	0.34
1.5	0.43
2.0	0.48

풀이 0.91

모집단이 정규분포 $N(50,\ 6^2)$을 따르므로

$$E(\overline{X}) = m = 50$$

$$V(\overline{X}) = \frac{\sigma^2}{n} = \frac{36}{4} = 9$$

표본평균 $\overline{X}$는 정규분포 $\overline{N}(50,\ 3^2)$을 따른다. 따라서 확률을 구하면

$$\begin{aligned} P(44 \le \overline{X} \le 54.5) &= P\left(\frac{44-50}{3} \le Z \le \frac{54.5-50}{3}\right) \\ &= P\left(-\frac{6}{3} \le Z \le \frac{4.5}{3}\right) \\ &= P(-2 \le Z \le 1.5) \\ &= P(0 \le Z \le 2) + P(0 \le Z \le 1.5) \\ &= 0.48 + 0.43 \\ &= 0.91 \end{aligned}$$

A8. 어느 회사에서 생산하는 전구의 수명 시간은 평균 2,000시간, 표준편차 200시간인 정규분포를 따른다고 한다. 이 제품들 중에서 400개를 임의추출하여 수명 시간을 조사할 때, 표본평균이 1,980시간 이하일 확률을 구하라.

z	$P(0 \le Z \le z)$
1.0	0.3413
1.5	0.4332
2.0	0.4772
3.0	0.4938

풀이 0.0228

모집단의 정규분포가 $N(2000,\ 200^2)$이므로

$$E(\overline{X}) = m = 2000$$

$$V(\overline{X}) = \frac{\sigma^2}{n} = \frac{200^2}{400} = 100$$

표본평균 $\overline{X}$는 정규분포 $\overline{N}(2000,\ 10^2)$을 따른다. 따라서 확률을 구하면

$$\begin{aligned} P(\overline{X} \le 1980) &= P\left(Z \le \frac{1980-2000}{10}\right) \\ &= P(Z \le -2) \\ &= 0.5 - P(0 \le Z \le 2) \\ &= 0.5 - 0.4772 \\ &= 0.0228 \end{aligned}$$

A9. 어느 공장에서 생산되는 제품의 무게는 평균이 30g, 표준편차가 5g인 정규분포를 따른다. 이 공장에서는 무게가 40g 이상인 제품을 불량품으로 판정한다. 이 제품들 중에서 2,500개를 임의로 추출할 때, 불량품의 개수가 57개 이상일 확률을 구하라.

z	$P(0 \le Z \le z)$
0.5	0.19
1.0	0.34
1.5	0.43
2.0	0.48

풀이 0.16

모집단의 정규분포는 $N(30,\ 5^2)$이므로 불량품일 확률은

$$\begin{aligned} P(X \ge 40) &= P\left(Z \ge \frac{40-30}{5}\right) \\ &= P(Z \ge 2) \\ &= 0.5 - P(0 \le Z \le 2) \\ &= 0.5 - 0.48 = 0.02 \end{aligned}$$

불량품의 개수를 Y라고 하면 $n=2500$, $p=0.02$이므로 이항분포 $B(n,\ p)=B(2500,\ 0.02)$이다.

$$E(Y) = np = 2500 \times (0.02) = 50$$
$$V(Y) = npq = 2500 \times (0.02) \times (0.98) = 49$$

따라서 Y는 정규분포 $N(50,\ 7^2)$을 따른다. 불량품의 개수가 57개 이상일 확률을 구하면

$$\begin{aligned} P(Y \ge 57) &= P\left(Z \ge \frac{57-50}{7}\right) \\ &= P(Z \ge 1) \\ &= 0.5 - P(0 \le Z \le 1) \\ &= 0.5 - 0.34 \\ &= 0.16 \end{aligned}$$

5.2 추정

표본에서 얻은 결과를 이용하여 모집단의 값을 추측하는 것을 **추정**이라 한다. 이 추정이 적중할 확률을 **신뢰도**라고 하고, 그 구간을 **신뢰구간**이라 한다. 이 절에서는 표본평균과 표본비율을 통해 모평균과 모비율을 추정하는 방법을 배우고자 한다.

5.2.1 모평균 추정

표본평균을 통해 모집단의 평균을 구하는 것을 **모평균 추정**이라고 한다. [그림 5-1]에서 표본추출과 추정의 관계를 확인할 수 있다. 정규분포 $N(m,\ \sigma^2)$을 따르는 모집단에서 크기가 n인 표본을 임의추출한 표본평균 $\overline{X}$로부터 모평균 m을 [표 5-4]와 같이 추정할 수 있다.

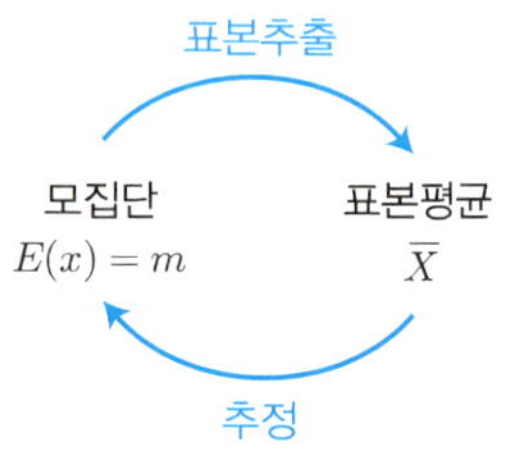

[그림 5-1] 표본추출과 추정

[표 5-4] 신뢰도에 따른 모평균 추정

	신뢰도 95%	신뢰도 99%
모평균 m의 신뢰구간	$\overline{X}-1.96\frac{\sigma}{\sqrt{n}} \le m \le \overline{X}+1.96\frac{\sigma}{\sqrt{n}}$	$\overline{X}-2.58\frac{\sigma}{\sqrt{n}} \le m \le \overline{X}+2.58\frac{\sigma}{\sqrt{n}}$
신뢰구간의 폭	$2\times1.96\frac{\sigma}{\sqrt{n}}$	$2\times2.58\frac{\sigma}{\sqrt{n}}$
모평균과 표본평균의 차 (오차의 한계)	$\lvert m-\overline{X}\rvert=1.96\frac{\sigma}{\sqrt{n}}$	$\lvert m-\overline{X}\rvert=2.58\frac{\sigma}{\sqrt{n}}$

먼저, 신뢰도 95%에서 모평균 m의 신뢰구간을 구하는 과정을 살펴보자. 모집단 분포가 정규분포 $N(m,\ \sigma^2)$일 때 크기가 n인 표본을 임의로 추출하면 표본평균 $\overline{X}$는 정규분포 $N\left(m,\ \frac{\sigma^2}{n}\right)$을 따른다. 이때 표준정규분포표에서 신뢰도 95%에 해당하는 확률은 $P(-1.96 \le Z \le 1.96) = 0.95$이고 표준정규분포에서 나타내면 [그림 5-2]와 같다.

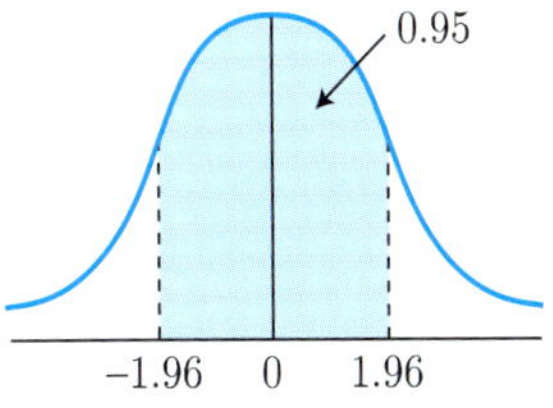

[그림 5-2] 신뢰도 95%일 때의 표준정규분포

표본평균 $\overline{X}$를 확률변수 Z로 정규화하여 정리하면

$$P\left(-1.96 \le \frac{\overline{X}-m}{\frac{\sigma}{\sqrt{n}}} \le 1.96\right) = 0.95$$

이다. 부등식을 정리하기 위해 양변에 $\frac{\sigma}{\sqrt{n}}$을 곱하면

$$P\left(-1.96\frac{\sigma}{\sqrt{n}} \le \overline{X}-m \le 1.96\frac{\sigma}{\sqrt{n}}\right) = 0.95$$

이고, 모평균 m에 대하여 정리하면

$$P\left(\overline{X}-1.96\frac{\sigma}{\sqrt{n}} \le m \le \overline{X}+1.96\frac{\sigma}{\sqrt{n}}\right) = 0.95$$

이다. 따라서 신뢰도 95%에서 모평균 m은 $\overline{X}-1.96\frac{\sigma}{\sqrt{n}} \le m \le \overline{X}+1.96\frac{\sigma}{\sqrt{n}}$의 신뢰구간을 가진다. 마찬가지로 신뢰도 99%를 만족하는 신뢰구간은

$$\overline{X}-2.58\frac{\sigma}{\sqrt{n}} \le m \le \overline{X}+2.58\frac{\sigma}{\sqrt{n}}$$

가 된다. [그림 5-3]에서 신뢰도 99%를 만족하는 $z=2.58$임을 확인할 수 있다.

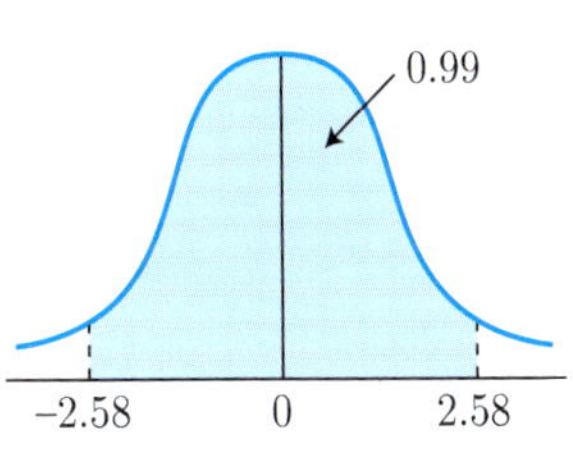

[그림 5-3] 신뢰도 99%일 때의 표준정규분포

신뢰도 95%에서 신뢰구간의 폭은

$$2 \times 1.96 \frac{\sigma}{\sqrt{n}}$$

이고 모평균과 표본평균의 차, 즉 오차의 한계는

$$|m - \overline{X}| = 1.96 \frac{\sigma}{\sqrt{n}}$$

이다. 신뢰도 99%일 때 신뢰구간의 폭과 오차의 한계는 신뢰도 95%일 때의 식에서 $z = 2.58$로 바꾸면 된다. 모평균을 추정할 때 모표준편차 σ는 실제로 모르는 경우가 많다. 이때 표본의 크기가 충분히 크면 모표준편차 σ 대신 표본표준편차 S를 이용해도 좋다.

정리 5-5 모평균의 신뢰구간

정규분포 $N(m,\ \sigma^2)$을 따르는 모집단에서 크기가 n인 표본의 표본평균을 $\overline{X}$라고 할 때

- 모평균의 신뢰구간 : $\overline{X} - k\frac{\sigma}{\sqrt{n}} \le m \le \overline{X} + k\frac{\sigma}{\sqrt{n}}$
- 모평균의 신뢰구간의 폭 : $2 \times k\frac{\sigma}{\sqrt{n}}$
- 한계 : $|m - \overline{X}| = k\frac{\sigma}{\sqrt{n}}$

(단, 신뢰구간 95%일 때 $k = 1.96$, 신뢰구간 99%일 때 $k = 2.58$)

Check it up!

✔ **신뢰도, 표본의 크기와 신뢰구간 사이의 관계**

모평균의 신뢰구간은

$$\overline{X} - k\frac{\sigma}{\sqrt{n}} \le m \le \overline{X} + k\frac{\sigma}{\sqrt{n}}$$

이므로 신뢰도가 높아지면 길어지고 신뢰도가 낮아지면 짧아진다. 따라서 표본의 크기인 n값이 커지면 신뢰구간은 짧아지고 n값이 작아지면 신뢰구간은 길어진다.

예제 5-6

표본편차가 3인 모집단에서 9개의 표본을 꺼내 그 값을 조사하였더니 다음과 같았다. 신뢰도 95%로 모평균의 신뢰구간을 구하라. (단, $P(|Z|\leq 1.96)=0.95$)

11, 10, 11, 8, 9, 9, 10, 11, 11

풀이

표본의 값을 이용하여 표본평균을 구하면

$$\overline{X}=\frac{11+10+11+8+9+9+10+11+11}{9}=10$$

$\sigma=3$, $n=9$일 때 신뢰도 95%로 신뢰구간을 구하면

$$\overline{X}-1.96\frac{\sigma}{\sqrt{n}}\leq m\leq \overline{X}+1.96\frac{\sigma}{\sqrt{n}}$$
$$10-1.96\frac{3}{\sqrt{9}}\leq m\leq 10+1.96\frac{3}{\sqrt{9}}$$
$$8.04\leq m\leq 11.96$$

$\therefore\ 8.04\leq m\leq 11.96$

예제 5-7

어느 지역에서 대학생 100명을 임의추출하여 몸무게를 조사하였더니 표본평균은 60kg, 표본표준편차는 5.5kg이었다. 이 지역 대학생의 몸무게의 평균에 대하여 신뢰도 95%인 신뢰구간을 구하라. (단, $P(|Z|\leq 1.96)=0.95$)

풀이

$\sigma=5.5$, $n=100$, $\overline{X}=60$일 때 신뢰도 95%로 신뢰구간을 구하면

$$\overline{X}-1.96\frac{\sigma}{\sqrt{n}}\leq m\leq \overline{X}+1.96\frac{\sigma}{\sqrt{n}}$$
$$60-1.96\frac{5.5}{\sqrt{100}}\leq m\leq 60+1.96\frac{5.5}{\sqrt{100}}$$
$$58.922\leq m\leq 61.078$$

$\therefore\ 58.922\leq m\leq 61.078$

예제 5-8

어떤 논에서 벼 이삭 100개를 임의추출하여 낱알을 조사하였더니 이삭당 낱알 수가 평균 80알, 표준편차 20알이었다. 이 논에서 자란 벼 이삭 전체의 이삭당 낱알 수를 신뢰도 95%로 추정한 신뢰구간을 구하라.

풀이

$n=100$, $\overline{X}=80$, $\sigma=20$일 때 신뢰도 95%로 신뢰구간을 구하면

$$\overline{X}-1.96\frac{\sigma}{\sqrt{n}} \le m \le \overline{X}+1.96\frac{\sigma}{\sqrt{n}}$$

$$80-1.96\frac{20}{\sqrt{100}} \le m \le 80+1.96\frac{20}{\sqrt{100}}$$

$$76.08 \le m \le 83.92$$

$\therefore\ 76.08 \le m \le 83.92$

예제 5-9

평균이 50, 표준편차가 10인 어떤 통계 자료의 모집단에서 크기가 n인 표본을 추출하였다. 신뢰도 99%로 모평균과 표본평균의 차가 2 이하가 되도록 할 때, 표본의 크기 n의 최솟값을 구하라. (단, $(P|Z| \le 2.58)=0.99$)

풀이

모평균과 표본평균의 차, 즉 오차의 한계 $|m-\overline{X}| \le k\frac{\sigma}{\sqrt{n}}$이다.

신뢰도 99%로 오차의 한계를 구하면

$$2.58\frac{\sigma}{\sqrt{n}} \le 2$$

$$2.58\frac{10}{\sqrt{n}} \le 2$$

$$\sqrt{n} \ge 2.58\times 5$$

$$n \ge 166.41$$

표본의 크기 n은 최소 167이어야 한다.

$\therefore\ 167$

5.2.2 모비율 추정

한 모집단에서 어떤 성질을 가진 것의 개수를 모집단의 크기로 나눈 값을 그 성질의 **모비율**이라고 하고, 표본에서 어떤 성질을 가진 것의 개수를 표본의 크기로 나눈 값을 그 성질의 **표본비율**이라고 한다. 즉 크기가 n인 표본 중에서 A라는 성질을 가진 것이 r개 있으면 표본비율은 $\frac{r}{n}$이고 $\bar{p}$로 나타낸다. 모집단에서 성질 A를 가지는 것의 비율을 모비율 p라 하고 n이 충분히 크면 모비율의 신뢰구간을 구할 수 있다. 먼저, 신뢰도가 95%일 때 모비율의 신뢰구간은

$$\bar{p} - 1.96\sqrt{\frac{\bar{p}(1-\bar{p})}{n}} \le p \le \bar{p} + 1.96\sqrt{\frac{\bar{p}(1-\bar{p})}{n}}$$

이고, 신뢰도가 99%일 때 모비율의 신뢰구간은 다음과 같다.

$$\bar{p} - 2.58\sqrt{\frac{\bar{p}(1-\bar{p})}{n}} \le p \le \bar{p} + 2.58\sqrt{\frac{\bar{p}(1-\bar{p})}{n}}$$

예를 들어, 어느 카드사에서 연령이 50대인 가입자의 연체율 p를 신뢰수준 95%로 얻고자 한다. 50대 가입자 500명을 대상으로 조사한 결과 연체자가 50명이었을 때 연체율에 관한 모비율의 신뢰구간을 구해보자.

먼저, 연체자가 500명 중 50명이므로 표본비율은

$$\bar{p} = \frac{50}{500} = \frac{1}{10} = 0.1$$

이다. 신뢰도가 95%이므로 신뢰구간은

$$\bar{p} - 1.96\sqrt{\frac{\bar{p}(1-\bar{p})}{n}} \le p \le \bar{p} + 1.96\sqrt{\frac{\bar{p}(1-\bar{p})}{n}}$$

이다. 표본비율 $\bar{p}$를 대입하면

$$0.1 - 1.96\sqrt{\frac{0.1(1-0.1)}{500}} \le p \le 0.1 + 1.96\sqrt{\frac{0.1(1-0.1)}{500}}$$

근호를 정리하면

$$0.1 - 1.96\frac{0.3}{10\sqrt{5}} \le p \le 0.1 + 1.96\frac{0.3}{10\sqrt{5}}$$

이다. 여기서 $\sqrt{5} = 2.2361$이므로

$$0.1-0.0263 \le p \le 0.1+0.0263$$
$$0.0737 \le p \le 0.1263$$

가 된다. 즉 신뢰도 95%인 연체율의 신뢰구간은 7.37%에서 12.63%다.

정리 5-6 모비율의 신뢰구간

모비율이 p, 표본비율이 $\bar{p}$일 때

- 모비율의 신뢰구간 : $\bar{p}-k\sqrt{\dfrac{\bar{p}(1-\bar{p})}{n}} \le p \le \bar{p}+k\sqrt{\dfrac{\bar{p}(1-\bar{p})}{n}}$
- 오차의 한계 : $k\sqrt{\dfrac{\bar{p}(1-\bar{p})}{n}}$

(단, 신뢰구간 95%일 때 $k=1.96$, 신뢰구간 99%일 때 $k=2.58$)

예제 5-10

어느 도시의 유권자 10만 명에서 400명을 임의로 추출하여 여론조사를 하였다. 한 안건에 대하여 찬성한 사람은 60%이고 나머지는 모두 반대하였다. 유권자 전체에 대한 찬성자의 비율을 95%의 신뢰도로 추정하라.

풀이

찬성한 사람은 400명에서 60%이므로 240명이다. 표본비율 $\bar{p}$를 구하면

$$\bar{p}=\frac{240}{400}=0.6$$

$n=400$, $\bar{p}=0.6$일 때 신뢰도 95%로 신뢰구간을 구하면

$$\bar{p}-1.96\sqrt{\frac{\bar{p}(1-\bar{p})}{n}} \le p \le \bar{p}+1.96\sqrt{\frac{\bar{p}(1-\bar{p})}{n}}$$
$$0.6-1.96\sqrt{\frac{0.6\times0.4}{400}} \le p \le 0.6+1.96\sqrt{\frac{0.6\times0.4}{400}}$$
$$0.6-1.96\frac{\sqrt{0.24}}{20} \le p \le 0.6+1.96\frac{\sqrt{0.24}}{20}$$
$$0.6-0.048 \le p \le 0.6+0.048$$
$$0.552 \le p \le 0.648$$

$\therefore\ 0.552 \le p \le 0.648$

예제 5-11

인구가 10만 명인 어느 시에서 공장을 유치하기 위해 여론조사를 하였다. 전체 시민 중에서 2,400명을 임의추출하여 조사하였더니 40%가 찬성하였다. 전체 시민의 몇 %가 찬성한다고 할 수 있는지 95%의 신뢰도로 추정하라.

풀이

찬성한 사람은 2,400명에서 40%이므로 960명이다.

$$\bar{p} = \frac{960}{2400} = 0.4$$

$n=2400$, $\bar{p}=0.4$일 때 신뢰도 95%로 신뢰구간을 구하면

$$\bar{p} - 1.96\sqrt{\frac{\bar{p}(1-\bar{p})}{n}} \le p \le \bar{p} + 1.96\sqrt{\frac{\bar{p}(1-\bar{p})}{n}}$$

$$0.4 - 1.96\sqrt{\frac{0.4 \times 0.6}{2400}} \le p \le 0.4 + 1.96\sqrt{\frac{0.4 \times 0.6}{2400}}$$

$$0.4 - 1.96\sqrt{\frac{0.24}{2400}} \le p \le 0.4 + 1.96\sqrt{\frac{0.24}{2400}}$$

$$0.4 - 0.0196 \le p \le 0.4 + 0.0196$$

$$0.3804 \le p \le 0.4196$$

$\therefore$ 38% ~ 42%

예제 5-12

어떤 제품의 불량률이 16%로 예상된다. 이 제품의 불량률의 참값을 5% 이하의 오차로 추정하기 위해서는 신뢰도 95%로 몇 개 이상을 조사해야 하는지 구하라.

풀이

불량률이 16%이므로 $\bar{p}=0.16$, 오차의 한계는 0.05 이하로 추정해야 한다. 신뢰도 95%로 오차의 한계를 구하면

$$1.96\sqrt{\frac{\bar{p}(1-\bar{p})}{n}} \le 0.05$$

따라서

$$1.96\frac{\sqrt{0.16 \times 0.84}}{\sqrt{n}} \le 0.05$$

$$1.96\sqrt{0.1344} \le 0.05\sqrt{n}$$

$$\frac{1.96}{0.05}\sqrt{0.1344} \le \sqrt{n}$$

$$39.2\sqrt{0.1344} \le \sqrt{n}$$

$$206.52 \le \sqrt{n}$$

제품을 207개 이상 조사해야 한다.

$\therefore$ 207개 이상

Section 5.2 연습문제

A1. 정규분포 $N(m,\ \sigma^2)$을 따르는 모집단에서 n개의 표본을 추출하여 모평균을 추정할 때 m의 신뢰구간에 대한 설명 중 옳은 것을 찾아라.

① 신뢰도를 높이고 표본의 크기를 크게 하면 신뢰구간의 길이는 짧아진다.
② 신뢰도를 높이고 표본의 크기를 작게 하면 신뢰구간의 길이는 짧아진다.
③ 신뢰도를 낮추고 표본의 크기를 크게 하면 신뢰구간의 길이는 짧아진다.
④ 신뢰도를 낮추고 표본의 크기를 작게 하면 신뢰구간의 길이는 짧아진다.
⑤ 신뢰도와 표본의 크기를 크게 하면 신뢰구간의 길이는 짧아진다.

풀이 ③

모평균의 신뢰구간은

$$\overline{X}-k\frac{\sigma}{\sqrt{n}} \le m \le \overline{X}+k\frac{\sigma}{\sqrt{n}}$$

이므로 신뢰도를 낮추고 표본의 크기를 크게 하면 신뢰구간의 길이는 짧아진다.

A2. 표본평균 $\overline{X}=60$, 모표준편차 $\sigma=20$, 표본의 크기 $n=100$일 때, 신뢰도 99%로 모평균 m의 신뢰구간을 구하라.
(단, $(P|Z|\le 2.58)=0.99$)

① $54.84 \le m \le 65.16$
② $52.48 \le m \le 65.61$
③ $55.84 \le m \le 65.64$
④ $56.84 \le m \le 65.86$
⑤ $56.75 \le m \le 68.46$

풀이 ①

$\overline{X}=60$, $\sigma=20$, $n=100$일 때 신뢰도 99%로 신뢰구간을 구하면

$$\overline{X}-2.58\frac{\sigma}{\sqrt{n}} \le m \le \overline{X}+2.58\frac{\sigma}{\sqrt{n}}$$

$$60-2.58\frac{20}{\sqrt{100}} \le m \le 60+2.58\frac{20}{\sqrt{100}}$$

따라서 $54.84 \le m \le 65.16$

A3. 어느 회사 입사시험 평균을 알기 위해 100명의 지원자를 추출하여 조사하였다. 그 결과 이들의 평균 성적은 70점, 표준편차는 10점이었다. 전체 지원자 성적의 평균 m의 신뢰구간을 신뢰도 99%로 추정할 때, 신뢰구간에 포함되는 점수가 몇 개인지 구하라. (단, $(P|Z| \leq 2.58) = 0.99$)

① 1개 ② 2개 ③ 3개
④ 4개 ⑤ 5개

풀이 ⑤

$\overline{X}=70$, $\sigma=10$, $n=100$일 때 신뢰도 99%로 신뢰구간을 구하면

$$\overline{X}-2.58\frac{\sigma}{\sqrt{n}} \leq m \leq \overline{X}+2.58\frac{\sigma}{\sqrt{n}}$$

$$70-2.58\frac{10}{\sqrt{100}} \leq m \leq 70+2.58\frac{10}{\sqrt{100}}$$

$$67.42 \leq m \leq 72.58$$

따라서 점수는 68, 69, 70, 71, 72이므로 5개가 해당된다.

A4. 표본평균 $\overline{X}=14.2$, 모표준편차 $\sigma=5$일 때 신뢰도 99%로 추정한 신뢰구간이 $13.34 \leq m \leq 15.06$이였다. 이때 표본의 크기 n값을 구하라.
(단, $P(|Z| \leq 2.58) = 0.99$)

① 121 ② 144 ③ 169
④ 196 ⑤ 225

풀이 ⑤

$\overline{X}=14.2$, $\sigma=5$일 때 신뢰도 99%로 신뢰구간을 구하면

$$14.2-2.58\frac{5}{\sqrt{n}} \leq m \leq 14.2+2.58\frac{5}{\sqrt{n}}$$

신뢰구간 $13.34 \leq m \leq 15.06$과 같아야 하므로

$$14.2-2.58\frac{5}{\sqrt{n}} = 13.34$$

$$14.2+2.58\frac{5}{\sqrt{n}} = 15.06$$

$$2.58\frac{5}{\sqrt{n}} = 0.86$$

$$2.58 \times 5 = 0.86\sqrt{n}$$

따라서 $\sqrt{n}=15$, $n=225$

A5. 정규분포를 따르는 모집단에서 모평균에 대한 99%의 신뢰구간의 길이를 1로 하는 표본의 크기는 6이다. 신뢰구간의 길이를 $\frac{1}{2}$로 하려고 할 때 필요한 표본의 크기를 구하라.

① 16　② 24　③ 38
④ 50　⑤ 80

풀이 ②

$n=6$일 때 신뢰도 99%로 신뢰구간의 길이를 구하면

$$2\times 2.58\times\frac{\sigma}{\sqrt{n}}$$

신뢰구간의 길이가 $2\times 2.58\frac{\sigma}{\sqrt{6}}=1$이므로

$$2\times 2.58\times\frac{\sigma}{\sqrt{6}}=1$$

$$\sigma=\frac{\sqrt{6}}{2\times 2.58},\ \sigma=0.475$$

신뢰구간의 길이가 $\frac{1}{2}$이 되려면

$$2\times 2.58\times\frac{0.475}{\sqrt{n}}=\frac{1}{2}$$

$$4\times 2.58\times 0.475=\sqrt{n}$$

따라서 $n=(4\times 2.58\times 0.475)^2$, $n=24$

A6. 어느 공장에서 생산되는 제품 가운데 30개를 임의추출하여 무게를 조사하였더니 평균이 30.2kg, 표준편차가 0.1kg이었다. 신뢰도 95%로 모평균을 추정할 때, 신뢰구간의 길이를 0.1kg 이내로 하려면 표본의 크기를 얼마 이상으로 해야 하는지 구하라. (단, $(P|Z|\le 1.96)=0.95$)

① 13　② 14　③ 15
④ 16　⑤ 17

풀이 ④

$\sigma=0.1$일 때 신뢰도 95%로 신뢰구간의 길이를 구하면

$$2\times 1.96\frac{\sigma}{\sqrt{n}}$$

$$\frac{2\times 1.96\times 0.1}{\sqrt{n}}\le 0.1$$

$$\sqrt{n}\ge 1.96\times 2$$

$$\sqrt{n}\ge 3.92$$

신뢰구간의 길이가 0.1이내이려면

$$n\ge 15.3664$$

따라서 표본의 크기는 16개 이상이어야 한다.

A7. 어떤 선거구의 유권자 중에서 100명을 임의로 추출하여 조사하였더니 입후보자 K에 대한 지지자가 40명이었다. 이 선거구 유권자의 K에 대한 지지율에 대하여 신뢰도 99%인 신뢰구간을 구하라.

① $0.235 \le p \le 0.534$
② $0.274 \le p \le 0.534$
③ $0.304 \le p \le 0.496$
④ $0.235 \le p \le 0.477$
⑤ $0.274 \le p \le 0.526$

풀이 ⑤

표본비율 $\bar{p}$를 구하면 100명 중 40명이 지지했으므로

$$\bar{p} = \frac{40}{100} = 0.4$$

$\bar{p} = 0.4$일 때 신뢰도 99%로 신뢰구간을 구하면

$$0.4 - 2.58\sqrt{\frac{0.4 \times 0.6}{100}} \le p \le 0.4 + 2.58\sqrt{\frac{0.4 \times 0.6}{100}}$$

$$0.4 - 2.58 \times 0.049 \le p \le 0.4 + 2.58 \times 0.049$$

$$0.4 - 0.126 \le p \le 0.4 + 0.126$$

따라서 $0.274 \le p \le 0.526$

A8. 단추 한 개를 400번 던졌더니 앞면이 100번 나왔다. 이 단추를 한 번 던질 때, 신뢰도 95%로 앞면이 나올 확률에 대한 신뢰구간을 구하라.

① $0.208 \le p \le 0.292$
② $0.208 \le p \le 0.312$
③ $0.208 \le p \le 0.301$
④ $0.247 \le p \le 0.301$
⑤ $0.247 \le p \le 0.312$

풀이 ①

단추가 앞면이 나오는 표본비율을 구하면

$$\bar{p} = \frac{100}{400} = \frac{1}{4} = 0.25$$

$\bar{p} = 0.25$일 때 신뢰도 95%로 신뢰구간을 구하면

$$0.25 - 1.96\sqrt{\frac{0.25 \times 0.75}{400}} \le p \le 0.25 + 1.96\sqrt{\frac{0.25 \times 0.75}{400}}$$

$$0.25 - 1.96 \times \frac{1}{20} \times \frac{25}{100} \times \sqrt{3} \le p \le 0.25 + 1.96 \times \frac{1}{20} \times \frac{25}{100} \times \sqrt{3}$$

$$0.25 - 0.042 \le p \le 0.25 + 0.042$$

따라서 $0.208 \le p \le 0.292$

A9. 95%의 신뢰도로 모비율 p와 표본비율 $\overline{p}$와의 차가 0.01 이하가 되도록 추정하려면 표본의 크기 n을 얼마로 하면 좋은지 구하라. (단, $\overline{p}=0.4$로 가정한다.)

풀이 $n \geq 9220$

신뢰도가 95%일 때 오차의 한계가 0.01 이하이므로

$$1.96\sqrt{\frac{\overline{p}(1-\overline{p})}{n}} \leq 0.01$$

$\overline{p}=0.4$이므로

$$1.96\sqrt{\frac{0.4\times 0.6}{n}} \leq 0.01$$

$$0.01\sqrt{n} \geq 1.96\sqrt{0.4\times 0.6}$$

$$\sqrt{n} \geq 196\sqrt{0.24}$$

따라서 $n \geq 9220$

5.3 검정

모집단에 관한 주장으로 설정된 가설에 대해, 추출된 표본 정보를 이용하여 참 또는 거짓을 판단하는 방법을 가설검정이라 한다. 즉 가설검정은 표본의 관찰값을 기초로 모집단에 관한 주장의 진위를 살펴보는 과정이다.

5.3.1 가설검정

통계적 결정은 모집단에 대해 서로 반대되는 두 가설 중에서 하나의 가설을 채택하는 것을 말한다. 검정을 하기 위해 세운 가설은 참true일 수도 거짓false일 수도 있다. 가설을 부정할 때, 가설을 **기각**reject**한다**고 하며, 부정하지 않을 때는 가설을 **채택**accept**한다**고 한다. 모집단에 관한 주장으로, 그 타당성을 입증해야 하는 가설을 **귀무가설**null hypothesis이라 하고 H_0로 표시한다. 가설검정은 모집단에 대해서 알려진 일반적인 상식이나 정보를 나타내는 귀무가설이 옳다는 전제하에 이루어진다. 즉 귀무가설이 기각되기 전까지는 귀무가설이 옳다는 전제하에서 모든 가설검정이 진행된다. 귀무가설과 대립하는 가설, 즉 귀무가설을 부정하는 새로운 가설을 **대립가설**alternative hypothesis이라 하며 H_1으로 표시한다.

가설검정을 위해 사용하는 표본통계량을 **검정통계량**test statistic이라고 하고, Z로 나타낸다. 검정통계량은 표본에서 추출한 통계량을 검정에 사용할 분포에 맞게 정해야 한다. 검정통계량의 값에 따라 귀무가설 H_0을 기각하거나 채택한다. 이때 H_0을 기각하는 검정통계량의 영역을 **기각역**rejection region이라고 하고, 반대로 H_0을 채택하는 검정통계량의 영역을 **채택역**acceptance region이라 한다. 가설검정의 결과는 [표 5-5]와 같이 귀무가설이 참인 경우에 이를 채택하거나 기각하는 두 가지 결정과 귀무가설이 거짓인 경우에 이를 채택하거나 기각하는 두 가지 결정이 있다.

[표 5-5] 가설검정의 결과

실제 상황 / 검정 결과	귀무가설이 참	귀무가설이 거짓
귀무가설 채택	옳은 결정	제2종 오류
귀무가설 기각	제1종 오류	옳은 결정

귀무가설이 참임에도 불구하고 귀무가설을 기각함으로써 발생하는 오류를 **제1종 오류**type I error라고 한다. 제1종 오류를 범할 확률의 최대허용한계를 **유의수준**significant level 또는 위험률critical rate이라 하며 α로 표시한다. 즉 유의수준(α)은 귀무가설을 기각할 최대한의 확률이다. 일반적으로 유의수준은 0.1, 0.05, 0.01을 주로 사용한다. 귀무가설이 거짓임에도 불구하고 귀무가설을

채택함으로써 발생되는 오류를 **제2종 오류**type II error라고 하며, 제2종 오류를 범할 확률을 β로 나타낸다.

가설검정 방법에는 **양측검정**과 **단측검정**이 있다. 양측검정은 귀무가설을 기각하고 대립가설을 채택할 수 있는 영역이 양쪽에 있는 경우다. 유의수준 α를 반으로 나누어 분포의 좌우 꼬리에서 $\sigma/2$에 해당하는 확률을 얻을 수 있는 경계값을 임계값으로 한다. 단측검정은 귀무가설을 기각하고 대립가설을 채택할 수 있는 영역이 한 쪽에만 있는 경우다. 즉 분포의 좌우 어느 한 쪽에만 유의수준 α에 해당하는 확률로 임계값을 구한다.

[표 5-6] 가설검정 방법

양측검정		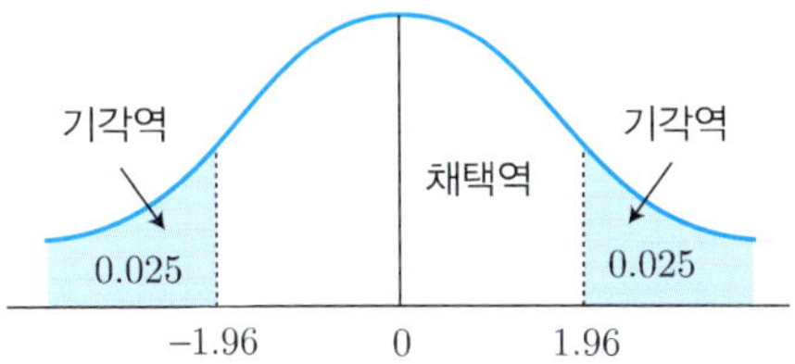	$Z < -Z_{\frac{\sigma}{2}}$, $Z > Z_{\frac{\sigma}{2}}$ 이면 H_0을 기각 $-Z_{\frac{\sigma}{2}} \le Z \le Z_{\frac{\sigma}{2}}$ 이면 H_0을 채택
단측검정	우측검정	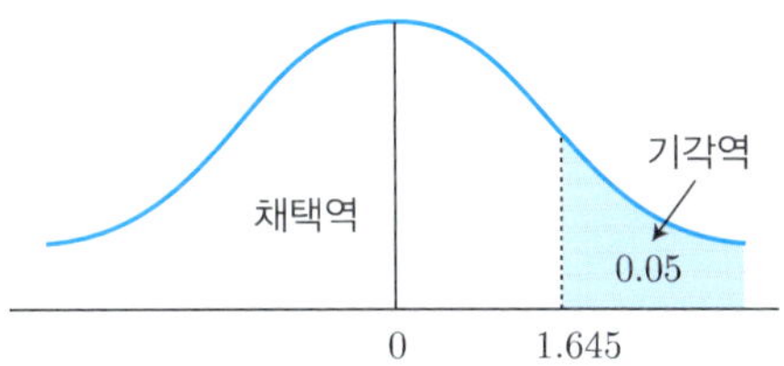	$Z > Z_{\alpha}$ 이면 H_0을 기각 $Z \le Z_{\alpha}$ 이면 H_0을 채택
	좌측검정	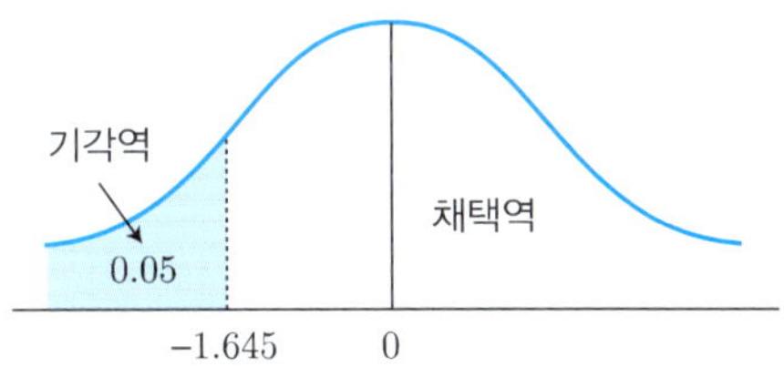	$Z < -Z_{\alpha}$ 이면 H_0을 기각 $Z \ge -Z_{\alpha}$ 이면 H_0을 채택

가설검정 과정에서는 기각역을 설정하기 위해 유의수준 α를 미리 설정한다. 그런 후에 [표 5-6]과 같이 검정통계량과 임계값을 비교하여 검정통계량이 기각역에 속하는지의 여부를 판단한 후 귀무가설을 기각하거나 기각하지 못하는 통계적 결정을 내린다. 검정통계량이 기각역에 속하면 귀무가설을 기각하고 검정통계량이 채택역에 속하면 귀무가설을 채택한다.

양측검정에서는 기각역이 양쪽으로 나누어져 있으므로 검정통계량이 좌우 기각역에 속하면 귀무가설을 기각한다. 단측검정은 우측검정일 때 검정통계량이 임계값보다 크면 귀무가설을 기각하고, 좌측검정일 때 검정통계량이 임계값보다 작으면 귀무가설을 기각한다.

예제 5-13

어느 분유업체가 자사 제품의 칼슘 함량의 평균 μ는 1.5mg을 넘지 않는다고 주장하고 있다. 이 주장을 검정하기 위한 귀무가설과 대립가설을 설정하고 그 기각역이 어느 위치에 있는지를 결정하라.

풀이

제조업체의 주장은 μ가 1.5mg보다 많아야만 기각되며 μ가 1.5mg과 같거나 적으면 기각되지 않는다. 이 주장을 검정하기위한 가설은 다음과 같다.

$$\text{귀무가설 } H_0 : \mu \le 1.5\,\text{mg}$$
$$\text{대립가설 } H_1 : \mu > 1.5\,\text{mg}$$

기각역은 검정통계량 분포의 오른쪽에만 위치한다.

예제 5-14

한 부동산 중개인이 현재 건축 중인 단독주택의 60%가 방이 3개라고 주장하고 있다. 이 주장을 검정하기 위하여 표본으로 신축된 주택을 다량 추출하여 방이 3개인 비율을 조사하였다. 이 비율을 검정통계량으로 사용할 경우에 귀무가설과 대립가설을 설정하고 기각역의 위치도 결정하라.

풀이

검정통계량 값 $P=0.6$보다 크거나 또는 작으면 중개인의 주장은 기각된다.

$$\text{귀무가설 } H_0 : P = 0.6$$
$$\text{대립가설 } H_1 : P \ne 0.6$$

기각역은 검정통계량 P의 분포 양측으로 나누어진다.

5.3.2 모평균 검정

5.3.1절에서 가설검정에 대해서 배웠다. 이 절에서는 모평균을 검정하는 과정에 대해서 살펴보자. 모평균을 검정하기 위해서는 귀무가설과 대립가설을 설정해야 한다.

$$\text{귀무가설 } H_0 : \mu = \mu', \text{ 대립가설 } H_1 : \mu \ne \mu'$$
$$\text{귀무가설 } H_0 : \mu \ge \mu', \text{ 대립가설 } H_1 : \mu < \mu'$$
$$\text{귀무가설 } H_0 : \mu \le \mu', \text{ 대립가설 } H_1 : \mu > \mu'$$

귀무가설 $H_0 : \mu = \mu'$, 대립가설 $H_1 : \mu \ne \mu'$에는 양측검정을 사용한다. 또한 귀무가설 $H_0 :$

$\mu \geq \mu'$, 대립가설 $H_1 : \mu < \mu'$ 일 때는 좌측검정을 사용하고, 귀무가설 $H_0 : \mu \leq \mu'$, 대립가설 $H_1 : \mu > \mu'$ 일 때는 우측검정을 사용한다. 귀무가설과 대립가설의 영역을 설정한 후에는 모평균의 검정통계량

$$Z = \frac{\mu - \mu_0}{\frac{\sigma}{\sqrt{n}}}$$

을 구해야 한다. 이때 유의수준 α를 통해 임계값을 결정한다. 모평균의 검정통계량이 임계값과 어떤 위치에 있느냐에 따라 귀무가설을 채택할 것인지 기각할 것인지에 대한 통계적 결정을 내린다. 검정하는 과정과 그 통계적 결정에 유의하여 다음 예제를 풀어보자.

예제 5-15

한국 사람의 평균 수명을 알아보기 위하여 사망자 100명을 표본으로 추출하여 조사하였더니 평균 71.8년으로 나타났다. 모표준편차를 8.9년으로 가정할 때, 현재의 평균수명은 70년보다 짧다고 할 수 있는지 유의수준 0.05로 검정하라.

풀이

귀무가설 $H_0 : \mu \leq 70$년

대립가설 $H_1 : \mu > 70$년

유의수준 $\alpha = 0.05$일 때 기각역은 $Z > 1.645$이다.

검정통계량을 구하면

$$Z = \frac{\mu - \mu_0}{\frac{\sigma}{\sqrt{n}}} = \frac{71.8 - 70}{\frac{8.9}{\sqrt{100}}} = 2.02$$

검정통계량 Z의 분포를 나타내면 다음과 같다.

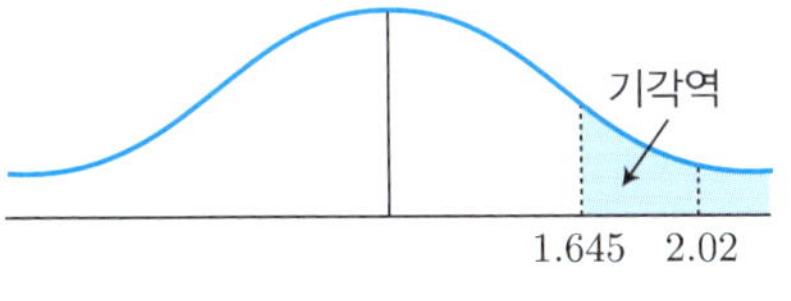

검정통계량 Z가 기각역에 존재하므로 귀무가설을 기각한다. 즉 현재의 평균 수명은 70년보다 길다고 판정한다.

예제 5-16

어느 회사에서 발표한 전기밥솥의 연평균 전력 사용량은 46kwh, 표준편차가 11.9kwh였다. 열 두 가정을 표본추출하여 전기밥솥의 전력 사용량을 조사하였더니 평균 42kwh로 나타났다. 유의수준 0.05로 전기밥솥의 연평균 전력 사용량이 46kwh보다 작은지를 검정하라.
(단, 전력 사용량의 모집단은 정규 모집단으로 가정한다.)

풀이

귀무가설 $H_0 : \mu \geq 46\,\text{kwh}$

대립가설 $H_1 : \mu < 46\,\text{kwh}$

유의수준 $\alpha = 0.05$일 때 $Z < -1.645$

검정통계량 $Z = \dfrac{\mu - \mu_0}{\dfrac{\sigma}{\sqrt{n}}} = \dfrac{42-46}{\dfrac{11.9}{\sqrt{12}}} = -1.16$

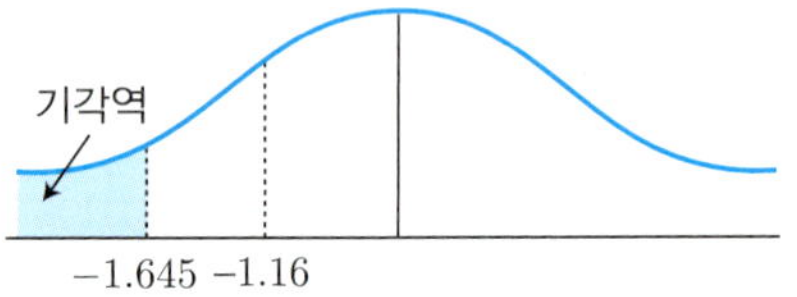

검정통계량 $Z > Z_\alpha$이므로 따라서 귀무가설 H_0을 기각하지 않는다.

∴ 연평균 전력사용량은 46kwh보다 유의할 정도로 적지 않다고 판정한다.

예제 5-17

어느 회사에서 자사 제품의 스프링 평균 인장 강도가 8kg, 표준편차는 0.5kg이라고 주장하고 있다. 이 주장을 확인하기 위하여 스프링 50개를 표본으로 추출하여 강도 실험을 한 결과 평균 인장 강도는 7.8kg으로 나타났다. 유의수준 $\alpha = 0.01$로 검정하라.

풀이

귀무가설 $H_0 : \mu = 8\,\text{kg}$

대립가설 $H_1 : \mu \neq 8\,\text{kg}$

유의수준 $\alpha = 0.01$에서 양측검정이므로 기각역은 $Z < -2.575$ 또는 $Z > 2.575$이다. 검정통계량을 구하면

$$Z = \frac{\mu - \mu_0}{\dfrac{\sigma}{\sqrt{n}}} = \frac{7.8-8}{\dfrac{0.5}{\sqrt{50}}} = -2.83$$

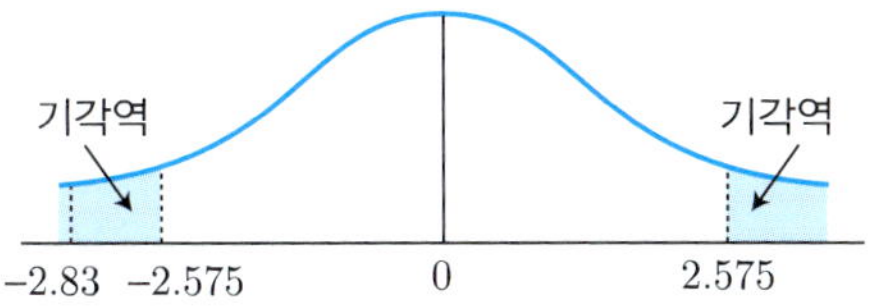

검정통계량 Z가 기각역에 존재하므로 귀무가설 H_0은 기각된다.

∴ 제품의 스프링 평균 인장 강도는 8kg이 아니다.

5.3.3 모비율 검정

모비율 p에 대한 가설검정은 검정통계량의 위치를 보고 구한다.

$$Z = \frac{\bar{p} - p}{\sqrt{\frac{p(1-p)}{n}}}$$

[표 5-7] 모비율 검정

<table>
<tr><th rowspan="2">양측검정</th><th colspan="2">단측검정</th></tr>
<tr><th>좌측검정</th><th>우측검정</th></tr>
<tr><td>귀무가설 $H_0 : p = p_0$
대립가설 $H_1 : p \neq p_0$</td><td>귀무가설 $H_0 : p \geq p_0$
대립가설 $H_1 : p < p_0$</td><td>귀무가설 $H_0 : p \leq p_0$
대립가설 $H_1 : p > p_0$</td></tr>
<tr><td>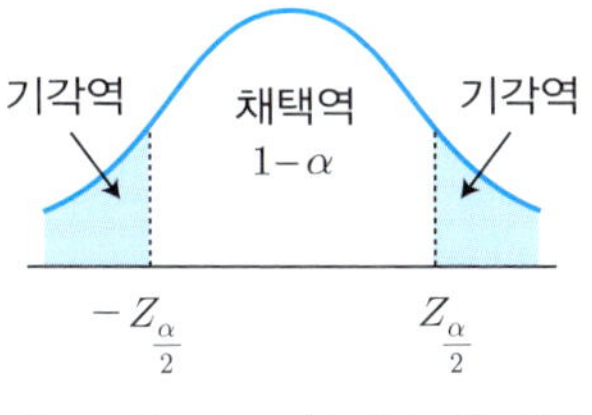
</td><td>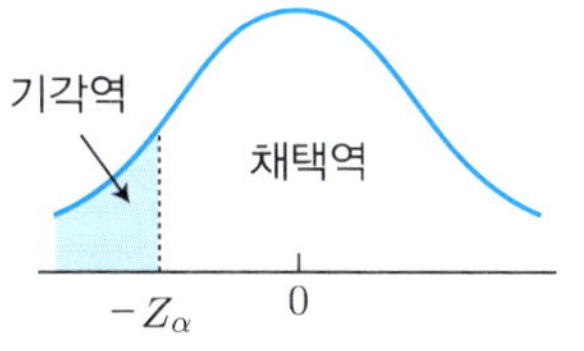
</td><td>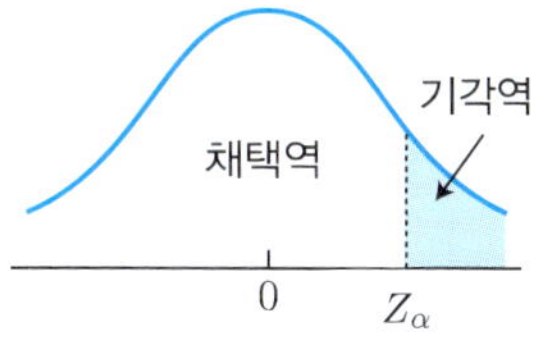
</td></tr>
<tr><td>$Z_c < -Z_{\frac{\alpha}{2}}$, $Z_c > Z_{\frac{\alpha}{2}}$ 이면 H_0 기각</td><td>$Z_c < -Z_\alpha$ 이면 H_0 기각</td><td>$Z_c > Z_\alpha$ 이면 H_0 기각</td></tr>
<tr><td colspan="3">모든 경우에 p값$< \alpha$이면 H_0을 기각</td></tr>
</table>

검정통계량 Z가 양측검정, 단측검정에 따라 어떤 위치에 있는지 살펴봄으로써 모비율을 검정한다. 모비율 검정도 모평균과 모분산 검정 과정과 마찬가지로 검정통계량과 임계값을 통해 귀무가설을 채택할 것인지 기각할 것인지에 대한 통계적 결정을 내린다. 모비율에 대한 가설검정을 정리하면 [표 5-7]과 같다.

예제 5-18

지난 수개월 동안 골프 클럽에서 라운딩을 즐기는 골퍼들의 25%는 여성이었다. 클럽에서는 여성 회원의 비율을 높이기 위해 여러 가지 할인 혜택을 제공하고 있다. 이러한 할인 혜택이 효과가 있는지 알아보기 위하여 골퍼 100명을 무작위로 추출하여 성별을 조사하였더니 여성이 30%라는 자료를 얻었다. 이 자료에 의해 여자들의 모비율이 증가하였다고 결론지을 수 있는지 유의수준 5%로 검정하라.

풀이

귀무가설 $H_0 : p \le 0.25$

대립가설 $H_1 : p > 0.25$

유의수준 $\alpha = 0.05$일 때 $Z_{0.05} = 1.645$이므로 채택역 $Z \le 1.645$, 기각역 $Z > 1.645$이다.

검정통계량을 구하면

$$Z = \frac{\bar{p} - p}{\sqrt{\frac{p(1-p)}{n}}} = \frac{0.3 - 0.25}{\sqrt{\frac{0.25(0.75)}{100}}} = 1.15$$

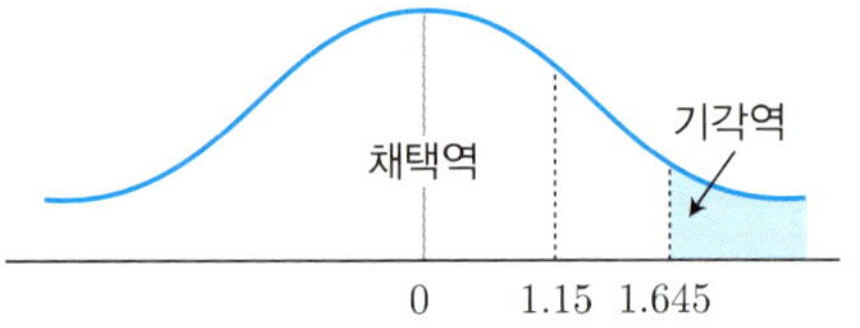

∴ 귀무가설 H_0을 기각할 수 없다.

예제 5-19

한 휴대전화 공장의 공정에서 생산된 제품의 불량률은 0.05였다. 새로운 공정을 도입하여 생산된 제품 중에서 100개의 제품을 임의로 추출하여 조사한 결과 3개의 불량품이 발견되었다. 새로운 공정에 의해 불량률이 개선되었다고 할 수 있는지를 유의수준 5%에서 검정하라.

풀이

귀무가설 $H_0 : p \ge 0.05$

대립가설 $H_1 : p < 0.05$

표본비율을 구하면 $\bar{p} = \frac{3}{100} = 0.03$

유의수준 $\alpha = 0.05$일 때 $-Z_{\alpha} = -Z_{0.05} = -1.645$

검정통계량 $Z = \frac{\bar{p} - p}{\sqrt{\frac{p(1-p)}{n}}} = \frac{0.03 - 0.05}{\sqrt{\frac{0.05(0.95)}{100}}} = -0.918$

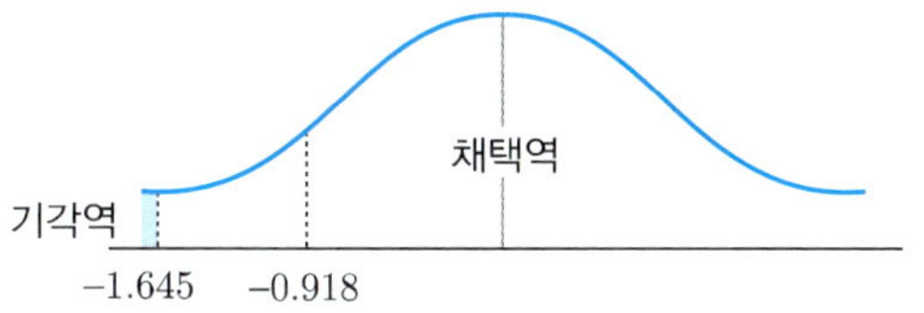

$$Z_c = -0.918 > -Z_{0.05} = -1.645$$

∴ 귀무가설 H_0을 기각할 수 없다.

Section 5.3 연습문제

A1. 어느 전기회사에서 제조되는 전구의 수명은 평균 800시간, 표준편차 40시간인 정규분포를 따른다고 한다. 임의로 추출된 전구 30개의 평균 수명이 788시간이었을 때 모평균을 800보다 작은지 유의수준 5%로 검정하라.

풀이 귀무가설 H_0을 기각할 수 없다.

귀무가설 $H_0 : \mu \geq 800$

대립가설 $H_1 : \mu < 800$

유의수준 $\alpha = 0.05$일 때 기각역 $-Z_{0.05} = -1.645$

검정통계량 $Z = \dfrac{\mu - \mu_0}{\dfrac{\sigma}{\sqrt{n}}} = \dfrac{788 - 800}{\dfrac{40}{\sqrt{30}}} = -1.64$

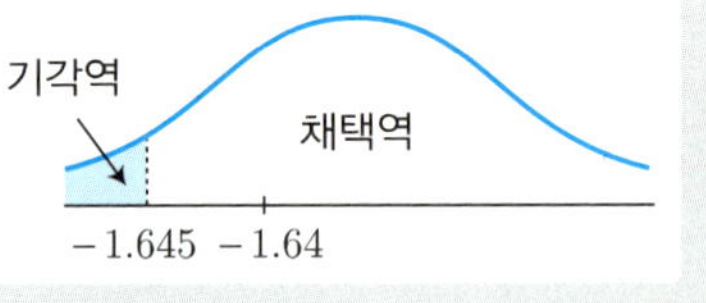

따라서 귀무가설 H_0을 기각할 수 없다.

A2. A 통신사는 일반 고객의 장거리 전화 청구액의 월평균이 17,790원이고 표준편차는 800원이라고 주장한다. 이러한 주장이 맞는지 밝히기 위해서 고객 100명을 무작위로 추출하여 지난달의 평균 청구금액을 조사한 결과 18,000원이었다. 5%의 유의수준으로 검정하라.

풀이 귀무가설 H_0을 기각한다.

귀무가설 $H_0 : \mu = 17790$

대립가설 $H_1 : \mu \neq 17790$

유의수준 $\alpha = 0.05$일 때 양측검정이므로

$$-Z_{\frac{\alpha}{2}} = -Z_{0.025} = -1.96$$

검정통계량 $Z = \dfrac{\mu - \mu_0}{\dfrac{\sigma}{\sqrt{n}}} = \dfrac{18000 - 17790}{\dfrac{800}{\sqrt{100}}}$

$= 2.63$

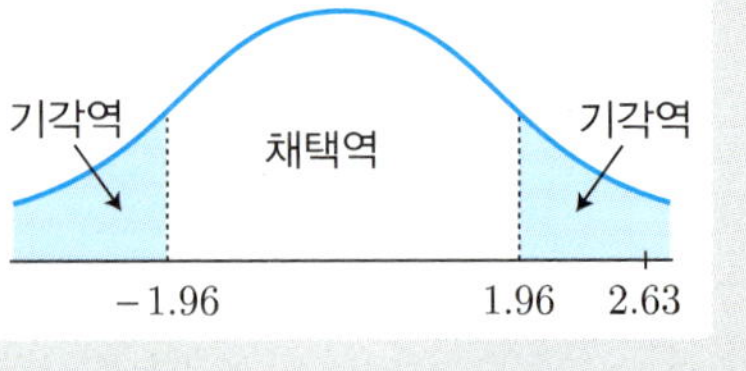

따라서 귀무가설 H_0을 기각한다.

A3. 최근 조사 결과에 따르면 초등학교 1학년 학생의 평균키는 112cm이고 표준편차는 5cm인 정규분포를 따른다. 표본으로 30명을 무작위로 추출하여 측정하였더니 평균 키가 109cm이었다. 유의수준 5%로 조사 결과가 타당한지를 검정하라.

풀이 귀무가설 H_0을 기각한다.

귀무가설 $H_0 : \mu = 112$

대립가설 $H_1 : \mu \neq 112$

유의수준 $\alpha = 0.05$일 때

기각역 $Z_{\frac{\alpha}{2}} = Z_{0.025} = 1.96$,

$-Z_{\frac{\alpha}{2}} = -Z_{0.025} = -1.96$

검정통계량

$$Z = \frac{\mu - \mu_0}{\frac{\sigma}{\sqrt{n}}} = \frac{109 - 112}{\frac{5}{\sqrt{30}}} = -3.29$$

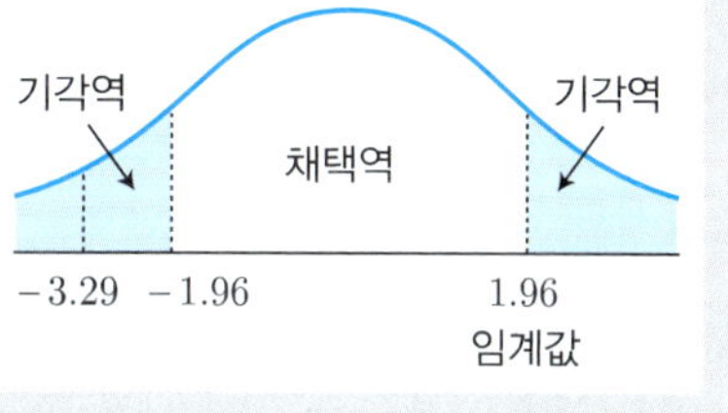

$$Z = -3.29 < -Z_{0.025}$$

따라서 귀무가설 H_0을 기각한다.

A4. 모표준편차가 2인 정규모집단에 대하여 귀무가설 $H_0 : \mu = 80$의 가설을 검정하려고 한다. $n = 16$인 임의의 표본은 추출하여 평균을 구한 결과가 81.25일 때, 모평균을 80보다 크다고 할 수 있는지를 유의수준 5%로 검정하라.

풀이 귀무가설 H_0을 기각한다.

귀무가설 $H_0 : \mu \leq 80$

대립가설 $H_1 : \mu > 80$

유의수준 $\alpha = 0.05$일 때

기각역 $Z > Z_{0.05} = 1.645$

검정통계량 $Z = \frac{\mu - \mu_0}{\frac{\sigma}{\sqrt{n}}} = \frac{81.25 - 80}{\frac{2}{\sqrt{16}}} = 2.5$

귀무가설은 $Z > Z_{0.05}$이므로 귀무가설 H_0을 기각한다.

A5. K사는 낚싯대를 만드는 회사다. 새로운 낚싯대를 개발하여 평균 인장력이 10kg이고 표준편차가 0.5kg라고 한다. 이에 크기 50인 확률분포를 이용하여 귀무가설 $u=$ 10kg에 대해 대립가설 $u \neq$ 10kg을 검정하고자 한다. 표본평균이 9.8kg일 때, 유의수준 1%로 검정하라.

풀이 귀무가설을 기각한다.

귀무가설 $H_0 : \mu = 10$

대립가설 $H_1 : \mu \neq 10$

유의수준 $\alpha = 0.01$일 때

양측검정이므로 $Z_{0.005} = 2.575$

$-Z_{0.005} = -2.575$

검정통계량 $Z = \dfrac{\mu - \mu_0}{\dfrac{\sigma}{\sqrt{n}}} = \dfrac{9.8 - 10}{\dfrac{0.5}{\sqrt{50}}} = -2.828$

$-2.828 < -2.575$이므로 검정통계량이 기각역에 존재한다. 따라서 귀무가설을 기각한다.

A6. 주사위 한 개를 720회 던졌는데 5의 눈이 140회 나왔다고 한다. 이 주사위에서 5의 눈이 나올 확률이 $\dfrac{1}{6}$이라고 할 수 있는지 검정하라. (단, 유의수준은 5%)

풀이 $\dfrac{1}{6}$이라 할 수 없다.

귀무가설 $H_0 : p = \dfrac{1}{6}$

대립가설 $H_1 : p \neq \dfrac{1}{6}$

표본비율을 구하면

$$\bar{p} = \frac{140}{720},\ n = 720$$

유의수준 $\alpha = 0.05$일 때 $Z_{0.025} = 1.96$

$-Z_{0.025} = -1.96$

검정통계량 $Z = \left| \dfrac{\bar{p} - p}{\sqrt{\dfrac{p(1-p)}{n}}} \right| = \dfrac{\left| \dfrac{140}{720} - \dfrac{120}{720} \right|}{\sqrt{\dfrac{\dfrac{1}{6} \times \dfrac{5}{6}}{720}}}$

$$= \frac{\left| \dfrac{20}{720} \right|}{\sqrt{\dfrac{1}{144} \times \dfrac{1}{36}}}$$

$$= \frac{\dfrac{20}{720}}{\dfrac{1}{72}} = \frac{20 \times 72}{720} = 2$$

$2 > 1.96$이므로 귀무가설 H_0을 기각한다.

따라서 5의 눈이 나올 확률이 $\frac{1}{6}$이라 할 수 없다.

A7. 어느 공장에서 생산된 제품 중에서 100개를 임의추출하여 조사하였더니 불량품이 2개였다. 이 공장에서 제조된 제품의 불량률이 3%보다 작다고 할 수 있는지를 유의수준 5%로 검정하라.

풀이 불량률이 3%보다 작다고 할 수 없다.

귀무가설 $H_0 : p \geq 0.03$

대립가설 $H_1 : p < 0.03$

표본비율을 구하면

$$\bar{p} = \frac{2}{100}, \quad n = 100$$

유의수준 $\alpha = 0.05$일 때 $-Z_{0.05} = -1.645$

검정통계량

$$Z = \frac{\bar{p} - p}{\sqrt{\frac{p(1-p)}{n}}} = \frac{0.02 - 0.03}{\sqrt{\frac{0.03 \times 0.97}{100}}}$$

$$= \frac{-0.01}{\sqrt{\frac{1}{100} \times \frac{3}{100} \times \frac{97}{100}}} = \frac{-\frac{1}{100}}{\frac{17.05}{1000}}$$

$$= -0.586$$

$-Z_{0.05} < -0.586$이므로 귀무가설을 기각하지 않는다.

따라서 불량률이 3%보다 작다고 할 수 없다.

A8. 중앙우체국의 감사는 배송이 실제로 2일보다 더 소요되는 소포의 비율을 검정하기 위하여 빠른 우편물을 조사하려고 한다. 그러한 소포 150개를 무작위로 표본추출하여 조사한 결과 2일보다 더 소모된 소포는 12개였다. 유의수준 5%로 늦은 소포의 비율은 4%를 넘는다는 감사의 주장을 검정하라.

풀이 귀무가설 H_0을 기각한다.

귀무가설 $H_0 : p \le 0.04$

대립가설 $H_1 : p > 0.04$

유의수준 $\alpha = 0.05$일 때 $Z_{0.05} = 1.645$

표본비율을 구하면

$$\bar{p} = \frac{12}{150} = 0.08, \quad n = 150$$

검정통계량 $Z = \dfrac{\bar{p} - p}{\sqrt{\dfrac{p(1-p)}{n}}}$

$$= \frac{0.08 - 0.04}{\sqrt{\dfrac{0.04(0.96)}{150}}} = 2.5$$

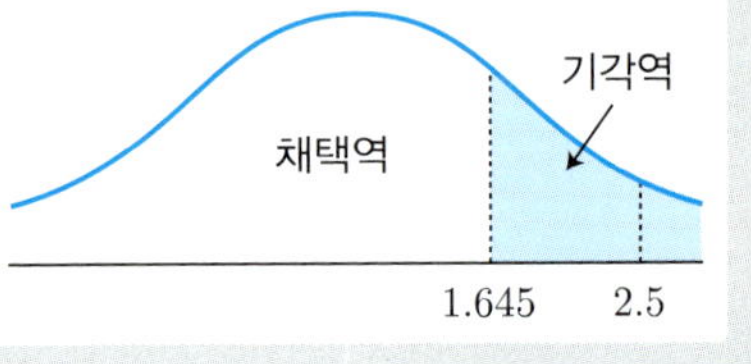

$$Z = 2.5 \ge Z_{0.05} = 1.645$$

검정통계량 Z가 기각역에 있으므로 귀무가설을 기각한다.

A9. 피혁공장에서 가죽을 생산하는데 500개의 표본을 추출하여 조사였더니 불량품이 100개였다고 한다면 이 공장의 실제 불량품의 모비율을 99% 신뢰구간으로 구하라.

풀이 [0.154, 0.246]

표본비율을 구하면

$$\bar{p} = \frac{100}{500} = \frac{1}{5} = 0.2$$

신뢰도 99%로 신뢰구간을 구하면

$$\bar{p} - 2.58\sqrt{\frac{\bar{p}(1-\bar{p})}{n}} \le p \le \bar{p} + 2.58\sqrt{\frac{\bar{p}(1-\bar{p})}{n}}$$

$$0.2 - 2.58\sqrt{\frac{0.2(0.8)}{500}} \le p \le 0.2 + 2.58\sqrt{\frac{0.2(0.8)}{500}}$$

$$0.2 - 0.046 \le p \le 0.2 + 0.046$$

따라서 $0.154 \le p \le 0.246$

Chapter 05 연습문제

5.1.1 모집단과 표본

B1. 모평균이 15, 모표준편차가 p인 모집단에서 크기가 16인 표본을 임의 복원추출하였더니 표본평균 $\overline{X}$의 평균은 q, 표준편차는 3이라 할 때, 상수 $p+q$의 값을 구하라.

① 27 ② 15 ③ 12 ④ 30 ⑤ 31

풀이 ①

표본평균 $\overline{X}$ 의 평균을 구하면

$$E(\overline{X})=m=15$$

따라서 $q=15$이다.

$$\sigma(\overline{X})=\frac{\sigma}{\sqrt{n}}=\frac{\sigma}{\sqrt{16}}=3$$

$$\sigma(X)=12$$

모표준편차 표본평균 $\overline{X}$ 의 표준편차를 구하면 $\sigma=12=p$이므로 $p+q=15+12=27$

5.1.2 표본평균의 분포

B2. 모집단의 확률변수 X의 확률분포가 다음 표와 같다. 이 모집단에서 크기가 2인 표본을 복원추출할 때, 표본평균 $\overline{X}$의 평균을 구하라.

X	1	2	3	합계
$P(X=x)$	$\frac{1}{4}$	a	$\frac{1}{4}$	1

① 1 ② 2 ③ 3 ④ 4 ⑤ 5

풀이 ②

전체 확률의 합은 1이므로

$$\frac{1}{4}+a+\frac{1}{4}=1,\ a=\frac{1}{2}$$

모집단의 평균을 구하면

$$m=\left(1\times\frac{1}{4}\right)+(2\times a)+\left(3\times\frac{1}{4}\right)$$
$$=\frac{1}{4}+1+\frac{3}{4}=2$$

따라서 $E(\overline{X})=m=2$

B3. 모집단의 분포가 다음 표와 같을 때, 크기가 5인 표본평균 $\overline{X}$ 에 대하여 $E(\overline{X})$와 $V(\overline{X})$의 값을 구하라.

X	0	1	2	3	합계
$P(X=x)$	0.1	0.4	0.3	0.2	1

① $E(\overline{X})=0.32,\ V(\overline{X})=0.168$
② $E(\overline{X})=0.32,\ V(\overline{X})=0.84$
③ $E(\overline{X})=1.6,\ V(\overline{X})=0.84$
④ $E(\overline{X})=1.6,\ V(\overline{X})=0.168$
⑤ $E(\overline{X})=1.6,\ V(\overline{X})=1.6$

풀이 ④

모집단의 평균을 구하면

$$m=E(X)$$
$$=0+(1\times0.4)+(2\times0.3)+(3\times0.2)$$
$$=0.4+0.6+0.6=1.6$$

모집단의 분산은 $V(X)=E(X^2)-\{E(X)\}^2$ 이므로

$$E(X^2)$$
$$=0^2+(1^2\times0.4)+(2^2\times0.3)+(3^2\times0.2)$$
$$=0.4+1.2+1.8=3.4$$

$$\sigma^2=V(X)=3.4-(1.6)^2=0.84$$

표본평균 $\overline{X}$ 의 평균과 분산을 구하면

$$E(\overline{X})=m=1.6$$
$$V(\overline{X})=\frac{\sigma^2}{n}=\frac{0.84}{5}=0.168$$

B4. 어느 제과점에서 만드는 팥빙수의 무게는 150 g, 표준편차가 12 g인 정규분포를 따른다. 이 팥빙수 중 36개를 임의추출하여 표본평균 $\overline{X}$ 의 무게가 154 g 이상일 확률을 구하라.

① 0.0114 ② 0.0228 ③ 0.3413
④ 0.4772 ⑤ 0.0668

z	$P(0\le Z\le z)$
1.0	0.3413
1.5	0.4332
2.0	0.4772

풀이 ②

모집단의 정규분포 $N(150,\ 12^2)$이고, $n=36$이므로, 표본평균 $\overline{X}$ 의 평균과 표준편차를 구하면

$$E(\overline{X})=m=150$$
$$\sigma(\overline{X})=\frac{\sigma}{\sqrt{n}}=\frac{12}{\sqrt{36}}=\frac{12}{6}=2$$

따라서 표본평균 $\overline{X}$ 는 정규분포 $N(150,\ 2^2)$을 따른다. 확률을 구하면

$$P(\overline{X}\ge154)=P\left(Z\ge\frac{154-150}{2}\right)$$
$$=P(Z\ge2)$$
$$=0.5-P(0\le Z\le2)$$
$$=0.5-0.4772$$
$$=0.0228$$

5.2.1 모평균 추정

B5. 모평균이 86, 모표준편차가 16인 정규분포를 따르는 모집단에서 임의로 추출된 크기 16인 표본평균이 84 이상 92 이하일 확률을 구하라.

① 0.3830 ② 0.6247 ③ 0.6853
④ 0.8664 ⑤ 0.9270

z	$P(0 \le Z \le z)$
0.5	0.1915
1.5	0.4332
2.5	0.4938

풀이 ②

모집단의 정규분포 $N(86,\ 16^2)$이고, $n=16$이므로 표본평균 $\overline{X}$의 평균과 표준편차를 구하면

$$E(\overline{X}) = m = 86$$

$$\sigma(\overline{X}) = \frac{\sigma}{\sqrt{n}} = \frac{16}{\sqrt{16}} = 4$$

따라서 표본평균 $\overline{X}$는 정규분포 $N(86,\ 4^2)$을 따른다. 확률을 구하면

$$\begin{aligned} & P(84 \le \overline{X} \le 92) \\ &= P\left(\frac{84-86}{4} \le Z \le \frac{92-86}{4}\right) \\ &= P(-0.5 \le Z \le 1.5) \\ &= P(0 \le Z \le 0.5) + P(0 \le Z \le 1.5) \\ &= 0.1915 + 0.4332 = 0.6247 \end{aligned}$$

B6. 어떤 공장의 제품 무게는 $N(50,\ 6^2)$을 따른다. 이 제품에서 임의로 4개를 추출할 때, 그 무게의 합이 176 g 이상 200 g 이하가 될 확률을 구하라.

① 0.165 ② 0.191 ③ 0.341
④ 0.477 ⑤ 0.663

z	$P(0 \le Z \le z)$
1.5	0.4332
2.0	0.4772
2.5	0.4938

풀이 ④

모집단의 정규분포 $N(50,\ 6^2)$이고, $n=4$이므로 표본평균 $\overline{X}$의 평균과 표준편차를 구하면

$$E(\overline{X}) = m = 50$$

$$\sigma(\overline{X}) = \frac{\sigma}{\sqrt{n}} = \frac{6}{\sqrt{4}} = \frac{6}{2} = 3$$

따라서 표본평균 $\overline{X}$는 정규분포 $N(50,\ 3^2)$을 따른다.

이때 표본평균 $\overline{X}$는 $\dfrac{x_1+x_2+x_3+x_4}{4}$이므로 4개의 무게를 $x_1,\ x_2,\ x_3,\ x_4$라고 하면 무게의 합은 $x_1+x_2+x_3+x_4$이다.

$$176 \le x_1+x_2+x_3+x_4 \le 200$$

$$44 \le \frac{x_1+x_2+x_3+x_4}{4} \le 50$$

$$44 \le \overline{X} \le 50$$

따라서 확률을 구하면

$$P(44 \le \overline{X} \le 50)$$
$$= P\left(\frac{44-50}{3} \le Z \le \frac{50-50}{3}\right)$$
$$= P(-2 \le Z \le 0)$$
$$= P(0 \le Z \le 2)$$
$$= 0.477$$

B7. 정규분포 $N(m,\ \sigma^2)$을 따르는 모집단의 평균 m을 크기가 n인 표본의 평균을 이용하여 추정하려고 한다. 신뢰도가 84%인 신뢰구간의 길이를 l이라 할 때, $2l$의 신뢰구간의 신뢰도는 몇 %인지 다음 표를 이용하여 구하라.

z	$P(0 \le Z \le z)$
1.01	0.3438
1.04	0.3508
1.42	0.4222
1.68	0.4538
2.08	0.4812
2.84	0.4977

① 99 ② 98 ③ 97
④ 96 ⑤ 95

풀이 ①

신뢰도가 84%일 때의 k값을 정규분포표를 이용하여 가장 근삿값으로 구하면

$$P(-1.42 \le Z \le 1.42) = 2P(0 \le Z \le 1.42)$$
$$= 2 \times 0.4222 = 0.8444$$

따라서 $k = 1.42$일 때 신뢰구간의 길이를 구하면

$$l = 2 \times 1.42 \frac{\sigma}{\sqrt{n}}$$
$$2l = 2 \times 2 \times 1.42 \frac{\sigma}{\sqrt{n}}$$
$$= 2 \times 2.84 \frac{\sigma}{\sqrt{n}}$$

신뢰구간 $2l$의 $k = 2.84$이므로

$$P(-2.84 \le Z \le 2.84) = 2P(0 \le Z \le 2.84)$$
$$= 2 \times 0.4977 = 0.9954$$

따라서 0.9954, 즉 약 99%이다.

B8. 표준편차가 4인 모집단의 평균을 95%의 신뢰도로 추정할 때, 모평균과 표본평균의 차가 $\frac{1}{3}$ 이하가 되려면 적어도 몇 개의 표본을 조사해야 하는지 구하라. (단, $P(|Z| \le 2) = 0.95$)

① 586 ② 576 ③ 566
④ 546 ⑤ 536

풀이 ②

주어진 조건에서

$$P(|Z| \le 2) = 0.95$$
$$P(-2 \le Z \le 2) = 0.95$$

이므로 신뢰도 95%일 때의 $k=2$이다.

모평균과 표본평균의 차는

$$|m - \overline{X}| = 2\frac{4}{\sqrt{n}}$$

모평균과 표본평균의 차가 $\frac{1}{3}$ 이하이므로

$$2\frac{4}{\sqrt{n}} \le \frac{1}{3},\ \sqrt{n} \ge 24,\ n \ge 24^2 = 576$$

따라서 적어도 576개의 표본을 조사해야 한다.

5.2.2 모비율 추정

B9. 무작위로 선택한 기업인 100명을 대상으로 조사한 결과 40명이 내년에 경기가 회복될 것으로 전망하고 있다. 전체 기업인 중에서 내년에 경기가 회복될 것으로 전망하고 있는 사람의 비율을 신뢰도 95%로 추정하라.

① [0.3706, 0.486]
② [0.3904, 0.504]
③ [0.304, 0.496]
④ [0.3706, 0.504]
⑤ [0.504, 0.696]

풀이 ③

100명 중 40명이 회복된다고 전망했으므로

$$\text{표본비율 } \overline{p} = \frac{40}{100} = 0.4$$

$\overline{p} = 0.4$, $n = 100$일 때 신뢰도 95%로 신뢰구간을 추정하면

$$\overline{p} - 1.96\sqrt{\frac{\overline{p}(1-\overline{p})}{n}} \le p \le \overline{p} + 1.96\sqrt{\frac{\overline{p}(1-\overline{p})}{n}}$$

$$0.4 - 1.96\sqrt{\frac{0.4 \times 0.6}{100}} \le p \le 0.4 + 1.96\sqrt{\frac{0.4 \times 0.6}{100}}$$

$$0.4 - 0.096 \le p \le 0.4 + 0.096$$
$$0.304 \le p \le 0.496$$

따라서 구간 [0.304, 0.496]이다.

B10. 표본비율이 0.4일 때, 95%의 신뢰도로 모비율과 표본비율의 차가 $\frac{1}{100}$ 이하가 되도록 추정하려면 표본의 크기인 n을 얼마로 해야 하는지 구하라.

① 9010　② 9020　③ 9120
④ 9220　⑤ 9320

풀이 ④

$\bar{p}=0.4$일 때 신뢰도 95%로 모비율과 표본비율의 차, 즉 오차의 한계를 구하면

$$1.96\times\sqrt{\frac{\bar{p}(1-\bar{p})}{n}}$$

오차의 한계가 $\frac{1}{100}$ 이하여야 하므로

$$1.96\times\sqrt{\frac{0.4\times0.6}{n}}\le0.01$$
$$0.01\sqrt{n}\ge1.96\sqrt{0.24}$$
$$\sqrt{n}\ge196\sqrt{0.24}$$
$$n\ge196^2\times0.24$$
$$n\ge9219.84$$

따라서 n은 약 9220이다.

B11. 어떤 제품의 불량률을 36%로 예상한다. 불량률의 참값을 5% 이하의 오차로 추정하기 위해서는 신뢰도 95%로 몇 개 이상을 조사해야 하는지 구하라.

① 347　② 349　③ 351
④ 353　⑤ 355

풀이 ⑤

불량률이 36%이므로 $\bar{p}=0.36$이다. 신뢰도 95%로 구한 오차의 한계가 5%이하여야 하므로

$$1.96\sqrt{\frac{\bar{p}(1-\bar{p})}{n}}\le0.05$$
$$1.96\sqrt{0.36\times0.64}\le0.05\sqrt{n}$$
$$0.05\sqrt{n}\ge1.96\sqrt{0.36\times0.64}$$
$$\sqrt{n}\ge\frac{1.96}{0.05}\times0.6\times0.8$$
$$\sqrt{n}\ge18.816$$
$$n\ge354.04$$

따라서 n은 355개 이상 조사해야 한다.

5.3.1 가설검정

B12. 검정하려는 가설이 다음과 같을 때, 검정통계량이 4.0이 나왔다면 유의수준 5%로 귀무가설을 기각할 수 있는지 구하라.

- 귀무가설 $H_0 : \mu = 3.0$
- 대립가설 $H_1 : \mu \neq 3.0$

풀이 귀무가설 H_0을 기각할 수 있다.

검정통계량 $Z = 4.0$이라고 하자. $|Z_c|$가 4.0이 나왔다면 $\alpha = 0.05$ $Z_{0.025} = 1.96$이므로 Z_c가 $4 > 1.96$, 즉 귀무가설을 기각할 수 있다.

유의수준 $\alpha = 0.05$일 때 양측검정이므로

$$Z_{\frac{\sigma}{2}} = Z_{0.025} = 1.96$$

$$-Z_{\frac{\sigma}{2}} = -Z_{0.025} = -1.96$$

검정통계량이 4.0이므로

$$Z > Z_{0.025}$$

즉 검정통계량 Z는 기각역에 존재한다.

따라서 귀무가설 H_0을 기각할 수 있다.

5.3.2 모평균 검정

B13. 어느 회사 제품의 전구 표본 100개에서 평균수명 1,570시간, 표준편차 120시간을 얻었다. 전구의 수명이 1,600시간이라고 하는 이 회사의 주장을 유의수준 5%에서 검정하라.

풀이 전구의 수명은 1,600시간이 아니다.

귀무가설 $H_0 : \mu = 1600$

대립가설 $H_1 : \mu \neq 1600$

유의수준 $\alpha = 0.05$일 때

$$Z_{\frac{\sigma}{2}} = Z_{0.025} = 1.96$$

$$-Z_{\frac{\sigma}{2}} = -Z_{0.025} = -1.96$$

검정통계량 $Z = \dfrac{1600 - 1570}{\dfrac{120}{\sqrt{100}}} = 2.5$

검정통계량 Z가 기각역에 존재하므로 귀무가설 H_0을 기각한다.

따라서 회사의 주장대로 전구의 수명은 1,600시간이 아니다.

B14. 한 병원에서 새로운 시술을 개발하여 환자의 회복 시간이 상당히 단축되었다고 주장한다. 과거의 자료에 의하면 표준 수술법을 사용하였을 때의 평균 회복 시간은 42일이고 표준편차는 4일이었다. 새로운 방법이 회복 시간을 단축시켰는지 밝히기 위하여 36명의 환자를 추출하여 조사한 결과 평균 회복 시간은 40.5일이었다. 유의수준 5%로 병원 측의 주장을 검정하라.

풀이 회복 시간은 단축되지 않았다.

귀무가설 $H_0 : \mu \leq 42$

대립가설 $H_1 : \mu > 42$

유의수준 $\alpha = 0.05$일 때 $-Z_{0.05} = -1.645$

검정통계량 $Z = \dfrac{\mu - \mu_0}{\dfrac{\sigma}{\sqrt{n}}} = \dfrac{40.5 - 42}{\dfrac{4}{\sqrt{36}}} = -2.25$

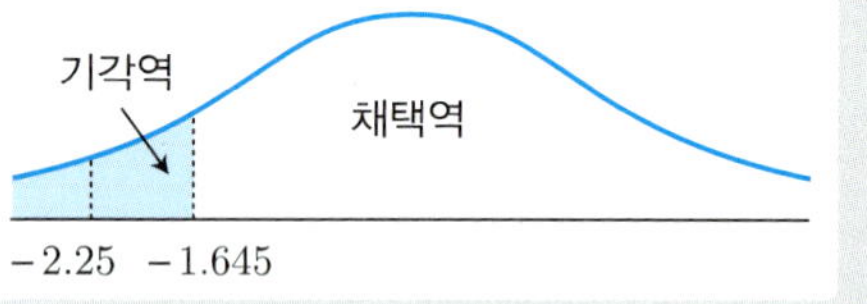

검정통계량 Z가 기각역에 있으므로 귀무가설 H_0을 기각한다.

따라서 회복 시간은 단축되지 않았다.

B15. 어느 공장에서 제조되는 제품의 정규분포 평균이 60kg, 분산이 4kg로 알려져 있다. 공정온도를 변화시키면서 제품을 생산하였더니 표준편차에는 변함이 없었으나 평균 강도에는 차이가 있어보여서, 변화시킨 공정온도에서 생산된 제품들 중 20개를 임의로 추출하였다. 표본평균이 62kg일 때, 생산되는 제품의 평균 강도가 달라진다고 할 수 있는지를 유의수준 5%에서 검정하라.

풀이 공정온도에 따라 평균 강도가 달라진다.

귀무가설 $H_0 : \mu = 60$

대립가설 $H_1 : \mu \neq 60$

모집단의 정규분포 $N(60, 2^2)$이므로 표본평균 $\overline{X}$의 평균과 표준편차를 구하면

$$E(\overline{X}) = \mu_0 = 60$$

$$\sigma(\overline{X}) = \frac{\sigma}{\sqrt{n}} = \frac{2}{\sqrt{20}}$$

유의수준 $\alpha = 0.05$일 때 $Z_{0.025} = 1.96$

검정통계량 Z를 구하면

$$Z = \frac{62 - 60}{\dfrac{2}{\sqrt{20}}} = \sqrt{20} = 4.472$$

$Z > Z_{0.025}$이므로 귀무가설 H_0을 기각한다.

따라서 제품의 강도는 공정온도에 따라 평균 강도가 달라진다고 할 수 있다.

B16. 정규분포 $N(376.9,\ 100^2)$을 따르는 모집단에서 가설을 유의수준 α로 검정하려고 한다. 이때 크기 100인 표본을 임의추출하여 조사한 결과 표본평균이 354.5이었다. 이 자료에 의하여 $\mu \neq 354.5$라고 할 수 있는 유의수준 α의 최솟값을 구하라.

① 2.42%　② 2.4%　③ 2.5%
④ 2.6%　⑤ 2.7%

z	$P(0 \le Z \le z)$
1.96	0.4750
2.17	0.4850
2.20	0.4861
2.24	0.4875
2.58	0.4951

풀이 ③

귀무가설 $H_0 : \mu = 354.5$

대립가설 $H_1 : \mu \neq 354.5$

검정통계량 Z을 구하면

$$Z = \frac{\mu - \mu_0}{\frac{\sigma}{\sqrt{n}}} = \frac{376.9 - 354.5}{\frac{100}{\sqrt{100}}}$$

$$= \frac{22.4}{10} = 2.24$$

임계값이 2.24가 되는 α를 구하면

$$P(|Z| \geq 2.24) = 2\left\{\frac{1}{2} - p(0 \le Z \le 2.24)\right\}$$

$$= 2(0.5 - 0.4875)$$

$$= 0.025$$

따라서 $\alpha \geq 0.025$일 때 검정통계량 Z가 기각역에 속하므로 $\mu \neq 354.5$이다. 그러므로 유의수준 α의 최솟값은 2.5%이다.

5.3.3 모비율 검정

B17. 올해 강남구 A지역의 국회의원 입후보를 하기 위한 박군은 유권자 50%의 득표를 할것으로 예상하고 있다. 이러한 예상을 확신하기 위해 200여명을 무작위 추출하여 조사하였더니 그 중 80여 명이 박군을 지지한다고 하였다. 유의수준 $\alpha = 5\%$로 하여 선거준비위원의 예상이 맞는지를 검정하여라.

풀이 귀무가설을 기각한다.

귀무가설 $H_0 : p = 0.5$

대립가설 $H_1 : p \neq 0.5$

$\bar{p} : \frac{80}{200} = 0.4$, $\alpha = 0.05$이고 양측검정이므로

임계값은 $\pm Z_{0.025} = \pm 1.96$이다.

검정통계량

$$Z = \frac{\bar{p} - p}{\sqrt{\frac{p(1-p)}{n}}} = \frac{0.4 - 0.5}{\sqrt{\frac{0.5 \cdot 0.5}{200}}}$$

$$= \frac{-0.1}{0.035} = -2.857$$

기각역에 존재하므로 귀무가설을 기각한다.

찾아보기 Index